烟草化学成分管制现状及分析技术

庞永强
张洪非 主编

中国轻工业出版社

图书在版编目（CIP）数据

烟草化学成分管制现状及分析技术/庞永强，张洪非主编．—北京：中国轻工业出版社，2020.7
ISBN 978-7-5184-2553-2

Ⅰ.①烟…　Ⅱ.①庞…②张…　Ⅲ.①烟草质量化学—研究②烟叶—化学分析—研究　Ⅳ.①TS41

中国版本图书馆CIP数据核字（2019）第138239号

责任编辑：张　靓　王昱茜
策划编辑：张　靓　　责任终审：张乃柬　　封面设计：锋尚设计
版式设计：砚祥志远　　责任校对：吴大鹏　　责任监印：张　可

出版发行：中国轻工业出版社（北京东长安街6号，邮编：100740）
印　　刷：三河市国英印务有限公司
经　　销：各地新华书店
版　　次：2020年7月第1版第1次印刷
开　　本：710×1000　1/16　印张：21.75
字　　数：500千字
书　　号：ISBN 978-7-5184-2553-2　定价：88.00元
邮购电话：010-65241695
发行电话：010-85119835　传真：85113293
网　　址：http：//www.chlip.com.cn
Email：club@chlip.com.cn
如发现图书残缺请与我社邮购联系调换
190668K1X101ZBW

本书编写人员

主　　编　庞永强　张洪非

副主编　朱风鹏　罗彦波　李翔宇

编　　委　姜兴益　刘　楠　何声宝　王红霞

王　超　别振英　任呼博　白军超

成　涛　梁　坤　刘　茜　张子龙

苏少伟　周　浩　张鹏飞　张海燕

前言

PREFACE

随着我国经济发展进入新常态，烟草行业也逐渐进入了控烟履约日趋严格和发展环境日趋严峻的新形势。在这种新形势下，对科技工作要求稳步推进履约《烟草控制框架公约》工作。2015 年是《中国烟草控制规划（2012—2015 年）》实施的最后一年，烟草行业将积极参与《烟草控制框架公约》第 9、10 条实施指南工作组，建立完善烟草制品成分管制和信息披露制度的具体措施和工作计划，保证《烟草控制框架公约》（FCTC）的履约工作顺利开展。因此，开展烟草制品中相关成分方法研究及分析工作非常重要。

本书共分为十章。内容包括：第一章详细介绍了《烟草控制框架公约》及美国食品与药物管理局和欧盟等对烟草及烟草制品的管控情况；第二章到第九章分类介绍了卷烟和主流烟气中成分的性质和分析方法；第十章介绍了烟气相关成分分析方法的发展趋势。

本书具有较强的科学性、知识性和实用性，可以帮助烟草行业相关技术人员正确理解和掌握卷烟烟气分析技术。

本书在编写过程中参考了大量的国内外相关领域的文献，在此谨向原作者表示谢意。

由于时间仓促及编者水平所限，本书难免存在不当之处，恳请读者给予批评指正。

编　者

2020 年 2 月

目录

CONTENTS

第一章　烟草管制相关政策 / 1

一、FDA 管制 / 1

二、WHO FCTC 管制 / 37

三、欧盟烟草制品指令及管制 / 59

四、National Institute for Public Health and the Environment(RIVM)管制 / 62

五、其他国家和组织对烟草制品管制法规与要求 / 73

参考文献 / 76

第二章　烟草制品和烟气中生物碱及一氧化碳分析 / 91

一、简介 / 91

二、分析方法 / 93

参考文献 / 110

第三章　烟草制品和烟气中常见多环芳烃化合物 / 112

一、简介 / 112

二、分析方法 / 117

参考文献 / 136

第四章　烟草制品和烟气中常见亚硝胺 / 139

一、简介 / 139

二、分析方法 / 142

参考文献 / 169

……………………………………………………………………

第五章　烟草制品和烟气中常见羰基化合物 / 175
　　一、简介 / 175
　　二、分析方法 / 178
　　参考文献 / 210

……………………………………………………………………

第六章　烟草制品和烟气中常见酚类化合物 / 213
　　一、简介 / 213
　　二、分析方法 / 217
　　参考文献 / 224

……………………………………………………………………

第七章　烟草制品和烟气中常见芳香胺类化合物 / 226
　　一、简介 / 226
　　二、分析方法 / 232
　　参考文献 / 253

……………………………………………………………………

第八章　烟草制品和烟气中挥发性和半挥发性化合物 / 255
　　一、简介 / 255
　　二、分析方法 / 263

……………………………………………………………………

第九章　烟草制品和烟气中无机元素分析 / 273
　　一、简介 / 273
　　二、分析方法 / 276
　　参考文献 / 305

……………………………………………………………………

第十章　烟气分析新技术及未来发展趋势 / 309
一、烟气化学成分的快速检测方法 / 310
二、近红外技术 / 311
三、实时原位在线分析技术 / 315
四、展望 / 328
参考文献 / 330

第一章
烟草管制相关政策

一、 FDA 管制

（一）FDA 烟草管制相关组织介绍

U. S. Food & Drug Administration（以下简称 FDA）是美国食品药品监督管理局，由美国国会即联邦政府授权，专门从事食品和药品管理工作。FDA 隶属于美国健康与人类服务部（Department of Health and Human Services），该组织由专员办公室和 4 个监督 FDA 核心职能的部门组成。4 个监督部门为医疗产品和烟草办公室、食品监督部门、全球监管运作和政策监督部门以及运营部门。其中，医疗产品和烟草办公室为 FDA 提供关于医疗产品和卷烟的咨询与建议，该办公室下设烟草产品中心（Center for Tobacco Products，CTP）。

烟草产品中心负责监督《家庭吸烟预防和烟草控制法案》的实施。在法律赋予的权力下，CTP 采用综合方法，成为消除烟草对健康造成负面影响的最佳方式。其中，包括制定政策、颁布法规、开展调查研究、教育美国人如何使用受管制的烟草制品，决定是否可以销售新产品，以及在产品上市之前的审查和评估申请等。该中心的愿景是使与烟草有关的死亡和疾病成为美国过去的一部分，而不是未来的一部分，从而确保每个家庭的健康生活，规范烟草制品的生产、分销和销售，告知公众特别是年轻人关于烟草制品及其使用对自己和他人的危害，保护美国人免受与烟草有关的死亡和疾病的侵害。

烟草产品中心旨在：

（1）减少开始使用烟草制品的人数。

（2）鼓励更多的人停止使用这些产品。

（3）减少对持续使用这些产品的人的健康的不利影响。

（二）《家庭吸烟预防和烟草控制法案》

2009 年 6 月 22 日，时任美国总统奥巴马签署了《家庭吸烟预防和烟草控制法案》(FSPTCA),该法案赋予了 FDA 前所未有的监管权力,规定 FDA 具有管理烟草制品制造、分配和销售的权力,FDA 在该法案下可以颁布条例,管理烟草制品的销售、促销和经销。正是基于该法案的授权,FDA 成立了新的烟草制品中心,以设立烟草制品标准。但是,健康与人类服务部不允许禁止现存的烟草产品或者将烟碱的水平降为 0。

FSPTCA 创建了一个新的仅适用于烟草的标准,允许 FDA 管制的烟草制品“适当保护公共健康”,而不是如同 FDA 管理的其他产品那样,必须被鉴定为“安全”或者“安全而且有效”。美国 FDA 的前主席 Andrew von Eschenbach 表示,将 FDA 批准的具有危险的产品上市将会慢慢破坏 FDA 的使命,使得人们错误地认为受到 FDA 批准上市的烟草制品是安全和有效的。

美国参议院共和党政策委员会针对 FSPTCA 发布了立法通知,通知中汇总了 FSPTCA 的主要法案规定如下。

(1)烟草制品中心　在法案立法的 90 天以内,健康与人类服务部需在 FDA 内部件建立第一个烟草制品中心。健康与人类服务部另外需要建立一个办公室,以帮助小型的烟草制造商遵守立法的要求和规定。

(2)健康信息提交　在法案颁布后的 6 个月内,所有的烟草制造商需要向 FDA 提交其旗下所有烟草制品中所有成分、化合物和添加剂的清单。公司还必须提交在颁布之日后制定的与当前或未来烟草制品的,与健康、毒理、行为或生理效应有关的所有文件。秘书还可以要求制造商提交各种其他研究和数据,包括烟草产品的市场研究。该法案规定,所获得的信息应被视为保密信息,不应予以披露。

(3)注册和审查　所有的制造商被要求每年在 FDA 注册,每个在 FDA 注册的机构被要求至少每两年审查一次。外国公司同样要求在 FDA 注册。

(4)监管烟草制品的权力　如果秘书认定规定“适用于保护公共健康”,那么秘书可以通过规定要求限制烟草制品的销售和分销,包括对广告的限制。这样的规定判断应该考虑到包括烟草制品使用者和非使用者在内的整个人群的风险和利益。这一权力受到以下限制:①不得禁止在特定类别的零售店面对面交易中出售任何烟草产品;②不得确定 18 岁作为最低年龄要求。对于广告的限制应当是“与宪法第一修正案”所允许的全部范围相一致的。方案还要求秘书颁布有关在互联网上销售和分销产品的规定。

(5)生产规范　法案制定了良好生产规范的标准,其中可能包括农药残

留检测。

（6）烟草产品标准和薄荷醇例外 该法案为烟草产品制定了新的标准，限制可以包含在卷烟中的添加剂。自颁布之日起三个月后，香烟不能包含特色口味，除了薄荷醇。这是因为薄荷醇是香烟中使用最广泛的香料（占市场的四分之一以上），薄荷醇香烟是非洲裔美国人最喜爱的产品。来自民主党和共和党政府的七位前健康与社会服务部秘书致函参议院和众议院议员，要求禁止薄荷味香烟，就像法律禁止的其他香烟香料一样。该法案确实规定，烟草制品科学咨询委员会应在一年内提供关于薄荷醇对儿童和少数民族的公共健康影响的报告和建议。如果适当的话，秘书还可以采用额外的烟草产品标准来保护公众健康，其中可能包括烟碱含量的标准。但是，要求秘书不得禁止所有卷烟或无烟烟草产品，或要求将烟碱含量降低至0。

（7）通知和召回 如果产品存在对公共健康有重大危害的不合理风险，或者产品存在制造缺陷，则该法案规定了召回程序和召回令，虽然秘书没有立即清除危险产品的程序。烟草制品制造商将被要求保存记录，以确保产品不被掺假或贴错标签。

（8）适用于新烟草产品的标准 所有新产品（定义为2007年2月15日以后销售的产品）的销售都必须经过FDA批准，除非该产品与现有产品“实质等同”。自法案颁布之日起21个月内提供产品的例外情况，即使FDA不批准索赔，也会提出实质性等同索赔。这一规定受到了公共卫生官员的批评。该法案规定，如果缺乏证明允许销售这种烟草产品适合保护公众健康，那么秘书就应该拒绝销售新产品的申请。

（9）风险弱化的烟草制品 在制造商销售任何风险弱化的烟草制品之前，立法要求FDA对该行为进行批准。风险弱化烟草产品包括标有“轻微”、“轻度”或“低”的任何产品，或者营销意味着该产品比其他烟草产品危害较小的产品。拟用于戒烟或治疗烟草依赖的产品，如果已被FDA批准为药物或设备，则不予豁免。为了销售风险弱化产品，秘书必须确定该产品（如消费者实际使用的产品）将：①显著减少对个人用户造成的伤害和烟草相关疾病的风险；②有利于烟草制品的使用者和非使用者的健康。秘书应要求对产品进行上市后监督和研究，以审核批准索赔的准确性。

（10）测试和报告 在法案颁布三年内，秘书应颁布规定以要求生产厂家按品牌和子品牌进行烟草制品组成、成分和添加剂检测并提交报告。秘书可以要求烟草产品在标签或广告上披露焦油和烟碱测试结果。

（11）优先权　该立法优先于烟草制品标准，包括上市前审查、掺假、误判、标签、注册、制造标准和风险弱化烟草制品的国家和地方要求。特别应注意，与禁止向任何年龄的个人销售或宣传产品有关的州或地方法规是不被优先的。

（12）烟草制品科学咨询委员会　该立法设立了一个由 12 名成员组成的咨询委员会，该委员会应向秘书建议：①改变烟草制品中烟碱含量的影响；②烟碱是否低于阈值水平，该水平下烟草制品不会引发烟碱依赖；③与烟草制品有关的其他安全、成瘾或健康问题。

（13）用于治疗烟草依赖的产品　秘书有权考虑给予戒烟产品快速批准。要求三年内提出关于如何最好地规范、促进和鼓励开发创新产品和治疗方法的报告，以减少或消除烟草消费，减少烟草制品造成的危害。

（14）用户费用　将为每个烟草制品制造商和进口商确定使用费，并按季度收取。这些费用从 2009 年开始为 8500 万美元，到 2019 年和随后的每年增加到 7.12 亿美元。这个方案当时是平摊的，所以有人可能会质疑该机构是否会出现资金问题。立法规定这些费用是与立法目的相关的唯一费用，但前六个月的费用将予以返回。

（15）恢复 1996 年烟草规定。

（16）立法则要求 1996 年的烟草规定（有一些修改）在 180 天内作为最终规则发布，没有机会开放通知和评论。2000 年，在 FDA 状告布朗和威廉姆森烟草公司时，最高法院暂停了这一规定，因为当时 FDA 无权管理烟草行业。该规定包括对广告的一些限制，包括禁止宣传帽子和 T 恤等物品，并禁止在任何中小学或操场上 305m 范围内张贴户外广告。在马萨诸塞州的类似广告被最高法院认定为违背宪法，该事件发生在洛里拉德烟草公司状告马萨诸塞州总检察长托马斯·赖利（Thomas Reilly）一案中。CRS 表示，1996 年的这项禁令也可能违宪。包括美国公民自由联盟和全国广告商协会在内的许多组织都反对这一规定，并要求公布这一规则相关通知和评论，以便处理自 1996 年烟草规则制定以来的发展。此外，由于该规定是在 1996 年制定的，因此制定了“烟草和解总协定”，并通过了其他国家有关烟草销售和广告的规定。

（17）处罚　为有培训计划的零售商建立了民事处罚制度：第一次违规发布警告信；12 个月内第二次违规罚款 250 美元；12 个月内第三次违规罚款 500

美元；12个月内第四次违规罚款2000美元；36个月内第五次违规罚款5000美元；48个月内发生第六次及以后的违规行为10000美元。有些人可能会质疑，如果罚款的目标是用以威慑违规的行为，那么这些惩罚标准是否设置相对较低。另外，有针对烟草公司的一次单独违规罚款高达15000美元，并设置了高达100万美元的单次程序违规裁决。

（18）烟草制品警告　卷烟包装将被要求加入一些新的警告语，并且要求警告语必须定期轮换，其中包括："警告：香烟上瘾"；"警告：香烟导致癌症"；"警告：吸烟可以杀死你"。警告标示必须是大型的，并且应占前部和后部面板的50%。在颁布后的24个月内，秘书必须颁布规定，要求彩色图形标签描述吸烟对健康的负面影响。无烟烟草产品有单独的警告要求，包括标签，如"警告：本产品会导致口腔癌"；"警告：本产品可能导致牙龈疾病和牙齿脱落"；或"警告：这种产品不是香烟的安全替代品"。

（19）焦油、烟碱和其他成分的披露　秘书应进行规则的制定，以确定是否应该要求香烟和其他烟草制品在包装或广告中披露产品的焦油和/或烟碱含量。秘书也可以规定其他组成要素的披露要求，但这些披露将不包括在任何香烟包装或广告上。

（20）防止烟草制品的非法贸易　立法还要求制定新的规定，以保存和维护制造、加工、运输、分销、接收、包装、持有、出口或进口烟草制品的记录。另外，法案还要求研究烟草制品跨界贸易，包括非法贸易。

（三）"认定规定"——烟草制品被认定归属于"食品，药品和化妆品法"管理

自从2009年《家庭吸烟预防和烟草控制法》颁布后，FDA将卷烟、无烟气烟草和自卷烟草纳入管理范围。2016年8月8日，FDA发布了最终规定，即"根据《家庭吸烟预防和烟草控制法》的规定，认定烟草制品属于'食品，药品和化妆品法'；限制烟草制品的销售和分销以及烟草制品包装和广告所需的警告声明"。[Deeming Tobacco Products to be Subject to the Food, Drug, and Cosmetic Act, as Amended by the Family Smoking Prevention and Tobacco Control Act; Regulations Restricting the Sale and Distribution of Tobacco Products and Required Warning Statements for Tobacco Product Packages and Advertisements (Final Rule)] 在该规定中，FDA扩展了其管制权，对所有烟草产品进行管制，包括（如图1-1所示）：符合法定定义的水烟、电子烟、溶解物、无烟烟

草、卷烟、雪茄、自卷烟、烟斗烟和未来烟草制品等。

图 1-1　归属于 FDA 管制的烟草制品示意图（来源于 FDA 官网）

FDA 的烟草产品中心主任米奇·泽勒（Mitch Zeller）对最终规定解释说："在这个最终规定之前，这些产品可以在没有任何审查其成分、制造方法和/或在危险的情况下出售。根据这项新规定，我们正在采取措施保护美国人免受烟草制品的危害，确保这些烟草制品有健康警语，并限制销售给未成年人。"

事实上，新规定将 FDA 的管理权限扩展到所有烟草产品，包括电子烟（电子尼古丁输送系统，ENDS）、所有雪茄（包括高价的烟草）、水烟、烟斗烟、烟碱凝胶和以前没有归于 FDA 的权威的溶解物。

新规定要求对自卷烟、卷烟和某些新管理的烟草产品进行健康警语，并禁止发放免费样品。此外，由于此项新规定指出，2007 年 2 月 15 日前未上市的新规管烟草制品生产企业必须证明产品符合法定的适用公共卫生标准。那

些制造商将不得不接受必须通过 FDA 的上市许可。

新规定还限制青年获得新规定的烟草制品，通过：①不允许将产品出售给 18 岁以下的人，并要求出示带照片的身份证进行年龄验证；②不允许烟草产品在自动售货机上出售（除非在成人专用设施中）。

事实上，该规定为 FDA 在未来开展烟草有关的行动奠定了基础。烟草制品审查程序允许 FDA 评估重要因素，如化学成分、产品设计和健康风险，以及产品对青少年和非使用者的吸引力。

以下将翻译并节选“最终认定规定”中关于烟草化学成分及管制的具体相关规定。

1. 背景

《烟草控制法案》生效后，自卷烟、卷烟和无烟气烟草在 FD&C 第九章立即被划入 FDA 烟草产品管理机构进行管制。FD&C 是 Federal Food, Drug and Cosmetic Act 缩写，即“联邦食品，药品和化妆品法案”。FD&C 是美国国会于 1938 年通过的一系列法律，授权美国食品与药物管理局监督食品、药品和化妆品的安全。该法案共含有十个章节，其中第九章为烟草产品。对于其他烟草制品，法令授权 FDA 颁布法规“认为”他们受制于这种权力。根据法规，一旦烟草产品被认定，FDA 可能会对“烟草制品的销售和分销实行限制”，如果 FDA 认定这些限制适用于保护公共卫生安全。

长期以来，医生一直认识到，烟草制品的成瘾性质是由吸收到血液中的高度致瘾的烟碱存在导致的。虽然尼古丁的释放量和释放手段可以降低或增强烟碱滥用和生理效应的可能性，但毋庸置疑的是尼古丁是成瘾的。一般来说，传送速度越快、吸收速度越快，达到尼古丁峰值浓度越大，上瘾的可能性也越大。

医生报告指出，大多数人开始在青春期吸烟，并在成年之前形成尼古丁依赖的特征性模式。这些年轻人在戒烟时会产生身体上的依赖性并经历戒断症状。因此，对尼古丁成瘾往往是终生的，青少年和年轻人普遍“低估了尼古丁成瘾的坚韧性，并高估了他们选择戒烟的能力”。例如，在一项对 1200 多名吸入烟草制品的六年级学生的研究中，有 58.5%的人因使用烟草而失去自主权（即难以戒烟）。一项调查还显示，“近 60%的青少年认为他们可以抽几年然后戒烟”。动物模型研究表明，动物暴露于尼古丁等物质中会破坏产前大脑发育，并可能对行政认知功能以及作为成年人发展物质滥用障碍和各种心理健康问题的风险具有长期影响，而且这种暴露于尼古丁的情况也会在降低注意力和增加冲动性方面产生长期效果，可以促进尼古丁使用行为的维持。

医生还强调，“尼古丁成瘾的发展是对慢性尼古丁暴露的神经生物学适应”，这表明烟草制品使用的模式（如使用产品的频率）是促进尼古丁成瘾的一个因素。医生还指出，“所有形式的尼古丁输送不会造成建立和维持成瘾的同等风险”，这可能是因为各种含尼古丁产品的药代动力学不同。FDA 批准的尼古丁贴剂吸收缓慢，且每天只需一次给药，导致上瘾的可能性很小。1988年，医生认识到，当时市场上各种烟草制品吸收到血液中的尼古丁的最终含量可以在数量上相近，而不管用来生产尼古丁的产品形式如何。例如，研究表明，口头使用不释放烟气的无烟烟草制品导致尼古丁的高静脉浓度等于使用香烟的烟草浓度。

FDA 认为，吸入尼古丁（即没有燃烧产物的尼古丁）对使用者的风险比吸入来自燃烧烟草产品的烟气所吸入的尼古丁的风险要小。然而，有限的数据表明，吸入尼古丁的药代动力学特性可能类似于由燃烧的烟草产品传递的尼古丁。因此，来自不可燃产品的吸入尼古丁可能与被燃烧的烟草产品输送的吸入尼古丁一样令人上瘾。研究人员认识到，吸入不经燃烧的尼古丁可能不是造成该国烟草相关死亡和疾病流行率高的原因。虽然尼古丁本身还没有被证明可以引起与烟草使用相关的慢性疾病，但 2014 年医生报告指出涉入尼古丁仍然存在风险。例如，足够高剂量的尼古丁具有急性毒性。动物模型的研究表明，在胎儿发育过程中尼古丁暴露可能对大脑发育产生持久的不良后果。尼古丁对怀孕期间母亲和胎儿的健康也有不利影响，能导致多种不良后果，如早产和死胎。此外，来自小鼠研究的数据还表明，青春期吸入尼古丁可能会对大脑发育产生持久的不良后果。一些在动物模型中的研究也发现尼古丁可能对心血管系统有不良影响，并可能破坏中枢神经系统。

“自 1964 年医生总报告以来，全面的烟草控制计划和政策已被证明对控制烟草使用有效”。因此，FDA 正在颁布这一最终规定，以达到两个目的：①认定符合法律规定的“烟草制品”定义的产品（新近认定的烟草制品的配件除外），并使其受到 FDA 的 FD&C 法案管制；②制定适用于新认定烟草制品保护公共卫生的具体限制。为了达到这些目的，FDA 提出了两个备选方案（备选方案 1 和备选方案 2），为认定规定的范围提供了两种备选方案，从而为附加的具体规定的应用提供了两种选择。在备选方案 1 下，所有符合“烟草制品”定义的产品，除了新近认定的烟草制品的配件外，都将被视为烟草制品。方案 2 与方案 1 相同，除了名为“优质雪茄”的雪茄子集将被排除在外。

在最终认定规定颁布之前，FDA 没有管制的烟草产品有很多种，包括雪茄烟、烟斗烟、水烟、ENDS 液体（电子烟）（其中最受欢迎的是电子香烟，还包括电子水烟、电子烟、烟花笔、个人蒸发器和电子管）以及由烟草、尼古丁凝胶和某些可溶性烟草制成的液体尼古丁｛即目前不符合 FD&C 法案［21 USC 387（18）］第 900（18）条中“无烟气烟草”定义的可溶性产品，因为它们不含切割、磨碎、粉状的烟草或烟叶，而是含有从烟草中提取的尼古丁｝。在实施这项最终认定规定后，目前不符合第 201（rr）条款下“烟草制品”定义的烟草制品和未来烟草产品（新近被视为烟草制品的配件除外）将受 FD&C 法第九章管辖。

2. 主要法案规定摘要

最终认定规定有两个主要部分：认定规定和保护公共卫生的附加规定。

（1）认定规定　经过对意见和科学证据的全面审查后，FDA 认为方案 1（包括所有的雪茄，而不是一个子集）更有效地保护了公众健康，因此已经将其作为最终规定的范围。这一最终规定认为，所有符合“烟草制品”法定定义的产品，除了新近认定的烟草制品的配件外，都将根据 FD&C 法第九章受到 FDA 的烟草制品管理部门的管辖。根据《烟草控制法》修正的 FD&C 法［21 USC 321（rr）］第 201（rr）条将“烟草制品”一词定义为“任何用于人类消费的由烟草制造或生产的产品，包括烟草制品的任何成分，零件或附件（用于制造烟草制品的组件，零件或附件的烟草以外的原材料除外）”，并不意味着“根据第（g）款（1）款，（b）款下的装置或本标题第 353（g）节所述的组合产品”。符合烟草制品法定定义的产品包括目前上市的产品作为尚未被 FDA 管制的溶解物、凝胶、水烟烟草、ENDS（包括电子香烟、电子水烟袋、电子雪茄烟、蒸汽笔、先进的可再充装的个人蒸发器和电子管）、雪茄和烟斗烟草。

此外，本最终法规还认为，除了这些新认定产品的附件外，符合“烟草制品”法定定义的现行和未来烟草制品，将根据 FD&C 法第九章受到 FDA 的管理。例如，FDA 预计将来可能有烟草产品通过与目前销售的药用尼古丁产品相似的手段（例如通过皮肤吸收或鼻内喷雾）提供尼古丁递送，但该产品并不是药物或装置。这些产品将成为“烟草制品”，并按照最终认定规定受到

FDA 第九章的管理。

在本最终规则生效之日（即公布之日起 90 天）之后，新认定的产品将受到与 FD&C 法对于卷烟、卷烟烟草、自卷烟、无烟气烟草相同的条款和相关法规的约束：

①针对被认定为掺假或贴错标签的商品采取强制措施（除适用合规期间缺乏上市授权而采取的强制措施外）；

②要求提交 HPHC（有害和潜在有害成分）的成分列表和报告；

③烟草制品生产企业和产品上市要求注册；

④除非 FDA 发布授权销售的订单，否则禁止销售和分销具有风险弱化描述方式（例如“轻”，“低”和“温和”描述方式）；

⑤禁止发放免费样品（与卷烟一样）；

⑥上市前审查要求。

这些措施将通过向 FDA 提供关于此类产品健康风险的重要信息来改善公众健康状况；防止新产品进入市场，除非这种产品在适合保护公众健康、产品基本上等同于有效产品或者产品免除于 SE（实质等同）要求；并防止使用未经证实的风险弱化声明，这可能会误导消费者，并导致他们开始使用烟草制品，或在他们有愿意戒烟的情况下继续使用烟草。

（2）附加规定　除 FD&C 法案的条款和实施自动适用于新认定产品的法规外，FDA 还有权根据《烟草控制法》引入其他主管部门管理这些产品。目前，FD&C 法案第 906（d）条［21U. S. C. 387f（d）］规定，FDA 正对烟草制品制定三项限制：①对最低购买年龄的要求；②要求产品包装上有广告的健康警语（FDA 也适用于香烟烟草和自制烟草）；③禁止自动售货机销售的，除非自动售货机位于零售商处，否则要确保 18 岁以下个人不得随时进入到设施内。“涵盖烟草制品”一词的定义是根据联邦法规法典（CFR）第 21 篇第 1100. 2 条被视为符合 FD&C 法的产品，而不是由烟草或来源于烟草的成分或部分制成的产品。我们从提案规则制定（NPRM）的通知中略微修改了“覆盖烟草制品”的定义，以澄清“覆盖烟草制品”的组成部分不仅包括那些含有烟草或尼古丁的成分，还包括那些含有烟草衍生物（即我们已经改变了 NPRM 的定义，排除了“不含尼古丁或烟草的烟草制品的任何成分或部分”，排除了“非烟草制品的任何成分或部分烟草”，如本最终规定所述）。

（3）生效日期　认定条款（即自动适用于新认定产品的条款）以及最低

年龄识别和自动售货机限制从最终规定公布之日起90天有效。健康警语要求自公布最终规定之日起24个月内生效，另外还有30天的期限，制造商可以继续在州际贸易中引进在生效日期之前生产的现有库存，该库存不包含所需的警告包装上的声明。

这意味着：在生效日期之后，如果广告不符合本规定，卷烟、自卷烟、雪茄或其他烟草制品的制造商、包装商、进口商、分销商或零售商不得宣传任何此类产品；在生效日期之后，任何人不得在美国制造销售或分销任何不符合本规则的产品；从生效日期起30天开始，如果其包装不符合本规定，制造商不得将任何此类产品引入美国国内市场，而不论制造日期如何（即在生效日期之前生产的不符合规定的产品在生效日期之后30天不得分配零售）；生效日期之后，经销商或零售商不得销售，提出销售、分销或进口在美国境内销售或分销任何不符合本规定的产品，除非烟草产品是在生效日期之前制造的。然而，在生效日期之后，如果零售商证明其不在本规则的范围之内，那么，零售商可以销售没有要求警告的包装烟草制品，如21 CFR 1143.3（a）（3）和1143.5（a）（4）。

（4）上市前审查的合规政策 FD&C法案第910（a）（1）款中定义的新产品是“新烟草产品”的制造商将需要通过以下三种途径之一获得其产品的上市前授权：SE，豁免SE或烟草产品上市前申请（FD&C法第905和910条）。如NPRM（Notice of proposed rulemaking，拟议法规）所述，我们了解到，对于一些新近被视为烟草产品，特别是新产品，2007年2月15日市场上可能没有合适的产品来支持SE的索赔。因此，在NPRM中，FDA考虑为所有三种销售途径，包括上市前烟草应用（PMTA）、SE报告和SE豁免，设定24个月的依从时间。

FDA仔细考虑了许多关于预期合规期限的评论。许多意见表示担心，新的烟草制品将继续存在，并可能在没有科学审查的情况下继续无限期地销售。其他意见表示关切，有些提交的数据表明口味对青年和年轻人使用烟草制品有影响。FDA还收到了关于如果有风味的ENDS仍然可用，可能产生一些对公共健康有益处的评论和数据。在仔细考虑所有这些意见之后，FDA在这里宣布了修订的合规政策以及最终的规定。但是由于相关的时间段是显而易见的，FDA在NPRM中制定了预期的合规政策，出于类似的原因，这里宣布了修订后的合规政策，而不是单独的指导性文件。由于FDA的合规政策，我们预计许多制造商将在本最终规定生效日期之后将其产品投放市场。但是，如果某产品的制造商无法支持其产品的 SE 要求（如无法识别有效的述语，或未在合规期限内提交具有有效述语的 SE 报告，或在持续的合规期限内未收到授权），并且在适用的合规期限结束之前没有获得其他可用销售渠道之一的授权，则这些剩余在市场上的产品由于未能实施而受到强制执行（例如扣押，禁制令）FD&C 法案第 905 和 910 条规定的上市许可。

FDA 的 NPRM 包含了对不同可能的合规政策方法的详细评论请求。FDA 就这些合规政策问题收到了许多意见。例如，24 个卫生和医疗机构共同提交的评论指出，NPRM 所涵盖的 FDA 审查期间的预期 24 个月合规期和无限期持续上市将延长公众接触含有高度成瘾性物质尼古丁的产品，并且不符合授予销售订单的法定标准（评论编号 FDA-2014-N-0189-79772）。他们表示，这种方法将允许制造商以对年轻人有吸引力的方式推销新推出的产品，并以不受限制的方式无限期地操纵这些产品的内容。美国众议院能源和商业委员会，卫生小组委员会及监督和调查小组委员会的少数成员排名也要求比 NPRM 所设想的更为保守的合规期限，认为拟议的合规期“将青年置于风险中”（评论号 FDA-2014-N-0189-80119）。此外，一个烟草控制政策网络和法律专家对烟草控制法适用公共卫生标准未予审查的烟草产品持续销售的影响表示关注（评论编号 FDA-2014-N-0189-81044）。FDA 还收到了意见，建议该机构应根据风险的连续性错开不同产品类别的合规期限，ENDS 比其他产品类别具有更长的合规期限（例如 FDA-2014-N-0189-81859；注释号 FDA-2014-N-0189-10852）。FDA 还收到了有关调味烟草制品对青少年和年轻成人使用效果的评论和新数据。

FDA 理解香味和使用香味烟草产品的吸引力在烟草产品的开始以及持续使用与使用这些产品相关的健康风险方面具有重要作用。根据所有这些意见，我们认为无限期地行使执法的自由裁量权可能使青年和年轻人面临与烟草有关的死亡和疾病的风险。但是，我们认识到在某些产品（如 ENDS）替代传统烟草香料的可能帮助一些试图从燃烧产品转换的成年用户。此外，至少一些有风味的燃烧产品可能是“祖先”，因此无论序言中规定的合规期限如何，都将保留在市场上。考虑到合规期限和口味的所有评论，我们正在建立交错的合规期。这种方法将使 FDA 在未经科学审查的情况下平衡对所有新近被视为新烟草产品的延长可用性的担忧，关注有香味的烟草产品对青年的吸引力，以及一些成年人可能使用某些有香味烟草产品替代燃烧的烟草产品。FDA 正根据申请提交的预期复杂程度建立错开的初始合规期，然后是 FDA 审查的持续开始时间，以便我们的执行决定权在每个初始合规期限后的 12 个月内结束。换句话说，所有新近被视为新烟草产品的制造商将有一个 12，18 或 24 个月的初始合规期，用以准备申请上市许可，以及在这些日期之后的 12 个月的持续合规期其中要获得 FDA 的授权（导致 24，30 或 36 个月的合规期）。在持续的合规期结束后，产品将被执行，除非它们是“祖先”产品或者是一个营销授权命令。FDA 对上市前审查的合规政策进行修订，使得产品在市场上销售，而制造商寻求审查，但也考虑终止持续的合规政策，平衡评论中提出的公共卫生问题，使机构能够更有效地管理流程的申请，并鼓励申请人提交高质量的上市前申请。

根据这一修订的合规政策，对于本最终规定生效日期期间在市场上销售并且在 2007 年 2 月 15 日没有上市的新近被认定的产品，FDA 将提供制造商提交的 12 个月初始合规期限（和 FDA 接受）SE 豁免申请，制造商提交（和 FDA 接收）SE 申请的 18 个月初始合规期，以及制造商提交（和 FDA 接收）的 24 个月初始合规期 PMTA。

如果制造商在各自的合规期限内提交（和 FDA 收到）申请，FDA 将在下段所述的一段时间内继续遵守合规政策，并且在没有 FDA 的授权下不打算对这些剩余的产品采取执法行动。

对于使用 SE 豁免途径的新近认定的烟草制品，此持续合规期（即 FDA 不打算执行上市前审查要求的时间）将在本最终认定规定第 1100 部分生效日期之后 24 个月（即在 12 个月初始合规期限结束以提交和收到 SE 豁免申请后 12 个月）。SE 豁免途径的早期提交期限是为了让制造商有时间考虑其他途径，如果豁免申请被拒绝，或者 FDA 拒绝接受申请，例如申请不完整。对于使用 SE 途径的新近认定的烟草制品，此持续合规期限将在本最终认定规定的第 1100 部分生效之日起 30 个月后结束（即在 18 个月初始合规期限结束后提交和收到 SE 的 12 个月报告）。对于新近被视为使用 PMTA 途径的烟草制品，这种持续的合规期限将在生效日期之后的 36 个月（即在 24 个月合规期限结束后提交和收到 PMTAs 后的 12 个月）关闭。在本最终认定规定第 1100 部分生效之日起 24 个月内未提交三条销售途径之一申请的新近认定的烟草制品，将不会受益于本持续合规政策，并将受到强制执行。此外，对于根据本政策提交申请的产品，如果持续的合规期限结束，则即使该产品有最初提交的初始合规期限设定的待决申请，没有上市授权的产品仍然在市场上销售以前，在本文件中将受到执行。然而，如果在持续合规期结束时，申请人提供了所需的信息，并且待审销售申请的审查已经取得实质性进展，FDA 可以根据具体情况考虑是否在合理的时间内推迟执行上市前授权要求。

关于对某些产品无法使用 SE 途径的担忧，FDA 指出，申请人可以使用 2007 年 2 月 15 日之前在美国商业销售的任何烟草产品作为判定，或以前已经被发现的基本等同的烟草产品。如果您的烟草产品在 2007 年 2 月 15 日之前已经在美国进行商业销售，但在当天没有进行商业销售的产品，它不是一个“祖父”产品，除非您根据 FD&C 法案第 910 条获得上市许可，否则不得在市场上销售。这可能包括与作为 SE 报告主题的新产品处于不同类别或子类别的判定描述。虽然 FDA 目前没有将比较限制在同一类别的政策，但我们确实看到跨类别比较对于申请人而言更具挑战性，如果在获得经验管理的情况下获得批准，我们可能在将来进行比较时表示限制新近被视为产品。FDA 还在继续研究 2007 年 2 月 15 日上市的电子烟，其他 ENDS 和加热卷烟产品。另外，FDA 已经确定某些电子卷烟和其他卷烟于 2006 年制造，并于 2007 年初在美国上市销售。特别是，我们已经确定了 2007 年 2 月 15 日在市场上销售的 ENDS 产品。该产品可以作为 SE 途径的判定目标。为了便于确定产品是否有资格作为有效的判定标准，在 2007 年 2 月 15 日在美国有证据证明电子烟或其他 ENDS 在商业上销售的任何个人可以提交一份独立的“祖父”提交［见“最终指导原则”，“建立一种烟草产品在 2007 年 2 月 15 日在美国上市销售”（79 FR 58358，2014 年 9 月 29 日）］（根据 FDA 迄今为止的经验，由于独立的“祖父”提交是纯粹的自愿的，FDA 并不预期许多制造商会提交这样的报告，但是这个选项是可用的）。无论选择用于比较的产品，制造商都负责提供足够的科学数据来证明在 SE 报告中，新产品的特征与判定产品相同，或者如果特征不同，这些差异不会导致新产品提出不同的问题公共卫生。我们鼓励感兴趣的各方在 http://www. fda. gov 网站上查看 FDA 的申请，以获得与指定判定产品相比不会产生不同公共卫生问题的产品的例子。

①作为制造商的电子烟机构。一些评论要求 FDA 根据 FD&C 法案澄清，电子烟零售店和点烟机构是否被认为是烟草制品制造商。作为回应，FDA 已经解释说，根据 FD&C 法案中规定的定义，混合或制备电子液体或创建或修

改用于直接销售给消费者的雾化装置的企业是烟草制品制造商，并因此受到相同的法律要求适用于其他烟草制品制造商。

②对健康警告要求的修订。FDA 正在最终确定这一推定规定，对新推定的产品提出健康警告要求进行一些更改。例如，FDA 稍微修改了尼古丁警告声明，内容如下："警告：本品含有尼古丁。尼古丁是一种令人上瘾的化学品"。对不含尼古丁的产品（即没有可检测到的尼古丁）的替代警告声明修改为："该产品是由烟草制成的"。我们还提供了额外的语言解释过程自证明产品不含尼古丁（必须提交给 FDA）以及记录本自我认证的建议。不包含烟草或尼古丁或不是来源于烟草或尼古丁的电子液体不符合本最终规定中所述的"烟草覆盖产品"的定义，也不会要求携带成瘾警告或提交一个自我认证。此外，我们增加了一些语言，以澄清包装上的警告声明必须至少以四号字体大小打印，以使得警告标语醒目清晰。

此外，我们增加了一条规定，指出产品包装太小或者无法容纳具有足够空间来承载此类信息的标签可以免于将警告声明直接放在包装上的要求［根据§1143.3（a）（1）］，只要符合§1143.3（a）（2）和（d）中列举的警告要求即可。例如，对于小包装，警告声明必须出现在外纸箱或其他外容器或包装纸上的两个主要显示面板上，或者在永久固定在烟草制品包装的标签上。必须按照第 1143.3（a）（1）和（2）（其中规定了成瘾警告的规定）中的相同规定打印此要求的警告。在这种情况下，纸箱、外部容器、包装物或标签将作为主要显示位置之一。

③雪茄的生殖健康警示。在拟议的认定规定中，FDA 建议要求在大多数雪茄包装和大多数雪茄广告中包含五个警告中的四个，作为联邦贸易委员会（FTC）和七大美国雪茄制造商协议结果（以下简称"FTC 同意书"）（见 In Swisher International，Inc.，案卷号 C-3964）。FDA 不建议要求第五个警告（医生一般警告：烟草使用增加不育，死胎和低出生体重的风险），但要求就这一决定提出意见。经过进一步的考虑，FDA 决定特别要求提供关于生殖健康影响和雪茄使用的第五次警告，内容为"警告：怀孕期间使用雪茄会伤害您和您的宝宝"。此要求得到现有科学证据的支持，适用于保护公众健康。然而，由于"烟草烟气增加了不育，死胎和低出生体重的风险"的一般性陈述也是一个真实的陈述，并且由于科学证据表明，雪茄烟在含量和效果上与香烟烟气相似，FDA 允许使用 FTC 同意书规定的生殖健康警告作为第五种 FDA

警告的可选替代方法。FDA 期望提供可选的替代方案，有利于受 FTC 同意书约束的实体。

④尼古丁暴露警告和防儿童开启包装。审查意见后，FDA 认识到提醒消费者注意并保护儿童免受摄入以及含有尼古丁的电子液体对眼睛和皮肤的危害的重要性。为此，FDA 在此认定规定［80 FR 51146（2015）］之前发布了 NPRM（ANPRM），寻求评论，数据，研究或其他信息，以便通报 FDA 可能采取的有关尼古丁暴露的监管行动警告和防儿童开启包装。此外，在本期“联邦纪事”的其他部分，FDA 已经提供了指导性草案，与此同时，最终规定将会描述 FDA 目前关于解决新认定 ENDS 产品上市前授权要求的一些适当方法的想法，包括暴露警告和防儿童开启包装。这将有助于支持一个产品的市场营销是否适用于保护公共健康。

⑤要求适用于新认证产品的补充法规。在 NPRM 中，FDA 指出，一旦产品被认定为烟草制品，FDA 可以颁布适用于新认定产品的附加法规，包括 FD&C 法案第 907 条下的产品标准（21 USC 387g）。FDA 收到了许多适用于新认定产品的附加规定的建议，并考虑是否针对此类规定发布 NPRM。

⑥针对某些规定和小规模烟草制品制造商的合规政策。在 NPRM 中，FDA 要求评论新认定烟草制品的小生产商完全符合 FD&C 法案的要求，以及 FDA 如何能够解决这些问题。考虑到意见和 FDA 的有限执法资源，机构认为，这些资源可能不能最好地用于对某些小规模烟草制造商的制造商立即执行本规则的某些规定，并且可能需要更多时间来使其遵守 FD&C 法案某些规定的要求。一般来说，为了达到这个新的合规政策的目的，FDA 正在规定这些制造商额外的时间来遵守某些规定（即，对 SE 报告中的缺陷作出回应的额外时间，烟草健康文件的额外 6 个月合规期限提交要求以及额外的时间来提交成分列表）。正如与其他制造商一样，这些小型烟草制造商也获得关于市场应用的额外帮助，包括：一个监管健康项目经理，使他们在 FDA 的烟草产品中心（CTP）科学办公室（OS）联系有关其营销应用程序的问题；拒绝营销申请（其中一家小企业已经占据优势）的上诉流程；以及 CTP 合规执行办公室（OCE）的工作人员，他们协助这些企业确定可能用于确定他们的印刷产品 2007 年 2 月 15 日上市的文件。此外，CTP 的 OCE 将继续协助小型烟草制品制造商提交 FDA 批准的轮流警告计划，并提供一个系统来帮助这些企业满足 FDA 的监管要求。FDA 认为小规模烟草制品制造商是雇用 150 名或更少的

全职同等雇员，年收入总额不超过500万美元的制造任何形式烟草制品的制造商。在制定我们对小规模烟草制品制造商的政策的思考时，FDA已经考虑了所有关于当前新产品制造商的就业、收入、产量和其他操作细节的所有可用数据。FDA认为制造商应包括由其控制，受其控制或与其共同控制的每个实体。为了使FDA的个人执法决策更有效率，制造商可以自愿提交有关就业和收入的信息。

⑦针对所有新产品制造商的部分法规要求的政策。虽然FDA坚持认为所有的自动规定都是重要的，因为所有的烟草产品都有固有的风险，但FDA认识到，许多自动规定联邦公共卫生法规新规定的实体来说是具有挑战性的。此外，FDA预期将从其已有烟草制品管理中获得必要的信息。因此，FDA已经建立了上市前提交的合规政策，以及对新近认定的烟草产品的某些组成部分的获得授权的政策。我们注意到，FDA还打算根据第904（a）（3）部分发布有关HPHC报告的指导意见，之后还要按照第915部分的要求发布检测和报告法规，制造商有足够的时间在3年的合规期限内用于HPHC报告。第904（a）（3）条要求提交一份列出所有成分的报告，包括秘书认定为有害或潜在有害的成分。第915节要求测试和报告秘书认为应该测试的成分，组成和添加剂以保护公众健康。第915节的测试和报告要求仅在FDA发布实施该部分的条例之后才适用，但目前该部分尚未完成。在确定这些检测和报告要求之前，新认定的烟草产品（以及目前受管制的烟草产品）不受第915条规定的检测和报告规定的约束。如本文其他部分所述，FDA不打算在3年合规期结束之前对新认定的烟草制品执行成分报告需求，即使HPHC指引和第915条规定在该时间之前已经发布。

⑧可分割性。根据《烟草控制法》第5节，FDA考虑并打算将其主管部门的所有烟草产品的延期以及本规则规定的各种要求和禁止规定为可分割的。FDA的解释和立场是，本规则的任何规定的无效不应影响本规则的任何其他部分的有效性。如果任何法院或其他合法当局暂时或永久失效、限制、禁止或终止本最终规定的任何规定，FDA将认定其余部分继续有效。如《烟草管制法》第5条所述，如果某些对本条款的适用对个人或情况（序言或其他方面的讨论）被认定为无效，则对其他任何人或情况的适用不会受到影响，将继续执行。该规则的每一条规定都独立地由本序言中所描述或引用的数据和分析支持，如果单独出具将继续适当行使FDA的权力。

(四) 烟草制品成分清单

2009 年 6 月 22 日颁布的《家庭吸烟预防和烟草控制法案》(《烟草控制法案》)修订了“联邦食品，药物和化妆品法案”(FD&C 法案)，并赋予 FDA 管理制造，销售和分销的烟草制品的权利，以保护公众健康，并减少未成年人使用烟草(Pub。L. 111-31，123 Stat. 1776)。《烟草控制法》在其中规定了 FD&C 法案(21U. S. C. 387d)第 904 条，对烟草制品配料提出了要求。

《烟草控制法》生效后，卷烟、香烟烟草、自卷烟草和无烟烟草在 FD&C 法案第九章(包括第 904 条)中立即被纳入 FDA 的烟草制品管理。其他类型的烟草制品，按照 FD&C 法案第 901(b)条[21U. S. C. 387a(b)]赋予了 FDA 权力认可那些符合第九章的产品。根据该权威机构，FDA 发布了一项拟议的规则，旨在认定 FD&C 法案[21 USC 321(rr)]第 201(rr)条款中规定的符合烟草制品法定定义的所有其他产品(79 FR 23142，2014 年 4 月 25 日)。经审议并考虑对拟议规定的意见后，于 2016 年 5 月 10 日公布的最终规则于 2016 年 8 月 8 日生效。因此，所有符合烟草制品法定定义的产品均须 FD&C 法按照第九章(包括第 904 条)的烟草制品管理，除非这些附件不属于 FDA 的烟草产品管理局的认定规定。

FD&C 法案第 904(a)(1)条要求每个烟草制品生产商或进口商或其代理商提交所有品牌和子品牌向烟草、纸张、过滤或烟草产品的其他部分添加的成分(包括烟草、物质、化合物和添加剂)和数量。对于 2009 年 6 月 22 日市场上销售的卷烟、卷烟烟草、自卷卷烟和无烟烟草制品，配料表必须在 2009 年 12 月 22 日前提交。对于卷烟、卷烟烟草、自卷卷烟和无烟烟草制品在 2009 年 6 月 22 日时尚未上市的产品，第 904(c)(1)部分要求在交货前至少 90 天提交配料清单，以便引入州际贸易。FD&C 法案第 904(c)条也要求在任何添加剂或任何添加剂的数量发生变化时提交信息。

如认定规定序言所述，对于 2016 年 8 月 8 日以前上市的卷烟、卷烟烟草、自制卷烟和无烟烟草以外的产品，FDA 不打算执行第 904(a)(1)成分列表提交要求，直至生效日期后 6 个月(针对大规模烟草制品生产商)或生效日期后 12 个月(针对小规模烟草制品生产商)。根据这一政策，FDA 不打算对 2016 年 8 月 8 日以前的市场上的这些产品强制执行配料清单提交要求，直到 2018 年 5 月 8 日(针对大规模生产商)，以及 2018 年 11 月 8 日(针对小规模烟草制品生产商）（81 FR 28974—29008）。

对于2016年8月8日以后首次销售的产品，制造商必须至少提前90天将产品交付引入州际商业之前提供901（a）（1）所要求的成分列表信息，正如针对2009年6月22日以后首次销售的卷烟、卷烟烟草、自卷卷烟和无烟烟草［第904（c）（1）条］。

根据FD&C法案［21U. S. C. 331（q）（1）（B）］第301（q）（1）（B）节的规定，未能提供第904条所要求的任何资料是被禁止的行为。此外，根据FD&C法案［21 USC 387c（a）（10）（A）］第903（a）（10）（A）条，烟草制品如果出现拒绝遵守或者未成功遵守根据第904条规定的任何要求，则被视为假牌。涉及第904条的违规行为将受到FDA的监管和执法行动的约束，包括但不限于扣押和禁令。

1. 相关定义

- 附件：是指任何打算或合理预计将用于或供人食用烟草制品的产品；不含烟草，不是由烟草制成或衍生的；并满足以下任一条件。

（1）不打算或不可能影响或改变烟草制品的性能、组成、成分或特性；

（2）打算或合理预期会影响或保持烟草制品的性能、组成、成分或特性，如完全控制储存烟草制品的水分和/或温度；或者单独提供外部热源来启动但不保持烟草制品的燃烧。

- 添加剂：是指任何直接或间接导致或可能合理预期导致其成为组成部分或以其他方式影响任何烟草制品的特性（包括任何旨在用作调味剂的物质）或着色或生产、制造、包装、加工、制备、处理、包装、运输或持有），但该条款不包括烟草或生烟草或农药化学品中或其上的农药化学残留物。｛FD&C法第900（1）条［21U. S. C. 387（1）］｝

2. 烟草制品成分清单（经修订）

烟草制品成分工业指南

这一指南代表了美国食品药品监督管理局（FDA）目前的想法。它不为任何人设立任何权利，对FDA或公众没有约束力。你如果符合法规和规章的要求，可以采用替代方法。要讨论另一种方法，请与负责本指南的FDA工作人员联系。

一、引言

本指导文件旨在帮助制造烟草产品成分的人员。本指南适用于卷烟制造商和进口商，卷烟、手卷烟、无烟烟草的烟草制品，根据FDA的最终规则，认为烟草产品属于联邦食品，受《家庭吸烟和烟草管制》修正的《药品和化妆品法》法案（81 FR 28974，2016年5月10日）（推定规则）。

指导文件除其他外解释了：

- 提交烟草产品所有配料清单的法定要求；
- 定义；
- 谁提交成分信息；
- 提交材料中包括哪些信息？
- 如何提交信息；
- 以及何时提交资料；
- FDA的遵约政策。

FDA的指导文件，包括本指南，没有建立法律强制执行责任。相反，指南描述了该机构的一个主题思想和除非具体的法规或法定要求，否则只被视为建议。“引用”这个词的使用在机构的指南应该意味着什么或是建议，但不是必需的。

二、背景

颁布的关于2009年6月22日修订《家庭预防吸烟和烟草管制法》（《烟草控制法》），联邦食品、药品和化妆品法（FD&C法案）并提供FDA有权管理烟草的生产、销售和分销。保护公众健康和减少未成年人使用烟草的产品（111-L. 31，123 Stat. 1776）。在许多条款中，《烟草管制法》增加了第904条FD&C法案（21 U. S. C. 387d），建立烟草产品成分的要求意见书。

香烟、香烟烟草和无烟烟草属于FDA FD&C法案第九章中的烟草制品，根据该权力机构，FDA发布了一项建议，所有符合烟草产品法定定义的产品受烟草制品的管辖。

3个例子，目前市场上销售的，须遵定规则的产品包括：雪茄、烟斗烟草、尼古丁的凝胶、某些可溶性尼古丁产品、电子尼古丁释放系统、电子烟、含有尼古丁的液体雾化器等。

《烟草法》第904（a）（1）条要求每个烟草制品生产商或进口商，或代理，提交所有成分的清单，包括烟草、物质、化合物，以及由制造商添加到烟草、纸张、烟丝或其他部分的添加剂。香烟、卷烟、和无烟烟草产品在市场上作为2009年6月22日的配料表必须在2009年12月22日前提交。香烟、

卷烟和无烟烟草产品不在市场的配料表截至2009年6月22日，第904（c）（1）要求原料清单至少在交货前90天提交。进入州际商业《贸易法委员会法》第904（c）节的也要求提交任何添加剂或添加剂的数量是否发生变化。

在前文描述的推定规则，包括卷烟产品，卷烟烟草和无烟烟草，截至2016年8月8日，FDA不打算强制执行成分列表提交要求。至于那些在2016年8月8日之后首次上市的产品，制造商必须至少提前90天提供。

FDA没有在2009年12月22日的最后期限下提交药物成分清单的需要强制执行提交。2010年6月22日之前，遵照2009年11月指南中所述的遵约政策。

为了遵守这项政策，FDA认为小型烟草产品制造商是一个任何规定烟草产品的制造商，雇用150名或更少的全职同等雇员，并拥有年总收入至少为500万美元。

这些日期适用于所有公司，不论制造商或进口商是否在某一地区。受最近的自然灾害影响，如2017年10月指南所述。

然而如上所述，烟草产品受推定规则附件明确排除规则推定条款。因此，虽然它们符合烟草产品的定义，但这种附件目前还没有。以《贸易法委员会法》第九章为准［包括第904（a）（1）条］。

三、论述

A. 什么规定适用于本指南？

FDA打算使用以下定义来实现原料清单的要求《贸易法委员会法》第904条：

附件：术语“附件”是指预期或合理预期的产品。用于人类消费的烟草制品；不含烟草并不是由烟草制成或衍生的，并符合下列任何一种：

（1）预期或合理预期不会影响或改变烟草制品的成分或特性；

（2）预期或合理预期影响或维持烟草制品的成分或特性，如（a）仅控制储存的烟草产品的湿度或温度；（b）仅提供外部热源以启动但不保持燃烧烟草产品。

- 添加剂：术语“添加剂”是指预期使用或结果的任何物质。在其成为一个组件时，可以合理地期望直接或间接地产生结果。或以其他方式影响任何烟草产品的特性（包括任何物质）用作调味品或着色剂或用于生产、制造、包装、加工、制备、处理、包装、运输或保存，但不包括烟草或在原烟草或烟草中的农药化学残留物。

组件或部件：“组件”或“部件”是指任何软件或组件。

预期或合理预期的材料：

(1) 改变或影响烟草产品的性能、成分或特性；

(2) 用于人类消费烟草制品，组成部分排除任何烟草产品的附件。FDA注意到，在第九章中，组件和部分是分开的不同的术语。然而为了本指南的目的，FDA正在使用术语“组件”和“部件”互换。FDA可能澄清未来的组件和部件的区别。

• 成品烟草产品：成品烟草术语指烟草制品，包括所有部件，密封在最终包装中，以供消费者使用（例如，分别出售给消费者的烟丝或烟管作为成套器具的一部分）。

• 进口商：“进口商”是指任何进口烟草产品的人。拟在美国销售或分销给消费者。

• 邮袋：“邮袋”是指一种可渗透的材料，其目的是预先填充——将烟草产品置于口腔的烟草产品。

• 小规模烟草制品制造商：小规模烟草产品制造商是指使用150人或以上的任何管制烟草产品的制造商。全职员工较少，年总收入为500万美元或少于500万美元。FDA认为制造商包括它所控制的每一个实体，由其控制，或是在共同控制下。

• 烟草制品：“烟草产品”一词在《贸易法委员会法》第201节（RR）中定义：

(1) “烟草产品”指任何由烟草生产或衍生的产品。用于人类消费，包括任何部件或烟草制品的附件（除了烟草以外的原料）。

用于制造烟草制品的部件或附件［201节（RR）的FD&C法案（21 U.S.C. 321（RR）］。

(2) “烟草产品”一词不包括一种属于毒品的物品。［第201（g）（1）］条，［第201款（h）项］下的装置，或组合产品｛503节所述（G）FD&C法案［21 U.S.C. 353（g）］｝。

• 烟草制品制造商：“烟草制品制造商”一词的意思是任何人，包括重新包装或贴签，(a) 谁生产、制作、安装，烟草制品的加工或标签；或 (b) 进口成品烟草产品出售或分销在美国｛第900（20）的FD&C法案［21

U. S. C. 387（20）］｝。因此，该术语不限于生产含有产品的人。

然而，正如上文所述，烟草产品受推定规则附件明确排除规则的有关规定。因此，虽然它们符合烟草产品的定义，但附件目前不受《贸易法委员会法》第九章的约束［包括第904（a）（1）条］。

B. 谁提交成分信息？

第904（a）（1）条规定的要求适用于每一个“烟草制品制造商”或“我们认为这意味着国内制造商必须提供所要求的产品。”他们生产的产品的原料信息，或者是外国制造商或烟草产品的进口方必须提交进口所需的成分信息。

烟草制品、进口的烟草产品、外国制造商和进口商，需要合作以确保原料信息是按照第904节的要求提交给FDA。如果有失败或拒绝遵守配料清单中的要求，然后在其他事情上的产品被假冒，根据第903（a）（10）（a）款，因此在拒绝进入美国的情况下烟草制品制造商须根据第904（c）条提交材料。在美国销售或分销的成品烟草的进口者属于制造商的定义。非制造商所需提交的进口商，根据第904（0）条提供的资料或报告可提交有关代理人的资料。

C. FDA对管制烟草产品的遵约政策是什么？

对于所有的烟草产品，包括香烟、卷烟、无烟烟草，以及其他烟草产品由于推定现在调节规则，FDA打算强制执行第904（a）（1）条的内容提交要求。

有关烟草产品的部件信息，例如上市前申请完成烟草产品和通过主文件的使用，如指南中的烟草产品主文件解释。FDA发现应该需要更多的信息来保护公众健康，该机构可能重新考虑这项遵约政策。通过指导或制定规则，传达任何遵从性政策变更。

原料清单上有哪些信息？

1. 制造商/进口商标识

制造商/进口商标识应该包括每个烟草产品制造商和进口商的名字和地址。代理人代表制造商或进口商提交成分信息。FDA也要求您提供以下信息来帮助我们与您沟通：

- 公司电子邮件地址；
- 数据通用编号系统（D-U-N-S号码或其他独特）标识；

- 分配给你的机构的设立机构标识符号。

2. 产品标识根据《销售法》第 904（a）（1）条，烟草制品生产商或进口商是要求按“品牌”和“每个数量”提交每个烟草产品的配料清单品牌和次品牌。我们解释这个要求烟草产品制造商或进口商为任何不同的烟草产品单独提交配料清单，其他不影响产品特性的包装差异。例如，如果软包装和一包香烟有不同的水分含量、货架寿命、或成分。成分（包括在包装中引入但已知或合理预期的成分）为了融入消费品中，它们被认为是不同的产品。第 904（a）（1）款需要单独的配料清单。相反，如果香烟在不同的包装配置销售是相同的，一个单一的成分清单应该提交产品，需注意不同的包装配置。

每一个成分表，清晰识别的品牌和次品牌产品，包括烟草产品的类型或类别（如香烟、无烟烟草产品）、雪茄、水烟烟草产品和子类。同时要包括额外的标识符［例如，库存单位（SKU），通用产品代码（UPC）和目录数字］来识别产品的品牌和次品牌。

本指南可在 CTP 指导网页上查阅。

http://www.fda.gov/tobaccoproducts/labeling/rulesregulationsguidance/default.htm。

3. 成分鉴定

《贸易法委员会法案》第 904（a）（1）条规定了提交材料的要求。该法规要求列出所有成分，包括烟草、物质，化合物和添加剂，由制造商添加到烟草、纸张、烟丝、或每一烟草制品的其他部分，从提交之日起，配料必须指定为每一个品牌和烟草制品。

由制造商提供。当制造商知道成分是通过烟草制品制造过程中的化学反应形成的，或当制造商知道或打算将成分添加到任何类型的包装时被纳入消费产品，该成分被认为是由烟草制品制造商提供。每个列出的成分都是唯一标识的，以区别于相似或相关的成分。

下文所讨论的配料类型。单一化学物质和外购化合物原料药，FDA 还要求提供更多的信息，包括预期的信息，各成分的功能。通过要求成分的功能，代理请求确定最终产品中所有成分的预期功能。例如，成分可以作为保湿剂，香料，或化学剂影响主流烟气或侧流烟气的感官知觉。

D“如何提交成分信息?”

a. 单一化学物质

单一化学物质的成分（如氯化钠、氢氧化铵），可以购买和准备内部和纯化，是唯一的标识使用一个独特的科学名称或代码，如FDA UNII（独特的成分标识）代码，化学文摘服务（CAS）编号或国际纯应用联合会化学名称（IUPAC）。如果准备一个非反应性混合物（例如，缓冲区）纯化的化学物质，必须要报告的每一个混合物中单一的化学物质。

为了进一步识别每一种化学物质，FDA要求提供物质（例如，纯度百分比，已公布的标准）的成分，任何内部标识号（例如，SKU，产品代码）在其公司用来参考的成分和各组分的预期功能。我们建议使用FDA UNII代码识别单一的化学物质。

FDA的物质登记系统（SRS）支持卫生信息技术倡议。通过生成FDA规定产品中成分的唯一成分标识符。FDA UNII是专有的、自由的、独特的、非字母数字标识符，基于物质的分子结构或描述信息。

许多成分已经具备FDA号码。对于尚未在SRS中的组分，您可以通过提交必要的信息发送至tobacco-unii@ fda. hhs. gov请求FDA UNII。

b. 烟叶

完全由机械加工制备的烟叶（即整片叶子或部分）不包括饮用水以外的化学品、添加剂或物质。通过提供以下信息来标识：

- 类型；
- 品种；
- 固化方法（如烟道、火、太阳、蒸汽、空气）和热源（例如丙烷）；
- 用于烟草的任何重组DNA技术的描述。

FDA要求进一步识别带有任何内部标识号的烟叶，每种烟叶都应单独报道。

c. 复杂采购原料

复杂采购原料指不是单一化学物质或单一类型烟叶的成分。本节所述的可识别的复杂成分包括巧克力、香料提取物、烟叶混合物和再造烟草等。这样的配料还包括自然来源的、经过机械加工的配料（例如，粉末、香料、果汁）。标识符如CAS号码和FDA号码是不够识别最复杂的成分，因为它们是由多种物质组成的。本指南将复杂采购原料的类别分为两类，根据您的规格制作的复杂配料（即不作为商品可用）为您准备的定制产品，包括通过合同或其他商业方式购买的配料。为此，需要提供以下信息：

- 制造商的全称；
- 唯一标识产品名称和/或数字（例如，目录编号或条码）；
- 唯一标识每个特定成分的信息（即每种成分）。

指定制造商在生产中使用，每个指定的成分是以与其他成分相同的方式唯一标识的。

d. 反应产物

当制造商在烟草产品制造过程中打算通过化学物质形成某种成分时，FDA认为所合成的材料是由烟草制品制造商添加的成分。因此，这些反应产物包括在配料清单中。反应产物可能来自混合或加工过程中发生的反应，在生产过程中，或在储存期间。反应产物可能导致从产品的同一部分（例如再造烟草）中的原料之间的反应添加到产品的不同部分（例如烟草、纸张）或添加的成分之间。此外，反应可能发生在添加的成分或烟叶内在成分和化学成分之间。

每个反应产物成分都以同一种方式被唯一标识。为了进一步识别这些反应产物，FDA要求陈述添加反应物的成分组合、形成、反应产物和预期的功能。

4. 配料的一部分

《贸易法委员会法案》第904（a）（1）条要求列出由该法增加的成分。制造商生产烟草、纸、过滤器或其他零件。FDA解释这意味着制造商/进口商指定成分添加到烟草的纸、过滤器，或烟草产品的另一部分。

5. 成分的数量

根据《贸易法委员会条例》第904（a）（1）条，你必须按品牌或次品牌的数量报告配料。根据第904（d）和（e）条，FDA必须公布有害成分清单。FDA打算依赖一致性即来自制造商和进口商的报告，以有用的方式发布此列表而不误导公众。因此，必须提供配料信息。使用所有产品一致的单元。此外，配料报告工程量的目的是向工程处提供协助执行的信息。

《贸易法委员会条例》的其他规定（例如，制定烟草产品标准）实质等同决定。因此，需要以一致的方式报告数量。使用化学过程中绝对测量的所有产品的单位反应。因此，FDA将术语的数量解释为一个质量单位，也就是说，（a）国际标准的国际单位制烟草产品。

因此所有的烟草制品，数量是在用于将单位表示烟草产品（例如，一支香烟，一支雪茄）或每克烟草产品（例如，松散的鼻烟、烟草薄片、水烟、水烟炭，电子液体）。

在生产过程中添加和随后除去的溶剂或其他成分仍被认为是根据《贸易法委员会条例》第904（a）（1）条加入的成分。因此，去掉的成分要标识，剩余的数量要注明。如果数量接近于零，则标出检测限。

你要报告烟草产品中所含的所有成分数量。你可以计算以增加的数量为基础，根据已知或预期损失而调整数量，制造过程中的化学反应；或者，烟草中所含的量。产品可以来自实验室测试。

E. 如何提交原料信息？

FDA强烈鼓励电子投稿。电子提交可减少纸张，并有助于高效率和及时提交给FDA处理、审查和归档。此工具提供一个模板窗体来报告组件数据和自动确认FDA收据并允许用户附加大量文件，例如PDF文档。使用esubmitter，先从FDA网站下载工具http：//www.fda.gov/forindustry/fdaesubmitter并安装在您的计算机上。选择“烟草制品成分清单”提交CTP，在esubmitter程序软件中直接输入关于原料清单的信息。

虽然FDA大力鼓励电子提交，但也接受纸张提交。

F. 什么时候提交原料信息？

制造商和香烟、香烟烟草和无烟烟草的进口商在2009年6月22日之前进入州际贸易的产品是必需的。《贸易法委员会法案》第904（a）（1）条规定在2009年12月22日前提交所有原料清单。香烟、香烟烟草和无烟烟草产品最初上市2009年6月22日之后，原料清单至少在产品交付之前90天到期。州际商业介绍［第904（c）（1）条］，第904（c）节也要求当任何添加剂或添加剂的数量发生变化时，提交信息。

具体而言，根据第904（c）（2）和（c）（3）款，如果制造商：

- 消除或减少现有添加剂，必须在60天以内向FDA报告；
- 添加或增加FDA规定的作为烟草添加剂的不是人类或动物的致癌物质，也不会对健康有害。预期的使用条件，变更必须在60天内向FDA报告；
- 添加新的烟草添加剂或增加现有烟草添加剂的数量。

如上文所述，变更必须在至少90天前报告给FDA。

本规日期适用于所有公司，不管制造商或进口商是否受最近的自然影响。正如在2017年10月版的指南中所描述的那样，如表1-1所示。

G. FDA 保持成分信息的保密性提交？

本遵守日期适用于所有公司，不论制造商或进口商是否在某一地区。受最近的自然灾害影响，如 2017 年 10 月指南所述。

根据《贸易法委员会条例》第 904 条提交的资料可包括但不限于公司的非公开的商业秘密或机密商业信息。若干法律规定根据第 904 条提交的成分信息的保密性。

表 1-1　　2017 年 10 月版指南

	FDA 打算执行成分提交材料这些产品	引入日期或者再介绍	提交型	提交日期
香烟、香烟烟草和无烟烟草	成品烟产品	市场上的产品从 2009 年 6 月 22 日开始，或更早	部分 904（A）（1）	FDA 没有开始执行到 2010 年 6 月 22 日
		此前市场产品为例停止或 6 月 22 日前撤回，再引入 2009 年 6 月 22 号之后	部分 904（C）（1）	90 天前交付放归到州际商务
		市场销售的产品从 2009 年 6 月 22 日起	部分 904（C）（1）	90 天前交付放归到州际商务
烟草制品 其他比香烟、香烟烟草，和无烟烟草	成品烟产品	市场上的产品 2016 年 8 月 8 日	部分 904（C）（1）	FDA 没有打算小规模执行直到 2018 年 11 月 8 日
		此前市场产品为例停止或撤销前八月	部分 904（C）（1）	90 天前交付放归到州际商务
		市场销售的产品 8 月 8 日之后的第一次	部分 904（C）（1）	90 天前交付放归到州际商务

3. HPHC 文件

FDA 在联邦食品、药品和化妆品法案 904（d）中要求报告烟草制品和烟草烟气中的有害和潜在有害成分（Harmful and Potentially Harmful Constituents,

HPHC）。HPHC 清单是一类化学物质在烟草产品或烟草烟气中产生的，可能导致吸烟者和非吸烟者的危害。

FDA 家庭吸烟预防和烟草控制法案要求烟草产品制造商和进口商报告 HPHC 清单中化合物的含量。

虽然烟草中有 7000 种以上的化学物质，但是 FDA 建立了一个 93 个化合物的 HPHC 清单，烟草公司将需要为每一个在美国销售的烟草产品披露 HPHC 列表造成或可能造成严重的健康问题，包括癌症，肺部疾病的报告和烟草成瘾性。FDA 相信烟草制品或卷烟烟气中“有害的及有潜在危害的组成成分”包括任何化学成分或者化学混合物成分：①潜在地吸入、吞咽、或者是吸收到身体里；②给烟民或非烟民带来直接的或者非直接的潜在的危害。其中包括潜在的会引起直接危害的组成成分的例子和潜在的会引起非直接危害的组成成分的例子：前者如有毒物质、致癌物质、化学添加剂和化学混合物。后者包括可能增加烟草制品危害性的暴露程度的成分：a. 可能促进烟草制品的初学者的使用；b. 可能阻碍烟草制品的中断使用；c. 可能增加药草制品使用的强度（如使用的频率、消费的数量、吸入的深度）。可能会引起非直接危害的组成成分的另一个例子是可能会增强烟草制品的危害结果。

烟草产品科学顾问委员会推荐 FDA 按照下列标准选择有害的及有潜在危害的组成成分的清单：

（1）已被美国环境保护机构确定的已知的、很有可能的、可能的成分；

（2）已被国际癌症科研机构包括国际癌症科研机构第一组（对人类的致癌物质）、国际癌症科研机构第二组（对人类的致癌可能性大的物质）及国际癌症科研机构第三组（可能对人类致癌的物质）确定的已知的、很有可能的、可能的成分；

（3）被国家毒理学计划确定的对人类有致癌作用或者有合理理由认为其会致癌的成分；

（4）被美国国家职业安全卫生研究所确定的有潜在职业致癌物质的成分；

（5）被环境保护机构或者美国毒物管理委员会确定的对呼吸或者心脏有不利影响的成分；

（6）被加利福尼亚州环境保护机构确定的可繁殖的或可再生的有毒成分；

（7）在同行评议整理的基础上，有证据证明有以下至少两种滥用测量方法的倾向（沉溺）：①中枢神经系统活动；②动物药物辨别；③限制性位置偏

好；④动物自我管理；⑤人类自我管理；⑥药物偏好；⑦有撤退信号；

（8）禁止在食品中使用的成分（用于无烟烟草产品） FDA 相信决定一种无论是有害的抑或是有潜在危害的成分的使用标准都是有益的。FDA 根据其自身所知及专业技能，综合考虑有害的及有潜在危害的成分的最新指引，谨慎地评估着由烟草产品科学顾问委员会和公众提供的数据、信息及其对烟草制品中有害的及有潜在危害的组成成分的看法。依据此评估，FDA 暂时推断出在决定一种成分是否应包含在 HPHC 中应该使用此文件中列出的以前的标准。特别地，FDA 还暂时性地推断出应该考虑某种成分遇到这些标准时的危害性及潜在危害性，那样它应该列入 HPHC 清单，除非获得了其他科学的信息或者依照机构的分析，此成分实际上没有危害或潜在危害。为了使其标准化并成为有效信息，FDA 在此文件中将其制成表 1-3。

FDA 承认本文件中表 1-3 中可能不包括所有“有害的及有潜在危害的成分”。比如，此文件中描述的先前的标准一般是取决于某种化学成分或者化学混合物同时被其他实体研究并列入清单的，如被环境保护机构或者美国毒物管理委员会确定的对呼吸和心脏有不利影响的成分。某种成分没有被环境保护机构或者美国毒物管理委员会确定可能是因为它没被研究完全或者相关机构没有对其进行系统性的研究，而不是因为这种成分对呼吸和心脏没有不利影响。此外，FDA 仅仅只关注了有关癌症的五种疾病结果，即癌症，呼吸道疾病，具可再生性或可繁殖性结果的，及成瘾的五种。FDA 打算研究其他的疾病结果以评估烟草制品或者卷烟烟气中附加的化学成分或化学混合物对增进其他疾病的风险是否有推动作用。

同样地，FDA 暂时遴选出的标准仅限于烟草制品和卷烟烟气中那些和致癌物质、有毒物质和附加的化学成分或化学混合物有关的部分。我们在考虑是否应该在 HPHC 清单上引进附加标准以帮助确定其他类别的有害的或有潜在危害的化学成分和化学混合物，以及是否应该增加个别成分。正如这些类型的新信息可能会带来清单上的添加剂的增多，FDA 承认它将继续关注有关烟草产品成分的新的科学的信息以便适当地修正清单上的一种或者多种成分。基于以上理由，FDA 将继续研究有关烟草产品成分的科学信息。为了达成化妆品法令第 904 节（e）中的目的，第 904 节（e）中要求相应的机构应定期地对清单进行适当的修正，为与其保持一致，FDA 打算在公布 HPHC 前后都对其进行跟踪监督。

同时，2010 年《Draft Guidance for Industry and FDA Staff："Harmful and Potentially Harmful Constituents" in Tobacco Products as Used in Section 904（e）of the Federal Food，Drug，and Cosmetic Act》中指出：

本指南是根据 904（e）美国联邦食品、药品、化妆品法帮助烟草公司报告给 FDA 烟草制品和烟草烟气中有害的和潜在有害的成分（HPHC）。具体而言，本指南文件解释：用于测试的法定要求和报告数量的 HPHC；什么 HPHC 是 FDA 的执法重点；HPHC 测试和数量的报告；什么时间向 FDA 提交报告；如何向 FDA 提交报告。

（1）背景　2009 年 6 月 22 日，美国总统签署了家庭吸烟预防和烟草控制法案（烟草控制法案成为法律）。法律赋予 FDA 重要的新的权力来规范烟草制品的生产、销售和分销，以保护公众健康，减少未成年人使用烟草的使用。它也规定了某些行业的义务，包括报告义务。它的许多规定中，烟草控制法案增加了 904 节（一）（3）为 FD&C 法案。本节要求每个烟草产品制造商或进口商，或代理，开始向 FDA 在 2012 年 6 月 22 日报告"所有的成分，包括烟气成分"。

（2）需要向 FDA 提交报告的 HPHC 清单　HPHC 名单的确定选取了不同的化学类成分（例如，多环芳烃、烟草特有的亚硝胺、羰基化合物、芳香胺、重金属、挥发性有机化合物）。这些构成了 FDA 的 HPHC 列表具有代表性的样本，开始研究调控烟草产品之前提交信息的名单，所有 HPHC 提供依据。最后，我们选择了一个小数量的成分，使行业可以在较短的时间内开始测试和报告并分析 HPHC 信息。我们已经确定了不同产品类型烟草制品的 HPHC 清单。例如，一氧化碳是在燃烧过程中产生的，它是包含在烟气的 HPHC 列表中，但不包括在无烟烟草产品和手卷卷烟名单中。

（3）谁向 FDA 提交报告　根据第 904（a）（3）FD&C 法案的要求，每个烟草产品制造商或进口商或代理人，必须报告烟草产品品牌和子品牌的 HPHC 量。这意味着国内烟草厂商或他们的代理人需提交制造产品的 HPHC 信息。进口烟草产品，所需的 HPHC 信息是由外国制造商或进口商提交，或代理的产品。

（4）何时向 FDA 提交报告　FD&C 法案 904（a）（3）要求每个烟草产品制造商或进口商或代理人 FDA，不迟于 2012 年 6 月 22 日提交烟草产品品牌和子品牌的列表报告。

（5）如何提交报告　报告中应给出各烟草产品制造商或进口商的名称和地址，以及他们产品的 HPHC 报告。HPHC 报告应给出结果的表述方式，即单位的使用（例如，每支烟或每袋）或单位的质量。作为烟草产品，应该报告 HPHC 数量单位，包括测量的平均值的标准偏差。非烟草产品（例如，松散鼻烟或手卷烟）应该报告每克产品的 HPHC 量和平均值的标准偏差。卷烟应该报告单位卷烟的 HPHC 量。HPHC 量和烟叶质量应使用国际单位制（例如，g、mg、μg），它提供了一个一致的，可靠的测量系统。

《N-2071 卷烟制品和卷烟烟气中的有害及有潜在危害的组成成分》（HPHC）清单，里面包含了 93 种成分，其中 20 种为优先控制，分别属于烟气、无烟气烟草制品和自制卷烟，详见表 1-2 和表 1-3 所示。

表 1-2　FDA 卷烟制品和卷烟烟气中的有害及有潜在危害的组成成分清单

编号	目标物	FDA 备注	英文名	CAS
1	乙醛	CA，RT，AD	Acetaldehyde	75-07-0
2	乙酰胺	CA	Acetamide	60-35-5
3	丙酮	RT	Acetone	67-64-1
4	丙烯醛	RT，CT	Acrolein	107-02-8
5	丙烯酰胺	CA	Acrylamide	79-06-1
6	丙烯腈	CA，RT	Acrylonitrile	107-13-1
7	B1 黄曲霉毒素	CA	Aflatoxin B1	1162-65-8
8	4-氨基联苯	CA	4-Aminobiphenyl	92-67-1
9	1-氨基萘	CA	1-Aminonaphthalene	134-32-7
10	2-氨基萘	CA	2-Aminonaphthalene	91-59-8
11	氨	RT	Ammonia	7664-41-7
12	新烟草碱	AD	Anabasine	494-52-0
13	*o*-茴香胺	CA	*o*-Anisidine	134-29-2
14	砷	CA，CT，RDT	Arsenic	7440-38-2
15	A-a-C［2-氨基-9H-吡啶并（2，3-b）吲哚］	CA	A-a-C（2-Amino-9H-pyrido［2，3-b］indole）	26148-68-5

续表

编号	目标物	FDA 备注	英文名	CAS
16	[a] 蒽苯并	CA，CT	Benz [a] anthracene	56-55-3
17	苊	CA	Benz [j] aceanthrylene	202-33-5
18	苯	CA，CT，RDT	Benzene	71-43-2
19	[b] 苯并荧蒽	CA，CT	Benzo [b] fluoranthene	205-99-2
20	[k] 苯并荧蒽	CA，CT	Benzo（k）fluoranthene	207-08-9
21	[b] 苯并呋喃	CA	Benzo [b] furan	271-89-6
22	[a] 苯并吡	CA	Benzo [a] pyrene	50-32-8
23	[c] 苯并菲	CA	Benzo [c] phenanthrene	195-19-7
24	铍	CA	Beryllium	7440-41-7
25	1,3-丁二烯	CA，RT，RDT	1,3-Butadiene	106-99-0
26	镉	CA，RT，RDT	Cadmium	7440-43-9
27	咖啡酸	CA	3，4-Dihydroxycinnamic acid	331-39-5
28	一氧化碳	RDT	Carbon monoxide	630-08-0
29	邻苯二酚	CA	Catechol	120-80-9
30	氯代二噁英/呋喃	CA，RDT	Chlorinated dioxins/furans	27304-13-8
31	铬	CA，RT，RDT	Chromium	7440-47-3
32	䓛	CA，CT	Chrysene	218-01-9
33	钴	CA，CT	Cobalt	7440-48-4
34	香豆素	食品中禁用	Coumarin	91-64-5
35	甲酚（*o*-，*m*-和 *p*-甲酚）	CA，RT	Cresols（*o*-，*m*-，and *p*-cresol）	1319-77-3
36	巴豆醛	CA	Crotonaldehyde	4170-30-3
37	环戊烯（c，d）芘	CA	Cyclopenta [c，d] pyrene	27208-37-3
38	二苯并 [a，h] 蒽	CA，CT	Dibenz [a，h] anthracene	53-70-3
39	[a，e] 二苯并芘	CA	Dibenzo [a，e] pyrene	192-65-4

续表

编号	目标物	FDA 备注	英文名	CAS
40	[a, h] 二苯并芘	CA	Dibenzo [a, h] pyrene	189-64-0
41	[a, i] 二苯并芘	CA	Dibenzo [a, i] pyrene	189-55-9
42	[a, l] 二苯并芘	CA	Dibenzo [a, l] pyrene	191-30-0
43	2,6-二甲基苯胺	CA	2,6-Dimethylaniline	87-62-7
44	氨基甲酸乙酯（尿烷）	CA, RDT	Ethyl carbamate (urethane)	51-79-6
45	乙苯	CA	Ethylenzene	100-41-4
46	环氧乙烷	CA, RT, RDT	Ethylene Oxide	75-21-8
47	甲醛	CA, RT	Formaldehyde	50-00-0
48	呋喃	CA	Furan	110-00-9
49	2-氨基-6-甲基二吡啶[1, 2-A: 3′,2′-D] 咪唑盐酸盐	CA	Glu-P-1 (2-Amino-6-methyldipyrido [1, 2-a: 3′,2′-d] imidazole)	67730-11-4
50	2-氨基二吡啶并 [1, 2-A: 3′,2′-D] 咪唑盐酸盐	CA	Glu-P-2 (2-Aminodipyrido [1, 2-a: 3′, 2′-d] imidazole)	67730-10-3
51	肼	CA, RT	Hydrazine	302-01-2
52	氰化氢	RT, CT	Hydrogen cyanide	74-90-8
53	茚并（1, 2, 3-cd）芘	CA	Indeno [1, 2, 3-cd] pyrene	193-39-5
54	IQ [2-氨基-3-甲基咪唑并（4,5-F）喹啉]	CA	IQ (2-Amino-3-methylimidazo [4,5-f] quinoline)	76180-96-6
55	异戊二烯	CA	Isoprene	78-79-5
56	铅	CA, CT, RDT	Lead	7439-92-1
57	(2-氨基-3-甲基) -9H-吡啶并 [2, 3-b] 吲哚	CA	MeA-a-C (2-Amino-3-methyl) -9H-pyrido [2, 3-b] indole	68006-83-7

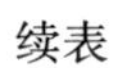

续表

编号	目标物	FDA 备注	英文名	CAS
58	汞	CA，RDT	Mercury	7439-97-6
59	2-丁酮	RT	2-Butanone	78-93-3
60	5-甲基䓛	CA	5-Methylchrysene	3697-24-3
61	NNK，4-(*N*-甲基亚硝胺基）-1-(3-吡啶基）-1-丁酮	CA	4-（Methylnitrosamino）-1-(3-pyridyl）-1-butanone（NNK）	64091-91-4
62	萘	CA，RT	Naphthalene	91-20-3
63	镍	CA，RT	Nickel	7440-02-0
64	烟碱	RDT，AD	L-Nicotine	54-11-5
65	硝基苯	CA，RT，RDT	Nitrobenzene	98-95-3
66	硝基甲烷	CA	Nitromethane	75-52-5
67	2-硝基丙烷	CA	2-Nitropropane	79-46-9
68	NDELA，二乙醇亚硝胺	CA	*N*-Nitrosodiethanolamine（NDELA）	1116-54-7
69	*N*-亚硝基二乙胺	CA	*N*-Nitrosodiethylamine	55-18-5
70	NDMA，*N*,*N*-二甲基亚硝胺	CA	*N*-Nitrosodimethylamine（NDMA）	62-75-9
71	*N*-亚硝基甲基乙基胺	CA	*N*-Nitrosodimethylamine	62-75-9
72	亚硝基吗啉	CA	*N*-Nitrosomorpholine	59-89-2
73	NNN，*N*-亚硝基降烟碱	CA	*N*-Nitrosonornicotine（NNN）	16543-55-8
74	*N*-亚硝基哌啶	CA	*N*-Nitrosopiperidine	100-75-4
75	亚硝基吡咯烷	CA	*N*-Nitrosopyrrolidine	930-55-2
76	亚硝基肌氨酸	CA	*N*-Nitrososarcosine	13256-22-9

续表

编号	目标物	FDA 备注	英文名	CAS
77	降烟碱	AD	3-（2-Pyrrolidinyl）pyridine	5746-86-1
78	苯酚	RT，CT	Phenol	108-95-2
79	(2-氨基-1-甲基-6-苯基咪唑［4,5-b］吡啶)	CA	PhIP（2-Amino-1-methyl-6-phenylimidazo［4,5-b］pyridine)	105650-23-5
80	钋-210	CA	Polonium	56797-55-8
81	丙醛	RT，CT	Propionaldehyde	123-38-6
82	氧化丙烯	CA，RT	Propylene oxide	75-56-9
83	喹啉	CA	Quinoline	91-22-5
84	硒	RT	Selenium	7782-49-2
85	苯乙烯	CA	Styrene	100-42-5
86	邻甲苯胺	CA	*o*-Toluidine	95-53-4
87	甲苯	RT，RDT	Toluene	108-88-3
88	Trp-P-1,3-氨基-1,4-二甲基-5H-吡啶并［4,3-b］吲哚	CA	Trp-P-1（3-Amino-1,4-dimethyl-5H-pyrido［4,3-b］indole)	62450-06-0
89	Trp-P-2,3-氨基-1-甲基-5H-吡啶并［4,3-6］吲哚	CA	Trp-P-2（3-Amino-1-methyl-5H-pyrido［4,3-b］indole)	62450-07-1
90	235-铀	CA，RT	Uranium	
91	238-铀	CA，RT	Uranium	
92	乙酸乙烯酯	CA，RT	Vinyl acetate	108-05-4
93	氯乙烯	CA	Vinyl chloride	75-1-4

注：致癌物质（CA）、呼吸道毒物（RT）、心血管毒物（CT）、可繁殖或可再生毒物（RDT）、添加剂（AD）

表 1-3 FDA 有害及有潜在危害的组成成分优先级清单

卷烟烟气 HPHC	无烟气烟草 HPHC	自卷卷烟 HPHC
乙醛	乙醛	氨
丙烯醛	砷	砷
丙烯腈	苯并［a］芘	烟碱
4-氨基联苯	镉	NNK
1-氨基萘	巴豆醛	NNN
2-氨基萘	甲醛	
氨	烟碱	
苯	NNK	
苯并［a］芘	NNN	
1,3-丁二烯		
一氧化碳		
巴豆醛		
甲醛		
异戊二烯		
烟碱		
NNK		
NNN		
甲苯		

二、 WHO FCTC 管制

2003 年 5 月第 56 届世界卫生大会一致通过了《烟草控制框架公约》（以下简称《公约》），这是 WHO 首次使用它的《组织法》第十九条所规定的权力，制定出的第一个全球性公约，由各成员国以国际协定方式达成的烟草控制的国际间法律文件，也是针对烟草行业的第一个世界范围的多边协议，其主要目标是“保护当代和后代免受烟草消费和接触烟草烟气对健康、社会、环境和经济造成的破坏性影响”，实行全面的烟草控制战略。2005 年 8 月 28 日，十届全国人大常委会第十七次会议经过表决，批准了世界卫生组织《公约》，《公约》在我国正式生效。

2006 年 2 月 6 日至 17 日第一次缔约方大会在瑞士日内瓦召开。120 多个缔约方、50多个非缔约方、近30个联合国机构和组织及非政府组织派团参会。会议确定优先制定“防止接触烟草烟气”“烟草成分管制与披露”两个准则。会议通过了缔约方提交履约报告的格式与内容，并采用循序渐进方式，将报告的内容分三组问题，分别在公约生效后的第二年、第五年和第八年依次提交。依照公约，报告内容主要涉及烟草消费、立法、价格税收、烟草制品成分披露、包装与标签、烟草广告及赞助与促销、打击非法贸易、未成年人保护、教育和公众意识、经济替代、监测等。

2015年2月27日是《公约》在我国生效的10周年纪念日。当天，世界卫生组织在日内瓦举行庆祝活动，充分肯定《公约》在促进公共健康领域所发挥的巨大作用。世界卫生组织总干事陈冯富珍表示，自2005年生效以来，《公约》已取得里程碑式的胜利。

陈冯富珍说，《公约》是保护公众健康最有力的预防工具。一是挽救生命。目前，41个国家已通过减少烟草需求措施，预计吸烟者减少148万人，避免740万人因吸烟死亡。二是提供有说服力的证据。当公共政策与经济利益有冲突时，《公约》是制胜法宝。三是成为非卫生部门、联合国机构紧密合作支持卫生事业发展的典范。特别是在预防心脏病、癌症、糖尿病和慢性呼吸道疾病这4种主要非传染性疾病方面，《公约》发挥了重要作用。

陈冯富珍指出，当前控烟面临三个主要挑战：一是烟草控制疲劳，二是缺乏有效执行措施，三是应对烟草工业干预。她呼吁所有缔约方批准《消除烟草制品非法贸易议定书》，尽快推动其成为国际法。

《公约》于2005年生效，目前已有180个缔约方。中国于2005年正式批准该公约。中国常驻联合国日内瓦办事处和瑞士其他国际组织代表吴海龙大使代表中国政府发言。他表示，中国政府高度重视保障人民健康工作，认真履行《公约》义务。一是加强政策引导。2012年，中国政府颁布《中国烟草控制规划（2012—2015年）》，明确提出国家控烟和履约工作以保障人民健康为中心。二是大力推动控烟立法。中国正积极制定《公共场所控制吸烟条例》，修订“广告法”，为执行《公约》提供充分法律依据。三是加强监管，严查各种烟草广告违法案件，严厉打击烟草制品非法贸易。四是采取多种形式加强“吸烟有害健康”宣传工作，动员全社会开展控烟宣传教育。目前，中国民众对烟草烟气危害的认识明显提高，烟草制品非法贸易得到有效遏制，全社会已形成支持控烟的氛围。

(一) 世界卫生组织(WHO)关于烟草制品成分管制工作的建议

为向各成员国提供烟草制品管制框架方面的科学建议，WHO 成立了烟草制品管制科学咨询委员会(SACTob)。该委员会由产品管制、戒烟和烟草成分与释放物分析方面的科学专家组成。2003 年 11 月，该咨询委员会经批准改为“世界卫生组织烟草制品管制研究组”(TobReg)。作为 WHO 的一个正式实体，研究组通过总干事向执行委员会报告，以期使各会员国关注 WHO 在烟草制品管制方面做出的工作和努力。

《公约》中对于卷烟制品安全性管制的条款主要是第 9 条和第 10 条。

第 9 条：烟草制品成分管制

缔约方会议应与有关国际机构协商提出检测和测量烟草制品成分和燃烧释放物的指南以及对这些成分和释放物的管制指南。经有关国家当局批准，每一缔约方应对此类检测和测量以及此类管制采取和实行有效的立法、实施以及行政或其他措施。

第 10 条：烟草制品披露的规定

每一缔约方应根据其国家法律采取和实行有效的立法、行政或其他措施，要求烟草制品生产商和进口商向政府当局披露烟草制品成分和释放物的信息。每一个缔约方应进一步采取和实行有效措施以公开披露烟草制品的有毒成分和它们可能产生的释放物的信息。

为有效地实施《公约》各条款的规定，WHO TobReg 提出了一系列的相关建议。针对以上两项条款的内容，2004 年 WHO TobReg 形成了第一份建议书，内容包括：制造商应至少每年向管制机构报告烟草制品成分和释放物的相关信息，及有关烟草制品的产品特点，具体管制分析物名单如表 1-4 所示。

表 1-4　　WHO/TobReg 提出管制分析物名单

类别	分析物
烟草制品成分(14)	烟碱/游离态烟碱、氨/铵离子、重金属(As、Cd、Cr、Pd、Hg、Ni、Se)、烟草特有亚硝胺(NNN、NNK、NAB、NAT)、薄荷醇
释放物(22)(主流烟气、侧流烟气)	烟碱/游离态烟碱、焦油、一氧化碳、稠环芳烃(苯并[a]芘)、重金属(砷、镉、铬、铅、汞、镍、硒)、烟草特有亚硝胺(NNN、NNK、*N′*-亚硝基假木贼碱、*N′*-亚硝基新烟草碱)、氮氧化物、氢氰酸、苯、1,3-丁二烯、甲醛、乙醛、焦油/烟碱的比值

产品特点信息包括：气溶胶粒径参数、滤嘴透气度、滤嘴长度、滤嘴纤维残留、滤嘴活性炭含量、卷烟圆周、纸的透气度、烟草薄片比例、膨胀烟丝比例、水分和卷烟硬度共 11 项。同时建议还要求，如果产品设计、加工和生产发生变化，生产商应向管制机构报告所有的变化以及变化的原因和变化对产品特点、成分和释放物所产生的影响。

另外要求生产商报告还应包括烟草制品的成分（原材料、杀虫剂残留物、污染物、香精香料和加工的辅助品）和释放物的数据。

生产商除了需要向管制人员提供现有的产品信息外，还应提供有关新产品，包括改型产品的信息。信息应包括产品设计、消费者使用方法，以及所有毒性研究结果。

关于信息披露，要求生产商在包装和产品标签上披露烟草及释放物中的有毒成分，并且通过电子手段（如互联网站等）向有关研究人员或其他公共卫生官员提供相应的信息。表 1-4 为 WHO TobReg 提出的管制分析物清单。

2006 年 2 月第一届缔约方会议通过了“为实施公约拟订准则”的决定，并针《公约》的第 9 条和第 10 条为各缔约国制定准则拟订了参考的内容（表 1-5）。

表 1-5　实施烟草制品成分管制和披露的第 9 条和第 10 条的准则内容

理由	检测和测量烟草制品的成分和燃烧释放物是管制工作的基础
目标	为检测和测量烟草制品成分和燃烧释放物提供准则
准则各项要素的明确定义	• 从公共卫生角度处理检测和测量烟草成分和烟气释放物 • 从卷烟开始（因为是最常见的烟草制品） • 注重于选定的一系列尤其是有害的物质或烟气释放物 • 包括评估这些物质和/或制品毒性、成瘾性和吸引力的标准 • 研究这些制品的设计特点 • 一项关于进一步工作的建议，以便随着获得新的科学证据和新的或改良的制品进入市场，继续向缔约方通报如何最佳采纳新的烟草制品管制战略
需求/增值	• 准则协助国家当局实施本条并促进对烟草的管制 • 导致从公共卫生角度为中长期确立关于烟草制品及其释放物的一系列独立数据及检测和测量方法 • 在这一领域的国际合作导致分摊费用和共享专长（国际合作的增值）
可依赖的现有工作	将准则建立在世卫组织烟草制品管制研究小组和无烟草行动已开展的工作的基础之上（世卫组织/无烟草行动应在一份文件中详细说明它们就这一主题能提供什么和继续哪些工作）

（二）我国烟草制品成分管制策略

烟草管制的目的是使它们对消费者具有低危害性。迄今为止，焦油被公认为是烟草烟气致癌物质的主要成分，降低卷烟焦油的水平被认为是以降低危害为目的的改进烟草制品的主要形式。因此与欧盟和日本类似，我国在降焦工程上给予了极大的关注和投入，管制也主要集中在降低卷烟烟气中的焦油含量上，目前我国对焦油允许的最大限量为 15mg，另外对烟碱和一氧化碳的含量也进行监测和管制。

烟草制品是精致加工、高度发展的烟碱输送工具。因此，烟草制品管制必须考虑烟碱在烟草中所起的重要作用。卷烟是我国目前烟碱输送系统的主要表现型式。近年来，随着更多其他烟碱输送装置的发展，在美国市场上已经出现了大量新型烟草制品的型式，这些产品有可能在将来进入中国市场。这些新产品包括：低浓度亚硝胺卷烟、加热而不燃烧的烟草装置以及无烟烟草制品等。目前还没有包含评估这些产品的管制框架，因此新的管制不仅要检查卷烟，还要考虑检查所有能输送烟碱的产品。

关于烟碱管制的核心是对烟碱该采取什么样的措施。烟碱是消费者为什么吸烟的根本原因，但是它并不是吸烟对人体造成主要危害的根源。早在 1976 年，就有人提出焦油的含量应该相对于烟碱的含量来测定，降低焦油和其他相对于烟碱的有毒物质可以减小卷烟烟气的危害性。虽然这还没有明确地被采纳作为一个维护公众健康的策略，但是鉴于吸烟者的“补偿”抽吸，我们确实应该承认它潜在的益处。对此解释的基础是吸烟者倾向于控制对烟碱的吸入量，以达到一种“满足感”水平，随着时间的持续需要通过吸食更多的卷烟来补偿体内降低的烟碱含量，以维持在一个相对稳定的烟碱剂量上。所以，如果烟碱含量不变而减少焦油的含量，那么吸烟者就不需要进行补偿，因此吸入的焦油就会减少。这个策略涉及管制释放物中的焦油/烟碱的比值，国外烟草行业内部的观察资料也表明这样的观点：对影响健康较佳的衡量标准是焦油和烟碱的比值（T/N）。对此说法，我们更同意英美烟草公司的观点，对此必须附加限定，即同时还要有对烟碱和焦油单独的限量（以避免同时出现高焦油和高烟碱含量）。另外需要兼顾考虑的是焦油自身的毒性可能因时间的变化或产品的不同而异。

对于产品管制领域的理解从 20 世纪 90 年代后期开始提高得相当快。根据不断增长的证据，一些国家或地区已经提出新的烟草制品管制建议或指南，领域包括更为实际地评估和管制一些有毒物的危害和摄入，发展测量烟气中除焦油、烟碱和一氧化碳以外的成分含量的标准测定方法，以及对降低危害性的烟草制品可能性的评估方法等。总之，鉴于卷烟的复杂性，对降低其危害性的管制应该是建立在正确理解吸烟者行为基础上的多种尺度衡量。因此，需要在更宽泛的与“健康”“环保”相关的参数范围内对产品进行综合的评估。我们借鉴欧盟提出的一种新型烟草制品综合管制框架（见表 1-6），这些尺度之间是相互关联的。例如，产品的物理设计特性与化学构成相互影响，并会影响到人类的吸烟行为以及对烟碱的摄入程度。

表 1-6　　烟草制品的综合管制框架

1	产品特性和释放物（Product characteristics and Emissions）
2	摄入（Exposure）
3	损害（Injury）
4	疾病风险（Disease risk）
5	声明（Claims）
6	研究、评价与监控（Research，Evaluation and Monitoring）

然而根据我国目前的基础和现状，建议首先从进一步发展“产品特性和释放物，声明，研究、评价与监控”三方面的管制考虑，同时关注并开始研究和试验“摄入、损害和疾病风险”的评价方式及方法，积累经验和数据，为未来制定全面的烟草制品管制模式奠定基础。

（三）产品特性和释放物

1. 产品设计参数

产品特性的物理参数与卷烟的其他性质相互关联，对于这些指标的检测和把握不但只是单纯意义上的质量波动的管理问题，更主要的是这些参数值直接影响人类的吸烟行为，与烟气的释放量密切相关。在 WHO TobReg 发布的《推荐的烟草制品检测方案和指南》中列出了卷烟生产商应该报告的产品特点指标，较为全面地反映了一个卷烟牌号的设计特点。具体参数如下：①气溶胶微粒大小（95%置信区间的平均值）；②滤嘴的通风率；③滤嘴长度；④滤嘴纤维残留；⑤滤嘴活性炭含量；⑥卷烟圆周；⑦纸的透气度；⑧薄片的比例；⑨膨胀烟丝的比例；⑩水分；⑪卷烟硬度。

以上 11 个参数中有 5 项是我国现行《卷烟》国家标准中未要求进行常规

检测的，即：气溶胶微粒大小、滤嘴纤维残留、滤嘴活性炭含量、薄片比例和膨胀烟丝比例。国内烟草企业调研表明开展这 5 个参数的测定，无论是资金投入和技术能力都比较容易实现，因此建议以上指标全部列入生产企业的年度报告中。

2. 烟草成分

在《推荐的烟草制品检测方案和指南》中还建议生产商报告应包括烟草制品的成分（原材料、杀虫剂残留物、污染物、香精香料和加工的辅助品）和释放物的数据。并推荐如下烟草检测管制分析物：烟碱、氨/铵离子、金属（砷、镉、铬、铅、汞、镍、硒）、特有亚硝胺（NNN、NNK、*N′*-亚硝基新烟草碱和 *N′*-亚硝基假木贼碱）和薄荷醇。

3. 烟气释放物——WHO 卷烟烟气有害成分管控清单

为了进一步完善《公约》第 9 条、第 10 条和第 11 条的相关规定，2004 年 10 月 26—28 日，WHO 烟草制品管制研究组（TobReg）第一次工作会议在加拿大蒙特利尔召开，这次会议中 TobReg 颁布了《烟草制品研究与测试能力发展指导原则和启动烟草制品测试提议的草案：推荐 1》（以下简称《推荐 1》）。在《推荐 1》提出了设定单位焦油（每毫克）或单位烟碱（每毫克）烟草制品烟气优先级有害成分释放量最高限量的要求。

为了研究如何更好的实现烟草制品优先级成分最高限量的要求，WHO 的无烟草行动组织（TFI）和国际癌症研究机构（IARC）联合组建了研究工作组。2006 年 4 月 10—11 日，该工作组在法国里昂召开会议，会议决定首先开展烟草特有亚硝胺最高限量的研究工作。同时该工作组还建议，烟草生产企业应该公布其市场上每一种品牌和规格卷烟主流烟气中每毫克焦油的烟气中有害成分释放水平数据。

2008 年，WHO 研究工作组颁布了重要的《烟草制品管制的科学基础：第 951 号技术报告》（以下简称《951 号报告》）。《951 号报告》首次公布了卷烟烟气中 9 种优先级成分在深度抽吸模式（HC）下最高限量（见表 1-7）。该 9 种优先级成分最高限量是基于现有市场上已公布的数据，按照最高限量的设定准则计算获得的。对于 NNN 和 NNK，WHO 研究工作组认为，由于其在现有卷烟加工工艺技术条件下较容易实现降低其在烟气中的释放量水平，因此 TobReg 第一次工作会议决定采用市场上卷烟检测数据的中位值作为设定准则；对于其他 7 种成分，考虑到不同烟草制品的释放量存在较大的差异和不确定性，因此采用中位值的125%作为设定准则。在表1-7中，国际卷烟品牌样品数据来源于2005年Counts等研究报道的数据，其样品主要为美式混合型卷烟，而加拿大卷烟品牌的数据来源于加拿大卫生组织通报的数据，其样品主要为烤烟型卷烟。由于表1-7中采用的数据所涉及的卷烟在其他国家具有广泛的市场份额，因此，WHO研究工作组建议：如果监管者能够获得本地市场卷烟样品主流烟气中9种优先级成分释放量的数据，那么可以直接根据最高限量的设定准则，确定本地市场卷烟样品中9种优先级成分释放量的最高限量，否则，监管者可以直接根据本地市场卷烟的主要类型，选择表1-7中烤烟型（加拿大品牌）的最高限量或混合型（国际品牌）的最高限量作为本地卷烟成分的管制依据。

（四）WHO推荐的卷烟烟气9种优先级管控有害成分限量原则

TobReg在权衡了卷烟贸易和系列卷烟烟气有害成分管控等因素的基础上，确定了以不消灭大多数品牌卷烟为前提，最大范围内强制降低市场上已有卷烟烟气有害成分释放量的目标。基于这样的目标，2007年，《945号报告》公布了SOP标准分析条件下NNN和NNK以市场上卷烟中位值作为限量的原则。2008年，《951号报告》确定了SOP标准分析条件下乙醛、丙烯醛、苯、苯并［a］芘、1,3-丁二烯、CO和甲醛以市场上卷烟125%中位值作为限量的原则。

此外，WHO在限量的表达形式的解释说明指出，有害成分推荐性限值是唯一的限量值（如表1-7所示），WHO不建议采用（限量±标准方差）的表达形式。

表1-7　　有害成分推荐限值

有害成分	单位烟碱有害成分释放量/(μg/mg)		最高限量设定准则
	国际品牌	加拿大品牌	
NNN	0.072	0.047	数据的中位值*
NNK	0.114	0.027	数据的中位值
乙醛	86	670	数据的中位值的125%
丙烯醛	83	97	数据的中位值的125%
苯	48	50	数据的中位值的125%

续表

有害成分	单位烟碱有害成分释放量/(μg/mg)		最高限量设定准则
	国际品牌	加拿大品牌	
苯并［a］芘	0.011	0.011	数据的中位值的125%
1,3-丁二烯	67	53	数据的中位值的125%
CO	18400	15400	数据的中位值的125%
甲醛	47	97	数据的中位值的125%

注*：中位值（Medians）是指将统计总体当中的各个变量值按大小顺序排列起来，形成一个数列，处于变量数列中间位置的变量值就称为中位值。当变量值的项数N为奇数时，处于中间位置的变量值即为中位值；当N为偶数时，中位值则为处于中间位置的2个变量值的平均数。

WHO推荐的卷烟烟气有害成分测试用吸烟机标准分析条件采纳了加拿大深度抽吸模式分析条件，即抽吸容量为55mL，抽吸频率为30s，抽吸持续时间为2s，通风孔全封闭的吸烟机抽吸模式。

WHO推荐的卷烟烟气有害成分限量表达方式为单位毫克烟碱有害成分释放的微克量（μg/mg）。

WHO工作组（TobReg）最初推荐的卷烟烟气有害成分管控清单共计18个（如表1-8）。其中，对于卷烟烟气9种优先级管控成分，WHO基于现有数据研究成果，已经明确提出了加拿大和国际两个市场的最高限量限值。对于卷烟烟气其他需要管控的有害成分，WHO建议这些有害成分需要被检测并进行报告。

表1-8　　WHO推荐的卷烟烟气有害成分管控清单

编号	18种最高优先级成分	9种优先级成分	备注*
1	乙醛	√	TACI 6.1，TNCRI 67.1
2	丙烯醛	√	TNCRI 1099
3	丙烯腈		TACI 1.4，TNCRI 2.1
4	4-氨基联苯		致癌原，但目前还没有T25实验数据
5	2-萘胺		TACI 0.68
6	苯	√	TACI 2.6

续表

编号	18种最高优先级成分	9种优先级成分	备注*
7	苯并［a］芘	√	TACI 0.01
8	1,3-丁二烯	√	TACI 9.9，TNCRI 2.6，Group 1，致癌原
9	镉		TACI 1.7，TNCRI 2.6
10	CO	√	相对较低的TNCRI，但机理上与心血管疾病有关
11	邻苯二酚		TACI 0.58
12	巴豆醛		具有活性链烃的羰基结构，没有限量和充足致癌证据
13	甲醛	√	TNCRI 19.8
14	HCN		TNCRI 1C.2
15	对苯二酚		TACI 1C 2
16	氮氧化合物		TNCRI 3.1
17	NNN	√	WHO（2007）
18	NNK	√	WHO（2007）

注*：TACI，有害成分动物致癌指数，无量纲；TNCRI，有害成分动物非致癌响应指数，无量纲。

经过WHO研究工作组的讨论，根据目前的烟草制品烟气成分管制环境，最终形成了18个监管化合物，其中9个为优先级成分，并在2008年《951号报告》中确定了SOP标准分析条件下乙醛、丙烯醛、苯、苯并［a］芘、1,3-丁二烯、CO和甲醛以市场上卷烟125%中位值作为限量的原则，而对于剩下的9种成分，将会经过评估后给出其管制建议。

随着时间的推移，2013年12月于里约热内卢召开的会议上，世卫组织烟草制品管制研究小组从卷烟烟气中发现的7000多种化学品中确定了38种有毒物质的优先重点清单，见表1-9。有毒物质的优先重点清单取自8份现有的非详尽毒物清单（加拿大卫生部1种、荷兰国立公共卫生和环境研究院2种、FAD 3种、Counts 4种、Dybings和Fowles 5种、Hoffman分析物6种、澳大利亚的菲利浦·莫里斯品牌7种以及加拿大的菲利浦·莫里斯品牌8种）并着眼于权衡管制结构实际现实中确认的关注问题。

表 1-9　　WHO 扩展监控清单

乙醛	丙酮	丙烯醛	丙烯腈
1-萘胺	2-萘胺	3-氨基联苯	4-氨基联苯
氨	苯	苯并［a］芘	1,3-丁二烯
正丁醛	镉	一氧化碳	邻苯二酚
间对甲酚	邻甲酚	2-丁烯醛	甲醛
氰化氢	对苯二酚	异戊二烯	铅
汞	烟碱	一氧化氮	*N*-亚硝基假木贼碱
N-亚硝基新烟草碱	NNK	NNN	氧化一氮
苯酚	丙醛	吡啶	喹啉
间苯二酚	甲基苯		

(五) 卷烟烟气中管制有害成分的选择依据

众所周知，卷烟主流烟气中有 4800 余种化合物，选择何种成分作为优先级化合物管制成分并进行披露对 WHO 来说具有重要意义。

WHO 主要根据毒性资料，确立了最初的 18 种烟气有害成分的最高优先级名单（如表 1-7）。选择它们的依据是：

（1）卷烟烟气中存在特定化学品，经完备的科学毒性指数确定其含量对吸烟者有毒害作用；

（2）不同卷烟品牌的毒物浓度差异比反复测定单一品牌毒物所见的差异要大得多；

（3）如果对一种有毒物质实施强制性上限，可获得技术减少烟气中的特定毒物。

具体原因可以归纳为以下四点。

1. 卷烟烟气多种有害成分危害性评价方法

Fowles 和 Dybing 在 2003 年提出的一种简单评价 ISO 抽吸模式条件下卷烟烟气中有害成分危害性的评价方法，即有害成分致癌风险指数和非致癌风险指数评价方法。为了与 WHO 有害成分限量管制模式相一致，WHO 研究工作组借鉴参考了 Fowles 和 Dybing 的危害性评价方法，所不同的是 WHO 所获得有害成分动物致癌指数（Toxicant animal carcinogenicity indices，TACI）和有害成分非致癌响应指数（toxicant non-cancer response indices，TNCRI）以深度抽吸模式条件下单位烟碱有害成分释放量为基础计算获得的。具体计算如式(1-1)，式(1-2)：

$$TACI = \frac{卷烟烟气单位烟碱有害成分释放量}{T25值} \quad (1-1)$$

式中：TACI——有害成分动物致癌指数，无量纲；

卷烟烟气单位烟碱有害成分释放量——单位为μg/mg；

T25值——能够引发25%的试验动物在其标准寿命期内特定组织肿瘤的化学物慢性剂量，单位为mg/kg/d。

$$TNCRI = \frac{卷烟烟气单位烟碱有害成分释放量}{可耐受摄入量} \quad (1-2)$$

式中：TNCRI——有害成分动物非致癌响应指数，无量纲；

卷烟烟气单位烟碱有害成分释放量——单位为μg/mg；

可耐受摄入量——是指没有可估计的有害健康的危险性对一种物质终生摄入的容许量。取决于摄入途径，可用不同单位来表示（如空气 mg/m^3）。

WHO根据此评价计算方法，获得了国际品牌、加拿大品牌和澳大利亚品牌卷烟的有害成分动物致癌指数（TACI）和有害成分非致癌响应指数（TNCRI），如表1-10~表1-11所示。从数据可以看出，无论是采用TACI或TNCRI的危害性评价方法，卷烟烟气中有害成分在不同市场中的危害性计算指数大小排序均是一致的。例如在有害成分动物致癌指数（TACI）方面，1,3-丁二烯、乙醛、异戊二烯、NNK、苯和镉较高，在有害成分非致癌响应指数（TNCRI）方面，丙烯醛显著高于其他烟气有害成分，乙醛、甲醛和HCN的TNCRI相对较高。基于该种卷烟烟气有害成分危害性评价方法，WHO能够获得从毒性危害性角度所提出的卷烟烟气优先级有害成分清单。

表1-10　不同市场卷烟有害成分动物致癌指数（TACI）均值

有害成分	均值			总均值
	国际市场	加拿大市场	澳大利亚市场	
1,3-丁二烯	11.4	8.9	9.5	9.9
乙醛	7.0	5.7	5.5	6.1

续表

有害成分	均值			总均值
	国际市场	加拿大市场	澳大利亚市场	
异戊二烯	4.6	2.9	3.6	3.7
NNK	4.7	3.8	1.8	3.4
苯	2.7	2.8	2.4	2.6
镉	1.6	2.4	1.2	1.7
丙烯腈	1.7	1.4	1.2	1.4
对苯二酚	1.1	1.3	1.2	1.2
邻苯二酚	0.49	0.75	0.50	0.58
NNN	0.55	0.22	0.10	0.29
苯并［a］芘	0.0082	0.0096	0.0081	0.0086
2-萘胺	0.00081	0.00077	0.00047	0.00068
1-萘胺	0.00049	0.00032	0.00028	0.000363
铅	0.00	0.00	0.00	0.00

表 1-11　不同市场卷烟有害成分非致癌响应指数（TNCRI）均值

有害成分	均值			总均值
	国际市场	加拿大市场	澳大利亚市场	
丙烯醛	1127	1188	983	1099
乙醛	77.2	62.9	61.1	67.1
甲醛	13.7	25.8	20.0	19.8
HCN	22.7	15.9	13.0	17.2
氮氧化物	5.0	2.2	2.1	3.1
镉	2.4	3.6	1.8	2.6
1,3-丁二烯	2.7	2.1	2.3	2.4
丙烯腈	2.5	2.0	1.8	2.1
CO	1.5	1.2	1.1	1.3

续表

有害成分	均值			总均值
	国际市场	加拿大市场	澳大利亚市场	
苯	0.66	0.68	0.57	0.64
甲苯	0.24	0.24	0.18	0.22
砷	0.16	—	—	0.16
甲基乙基酮	0.09	—	0.07	0.08
NH_3	0.11	0.06	0.05	0.07
苯酚	0.06	0.09	0.06	0.07
汞	0.04	0.03	0.00	0.02
苯乙烯	0.02	0.01	—	0.02
间甲酚和对甲酚	0.01	0.02	0.01	0.01
邻甲酚	0.01	0.01	0.00	0.01

虽然TACI或TNCRI的危害性评价方法能够为卷烟烟气优先级管控有害成分的选择提供一定依据，但WHO同时还指出这种卷烟烟气危害性评价方法具有显著的缺陷。这主要由于TACI或TNCRI的危害性评价方法是针对单一卷烟烟气有害成分，而并没有考虑到烟气复杂体系中有害成分之间相互增强或削弱的协同作用和影响。

2. 不同品牌单位烟碱有害成分释放量的差异

首先，具有较大差异的优先级成分能够促使在中位值限量管制模式条件下更大的实现降低卷烟烟气优先级有害成分的释放量水平幅度；其次，具有较大变异的优先级成分能够克服测试重复性的误差，从而更加有效地实现最高限量的管控。

通常情况下，差异可以采用变异系数（Coefficient of Variation，CV）来描述和量化。于是，WHO将市场上不同品牌卷烟烟气单位烟碱有害成分的释放量的变异系数与对应有害成分释放量测试分析方法的平均重复性变异系数之比作为衡量烟气有害成分变异的重要指标，计算方法如式（1-3）：

$$\text{Ratio}=\frac{CV_{\text{卷烟品牌}}}{CV_{\text{分析方法}}} \quad (1-3)$$

式中：Ratio——有害成分变异衡量值；

$CV_{卷烟品牌}$——市场上不同品牌卷烟烟气单位烟碱有害成分的释放量的变异系数；

$CV_{分析方法}$——对应有害成分释放量测试分析方法的平均重复性变异系数。

按照上述计算公式，获得不同市场上不同品牌卷烟烟气单位烟碱有害成分的释放量的变异系数与对应有害成分释放量测试分析方法的平均重复性变异系数之比（有害成分变异衡量值）如表 1-12 所示。从表 1-12 可以看出，三个市场上部分有害成分的变异衡量值（Ratio）存在显著差异，例如，苯并［a］芘在加拿大市场上具有较高的变异，然而对于国际市场而言，苯并［a］芘的变异要小得多。同时在表 1-12 中，对于苯酚和 CO 而言，这两种有害成分在三个市场上均具有较高的变异。最终，WHO 指出，加拿大和国际市场上现有卷烟的数据分析表明，绝大多数的卷烟烟气有害成分均具有显著的变异（差异），这意味着有害成分最高限量的管制模式具有足够的空间来实现卷烟烟气单位烟碱有害成分释放量降低的目标。基于上述论据，WHO 将有害成分的变异作为优先级管控有害成分选择的重要依据，即在毒性危害性分析的基础上，选择变异较大的有害成分作为 WHO 优先级管控成分，这既符合最高限量管制的实际，同时也符合现有分析技术的实际。

表 1-12　不同市场上不同品牌卷烟烟气单位烟碱有害成分的释放量的变异系数与对应有害成分释放量测试分析方法的平均重复性变异系数之比

国际市场		加拿大市场		澳大利亚市场	
有害成分	Ratio	有害成分	Ratio	有害成分	Ratio
NNN	4.89	苯并［a］芘	4.90	间苯二酚	2.75
CO	4.83	苯酚	4.90	苯酚	2.71
N'-亚硝基新烟草碱	4.72	异戊二烯	4.87	邻甲酚	2.57
镉	4.19	间甲酚和对甲酚	4.27	4-氨基联苯	2.48
苯酚	3.93	CO	4.22	镉	2.41
一氧化氮	3.84	NNK	4.12	NNN	2.39
氮氧化物	3.74	2-萘胺	3.81	CO	2.27
间甲酚和对甲酚	3.65	邻甲酚	3.78	3-氨基联苯	2.27

续表

国际市场		加拿大市场		澳大利亚市场	
有害成分	Ratio	有害成分	Ratio	有害成分	Ratio
总氰化氢	3.55	4-氨基联苯	3.75	*N'*-亚硝基新烟草碱	2.07
对苯二酚	3.5	甲苯	3.58	汞	1.96
氨	3.41	氰化氢	3.39	间甲酚和对甲酚	1.95
铅	3.05	丁醛	3.33	苯并［a］芘	1.94
HCN	3.03	镉	3.31	2-萘胺	1.90
喹啉	3.01	丙酮	3.28	喹啉	1.88
苯乙烯	2.98	苯	3.27	苯乙烯	1.78
甲醛	2.97	甲醛	3.24	氰化氢	1.75
滤片氰化氢	2.93	铅	3.22	丁二烯	1.67
邻甲酚	2.88	乙醛	3.21	苯	1.61
NNK	2.86	丙烯醛	3.10	丁醛	1.60
N'-亚硝基假木贼碱	2.86	*N'*-亚硝基新烟草碱	3.09	NNK	1.60
4-氨基联苯	2.62	喹啉	2.89	异戊二烯	1.55
丙醛	2.53	丁二烯	2.88	*N'*-亚硝基假木贼碱	1.55
乙醛	2.52	氮氧化物	2.78	1-萘胺	1.53
丙烯醛	2.51	丙醛	2.78	氨	1.53
丙酮	2.5	巴豆醛	2.74	乙醛	1.49
丁醛	2.49	NNN	2.72	一氧化氮	1.45
异戊二烯	2.47	对苯二酚	2.71	甲乙酮	1.44
苯邻二酚	2.44	苯并［a］芘	2.56	氮氧化物	1.43
吡啶	2.36	吡啶	2.44	丙醛	1.43
3-氨基联苯	2.08	丙烯腈	2.40	丙烯醛	1.42
丙烯腈	2.05	苯邻二酚	2.38	吡啶	1.42
巴豆醛	2	氨	2.36	甲苯	1.41
丁二烯	1.92	*N'*-亚硝基假木贼碱	2.14	丙烯腈	1.28
间苯二酚	1.9	苯乙烯	1.93	丙酮	1.28
苯并［a］芘	1.89	1-萘胺	1.75	苯邻二酚	1.11

续表

国际市场		加拿大市场		澳大利亚市场	
有害成分	Ratio	有害成分	Ratio	有害成分	Ratio
甲乙酮	1.88	3-氨基联苯	1.74	对苯二酚	0.99
2-萘胺	1.73	间苯二酚	1.72	甲醛	0.98
甲苯	1.72	汞	1.59	巴豆醛	0.92
汞	1.62			铅	0.43
苯	1.55				
1-萘胺	1.53				
砷	0.88				

此外，通过比较三个不同市场上所有不同品牌卷烟的烟气单位烟碱有害成分释放量均值（如图 1-2）可以看出，部分有害成分三个市场上烟气单位烟碱有害成分释放量均值差异十分显著，其中对于一些有害成分，其在三个市场间的变异要远远大于市场内不同卷烟品牌的变异。由此 WHO 指出，市场间的显著变异说明了部分市场上的卷烟在现有卷烟设计和加工工艺条件下具有足够的潜力实现降低卷烟烟气有害成分的目标，即部分市场具有降低管控有害成分释放量水平的可能性，而这恰恰可以为有害成分最高限量的管制提供了可行性的依据。

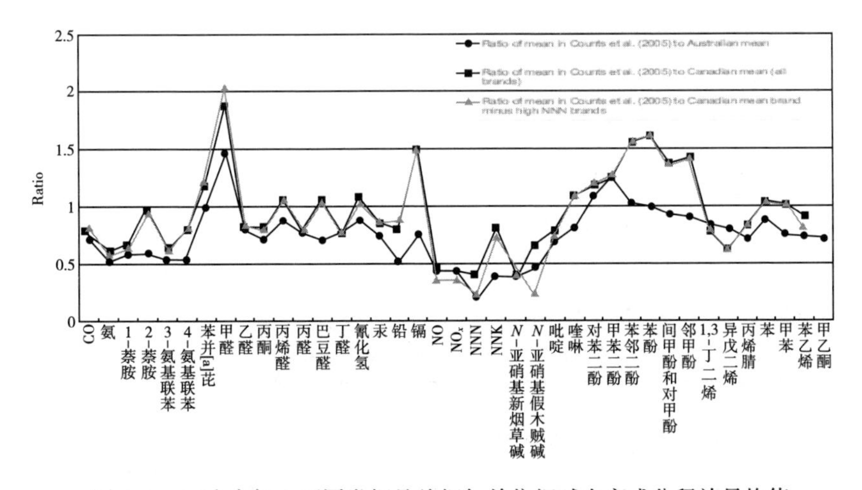

图 1-2　三个市场上不同卷烟品牌烟气单位烟碱有害成分释放量均值

3. 具备能够降低优先级成分释放量的技术

WHO 认为，设置单位烟碱有害成分水平的另外一个考虑是促使烟草行业修改他们的产品以具有更低的毒物水平的能力。检查已发表的文献和公开的烟草行业的文件和专利可以帮助确定现有的技术在何种程度上可以被用来减少在香烟烟气中指定的有毒物质的排放。值得注意的是，有可能有额外的关于减少毒物水平的工业能力的证据，但尚未公开出版。目前，大部分公开出版的报告中引用的数据和文件是 ISO 方案而不是 TobReg 推荐的改善后强烈的吸烟方案。然而，ISO 数据可能会提供一些关于将需要的一般性的设计变更的洞察。针对 9 种卷烟烟气有害成分的减害技术如表 1-13 所示。

表 1-13　卷烟烟气 9 种有害成分的减害技术

有害成分	加工领域	备注
NNN NNK	农业	减少硝酸盐肥料的使用
	烟叶调制	更低的温度和相对较低的湿度
	烟丝配方	使用明亮的烤制的烟草
	添加剂配方	减少含有外源糖
乙醛 丙烯醛 甲醛	烟丝配方	降低白肋烟、膨胀烟丝
	滤嘴过滤材料	较高含量的活性炭（一般至少大于 180mg）； 过氧化氢的粒状载体； 离子交换树脂和硅胶
苯 1,3-丁二烯	滤嘴过滤材料	活性炭
苯并［a］芘	烟叶成分	烟草中更高水平的硝酸盐
	烟丝配方	使用较多的白肋烟
	滤嘴过滤材料	使用卟啉添加剂的滤嘴
一氧化碳	滤嘴过滤材料	在活性炭的孔隙中沉积二氧化锰； 血红蛋白嵌入后再过滤； 添加钯和铜催化剂

4. 具备现有有效的检测方法和分析技术

对于卷烟烟气中数量繁多的有害成分的管制，具备现有可靠的检测定量分析方法是至关重要的。目前，这对这些烟气有害成分的分析检测方法正在由 WHO 的 TobLabNet 逐步推进。此外，关于有害成分的分析方法还可参考包括英国政府化学家实验室、加拿大卫生部，以及美国疾病控制和预防中心和马萨诸塞州卫生局的分析方法和技术。

按照 WHO 上述 4 条依据，经过 WHO 研究工作组的讨论，根据目前的烟草制品烟气成分管制环境，并确立了 18 种管制成分清单（如表 1-8），其中的 9 种优先级有害成分被首先用于最高限量的管制对象。

（六）最高限量制定原则的选择

如前所述，《945 号报告》公布了 SOP 标准分析条件下 NNN 和 NNK 以市场上卷烟中位值作为限量的原则，其他 7 种优先级成分采用 125%中位值作为限量的原则。对于 NNN 和 NNK 而言，WHO 认为这两种有害成分具有较高的毒性，同时市场上不同品牌卷烟单位烟碱的释放量差异显著，而且对于现有烟叶调制和加工工艺而言，降低 NNN 和 NNK 相比较其他有害成分是更加容易实现的，因此 NNN 和 NNK 以市场上卷烟中位值作为限量的原则。此外，WHO 探讨了不同市场卷烟烟气每种有害成分市场上最小值、90%位值、最大值与中位值之比（如图 1-3～图 1-5），在图 1-3～图 1-5 中可以看出，对于 NNN 和 NNK 而言，三个市场上这两种有害成分最小值与中位值之比相比其他有害成分远小于 1，这说明降低 NNN 和 NNK 的空间较大，同时也意味着在现

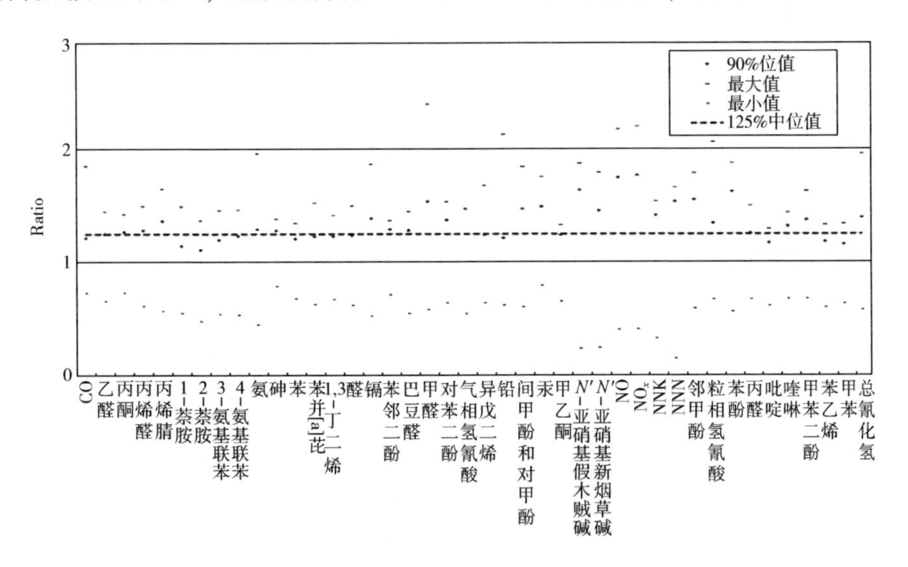

图 1-3 国际市场上卷烟烟气每种有害成分市场上最小值、90%位值、最大值与 125%中位值之比

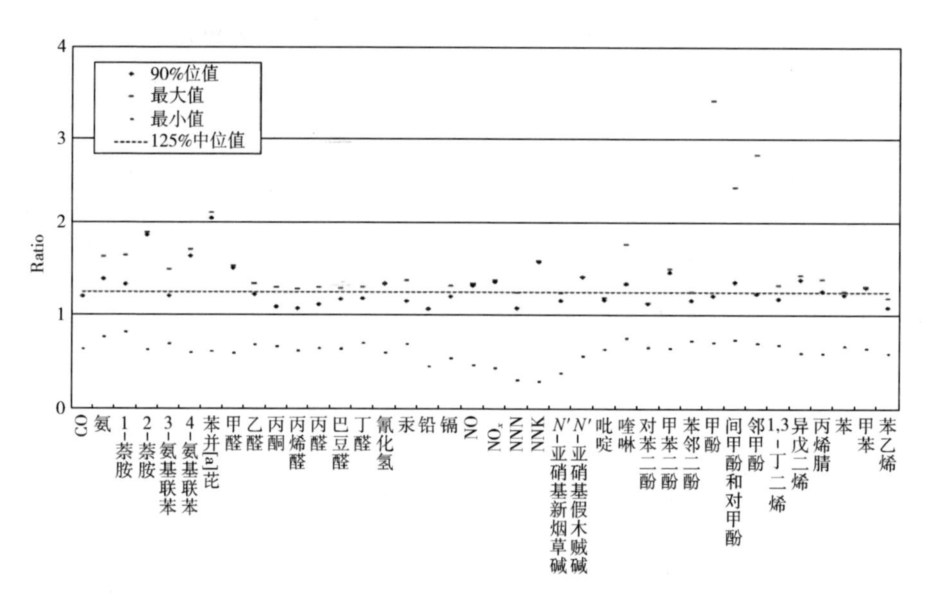

图 1-4　加拿大市场上卷烟烟气每种有害成分市场上最小值、90%位值、最大值 125%与中位值之比

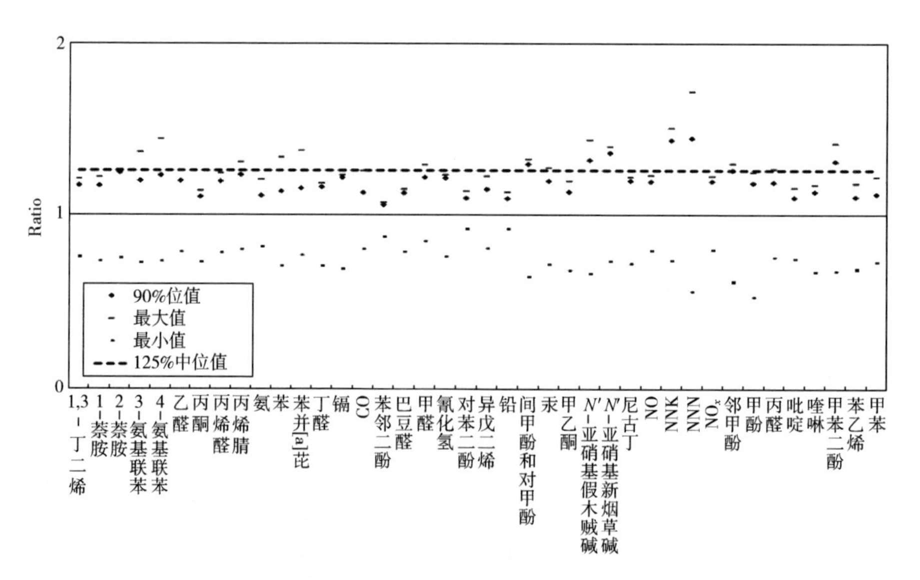

图 1-5　澳大利亚市场上卷烟烟气每种有害成分市场上最小值、90%位值、最大值与 125%中位值之比

有市场上 NNN 和 NNK 存在较大的变异，因此 WHO 选择中位值的最高限量制定原则。而对于其他有害成分而言，绝大多数的有害成分 90%位值与中位值之比与 1.25 相当，这说明采用 125%中位值作为限量时，仅仅会导致市场上具有较高单位烟碱有害成分释放量的卷烟品牌受到限制，而不会导致绝大多数的卷烟品牌无法符合管制的要求。因此，采用 125%中位值最高限量原则是 WHO 的平衡的结果，即在防止现有卷烟市场崩溃的前提下，利用 NNN 和 NNK 中位值和其他有害成分 125%中位值的最高限量原则逐步实现 WHO 推荐的多种卷烟烟气有害成分共同管制的目的。

（七）烟草制品有害成分管制依据

为更好的实现烟草制品在履约成员国的科学管制，WHO 相关研究工作组在烟草制品管制的科学技术背景和依据方面做了大量归纳、整理和凝练工作，并提出了针对烟草制品管制的科学建议。由于这些科学和技术背景和依据对烟草制品管制具有基础性和支撑性的引导作用，因此，近年来有关成分管制的科学建议成为各缔约国政府和跨国烟草公司关注的焦点。以下针对烟草制品成分管制的“科学与技术背景”相关内容进行综述。

1. 采用吸烟机测试分析方法是适应监管的有效手段

近年来，如何对卷烟烟气的危害进行有效的评估并应用于烟草制品的成分管制是科学界和 WHO 始终探索的课题。

吸烟者血液、尿液和唾液中的生物标记物评估方法是能够准确分析吸烟者个体对于烟气中特定组分暴露水平的有效方法。但这种分析方法由于会受到吸烟者个体差异、抽吸行为差异和卷烟产品差异的影响，导致不同研究人员对于不同品牌卷烟或不同吸烟者的评估差异巨大。因此，WHO 工作组（TobReg）在 2004 年 10 月 16—28 日的加拿大会议上认为，在有效的生物标记物风险分析方法验证之前放弃吸烟机条件下卷烟焦油、烟碱、CO 和其他有害成分的分析将会导致监管和信息无效，而这违背了维护 WHO 成员国的利益，也不符合《公约》的实际。为此，WHO 指出，虽然吸烟机条件下烟气释放量不能够反映吸烟者实际暴露量，同时也不能够作为卷烟烟气危害风险的评估手段，但对于卷烟主流烟气中不同有害成分的吸烟机条件下释放量水平分析，有利于监管者采取管制手段主动降低烟气中的有害成分释放量水平，并依据最高限量的要求，强制禁止超过管制成分最高限量的卷烟进口或出口销售，从而达到适应当前监管环境的烟草制品成分管制需求。

2. 加拿大深度抽吸模式是符合监管的科学分析条件

当前，对于卷烟烟气释放量分析过程中吸烟机抽吸模式的选择是科学界广泛关注的问题。对于 WHO 研究工作组而言，由于不同的抽吸模式会产生不同的单位毫克烟碱烟气有害成分释放量水平，最终导致不同品牌卷烟在成分管制要求下的排序，因此，确立烟草制品成分管制分析过程中的吸烟机抽吸模式显得尤为重要和紧迫。

当前，国际上普遍接受的有三种抽吸模式，分别为 ISO/FTC 抽吸模式、马萨诸塞抽吸模式和加拿大抽吸模式。每种抽吸模式各有其优点和缺点，但最终 WHO 把加拿大抽吸模式推荐为符合烟草制品管制战略的最有效的卷烟烟气释放量分析用吸烟机抽吸条件，并与 2012 年 4 月由 WHO 烟草实验室网络（TobLabNet）组织颁布了《卷烟深度抽吸方法标准操作规程》官方方法。

WHO 之所以采用加拿大深度抽吸模式方法，主要有 3 个方面的依据。

（1）加拿大深度抽吸模式获得卷烟烟气释放物值更高，从而可以降低重复测试 TSNAs 的变异系数（CV）。图 1-6 给出了 Counts 等在 2005 年针对国际品牌卷烟烟气中 4 种 TSNAs（*N′*-亚硝基假木贼碱、*N′*-亚硝基新烟草碱、NNN 和 NNK）在三种抽吸模式条件下平均变异系数。从图 1-6 可以看出，当焦油释放量低于 10mg 时，TSNAs 的变异系数显著增高。在三种抽吸模式条件下，由于加拿大深度抽吸模式所获得的焦油释放量较高（16~38mg），因此仅有加拿大深度抽吸模式条件能够使不同焦油释放量的卷烟具有较为稳定的重复测量变异。

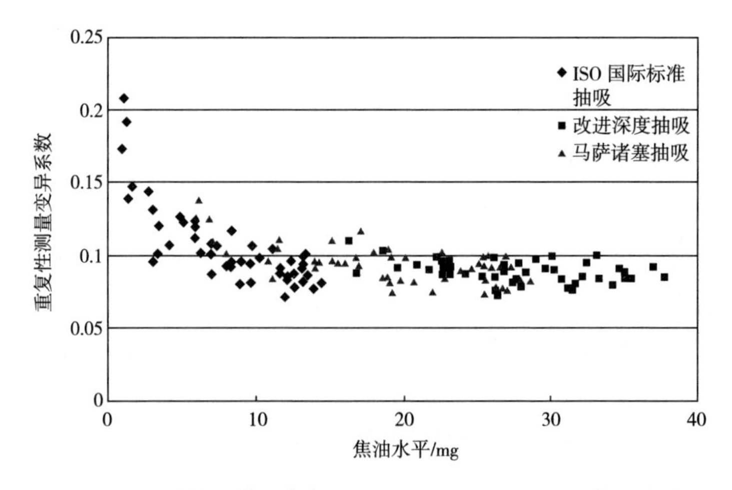

图 1-6　三种抽吸模式条件对 4 种 TSNAs 平均变异系数的影响

（2）与ISO抽吸模式相比，加拿大深度抽吸模式不仅能够获得更高的卷烟烟气有害成分释放量水平，还能够获得更高的单位烟碱卷烟烟气有害成分释放量水平，因此，加拿大深度抽吸模式能够反映吸烟者更加深度的抽吸行为，因此也可以更好的反映卷烟制品在深度抽吸条件下的卷烟燃烧和烟气释放物特点。

（3）TobReg认为，加拿大深度抽吸模式能够更准确地反映卷烟烟丝和添加剂配方的特征，克服滤嘴通风、活性炭滤嘴等卷烟设计因素对烟气释放物水平导致的影响。以活性炭滤嘴卷烟为例，在ISO抽吸模式条件下，活性炭滤嘴卷烟主流烟气中VOCs（苯、1,3-丁二烯、丙烯腈）释放量显著低于其他有害成分的释放量（包括烟碱），也显著低于相同规格普通滤嘴卷烟主流烟气中VOCs的释放量。然而，在深度抽吸模式条件下，活性炭滤嘴卷烟主流烟气中VOCs释放量显著增高，而且VOCs的增量要显著大于烟碱的增量。由此说明，当吸烟者采用深度抽吸行为时，ISO抽吸模式无法衡量单位烟碱有害成分（VOCs）的实际增加水平。同时这样的事实也反映，抽吸模式不仅仅改变了卷烟烟气的捕集量，而是改变了卷烟燃烧的状态，从而导致卷烟烟气各种有害成分释放量之间变化的差异。

3. 监管依据方法

为实现WHO烟草制品优先级有害成分披露与管制的要求，确保烟草制品有害成分披露数据的可靠性，2004年4月，来自20个国家的25个实验室代表参加了WHO烟草实验室网络（TobLabNet）组织于在荷兰海牙召开了第一次工作会议，从而标志着TobLabNet的正式成立。随后，WHO针对卷烟烟气中有害成分化学标准分析方法的研究也全面展开。在卷烟烟气有害成分标准分析方法方面，2012年4月，WHO正式发布了《卷烟深度抽吸标准操作程序》（Standard operating procedure 01，SOP 01）TobLabNet官方方法，该方法预示着加拿大深度抽吸模式吸烟机分析条件被正式采纳作为WHO烟气有害成分分析的标准分析条件。除此之外，目前正在进行研究建立的SOP分析方法还包括TSNAs、苯并［a］芘、羰基化合物和挥发性有机化合物（VOCs）等。

三、 欧盟烟草制品指令及管制

欧盟历来对烟草及烟草制品管控严格。欧盟早在2001年颁布了烟草制品条例2001/37/EC，对欧洲共同市场的烟草制品进行了严格的管制。该条例中包括管制成分的相应限量要求和禁止使用诸如“柔和”或“淡味”等描述性词汇。

条例规定：自 2004 年 1 月 1 日起，在欧盟成员国自由流通、经销或生产的卷烟，卷烟焦油量不得高于 10mg，烟气烟碱量不得高于 1mg，一氧化碳量不得高于 10mg。包装上要求标注烟碱、焦油和一氧化碳量，其中烟碱和焦油标注数值的准确性应根据 ISO 8243 进行确定。

对于烟草制品成分的检测，规定了相应的检测方法：ISO 4387 测定焦油，ISO 10315 测定烟碱，ISO 8454 测定一氧化碳。但条例亦指出，随着科学研究和技术的进步，应发展和使用更为精确和可靠的检测方法用于卷烟成分含量及其他烟草制品的检测。

规定成员国应要求生产商或进口商进行授权的国家机构拟定的其他检测项目，以评估在卷烟生产中所产生的其他物质对健康带来的危害，并每年向相关的国家机构提交这些检测结果。

欧盟还建议检测和披露的主流和侧流烟气分析物有 18 种（尚未实施）：多环芳烃（苯并［a］芘，5-methylchrysene）、亚硝胺（NNK，NNN）、芳香胺（4-氨基联苯，2-氨基萘）、VOCs（苯，甲苯，苯乙烯，1,3-丁二烯，异戊二烯）、醛（乙醛，甲醛）、气相成分（氢氰酸，氮氧化物）、无机成分（砷，镉，钋-210）。

2014 年 4 月，欧盟颁布了《欧洲议会和欧盟理事会 2014/40/EU 指令—关于统一各成员国有关烟草及其相关产品生产、描述和销售的法律、法规和管理规定，并废止 2001/37/EC 指令》，该指令从以下方面对烟草制品成分和释放物进行了规定。

1. 焦油、烟碱、一氧化碳和其他物质的最大释放量

各成员国投放市场或者制造的卷烟的最大释放量（“最高限量”）应该不超过：

（1）焦油　每支卷烟 10mg；

（2）烟碱　每支卷烟 1mg；

（3）一氧化碳　每支卷烟 10mg。

欧盟委员会有权根据第二十七节采用授权法案，降低本节第 1 条所规定的最大释放量，但必须基于国际普遍认可的标准。各成员国应向欧盟委员会通告他们卷烟产品中不同于本节第 1 条中设定的最大释放量，以及卷烟之外烟草制品的最大释放量。欧盟委员会应根据第二十七节采用授权法案，将由

FCTC 各缔约方或由 WHO 通过的不同于本节第 1 条中设定的卷烟最大释放量标准以及卷烟之外烟草制品的最大释放量标准整合进欧盟法律。

2. 检测方法

卷烟焦油、烟碱和一氧化碳的释放量应分别参照 ISO 4387 标准、ISO 10315—标准和 ISO 8454—标准检测。焦油、烟碱和一氧化碳检测的准确度必须符合 ISO 8243—标准的规定。

本节第 1 条提到的检测应由成员国主管部门批准或监控的实验室进行验证。

上述实验室不能直接或间接由烟草公司拥有或者控制。各成员国应提供给欧盟委员会一个获批准实验室的清单，明确其获得批准的标准和采用的监控方法，并在做出任何变更的时候及时更新该清单。欧盟委员会应将这些获批准实验室的清单向公众公开。

如果基于科学技术发展或国际普遍认可的标准认为有必要的话，欧盟委员会有权根据第二十七节采用授权法案，修改焦油、烟碱和一氧化碳的检测方法。

各成员国应向欧盟委员会通告他们所使用的本节第 3 条提到的释放物之外的卷烟释放物检测方法，以及卷烟之外烟草制品释放物的检测方法。

欧盟委员会应根据第二十七节采用授权法案，将由 FCTC 各缔约方或由 WHO 通过的标准检测方法整合进欧盟法律。

成员国可以向烟草制品的制造商和进口商收取一定比例的费用，用于本节第 1 条中相关检测的验证。

3. 成分和释放物的报告

各成员国应当要求烟草制品的制造商和进口商按品牌名称和产品类型向其主管部门提交如下信息。

（1）烟草制品生产过程中使用的所有成分及其含量清单，按各成分在烟草制品中的含量降序排列；

（2）本指令第三节第 1 条和第 4 条提到的释放量；

（3）如果可以的话，提供其他释放物信息及其含量水平。

对于已经投放市场的烟草制品，以上信息应在 2016 年 11 月 20 日前提供。如果烟草制品中某一成分被修改，从而影响按本节提供的相关信息，制造商或进口商应当告知相关成员国的主管部门。本节要求的相关信息应当在新的或被改良的烟草制品投放市场之前提交。

本节第1条（1）中提到的成分清单应附相关说明，阐明清单中的每一种成分在烟草制品中使用的原因。该清单还应当指出各成分的状态，包括是否按照欧洲议会和欧盟理事会（EC）1907/2006号法规（1）登记，以及在欧洲议会和欧盟理事会（EC）1272/2008号法规（2）中的分类。

本节第1条（1）中提到的清单还应附相关毒理学数据，包括清单中的每一种成分在燃烧以及未燃烧状态下的相对毒性，可以的话，应特别给出其对消费者健康的影响尤其是致瘾性作用。

成员国应确保根据本节第1条及第六节第1条提交的信息在互联网上公开。在信息公开的同时，成员国还应考虑到充分保护商业机密的需要。成员国应当要求制造商和进口商在按照本节第1条及第六节第1条提交信息时，明确哪些信息被认为是商业机密。

欧盟委员会应当通过执行法案，颁布法律，如果需要的话，改变本节第1条及第六节第1条提到的信息的提交形式和公开形式。这些执行法案应符合第二十五节第2条的审查程序。

成员国应当要求制造商和进口商提交他们可获得的内部和外部市场调查，包括青少年和当前吸烟人群在内的不同消费群体的偏好研究，烟草成分及释放物研究，以及在新产品上市时所进行的任何市场调查。成员国还应当要求制造商和进口商报告每种品牌和产品类型的销售量，以条或者千克计。从2015年1月1日开始，每个成员国以年销售量进行报告。各成员国应提供其他任何可获得的销售数据。

本节及第六节要求成员国提供的所有数据和信息应以电子文件的形式提交。各成员国应当保存所提交的电子信息，并确保欧盟委员会及其他成员国出于适用本指令的目的能够合理使用这些信息。各成员国和欧盟委员会应当确保其中的商业机密及其他隐私信息的保密性。

四、 National Institute for Public Health and the Environment（RIVM）管制

National Institute for Public Health and the Environment（RIVM，荷兰国家公共卫生及环境研究院）对烟草工业提交的成分清单进行评价拥有超过十年的经验。在荷兰，烟草制造商（和进口商）在法律上要求每年在其所有的烟

草产品中标明所有的添加剂，连同它们的数量、功能和对健康的影响。

目前，烟草工业必须采用EMTOC（Electronic Model Tobacco Control）提交成分清单。EMTOC是在RIVM领导下开发的，许多其他欧洲国家都在使用这个系统。RIVM收集数据，对这些添加剂进行识别，评估其风险，告知消费者。RIVM还建立数据库识别这些成分列表，并且此数据库是对公众开放的。

烟草烟气中含有6000多种不同的化学物质，在荷兰每年造成近20000人死亡，原因尤其是肺癌，心脏病和中风，肺气肿和慢性阻塞性肺病，口腔，舌，食道，胃和膀胱癌。平均而言，吸烟者比不吸烟者短5~10年。

世界卫生组织建议减少烟气中某些有毒物质的含量。烟草烟气的成分是由烟草的种类和产品设计，如由过滤器，纸张和添加剂的类型决定的。

RIVM开发方法来衡量烟草成分和释放物，建议对这些烟草成分和释放物使用风险评估建立平排放上限。

RIVM长期致力于烟草控制工作。目前，烟草消费是导致死亡的唯一可预防的原因。它的结果导致在一年有数百万计的人过早死亡，其中超过五百万的用户或前用户烟草和超过六十万的非吸烟者暴露于二手烟。烟草控制是指一系列的综合措施，以保护人们不受烟草消费和二手烟的影响。对烟草产品的监管的必要性是公认的。测定有害物质和烟草制品成分的研究是必需的。RIVM利用吸烟机分析烟草中的有害物质，它模拟一个吸烟者测定香烟中的焦油量，烟碱和一氧化碳。

RIVM对卷烟主流烟气中的化学物质按照以下进行监管。

（1）醛类：甲醛、乙醛和丙烯醛；

（2）挥发性有机化合物：苯、1,3-丁二烯；

（3）苯并［a］芘；

（4）烟草特有亚硝胺。

RIVM对烟草中的化学物质按照以下进行监管。

（1）烟碱；

（2）保润剂：甘油，丙二醇；

（3）氨。

同时，Reinskje Talhout（RIVM）在2011年发表了卷烟烟气中的98个化合物清单，其中有33个化合物是2011年FDA《N-2071卷烟制品和卷烟烟气中的有害及有潜在危害的组成成分》（HPHC）名单中所没有的。见表1-14所示。

表 1-14 RIVM 卷烟烟气化合物清单

序号	烟气成分	中文名	CAS	癌症危险值 1 (mg/m³)	研究机构	非癌危险值 2 (mg/m³)	研究机构
1	1,1,1-Trichloro-2, 2-bis (4-chlorophenyl) ethane (DDT)	2,2-双(对氯苯基)-1,1,1-三氯乙烷，滴滴涕	4413-31-4	1.0×10^{-4}	U. S. EPA		
2	1,1-Dimethylhydrazine	1,1-二甲基肼 1,1-二甲基肼	57-14-7	2.0×10^{-6}	ORNL		
3	1,3-Butadiene	1,3-丁二烯	106-99-0	3.0×10^{-4}	U. S. EPA	2.0×10^{-3}	U. S. EPA
4	2, 3, 7, 8-Tetrachlorodibenzo-*p*-dioxin (TEQ)	2,3,7,8-四氯二苯并二噁英	1746-01-6	2.6×10^{-4}	Cal EPA		
5	2-Amino-3-methyl-9*H*-pyrido [2, 3-b] indole (MeAaC)	2-氨基-3-甲基-9*H*-吡啶[2,3-b]吲哚（MeAaC）	68006-83-7	2.9×10^{-5}	Cal EPA		
6	2-Amino-3-methylimidazo [4,5-b] quinoline (IQ)	2-氨基-3-甲基[4,5-b]喹啉（IQ）	76180-96-6	2.5×10^{-5}	Cal EPA		
7	2-Amino-6-methyl [1,2-a: 3′, 2″-d] imidazole (GLu-P-1)	2-氨基-6-甲基二吡啶[1,2-A：3′,2′-D]咪唑盐酸盐	67730-11-4	7.1×10^{-6}	Cal EPA		

8	2-Aminodipyrido［1,2-a：3′，2″-d］imidazole (GLu-P-2)	2-氨基二吡啶并［1，2-A：3′,2′-D］咪唑盐酸盐	67730-10-3	2.5×10^{-5}	Cal EPA		
9	2-Aminonaphthalene	2-萘胺	91-59-8	2.0×10^{-5}	Cal EPA		
10	2-Nitropropane	2-硝基丙烷	79-46-9		Cal EPA	0.02	U.S. EPA
11	2-Toluidine	邻甲基苯胺（邻甲苯胺）	95-53-4	2.0×10^{-4}	Cal EPA		
12	3-Amino-1,4-dimethyl-5*H*-pyrido［4,3-b］indole	Trp-P-1（3-氨基-1,4-二甲基-5*H*-吡啶并［4,3-B］吲哚乙酸）	62450-06-0	1.4×10^{-6}	Cal EPA		
13	3-Amino-1-methyl-5*H*-pyrido［4,3-b］-indole (Trp-P-2)	3-氨基-1,4-二甲基-5*H*-吡啶［4,3-B］吲哚乙酸	62450-07-1	1.1×10^{-5}	Cal EPA		
14	4-Aminobiphenyl	4-氨基联苯	92-67-1	1.7×10^{-6}	Cal EPA		
15	5-Methylchrysene	5-甲基䓛	3697-24-3	9.1×10^{-6}	Cal EPA		

续表

序号	烟气成分	中文名	CAS	癌症危险值 1 (mg/m^3)	研究机构	非癌危险值 2 (mg/m^3)	研究机构
16	7*H*-Dibenzo (c, g) carbazole	7*H*-二苯并咔唑	194-59-2	9.1×10^{-6}	Cal EPA		
17	2-Amino-9*H*-pyrido [2, 3-b] indole (AaC)	2-氨基-9*H*-吡啶[2, 3-b]吲哚	26148-68-5	8.8×10^{-5}	Cal EPA		
18	Acetaldehyde	乙醛	75-07-0	4.5×10^{-3}	U. S. EPA	9.0×10^{-3}	U. S. EPA
19	Acetamide	乙酰胺	60-35-5	5.0×10^{-4}	Cal EPA		
20	Acetone	丙酮	67-64-1			30	ATSDR
21	Acetonitrile	乙腈	75-05-8			0.06	U. S. EPA
22	Acrolein	丙烯醛	107-02-8			2.0×10^{-5}	U. S. EPA
23	Acrylamide	丙烯酰胺	79-06-1	8.0×10^{-3}			
24	Acrylic acid	丙烯酸	79-10-7			1.0×10^{-3}	U. S. EPA
25	Acrylonitrile	丙烯腈	107-13-1	1.5×10^{-4}	U. S. EPA	2.0×10^{-3}	U. S. EPA
26	Ammonia	氨	7664-41-7			0.1	U. S. EPA
27	Aniline	苯胺	62-53-3	对人类可能致癌级别 B2			

28	Arsenic	砷		2.3×10^{-6}	U. S. EPA		
29	Benz［a］anthracene	1，2-苯并［A］蒽	56-55-3	9.10×10^{-5}	Cal EPA		
30	Benzene	苯	71-43-2	1.3×10^{-3}	U. S. EPA	9.8×10^{-3}	ATSDR
31	Benzo［a］pyrene	苯并［a］芘	50-32-8	9.1×10^{-6}	Cal EPA		
32	Benzo［j］fluoranthene (pyrene)	苯并［a］荧蒽	205-82-3	9.1×10^{-5}	Cal EPA		
33	Beryllium	铍		4.2×10^{-6}			
34	Cadmium	镉		5.6×10^{-6}	U. S. EPA		
35	Carbazole	咔唑	86-74-8	1.8×10^{-3}	NATA		
36	Carbon disulfide	二硫化碳	75-15-0			0.1	HC
37	Carbon monoxide	一氧化碳	630-08-0			10	Cal EPA
38	Chloroform	三氯甲烷	67-66-3	4.3×10^{-4}	U. S. EPA	0.1	ATSDR
39	Chromium VI	六价铬		8.3×10^{-7}	U. S. EPA	1.0×10^{-4}	U. S. EPA
40	Chrysene	䓛	218-01-9	9.1×10^{-4}	Cal EPA		
41	Cobalt	钴				5.0×10^{-4}	RIVM

续表

序号	烟气成分	中文名	CAS	癌症危险值 1（mg/m^3）	研究机构	非癌危险值 2（mg/m^3）	研究机构
42	Copper	铜				1.0×10^{-3}	RIVM
43	Di（2-ethylhexyl）phthalate	邻苯二甲酸二（2-乙基己）酯	117-81-7	4.2×10^{-3}	Cal EPA		
44	Dibenzo［a，i］pyrene	二苯并（A，I）芘	189-55-9	9.1×10^{-7}	Cal EPA		
45	Dibenzo［a，h］acridine	二苯并（A，H）杂蒽	226-36-8	9.1×10^{-5}	Cal EPA		
46	Dibenzo［a，h］anthracene	二苯［a，h］蒽	53-70-3	8.3×10^{-6}	Cal EPA		
47	Dibenzo［a，j］acridine	二苯并（A，J）丫啶	224-42-0	9.1×10^{-5}	Cal EPA		
48	Dibenzo［a，h］pyrene	二苯并（A，H）芘	189-64-0	9.1×10^{-7}	Cal EPA		
49	Dibenzo［a，l］pyrene	二苯并（A，L）芘	191-30-0	9.1×10^{-7}	Cal EPA		
50	Dibenzo［a，e］pyrene	二苯并［A，E］芘	192-65-4	9.1×10^{-6}	Cal EPA		

51	Dibenzo [c, g] carbazole	二苯并 [c, g] 咔唑	194-59-2	9.1×10^{-6}	Cal EPA		
52	Dimethylformamide	*N*,*N*-二甲基甲酰胺	68-12-2			3.0×10^{-2}	U. S. EPA
53	Ethyl carbamate	氨基甲酸乙酯	51-79-6	3.5×10^{-5}	Cal EPA		
54	Ethylbenzene	乙基苯	100-41-4			0.77	RIVM
55	Ethylene oxide	环氧乙烷	75-21-8	1.1×10^{-4}	Cal EPA		
56	Ethylenethiourea	1, 2-亚乙基硫脲	96-45-7	7.7×10^{-4}	Cal EPA		
57	Formaldehyde	甲醛	50-00-0	7.7×10^{-4}	U. S. EPA	1.0×10^{-2}	ATSDR
58	Hexane	正己烷	110-54-3			0.7	U. S. EPA
59	Hydrazine	肼（无水）	302-01-2	2.0×10^{-6}	U. S. EPA	5.0×10^{-3}	ATSDR
60	Hydrogen cyanide	氢氰酸	74-90-8			3.0×10^{-3}	U. S. EPA
61	Hydrogen sulfide	硫化氢	7783-06-4			2.0×10^{-3}	U. S. EPA
62	Indeno (1, 2, 3 - c, d) pyrene	茚并 (1, 2, 3 - CD) 芘	193-39-5	9.1×10^{-5}	Cal EPA		
63	Isopropylbenzene	异丙基苯	98-82-8			0.4	U. S. EPA

续表

序号	烟气成分	中文名	CAS	癌症危险值 1 (mg/m^3)	研究机构	非癌危险值 2 (mg/m^3)	研究机构
64	Lead	铅		8.3×10^{-4}	Cal EPA	1.5×10^{-3}	U. S. EPA
65	Manganese	锰				5.0×10^{-5}	U. S. EPA
66	*m*-Cresol	间甲酚	108-39-4			0.17	RIVM
67	Mercury	汞				2.0×10^{-4}	U. S. EPA
68	Methyl chloride	氯甲烷	74-87-3			0.09	U. S. EPA
69	Methyl ethyl ketone	2-丁酮	78-93-3			5	U. S. EPA
70	Naphtalene	萘	91-20-3			3.0×10^{-3}	U. S. EPA
71	*N*-nitroso-*N*-dibutylamine (NBUA)	*N*-甲硝基二正丁胺	924-16-3	6.3×10^{-6}	U. S. EPA		
72	*N*-nitrosodimethylamine (NDMA)	*N*-亚硝基二甲胺	62-75-9	7.1×10^{-7}	U. S. EPA		
73	Nickel	镍				9.0×10^{-5}	ATSDR
74	Nitrogen dioxide	二氧化氮	10102-44-0			1.0×10^{-1}	U. S. EPA

75	*N*-nitrosodiethanolamine	二乙醇亚硝胺	1116-54-7	1. 3×10^{-5}	Cal EPA		
76	*N*-nitrosodiethylamine	亚硝基-二乙基胺	55-18-5	2. 3×10^{-7}	U. S. EPA		
77	*N*-nitrosoethylmethylamine	*N*-亚硝基甲基乙基胺	10595-95-6	1. 6×10^{-6}	Cal EPA		
78	*N*-nitrosonornicotine (NNN)	NNN	84237-38-7	2. 5×10^{-5}	Cal EPA		
79	*N*-nitroso-*N*-propylamine	*N*-亚硝基二丙胺	621-64-7	5. 0×10^{-6}	Cal EPA		
80	*N*-nitrosopiperidine	*N*-亚硝基哌啶	100-75-4	3. 7×10^{-6}	Cal EPA		
81	*N*-nitrosopyrrolidine	*N*-亚硝基吡咯烷	930-55-2	1. 6×10^{-5}	U. S. EPA		
82	*n*-Propylbenzene	丙基苯	103-65-1			0. 4	U. S. EPA
83	*o*-Cresol	邻甲酚	95-48-7	对人类可能致癌级别 C	U. S. EPA	0. 17	RIVM
84	*p*-, *m*-Xylene	间二甲苯	108-38-3			0. 1	U. S. EPA
85	*p*-Benzoquinone	苯醌	106-51-4	对人类可能致癌级别 C	U. S. EPA	0. 17	RIVM

续表

序号	烟气成分	中文名	CAS	癌症危险值 1 (mg/m³)	研究机构	非癌危险值 2 (mg/m³)	研究机构
86	*p*-Cresol	4-甲基苯酚	106-44-5	致癌	U. S. EPA	0. 17	RIVM
87	Phenol	苯酚	108-95-2			0. 02	RIVM
88	Polonium-210	钋-210		925. 9	ORNL3		
89	Propionaldehyde	丙醛	123-38-6			8.0×10^{-3}	U. S. EPA
90	Propylene oxide	环氧丙烷	75-56-9	2.7×10^{-3}	U. S. EPA		
91	Pyridine	吡啶	110-86-1			0. 12	RIVM
92	Selenium	硒				8.0×10^{-4}	Cal EPA
93	Styrene	苯乙烯	100-42-5			0. 092	HC
94	Toluene	甲苯	108-88-3			0. 3	ATSDR
95	Trichloroethylene	三氯乙烯	28861	82	HC	0. 2	RIVM
96	Triethylamine	三乙胺	121-44-8			7.0×10^{-3}	U. S. EPA
97	Vinyl acetate	乙酸乙烯酯	108-05-4			0. 2	U. S. EPA
98	Vinyl chloride	氯乙烯	27398	1.1×10^{-3}	U. S. EPA		

五、其他国家和组织对烟草制品管制法规与要求

（一）中国

1. 烟草制品的成分及释放物的管制

随着科学研究的发展和对烟草制品安全性认识的提高，以及世界卫生组织的积极推动，世界上很多国家都制定了相应法规，对烟草制品的生产、销售及进出口贸易进行了不同程度上的管制，并已在一定程度上形成贸易壁垒。同时，《烟草控制框架公约》的签署与生效也促使各签约国积极采取立法手段制定和完善在烟草制品安全性方面的管制法规。

我国高度关注烟草制品的安全性管制。在《中华人民共和国烟草专卖法》明确规定：国家加强对烟草专卖品的科学研究和技术开发，提高烟草制品的质量，降低焦油和其他有害成分的含量。除此之外采取了很多有效措施，包括制定配套的检测方法标准、限量要求等。我国《卷烟》系列国家标准（GB 5606—2005）中规定了焦油量、烟气烟碱量、烟气一氧化碳量的技术要求、试验方法和检验规则。另外，于2004年印发了《关于调整卷烟焦油限量要求的通知》（国烟科〔2004〕27号），明确要求“2004年7月1日以后生产的盒标焦油量在15mg/支以上的卷烟不得在国内市场销售”。

2. 国内烟草行业卷烟烟气监控清单

我国为评价卷烟产品的危害性，由中国烟草总公司研究建立了一种新的卷烟烟气危害性评价方法。分析对象为卷烟主流烟气中29种有害成分（包括4种TSNAs、3种PAHs、8种羰基化合物、7种酚类物质、HCN、NO、NO_x、NH_3、CO、烟碱和焦油等），除了检测含量外还对4种毒理学指标（小鼠吸入急毒试验、细胞毒性试验、Ames试验和细胞微核试验）进行了分析，然后建立了烟气有害成分与毒理学指标的函数关系。通过采用无信息变量删除法和遗传算法，筛选出了最具代表性的7种卷烟烟气有害成分，即CO、HCN、NNK、NH_3、苯并［a］芘、苯酚和巴豆醛。如式（1-4）所示。

$$H = \frac{Y_{CO}}{C_1} + \frac{Y_{HCN}}{C_2} + \frac{Y_{NNK}}{C_3} + \frac{Y_{NH_3}}{C_4} + \frac{Y_{B[a]P}}{C_5} + \frac{Y_{PHE}}{C_6} + \frac{Y_{CRO}}{C_7} \tag{1-4}$$

（二）加拿大

加拿大根据其1997年通过的烟草法案，针对烟草制品的生产、销售、标

识和促销活动制定了大量的管制措施。

烟草制品信息管制于2000年在烟草法案授权下被采纳。规定生产商应向管制机构提交年度报告，披露每种牌号卷烟中的成分、添加剂、烟气成分、烟气 pH 和滤嘴过滤效率。

要求报告的主流烟气中的氨、芳香胺、苯并［a］芘、羰基化合物、丁香酚、滤嘴效率、氢氰酸、汞、金属（镍，铅，镉，铬，砷 和 硒）、亚硝胺、氮氧化合物、有机物（1,3-丁二烯、异戊二烯、丙烯腈、苯、甲苯）、pH、酚类化合物、半挥发性成分（嘧啶、喹啉和苯乙烯）、焦油，烟碱和 CO。

要求报告的侧流烟气中的成分有：氨、芳香胺、苯并［a］芘、CO、羰基化合物、氢氰酸、汞、金属（镍，铅，镉，铬，砷 和 硒）、亚硝胺、氮氧化合物、有机物（1,3-丁二烯、异戊二烯、丙烯腈、苯，甲苯和苯乙烯）、酚类化合物、半挥发性成分（嘧啶和喹啉）、焦油和烟碱。

要求报告的整个卷烟制品中的成分有：生物碱，氨、苯并［a］芘、丁香酚、保润剂、金属（镍，铅，镉，铬，砷，硒和汞）、硝酸盐、亚硝胺、pH、丙酸盐，山梨酸和乙酸甘油酯。

在卷烟包装上必须标注焦油、烟碱、烟碱、氰化氢、苯和甲醛的含量，并且应分别按照现行 ISO 方法和加拿大深度抽吸方法分别进行检测，给出数值范围。嚼烟和鼻烟在包装上必须给出烟碱、亚硝胺、铅的含量。

加拿大政府清单要披露和管制的主流烟气成分有 46 种：分别是芳香胺（4 种）、挥发性有机化合物（5 种）、半挥发性有机化合物（3 种）、常规成分（3 种）、羰基化合物（8 种）、无机化合物（4 种）、有害元素（7 种）挥发性酚类成分（7 种）、亚硝胺（4 种）、多环芳烃（1 种）。

国际癌症研究机构（IARC）依据纯化学品的试验结果对加拿大检测名单中有害成分的致癌性评价结果，认为在 46 种有害成分中，11 种成分为人体致癌物质（第 1 类），5 种成分为可疑的人体致癌成分（2B 类），9 种成分为致癌性不明确的化合物（第 3 类）。因此，对于纯化学品来说，以上的 25 种化学成分应当为卷烟烟气中最重要的有害成分。

在烟气检测方面，加拿大的烟气收集方法采用了与 ISO 标准不同的深度抽吸方法（55mL 抽吸容量、30s 抽吸间隔、2s 抽吸持续时间、100%封闭透气孔）。

在烟草报告管制中，要求加拿大烟草生产商和进口商必须向加拿大卫生

部（Health Canada）提交年度报告，包括销售数据，生产加工信息，烟草制品成分，有害成分，有害释放物，研究活动和促销活动等具体信息。其中至少应报告烟草制品的 20 种成分和 40 种释放物。在其 2005 年修订的烟草制品管制报告中规定，烟草生产商和进口商必须对在加拿大境内生产和销售的各品牌卷烟根据加拿大卫生部的官方方法进行三项年度毒性试验，并每年向加拿大卫生部提交检测结果，第一份报告不迟于 2006 年 1 月 31 日提交。这三项毒性试验为主流烟气细菌回复突变检测、主流烟气中性红摄入检测和主流烟气体外微核检测。

（三）泰国

2006 年泰国烟草制品控制法案（修正案）规定烟草生产商或进口商应对每个牌号的烟草制品管制成分进行通报，内容包括：焦油、烟碱、CO、氢氰酸、亚硝胺和甲醛的量；要求在烟盒上列出与癌症相关的化学成分名称；并且要求明示各种添加物的量、通用名称、化学名称及美国化学会化学文摘化合物登记号。

（四）美国

美国在 1996 年通过了要求烟草公司向国家公共健康部提交卷烟、鼻烟和嚼烟中添加物成分清单的法律。同时美国各州也制定了各自的烟草制品管制法规。

马萨诸塞州：1997 年根据其《烟草披露法案》第 94 章 307B，要求在该州的烟草制品生产商报告除烟叶、水分或烟草薄片之外的添加剂以及可以为普通消费者提供精确预测烟碱摄入量的评估。

明尼苏达州：1997 年立法通过了该州的烟草制品报告法案。法案规定，烟草生产商必须向卫生专员提供有关其产品中可测量的氨或任何铵类化合物，以及砷、镉、甲醛和铅的含量。

得克萨斯州：公共卫生规定卷烟或烟草制品生产商必须每年提交一份报告，说明除烟草、水和烟草薄片之外的其他所有成分。另外必须指出制品中烟碱的含量水平。

另外美国各州相继立法，卷烟产品必须合乎“燃烧安全性”（低阴燃倾向）的要求方可销售。

（五）巴西

1999 年，巴西成立国家卫生监督局（ANVISA），负责管制卷烟和其他烟草制品的控制和监督。每个烟草公司必须在卫生监督局注册其商标并付年度税。作为管制机构，卫生监督局有权在现行法律之下发布约束性规定，并负责在巴西建立和保持一个烟草检测实验室。卫生监督局第 46 号决议（2001 年 3 月 21 日）规定了卷烟焦油、烟碱和 CO 的限量，并要求烟草公司提交年度报告，按品牌明确列出在巴西生产的每种烟草制品的所有成分和添加剂。同时，禁止使用诸如“柔和”“淡味”“超淡味”或“低焦油”等描述性词汇。

（六）澳大利亚

2004 年 6 月，澳大利亚卫生部与三家烟草公司（菲莫公司、英美烟草澳大利亚有限公司和帝国烟草澳大利亚有限公司）经过谈判达成协议，烟草公司自愿披露卷烟排放物情况。这三家烟草公司同意对所选定的卷烟品牌的排放物进行一次性测试，并把测试结果向当局报告。澳大利亚的烟草生产商不必详细公布他们所列举的“加工辅料”，但欧洲生产商必须披露烟草中的所有成分，并说明其用途及对健康的影响。

（七）马来西亚

据马来西亚 2005 年提交议会的一项法律草案，要求卷烟生产商和进口商列出产品中的所有成分，并保证卷烟包装上有不低于一半的面积用于健康警语，同时要求停止使用“低焦油”“柔和”等描述性词汇。该烟草法律草案要求生产商必须向卫生部报告烟草制品中的有毒成分和添加剂。

参考文献

[1] Hatsukami DK, et al. Methods to assess potential reduced exposure products. *Nicotine and Tobacco Research*, 2005, 7: 827-844.

[2] Hatsukami DK, et al. Biomarkers to assess the utility of potential reduced exposure tobacco products. *Nicotine and Tobacco Research*, 2006, 8: 169-191.

[3] Benowitz NL, et al. Compensatory smoking of low yield cigarettes. In: *Risks associated with smoking cigarettes with low machine-measured yields of tar and nicotine.* Bethesda, MD, United States Department of Health and Human Services, National Institutes of Health, National Cancer Institute, 2001 (Smoking and Tobacco Control Monograph No. 13; NIH Publication No. 02-5074).

[4] Benowitz NL, et al. Smokers of low-yield cigarettes do not consume less nicotine. *New England Journal of Medicine*, 1983, 309: 139-142.

[5] Jarvis MJ, et al. Nicotine yield from machine-smoked cigarettes and nicotine intakes in smok-

ers: evidence from a representative population survey. *Journal of the National Cancer Institute*, 2001, 93: 134-138.

[6] Joseph AM, et al. Relationships between cigarette consumption and biomarkers of tobacco toxin exposure. *Cancer Epidemiology Biomarkers & Prevention*, 2005, (12): 2963-2968.

[7] Whincup PH, et al. Passive smoking and risk of coronary heart disease and stroke: prospective study with cotinine measurement. *British Medical Journal*, 2004, 329 (7459): 200-205.

[8] Boffetta P, et al. Serum cotinine level as predictor of lung cancer risk. *Cancer Epidemiology Biomarkers & Prevention*, 2006, 15: 1184-8.

[9] Stratton K, et al. Clearing the smoke: assessing the science base for tobacco harm reduction. Washington, DC, National Academy Press, 2001.

[10] Byrd GD, et al. Comparison of measured and FTC-predicted nicotine uptake in smokers. *Psychopharmacology*, 1995, 122: 95-103.

[11] Benowitz NL, et al. Nicotine metabolic profile in man: comparison of cigarette smoking and transdermal nicotine. *Journal of Pharmacology and Experimental Therapeutics*, 1994, 268: 296-303.

[12] Perez-Stable EJ, Benowitz NL, Marin G. Is serum cotinine a better measure of cigarette smoking than self-report? *Preventive Medicine*, 1995, 24: 171-179.

[13] Benowitz NL. Cotinine as a biomarker of environmental tobacco smoke exposure. *Epidemiologic Reviews*, 1996, 18: 188-204.

[14] Benowitz NL, Jacob P III. Metabolism of nicotine to cotinine studied by a dual stable isotope method. *Clinical Pharmacology & Therapeutics*, 1994, 56: 483-493.

[15] Hukkanen J, Jacob P III, Benowitz NL. Metabolism and disposition kinetic of nicotine. *Pharmacological Reviews*, 2005, 57: 79-115.

[16] Vineis P, et al. Levelling-off of the risk of lung and bladder cancer in heavy smokers: an analysis based on multicentric case-control studies and a metabolic interpretation. *Mutation Research*, 2000, 463: 103-110.

[17] Haley NJ, Hoffmann D. Analysis for nicotine and cotinine in hair to determine cigarette smoker status. *Clinical Chemistry*, 1985, 31: 1598-1600.

[18] Kintz P. Gas chromatographic analysis of nicotine and cotinine in hair. *Journal of Chromatography*, 1992, 580: 347-53.

[19] Koren G, et al. Biological markers of intrauterine exposure to cocaine and cigarette smoking. *Developmental Pharmacology and Therapeutics*, 1992, 18: 228-236.

[20] Stout PR, Ruth JA. Deposition of [3H] cocaine, [3H] nicotine, and [3H] flunitrazepam

in mouse hair melanosomes after systemic administration. *Drug Metabolism and Disposition*, 1999, 27: 731-735.

[21] Dehn DL, et al. Nicotine and cotinine adducts of a melanin intermediate demonstrated by matrix-assisted laser desorption/ionization time-of-flight mass spectrometry. *Chemical Research in Toxicology*, 2001, 14: 275-279.

[22] Davis RA, et al. Dietary nicotine: a source of urinary cotinine. *Food and Chemical Toxicology*, 1991, 29: 821-827.

[23] Jacob P III, et al. Minor tobacco alkaloids as biomarkers for tobacco use: comparison of cigarette, smokeless tobacco, cigar and pipe users. *American Journal of Public Health*, 1999, 89: 731-736.

[24] Jacob P III, et al. Anabasine and anatabine as biomarkers for tobacco use during nicotine replacement therapy. *Cancer Epidemiology Biomarkers & Prevention*, 2002, 11: 1668-1673.

[25] Hecht SS. Human urinary carcinogen metabolites: biomarkers for investigating tobacco and cancer. *Carcinogenesis*, 2002, 23: 907-922.

[26] Hecht, SS. Biochemistry, biology, and carcinogenicity of tobacco-specific Nnitrosoamines. *Chemical Research in Toxicology*, 1998, 11: 559-603.

[27] Hatsukami DK, et al. Evaluation of carcinogen exposure in people who used "reduced exposure" tobacco products. *Journal of the National Cancer Institute*, 2004, 96: 844-852.

[28] Pfeifer GP, et al. Tobacco smoke carcinogens, DNA damage and p53 mutations in smoking-associated cancers. *Oncogene*, 2002, 21: 7435-7451.

[29] Phillips DH, et al. Methods of DNA adduct determination and their application to testing compounds for genotoxicity. *Environmental Mutagenesis*, 2000, 35: 222-233.

[30] Phillips DH. Smoking-related DNA and protein adducts in human tissues. *Carcinogenesis*, 2002, 23: 1979-2004.

[31] Kriek E, et al. Polycyclic aromatic hydrocarbon-DNA adducts in humans: relevance as biomarkers for exposure and cancer risk. *Mutation Research*, 1998, 400: 215-231.

[32] Gammon MD, et al. Environmental toxicants and breast cancer on Long Island. I. Polycyclic aromatic hydrocarbon DNA adducts. *Cancer Epidemiology Biomarkers & Prevention*, 2002, 11: 677-685.

[33] Veglia F, Matullo G, Vineis P. Bulky DNA adducts and risk of cancer: a metaanalysis. *Cancer Epidemiology Biomarkers & Prevention*, 2003, 12: 157-160.

[34] Tang D, et al. Association between carcinogen-DNA adducts in white blood cells and lung cancer risk in the physicians health study. *Cancer Research*, 2001, 61: 6708-6712.

[35] Boysen G, Hecht SS. Analysis of DNA and protein adducts of benzo [a] pyrene in human tissues using structure-specific methods. *Mutation Research*, 2003, 543: 17-30.

[36] Hecht SS, Tricker AR. Nitrosamines derived from nicotine and other tobacco alkaloids. In: Gorrod JW, Jacob P III, eds. *Analytical determination of nicotine and related compounds and their metabolites*. Amsterdam, Elsevier Science, 1999, pp. 421-488.

[37] Foiles PG, et al. Mass spectrometric analysis of tobacco-specific nitrosamine-DNA adducts in smokers and non-smokers. *Chemical Research in Toxicology*, 1991, 4: 364-368.

[38] Schl Samuels M D, et al. Determination of tobacco-specific nitrosamine hemoglobin and lung DNA adducts. *Proceedings of the American Association for Cancer Research*, 2002, 43: 346.

[39] Golkar SO, et al. Evaluation of genetic risks of alkylating agents II. Haemoglobin as a dose monitor. *Mutation Research*, 1976, 1-10.

[40] Ehrenberg L, Osterman-Golkar S. Alkylation of macromolecules for detecting mutagenic agents. *Teratogenesis Carcinogenesis and Mutagenesis*, 1980, 1: 105-127.

[41] Skipper PL, Tannenbaum SR. Protein adducts in the molecular dosimetry of chemical carcinogens. *Carcinogenesis*, 1990, 11: 507-518.

[42] Castelao JE, et al. Gender-and smoking-related bladder cancer risk. *Journal of the National Cancer Institute*, 2001, 93: 538-545.

[43] Hammond SK, et al. Relationship between environmental tobacco smoke exposure and carcinogen-hemoglobin adduct levels in non-smokers. *Journal of the National Cancer Institute*, 1993, 85: 474-478.

[44] Mowrer J, et al. Modified Edman degradation applied to hemoglobin for monitoring occupational exposure to alkylating agents. *Toxicological and Environmental Chemistry*, 1986, 11: 215-231.

[45] Tornqvist M, Ehrenberg L. Estimation of cancer risk caused by environmental chemicals based on in vivo dose measurement. *Journal of Environmental Pathology Toxicology and Oncology*, 2001, 20: 263-271.

[46] Bergmark E. Hemoglobin adducts of acrylamide and acrylonitrile in laboratory workers, smokers and non-smokers. *Chemical Research in Toxicology*, 1997, 10: 78-84.

[47] Fennell TR, et al. Hemoglobin adducts from acrylonitrile and ethylene oxide in cigarette smokers: effects of glutathione S-transferase T1-null and M1-null genotypes. *Cancer Epidemiology Biomarkers & Prevention*, 2000, 9: 705-712.

[48] Benowitz NL, et al. Reduced tar, nicotine, and carbon monoxide exposure while smoking ultralow, but not low-yield cigarettes. *Journal of the American Medical Association*, 1986, 256: 241-246.

[49] *The health consequences of smoking: a report of the Surgeon General*. Atlanta, GA, United States Department of Health and Human Services, Centers for Disease Control and Prevention, National Center for Chronic Disease Prevention and Health Promotion, Office on Smoking and Health, 2004.

[50] Fowles J, Dybing E. Application of toxicological risk assessment principles to the chemical constituents of cigarette smoke. *Tobacco Control*, 2003, 12: 424-430.

[51] Burke A, FitzGerald, GA. Oxidative stress and smoking-induced tissue injury. *Progress in Cardiovascular Disease*, 2003, 46: 79-90.

[52] Pearson TA, et al. Markers of inflammation and cardiovascular disease: application to clinical and public health practice: a statement for healthcare professionals from the Centers for Disease Control and Prevention and the American Heart Association. *Circulation*, 2003, 107: 499-511.

[53] Puranik R, Celermajer DS. Smoking and endothelial function. *Progress in Cardiovascular Disease*, 2003, 45: 443-458.

[54] Cooke JP. Does ADMA cause endothelial dysfunction? *Arteriosclerosis, Thrombosis, and Vascular Biology*, 2000, 20: 2032-2037.

[55] Nowak J, et al. Biochemical evidence of a chronic abnormality in platelet and vascular function in healthy individuals who smoke cigarettes. *Circulation*, 1987, 76: 6-14.

[56] Benowitz NL. Cigarette smoking and cardiovascular disease: pathophysiology and implications for treatment. *Progress in Cardiovascular Disease*, 2003, 46: 91-111.

[57] Ley K. The role of selectins in inflammation and disease. *Trends in Molecular Medicine*, 2003, 9: 263-268.

[58] *The health consequences of involuntary exposure to tobacco smoke: a report of the Surgeon General*. Atlanta, GA, United States Department of Health and Human Services, Centers for Disease Control and Prevention, Coordinating Center for Health Promotion, National Center for Chronic Disease Prevention and Health Promotion, Office on Smoking and Health, 2006.

[59] *Tobacco smoke and involuntary smoking* (IARC Monographs on the Evaluation of Carcinogenic Risks to Humans), IARC Monograph 83. Lyon, France, International Agency for Research on Cancer, World Health Organization, 2004.

[60] WHO Scientific Advisory Committee on Tobacco Product Regulation. *Statement of principles guiding the evaluation of new or modified tobacco products*. Geneva, World Health Organization, 2003.

[61] WHO Study Group on Tobacco Product Regulation. *Guiding principles for the development of tobacco product research and testing capacity and proposed protocols for the initiation of*

tobacco product testing: *recommendation* 1. Geneva, World Health Organization, 2004.

[62] *Tobacco control*: *reversal of risk after quitting smoking* (IARC Handbooks of Cancer Prevention), IARC Handbook 11. Lyon, France, International Agency for Research on Cancer, World Health Organization, 2006.

[63] Kandel DB, et al. Salivary cotinine concentration versus self-reported cigarette smoking: three patterns of inconsistency in adolescence. *Nicotine and Tobacco Research*, 2006, 8: 525-537.

[64] *Risks associated with smoking cigarettes with low machine-measured yields of tar and nicotine*. Bethesda, MD, United States Department of Health and Human Services, Public Health Service, National Institutes of Health, National Cancer Institute, 2001 (Smoking and Tobacco Control Monograph No. 13; NIH Publication No. 02-5074).

[65] Hecht SS, et al. Similar uptake of lung carcinogens by smokers of regular, light, and ultralight cigarettes. *Cancer Epidemiology Biomarkers & Prevention*, 2005, 14: 693-698.

[66] Hatsukami DK, et al. Biomarkers of tobacco exposure or harm: application to clinical and epidemiological studies. 25 - 26 October 2001, Minneapolis, Minnesota. *Nicotine and Tobacco Research*, 2003, 5: 387-396.

[67] Pirkle JL, et al. Exposure of the US population to environmental tobacco smoke: the Third National Health and Nutrition Examination Survey, 1988 to 1991. *Journal of the American Medical Association*, 1996, 275: 1233-1240.

[68] Pirkle JL, et al. National exposure measurements for decisions to protect public health from environmental exposures. *International Journal of Hygiene and Environmental Health*, 2005, 208: 1-5.

[69] Pirkle JL, et al. Trends in the exposure of non-smokers in the U. S. population to secondhand smoke: 1988-2002. *Environmental Health Perspectives*, 2006, 114: 853-858.

[70] Counts ME, et al. Mainstream smoke constituent yields and predicting relationships from a worldwide market sample of cigarette brands: ISO smoking conditions. *Regulatory Toxicology and Pharmacology*, 2004, 39: 111-134.

[71] *Tobacco*: *deadly in any form or disguise*. Geneva, World Health Organization, 2006.

[72] Henningfield JE, Burns DM, Dybing E. Guidance for research and testing to reduce tobacco toxicant exposure. *Nicotine and Tobacco Research*, 2005, 7: 821-826.

[73] Guiding principles for the development of tobacco product research and testing capacity and proposed protocols for the initiation of tobacco product testing: recommendation 1.

[74] WHO Technical Report Series 945.

[75] WHO Technical Report Series 951.

[76] Counts ME, et al. (2005) Smoke composition and predicting relationships for international commercial cigarettes smoked with three machine-smoking conditions. Regulatory Toxicology and Pharmacology, 2005, 41: 185-227.

[77] http: //www. hc-sc. gc. ca/hl-vs/tobactabac/legislation/reg/indust/constitu_ e. html.

[78] Stratton K, et al., eds. Clearing the smoke: assessing the science base for tobacco harm reduction. Washington, DC, National Academy Press, 2001.

[79] Hatsukami DK, et al. Methods to assess potential reduced exposure products. Nicotine and Tobacco Research, 2005, 7: 827-844.

[80] Hatsukami DK, et al. Biomarkers to assess the utility of potential reduced exposure tobacco products. Nicotine and Tobacco Research, 2006, 8: 169-191.

[81] Risks associated with smoking cigarettes with low machine-measured yields of tar and nicotine. Bethesda, MD, United States Department of Health and Human Services, National Institutes of Health, National Cancer Institute, 2001 (Smoking and Tobacco Control Monograph No. 13) (http: //news. findlaw. com/hdocs/docs/tobacco/nihnci112701cigstdy. pdf, accessed 2 March 2007).

[82] WHO Scientific Advisory Committee on Tobacco Product Regulation. Conclusions and recommendations on health claims derived from ISO/FTCmethod to measure cigarette yield. Geneva, World Health Organization, 2002.

[83] WHO Tobacco Laboratory Network (Tob Lab Net) official method Standard operating procedure 01. Standard operating procedure for intense smoking of cigarettes. http: //www. who. int/tobacco/publications/prod_ regulation/sop_ smoking_ cigarettes_ 1/en/index. html

[84] Tobacco smoke and involuntary smoking (IARC Monographs on the Evaluation of Carcinogenic Risks to Humans), IARC Monograph 83. Lyon, France, International Agency for Research on Cancer, World Health Organization, 2004.

[85] Fowles J, Dybing E (2003) Application of toxicological risk assessment principles to the chemical toxicants of cigarette smoke. Tobacco Control, 12: 424-430.

[86] http: //www. fda. gov/TobaccoProducts/PublicHealthScienceResearch/HPHCs/default. htm the established list of 93 Harmful and potentially harmful constituents (HPHCs) in tobacco products and tobacco smoke.

[87] http: //www. hc _ sc. gc. ca/hc _ ps/tobac _ tabac/legislation/reg/indust/method/index_ eng. php Bill C_ 32: An Act to amend the Tobacco Act 2009.

[88] Proposal for a DIRECTIVE OF THE EUROPEAN PARLIAMENT AND OF THE COUNCIL 2012.

[89] 谢剑平，刘惠民，朱茂祥，等. 卷烟烟气危害性指数研究 [J] 烟草科技，2009，2:

5-15.
[90] GB/T 19609—2004 卷烟 用常规分析用吸烟机测定总粒相物和焦油.
[91] GB/T 23355—2009 卷烟 总粒相物中烟碱的测定 气相色谱法.
[92] ISO 4387：2000 Cigarettes-Determination of total and nicotine-free dry particulate matter using a routine analytical smoking machine.
[93] ISO 10315：2000 Cigarettes-Determination of nicotine in smoke condensates-Gas-chromatographic method.
[94] 深度抽吸模式下卷烟烟气主要有害成分分析方法及共同实验研究. 烟草行业标准预研项目. 2014.
[95] GB/T 23356—2009 烟气气相中一氧化碳的测定 非散射红外法.
[96] SO 8454：1995 Cigarettes - Determination of carbon monoxide in the vapour phase of cigarette smoke-NDIR method.
[97] YQ/T 17—2012 卷烟 主流烟气总粒相物中烟草特有 *N*-亚硝胺的测定 高效液相色谱-串联质谱联用法.
[98] GB/T 23228—2008 卷烟 主流烟气总粒相物中烟草特有 *N*-亚硝胺的测定 气相色谱-热能分析联用法.
[99] CORESTA recommended method No 75. Determination of tobacco-specific nitrosamines in Cigarette Smoke by LC-MS/MS (June 2012).
[100] WHO TobLabNet Official Method SOP_ 03. Determination of tobacco-specific nitrosamines in Mainstream Cigarette Smoke Using ISO and Intense Smoking Conditions (06-February-2013).
[101] YC/T 254 — 2008 卷烟主流烟气中主要羰基化合物的测定高效液相色谱法.
[102] CORESTA CRM 74 Determination of selected carbonyls in the mainstream cigarette smoke by high performance liquid chromatography.
[103] Determination of selected carbonyls in mainstream tobacco smoke. Health Canada-Offcial Method, T104, Dec 31, 1999.
[104] SOP 07 Simultaneous determination of volatile organic compounds and carbonyls in mainstream cigarette smoke using a sorbent cartridge followed by two-step elution.
[105] GB/T 27523—2011 卷烟 主流烟气中挥发性有机化合物（1,3-丁二烯、异戊二烯、丙烯腈、苯、甲苯）的测定 气相色谱-气质联用法.
[106] Health Canada Determination of 1,3-butadiene, Isoprene, Acrylonitrile, Benzene and Toluene in Mainstream Tobacoo Smoke.
[107] WHO TobLabNet Official Method SOP_ 07 Simultaneous determination of volatile organic compounds and carbonyls in mainstream cigarette smoke using a sorbent cartridge packed

with carbon molecular sieves Carboxen 572.

[108] GB/T 21130—2007 卷烟烟气总粒相物中苯并 [a] 芘的测定.

[109] CORESTA recommended method No 58. Determination of Benzo [a] pyrene in Cigarette Mainstream Smoke by Gas Chromatography-Mass Spectrometry (second edition, March 2013).

[110] ISO 22634: 2008 Cigarettes-Determination of benzo [a] pyrene in cigarette mainstream smoke-Method using gas chromatography/mass spectrometry.

[111] WHO TobLabNet Official Method SOP_ 05. Determination of Benzo [a] pyrene in Mainstream Cigarette Smoke Using ISO and Intense Smoking Conditions (13-july-2012).

[112] YC/T 253—2008, 卷烟主流烟气中氰化氢的测定 连续流动法.

[113] Health Canada. Determination of Hydrogen Cyanide in Mainstream Tobacco Smoke. Health Canada-Official Method: T-107, 1999.

[114] YC/T 377—2010. 卷烟主流烟气中酚类化合物的测定 高校液相色谱法.

[115] DETERMINATION OF SELECTED PHENOLIC COMPOUNDS IN MAINSTRAM CIGARETTE SMOKE BY HPLC. CRM, 2014.

[116] Determination of Phenolic Compounds in Mainstream Tobacco Smoke. Health Canada-Official Method: T-114, 1999.

[117] YC/T 377—2010. 卷烟主流烟气中氨的测定离子色谱法.

[118] Determination of Ammonia in Mainstream Tobacco Smoke. Health Canada-Official Method: T-101, 1999.

[119] Slade J, Henningfield JE. Tobacco product regulation: context and issues. *Food and Drug Law Journal*, 1998, 53 Suppl, 43-74.

[120] World Health Organization. *Advancing Knowledge on Regulating Tobacco Products.* Geneva, World Health Organization, 2001.

[121] Stratton K, Shetty P, Wallace R, Bondurant S, eds. *Clearing the smoke: assessing the science base for tobacco harm reduction.* Institute of Medicine, Washington, DC, National Academy Press, 2001.

[122] Slade J. Innovative nicotine delivery devices from tobacco companies. In: Ferrence R, Slade J, Room R, Pope M, eds. *Nicotine and Public Health*, Washington DC, American Public Health Association, 2000: 209-228.

[123] Food and Drug Administration. 21 CFR Part 801, et al. *Regulations restricting the sale and distribution of cigarettes and smokeless tobacco to protect children and adolescents; final rule.* Federal Register 1996, 61 (168): 44396-45318.

[124] Hurt RD, Robertson CR. Prying open the door to the tobacco industry´s secrets about nico-

tine: the Minnesota Tobacco Trial. *Journal of the American Medical Association*, 1998, 280 (13): 1173-1181.

[125] Abdallah F. Tobacco taste. *Tobacco Reporter*, November 2002.

[126] Hoffmann D, Hoffmann I. The changing cigarette, 1950—1995. *Journal of Toxicology and Environmental Health*, 1997, 50: 307-364.

[127] Peto R, Lopez A, Boreham J, Thun M, Heath C. Health effects of tobacco use: global estimates and projections. In: Slama K, ed. *Tobacco and health. Proceedings of the 9th World Conference on Tobacco and Health*, 10-14 *Oct* 1994, *Paris*, *France*. New York, Plenum Press, 1995: 109-120.

[128] Royal College of Physicians of London. *Nicotine addiction in Britain: a report of the Tobacco Advisory Group of the Royal College of Physicians.* London, Royal College of Physicians, 2000.

[129] Doll R, Peto R. Cigarette smoking and bronchial carcinoma: dose and time relationships among regular smokers. *Journal of Epidemiology and Community Health*, 1978, 32: 303-313.

[130] *National Cancer Institute Monograph No.* 8. Bethesda, U. S. Department of Health and Human Services, National Institutes of Health, National Cancer Institutes, 1997.

[131] National Cancer Institute. *Risks associated with smoking cigarettes with low-machine measured yields of tar and nicotine. Smoking and Tobacco Control Monograph No.*

[132] Henningfield JE, Zeller M. Could science-based regulation make tobacco products less addictive? *Yale Journal of Health Policy*, *Law and Ethics*, 2003.

[133] Myers M. Regulation of tobacco products to reduce their toxicity. *Yale Journal of Health Policy*, *Law and Ethics*, 2003.

[134] US Department of Health and Human Services. The health consequences of smoking: nicotine addiction. A Report of the Surgeon General. Washington DC: US Government Printing Office. 1988.

[135] Royal College of Physicians. Nicotine Addiction in Britain. London: Royal College of Physicians. 2000.

[136] American Psychiatric Association. Substance-Related Disorders. Diagnostic and Statistical Manual of Mental Disorders. Washington D. C; Fourth edition. 1994: 242-247.

[137] World Health Organization. Injury, Poisoning and certain other consequences of External Causes. International Statistical Classification of Diseases and Related Health Problems 1992 ; Volume-I. Chapter XIX: 985.

[138] Balfour DJ. The neurobiology of tobacco dependence: a commentary. Respiration 2002, 69

(1): 7-11.

[139] Henningfield J. E, Benowitz N. L, Slade J, Houston T. P, Davis R. M, Deitchman S. Reducing the addictiveness of cigarettes. Tobacco Control 1998, 7: 281-293.

[140] Bates C. Taking the nicotine out of cigarettes-why it is a bad idea. Bulletin of the World Health Organization 2000, 78 (7): 944.

[141] Benowitz, N. L., Ed. Nicotine safety and toxicity. New York, Oxford University Press. 1998.

[142] Stratton, K., P. Shetty, Wallace R, Bondurant S. (Eds). Clearing the Smoke: Assessing the Science Base for Tobacco Harm Reduction. Washington, D. C., National Academy Press. 2000.

[143] Slade J, Henningfield J. Tobacco product regulation: context and issues. Food and Drug Law Journal 1998, 53: 43-74.

[144] Bates C, McNeill A, Jarvis M, Gray N. The future of tobacco product regulation and labelling in Europe: implications for the forthcoming European Union Directive. Tobacco Control 1999, 8: 225-235.

[145] Kunze U, Schoberberger R, Schmeiser-Rieder A, Groman E, Kunze M. Alternative nicotine delivery systems (ANDS) -public health aspects. Wiener Klinische Wochenschrift 1998, Dec 11; 110 (23): 811-6.

[146] Page J. Federal regulation of tobacco products and products that treat tobacco dependence: are the playing fields level? Food and Drug Law Journal 1998, 53: 11-42.

[147] McNeill A, Foulds J, Bates C. Regulation of nicotine replacement therapies (NRT): a critique of current practice. Addiction 2001, 96: 1757-1768.

[148] West R. Addressing regulatory barriers to licensing nicotine products for smoking reduction. Addiction 2000 Jan; 95 Supple 1: S29-34.

[149] Henningfield J. E, Slade J. Tobacco dependence medications: Public health and regulatory issues. Food and Drug Law Journal. 1998, 53, Supple.: 75-114.

[150] National Institutes of Health. Risks associated with smoking cigarettes with low machine-measured yields of tar and nicotine. Bethesda, MD, Department of Health and Human Services, National Institutes of Health, National Cancer Institute. 2001.

[151] Hoffman D, Hoffman I, El-Bayoumy K. The less harmful cigarette: a controversial issue. A tribute to Ernst L. Wynder. Chemical research in toxicology. 2001, 14 (7): 767-990.

[152] Jarvis M, Primatesta P, Boreham R, Feyerabend C. Nicotine yield from machine smoked cigarettes and nicotine intakes in smokers: evidence from a representative population survey. Journal of the National Cancer Institute 2001, 93: 134-138.

[153] Djordjevic MV, Hoffman D, Hoffman I. Nicotine regulates smoking patterns. Preventive Medicine. 1997, 26 (4): 435-40.

[154] Benowitz NL, Henningfield JE. Establishing a nicotine threshold for addiction-The implications for tobacco regulation. New England Journal of Medicine 1994, 331 (2): 123-125.

[155] Russell MA. Realistic goals for smoking and health. A case for safer smoking. Lancet, 1974, 16; 1 (851): 254-8.

[156] Russell MAH. The future of nicotine replacement. British Journal of Addiction 1991, 86 (5): 653-658.

[157] Bates C. What is the future for the tobacco industry? Tobacco Control 2000, 9: 237-238.

[158] Warner K E, Slade J, Sweanor DT. The emerging market for long-term nicotine maintenance. JAMA 1997, 278: 1087-1092.

[159] Warner K. E, Peck C. C., Woosley R. L, Henningfield J. E, Slade J. Treatment of tobaccodependence: innovative regulatory approaches to reduce death and disease, Preface. Foodand Drug Law Journal July 1998, 53 Supple. 1-9.

[160] Hurt RD, Robertson CR. Prying open the door to the tobacco industry's secrets about nicotine: the Minnesota Tobacco Trial. JAMA, 1998, 280 (13): 1173-81. WHO Framework Convention on Tobacco Control. Geneva, World HealthOrganization, 2003. (http: //www. who. int/tobacco/fctc/text/en/fctc_ en. pdf, accessed 10 June 2004).

[161] Rabin RL, Sugarman SD, eds. Regulating tobacco. Oxford, Oxford University Press, 2001.

[162] Bates C, et al. The future of tobacco product regulation and labelling in Europe: implications for the forthcoming European Union Directive. Tobacco Control, 1999, 8: 225-235.

[163] Henningfield JE, Moolchan ET, Zeller M. Regulatory strategies to reduce tobacco addiction in youth. Tobacco Control, 2003, 12 (Suppl. 1): 114-124.

[164] Henningfield JE, Slade J. Tobacco dependence medications: public health and regulatory issues. Food and Drug Law Journal, 1998, 53: 75-114.

[165] Henningfield JE, Zeller M. Could science-based regulation make tobacco products less addictive? Yale Journal of Health Policy, Law and Ethics, 2002, III: 127-138.

[166] Kennedy EM. The need for FDA regulation of tobacco products. Yale Journal of Health Policy, Law and Ethics, 2002, III: 101-108.

[167] Myers ML. Could product regulation result in less hazardous tobacco products? Yale Journal of Health Policy, Law and Ethics, 2002, III: 39-47.

[168] Parrish SC. Bridging the divide: a shared interest in a coherent national tobacco policy. Yale Journal of Health Policy, Law and Ethics, 2002, III: 109-118.

[169] Slade J, Henningfield JE. Tobacco product regulation: context and issues. Food and Drug

Law Journal, 1998, 53: 43-74.

[170] Advancing knowledge on regulating tobacco products: monograph. Geneva, World Health Organization, 2001. (WHO/NMH/TFI/01.2; http//: whqlibdoc. who. int/hq/2001/WHO_ NMH_ TFI_ 01.2. pdf, accessed 11 June 2004).

[171] WHO Scientific Advisory Committee on Tobacco Product Regulation. Conclusions and recommendations on health claims derived from ISO/FTC method to measure cigarette yield. Geneva, World Health Organization, 2002. (http: //www. who. int/tobacco/sactob/recommendations/en/iso_ ftc_ en. pdf).

[172] WHO Scientific Advisory Committee on Tobacco Product Regulation. Recommendation on nicotine and its regulation in tobacco and non-tobacco products. Geneva, World Health Organization, 200. (http: //www. who. int/tobacco/sactob/recommendations/en/nicotine_ en. pdf).

[173] WHO Scientific Advisory Committee on Tobacco Product Regulation. Recommendation on tobacco product ingredients and emissions. Geneva, World Health Organization, 2003. (http://www. who. int/tobacco/sactob/recommendations/en/ingredients_ en. pdf).

[174] WHO Scientific Advisory Committee on Tobacco Product Regulation. Statement of principles guiding the evaluation of new or modified tobacco products. Geneva, World Health Organization, 2003. (http: //www. who. int/tobacco/sactob/recommendations/en/modified_ en. pdf).

[175] WHO Scientific Advisory Committee on Tobacco Product Regulation. Recommendation on smokeless tobacco products. Geneva, World Health Organization, 2003. (http: //www. who. int/tobacco/sactob/recommendations/en/smokeless_ en. pdf).

[176] Conclusions of the Conference on the Regulation of Tobacco Products, Helsinki, 19 October 1999. Copenhagen, WHO Regional Office for Europe, 1999.

[177] Stratton K, Shetty P, Wallace R, Bondurant S, eds. Clearing the smoke: assessing the science base for tobacco harm reduction. Institute of Medicine. Washington, DC, The National Academies Press, 2001.

[178] Food and Drug Administration. Regulations restricting the sale and distribution of cigarettes and smokeless tobacco products to protect children and adolescents; proposed rule analysis regarding FDA's jurisdiction over nicotine-containing cigarettes and smokeless tobacco products; notice. Federal Register, 1995, 60: 41314-41792.

[179] Food and Drug Administration. Regulations restricting the sale and distribution of cigarettes and smokeless tobacco to protect children and adolescents; final rule. Federal Register, 1996, 61: 44396-45318.

[180] Warner KE, et al., eds. Reducing the health consequences of smoking: 25 years of progress: A report of the Surgeon General: 1989 executive summary. Rockville, MD, National Center for Chronic Disease Prevention and Health Promotion, Office on Smoking and Health, 1989. (DHHS Publication No. (CDC) 89-8411; http: //profiles. nlm. nih. gov/NN/B/B/X/s, accessed 9 June 2004).

[181] Royal College of Physicians. Nicotine addiction in Britain: a report of the Tobacco Advisory Group of the Royal College of Physicians. London, Royal College of Physicians of London, 2000.

[182] Shafey O, Dolwick S, Guindon GE. Tobacco country profiles. American Cancer Society and World Health Organization, 2003.

[183] Malson JL, et al. Nicotine delivery from smoking bidis and an additive-free cigarette. Nicotine and Tobacco Research: Official Journal of the Society for Research on Nicotine and Tobacco, 2002, 4: 485-90.

[184] Hatsukami DK, et al. Biomarkers of tobacco exposure or harm: application to clinical and epidemiological studies. Paper presented at the Conference on Biomarkers for Tobacco Toxin Exposure, 25-26 October 2001, Minneapolis, Minnesota. Nicotine and Tobacco Research, 2003, 5: 387-396.

[185] Warner KE, et al. Treatment of tobacco dependence: innovative regulatory approaches to reduce death and disease: preface. Food and Drug Law Journal, 1998, 53 (Suppl.): 1-8.

[186] Gray N, Boyle P. The future of the nicotine-addiction market. Lancet, 2003, 362: 845-846.

[187] Risks associated with smoking cigarettes with low machine-measured yields of tar and nicotine. (Smoking and Tobacco Control Monograph No. 13; http: //news. findlaw. com/hdocs/docs/tobacco/nihnci112701cigstdy. pdf, accessed 9 June 2004). Bethesda, MD, United States Department of Health and Human Services, National Institutes of Health, National Cancer Institute, 2001.

[188] Burns D, Cummings KM, Hoffman D, eds. Cigars: health effects and trends. Smoking and Tobacco Control Monograph No. 9. Bethesda, MD, United States Department of Health and Human Services, National Institutes of Health, National Cancer Institute, 1998 (NIH Publication No. 98-4302).

[189] Borgerding MF, Bodnar JA, Wingate DE. The 1999 Massachusetts benchmark study: final report, July 24 2000. Louisville, KY, Brown and Williamson Tobacco, 2000 (http: //www. bw. com/home/html, accessed 9 June 2004).

[190] Bethesda, U. S. Department of Health and Human Services, National Institutes of Health, National Cancer Institutes, NIH Pub. No. 02-5074, 2001.

[191] British American Tobacco Group Research & Development. Determination of benzo (a) pyrene in mainstream smoke (31 March 2008).

第二章
烟草制品和烟气中生物碱及一氧化碳分析

一、 简介

1. 尼古丁

尼古丁（Nicotine），分子式为 $C_{10}H_{14}N_2$，相对分子质量为 162.23，CAS 号 54-11-5。

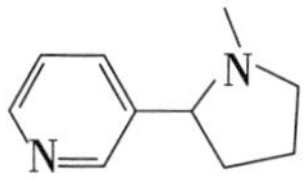

尼古丁结构式

尼古丁，俗名烟碱，是一种存在于茄科植物（茄属）中的生物碱，也是烟草的重要成分，还是 N 胆碱受体激动药的代表，对 N1 和 N2 受体及中枢神经系统均有作用，无临床应用价值。

尼古丁是难闻、味苦、无色透明的油状液态物质，可溶于水、乙醇、氯仿、乙醚、油类，也可渗入皮肤。自由基态的尼古丁燃点低于沸点，空气中低蒸气压时，其气体达 35℃ 会燃烧。基于这个原因，尼古丁大部分是经由点燃烟品时产生，然而吸入的分量也足够产生预期的效果。尼古丁具旋光性，有两个光学异构物。25℃ 时黏度为 2.7MPa · s，50℃ 时黏度为 1.6MPa · s，25.5℃ 时表面张力为 37.5dyn/cm，36.0℃ 时表面张力为 37.0 dyn/cm。

2. 新烟草碱

新烟草碱［（+/-）-Anabasine］，分子式为 $C_{10}H_{14}N_2$，相对分子质量为 162.23，CAS 号 40774-73-0。

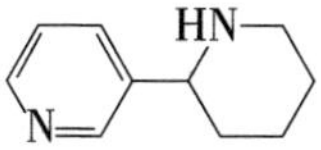

新烟草碱结构式

3. 降烟碱

降烟碱（Nornicotine），分子式为 $C_9H_{12}N_2$，相对分子质量为 148.20，CAS 号 5743-28-3。

降烟碱结构式

4. 麦斯明

麦斯明，（Myosmine），分子式为 $C_9H_{10}N_2$，相对分子质量为 146.1891，CAS 号 532-12-7。

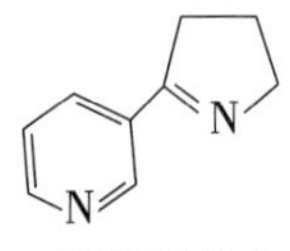

麦斯明结构式

5. 假木贼碱

假木贼碱［（-）-Anabasine］，分子式为 $C_{10}H_{14}N_2$，相对分子质量为 162.23，Cas 号 494-52-06。

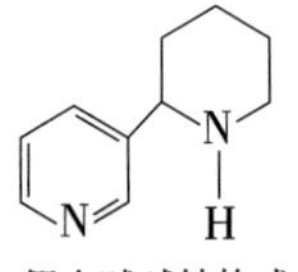

假木贼碱结构式

6. 2,3′-联吡啶

2,3′-联吡啶（2,3′-Bipyridine），分子式为 $C_{10}H_8N_2$，相对分子质量为 156.18 ，Cas 号 581-50-0。

2,3′-联吡啶结构式

7. 可替宁

可替宁（Cotinine），分子式为 $C_{10}H_{12}N_{20}$，相对分子质量为 176.22，Cas

号 486-56-6。

可替宁结构式

可替宁是尼古丁在人体内进行初级代谢后的主要产物——烟草中的尼古丁在体内经细胞色素氧化酶 2A6（CYP2A6）代谢后的产物，主要存在于血液中，随着代谢过程从尿液排出。可替宁有促进神经系统兴奋作用，并在某些鼠类试验中反映出一定的抗炎、减轻肺水肿程度的作用。由于可替宁的半衰期较长（3~4d）且较稳定，因此成为测量吸烟者和被动吸烟者吸烟量的主要生物标志，一般情况下，多以血清中的可替宁浓度来评价。近期有研究成果显示，血浆中的可替宁浓度与血清中的可替宁浓度具有一致性，同样具有检测意义。

8. 一氧化碳（Carbon monoxide）

一氧化碳，CAS 号 630-08-0，分子式为 CO，相对分子质量为 28.01，熔点：-205℃，沸点：-191.5℃。无色、无臭、无味、可燃、有毒的气体。不易液化和固化，燃烧时生成二氧化碳，火焰呈蓝色。

二、分析方法

（一）烟草及电子烟烟液中生物碱的测定

1. 概述

目前，测定烟草及烟草制品中生物碱的方法主要有气相色谱法（GC-FID/NPD/NCD）、气相色谱-质谱联用法（GC-MS）、气相色谱-串联质谱法（GC-MS/MS）高效液相色谱法（HPLC-UVD）、毛细管电泳法（CZE-UVD）等。但是，这些研究的次要生物碱主要集中在降烟碱、新烟草碱、假木贼碱、麦斯明等，而对其他次要生物碱的研究较少。例如，当前文献报道测定烟草中生物碱数量最多为 8 种，使用的是 GC-NCD 方法和 LC-MS/MS 方法，但是 GC-NCD 方法选择性不是很好，容易出现假阳性结果，而 LC-MS/MS 对部分目标物的检出限偏高，且分离效果不理想。Lisko 等使用 GC-MS/MS 分析烟草中的生物碱（降烟碱、新烟草碱、麦斯明、假木贼碱、2,3′-联吡啶），但目标物仅有 5 个。

现行国内行业标准为 5 种生物碱（烟碱、降烟碱、新烟草碱、麦斯明、假木贼碱），CORESTA 推荐方法为 2 种生物碱（降烟碱、假木贼碱），并使用 GC-MS 作为仪器分析方法，所以，气相色谱-质谱联用法因其强大的分离能力及定性定量能力，是生物碱分析最常用的仪器分析方法之一，所以综合考虑到仪器普适性、选择性及灵敏度，最终选择 NaOH 水溶液+有机溶剂萃取的前处理方法，选择 GC-MS 作为分析仪器。而对于 GC-MS 方法测定小部分电子烟烟液中次要生物碱过程中存在的基质干扰现象，我们采用 GC-MS/MS 作为分析方法，因为该方法采用二级质谱分析模式，具有更好的准确度和选择性。

所以，为了实现更高通量的次要生物碱分析要求，我们根据文献调研，对次要生物碱指标进行扩展，最终确定了 10 种生物碱作为研究对象（图 2-1），并首次建立了 GC-MS 方法同时测定烟草及电子烟烟液中 10 种烟草生物碱的方法，以及 GC-MS/MS 方法同时测定电子烟烟液中 9 种次要生物碱的方法，具体包括烟碱、*N*-甲基假木贼碱、降烟碱、麦斯明、假木贼碱、*β*-二烯烟碱、新烟草碱、2,3′-联吡啶、*β*-二烯降烟碱、可替宁等。

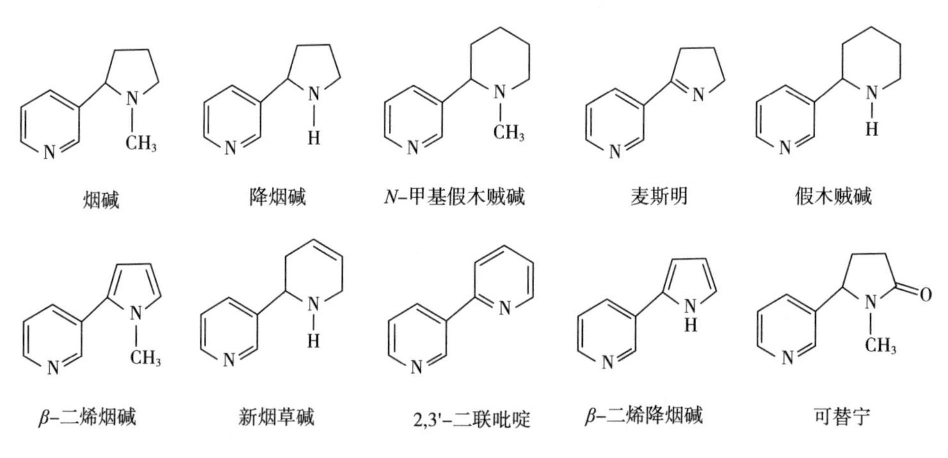

图 2-1　10 种生物碱及其结构式

2. 实验部分

（1）实验原理　在碱性 NaOH 水溶液条件下，采用萃取溶液（$V_{二氯甲烷}$ ∶ $V_{甲醇}$ = 4 ∶ 1）溶液萃取试样中的生物碱，使用气相色谱-质谱联用仪进行测定，内标法定量。

(2) 试剂和材料　除特别要求以外，均应使用分析纯级或以上试剂。主要试剂及材料如下。

①水，应符合 GB/T 6682 中二级水的规定。

②二氯甲烷。

③甲醇。

④NaOH。

⑤烟碱、*N*-甲基假木贼碱、降烟碱、麦斯明、假木贼碱、*β*-二烯烟碱、新烟草碱、2,3′-联吡啶、*β*-二烯降烟碱、可替宁，纯度≥97%。

⑥喹啉，降烟碱-2,4,5,6-d_4（pyridine-d_4），2,2′-联吡啶-d_8，纯度≥98%。

⑦萃取溶液。将二氯甲烷和甲醇按照体积为 4∶1 的比例进行混匀，即得萃取溶剂。

⑧内标储备液。准确称取约 2mg 喹啉，50mg 降烟碱-2,4,5,6-d_4（pyridine-d_4）及 50mg 2,2′-联吡啶-d_8 于 100mL 棕色容量瓶中，加入甲醇稀释定容至刻度。该溶液于-20℃条件下避光保存。

⑨一级标准储备液。

a. 烟碱一级标准储备液。准确称取约 1000mg 烟碱，置于 25mL 的棕色容量瓶中，用甲醇稀释定容至刻度。该溶液于-20℃条件下避光保存。

b. 降烟碱一级标准储备液。准确称取约 20mg 降烟碱，置于 10mL 的棕色容量瓶中，用甲醇稀释定容至刻度。该溶液于-20℃条件下避光保存。

c. 其他 8 种次要生物碱一级标准储备液。准确称取约 20mg *N*-甲基假木贼碱、麦斯明、假木贼碱、*β*-二烯烟碱、新烟草碱、2,3′-联吡啶、*β*-二烯降烟碱、可替宁，分别置于 10mL 的棕色容量瓶中，用甲醇稀释定容至刻度。该溶液于-20℃条件下避光保存。

⑩二级标准储备液。

a. 降烟碱二级标准储备液。准确移取 0.5mL 降烟碱一级标准储备液于 50mL 的棕色容量瓶中，用甲醇稀释定容至刻度。该溶液于-20℃条件下避光保存。

b. 其他 8 种次要生物碱二级标准储备液。准确移取 0.5mL 其他 8 种次要生物碱一级标准储备液，置于 50mL 的棕色容量瓶中，用甲醇稀释定容至刻度。该溶液于-20℃条件下避光保存。

⑪标准工作溶液。

a. 烟碱标准工作液。分别移取 25μL、50μL、100μL、200μL、400μL 的烟碱一级标准储备液于不同的 10mL 棕色容量瓶中，再准确加入 50μL 内标储备液，用二氯甲烷稀释定容至刻度，得到 5 个不同浓度的烟碱系列标准溶液。

b. 降烟碱标准工作液。分别准确移取 2.5μL、5μL、10μL、20μL、50μL、100μL、200μL、500μL 的降烟碱一级标准储备液及 10μL、20μL、50μL、100μL、200μL、500μL 的降烟碱二级标准储备液于不同的 10mL 棕色容量瓶中，再分别准确加入 50μL 内标储备液，用二氯甲烷稀释定容至刻度，即得到 14 个不同浓度的系列标准溶液。

c. 其他 8 种次要生物碱标准工作溶液。分别准确移取 2.5μL、5μL、10μL、20μL、50μL、100μL、200μL、500μL 的其他 8 种次要生物碱一级标准储备液及 10μL、20μL、50μL、100μL、200μL、500μL 的其他 8 种次要生物碱二级标准储备液于不同的 10mL 棕色容量瓶中，再分别准确加入 50μL 内标储备液，用二氯甲烷稀释定容至刻度，即得到 14 个不同浓度的系列标准溶液。

（3）仪器　常用实验仪器如下所示。

①分析天平，感量 0.1mg。

②气相色谱-质谱联用仪。

③涡旋振荡器。

④各种规格移液管、移液枪、棕色容量瓶、离心管等。

（4）分析步骤

①样品前处理。准确称取约 300mg 烟草或电子烟烟液样品于 15mL 塑料离心管中，再分别加入 50μL 内标储备液和 2mL 5%的 NaOH 溶液，振荡混匀后，静置约 20min。然后加入 10mL 萃取溶液，加盖密封后置于涡旋振荡器中，以 2000rpm/min 的速度涡旋振荡提取 40min，静置约 1h 后，取下层有机相转移到色谱分析瓶中进行仪器分析。

②仪器分析条件。

色谱柱：推荐使用毛细管色谱柱［固定相：（35%-苯基）-甲基聚硅氧烷，规格：30m×0.25mm×0.25μm］或其他等效柱。

进样条件：进样口温度：250℃；进样量：1μL；载气：氦气（纯度≥99.999%）；恒流模式，流速：1.0mL/min；烟碱采用分流进样（100∶1）；其他次要生物碱柱采用不分流进样（电子烟烟液基质）或小分流比进样（烟草

基质，分流比为 10：1)；

柱温箱升温程序：初始温度 80℃，保持 1min，以 20℃/min 的速率至 200℃，再以 50℃/min 的速率至 300℃，保持 5min。运行总时间为 14min。

质谱条件如下所述。

a. 气相色谱-质谱联用仪（适用于烟草及电子烟烟液中 10 种生物碱的测定)。溶剂延迟：烟碱为 5min，其他次要生物碱为 7min；电离方式：电子轰击源（EI)；电离能量：70eV；传输线温度：280℃；离子源温度：250℃；质谱扫描方式：选择离子监视方式（SIM）扫描，目标物及内标的保留时间、定量及定性选择离子参数如表 2-1 所示。

b. 气相色谱-串联质谱仪（适用于电子烟烟液中 9 种次要生物碱的测定)。溶剂延迟：7min；电离方式：电子轰击源（EI)；电离能量：70eV；传输线温度：280℃；离子源温度：250℃；Q2 碰撞气：氩气，1.2Pa；质谱扫描方式：多反应监测模式（MRM)，监测参数见如表 2-1 所示。

表 2-1　10 种生物碱及其内标的保留时间、定量及定性选择离子（GC-MS)

序号	目标物	保留时间/min	定量离子/(m/z)	定性离子/(m/z)	定性/定量离子丰度比
1	烟碱	6.670	84	133	35.5
2	*N*-甲基假木贼碱	7.464	98	119	24.7
3	降烟碱	7.551	119	147	30.6
4	麦斯明	7.654	118	146	71.2
5	假木贼碱	7.875	84	105	70.4
6	β-二烯烟碱	7.943	158	130	21.3
7	新烟草碱	8.140	105	160	88.2
8	2,3′-联吡啶	8.307	156	130	23.0
9	β-二烯降烟碱	8.470	144	117	27.6
10	可替宁	9.211	98	176	36.9
11	喹啉	6.290	129	102	24.8
12	降烟碱-2,4,5,6-d_4	7.542	123	151	50.1
13	2,2′-联吡啶-d_8	7.695	164	134	26.7

③标准工作曲线制作。取标准工作溶液进行仪器分析，纵坐标为目标化合物色谱峰面积与内标物色谱峰面积的比值，横坐标为目标化合物浓度，取其中至少5点，作标准工作曲线，工作曲线线性相关系数 $R^2>0.995$。

每次试验均应制作标准曲线，每20次样品测定后应加入一个中等浓度的标准溶液，如果测得的值与原值相差超过5%，则应重新进行标准曲线的制作。

④样品测定。按照仪器测试条件测定样品，由保留时间定性，内标法定量。每个样品平行测定两次，每批样品做一组空白。

若待测试样溶液的浓度超出标准工作曲线浓度范围，则对试样前处理适当调整后重新测定。

（5）结果的计算与表述　样品中目标化合物含量如式（2-1）所示：

$$X_i = \frac{C_i \times V}{m} \tag{2-1}$$

式中：X_i——样品中的目标化合物浓度，μg/g；

C_i——萃取液中目标化合物浓度，μg/mL；

V——萃取溶液体积，mL；

m——样品质量，g。

以两次平行测定的平均值为最终测定结果，精确至0.001μg/g。

两次平行测量结果其相对标准偏差应小于5.0%。

（二）卷烟主流烟气中生物碱的测定

1. 概述

烟草中的生物碱主要包括烟碱、降烟碱、新烟草碱、麦斯明、假木贼碱。而烟气中的生物碱主要来源于烟草中生物碱的直接转移和热解转化。例如，在卷烟燃烧时，约41%的烟碱直接转移至卷烟烟气，3%~11%转入其他生物碱（麦斯明等）。烟气中生物碱主要包括烟碱、降烟碱、新烟草碱、麦斯明、假木贼碱、可替宁和2,3′-联吡啶，它们的结构式如下图2-2所示。

卷烟烟气生物碱是卷烟烟气的一类重要指标：①卷烟烟气生物碱对卷烟制品的生理强度和吸味有重要影响。烟碱是影响卷烟抽吸劲头的重要物质；麦斯明有一种老鼠气味，严重影响卷烟产品的吸味；降烟碱对吸味有负面影响。②卷烟烟气生物碱是成瘾性物质。烟碱是众所周知的烟草主要致瘾性物质；2012年，美国食品药品监督管理局（FDA）发布的卷烟制品和卷烟烟气

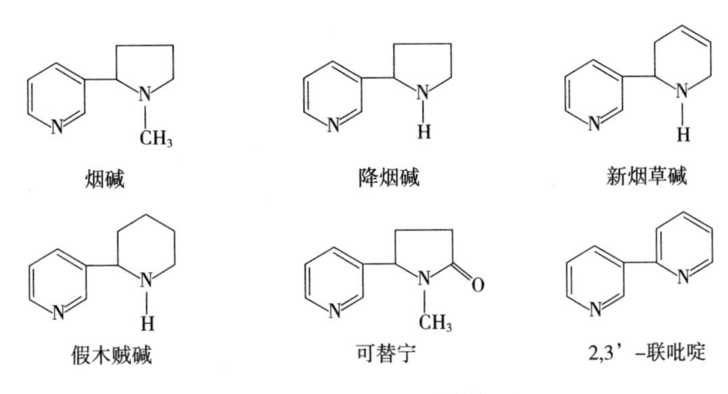

图 2-2　各种生物碱结构图

中有害物质及有潜在危害的物质名单（Harmful and potential harmful constituents in tobacco products and tobacco smoke，HPHC）明确指出烟碱、降烟碱和假木贼碱均是成瘾性物质。③卷烟烟气生物碱具有一定的毒性。HPHC名单还列出烟碱具有生殖或发育毒性。新烟草碱、可替宁和2,3′-联吡啶虽然没有关于烟草吸味以及人体神经系统作用的报道，但仍是被关注的烟草中主要烟碱类生物碱。

2009年，我国发布了GB/T 23355—2009《卷烟 总粒相物中烟碱的测定 气相色谱法》的标准（该标准修改采用ISO 10315：2000 Cigarettes—Determination of nicotine in smoke condensates—Gas-chromatographic method）。2010年，又发布了YC/T 383—2010《烟草及烟草制品 烟碱、降烟碱、新烟草碱、麦斯明和假木贼碱的测定 气相色谱-质谱联用法》的标准。但是，目前我国还没有建立卷烟主流烟气总粒相物中主要生物碱测定方法的标准，而卷烟烟气生物碱对卷烟的致瘾性和卷烟烟气的生理强度具有重要作用，且其中3种生物碱（烟碱、降烟碱、假木贼碱）是FDA管控的物质成分，因此，有必要建立一套适用性强、稳定可靠的卷烟主流烟气总粒相物中主要生物碱测定方法的标准。

烟草中生物碱检测报道文献较多，检测方法主要包括气相色谱、液相色谱和毛细管电泳方法。其中以气相色谱方法居多，气相色谱方法主要有气相色谱-火焰离子化检测（GC-FID），气相色谱-氮磷检测（GC-NPD）和气相色谱-质谱（GC-MS）方法。1981年，Severson R. F. 等使用超声波振荡结合GC-NPD测定了烟草中主要生物碱。1997年，刘百战等采用乙醚和5%的

NaOH 对烟样进行提取，使用 0.53mm 内径的大孔毛细管柱和 GC-FID 来分离检测烟草中的生物碱。2001 年，杨金辉等也使用 GC-FID 测定了烟样中生物碱的含量。2002 年，Yang S. S. 等使用 GC-NPD 分离检测了烟草中的生物碱。2003 年，侯英等应用固相微萃取（SPME）与 GC-MS 测定了烟叶中的生物碱。2004 年，丁丽等采用毛细管柱气相色谱测定了烟叶中的生物碱。2004 年，苏明亮等采用溶剂超声提取结合 GC-NPD 检测烟丝、烟气和滤嘴样品中的生物碱。2005 年，雷诺烟草公司的 Peter X Chen 等对测定烟草中生物碱的 GC-FID 和 GC-MS 两种方法进行了比较。2013 年，Joseph G. Lisko 等采用正丁醚萃取结合 GC-MS/MS 检测烟草中主要生物碱。

烟气中生物碱检测方法主要包括气相色谱和液相色谱法。2004 年，苏明亮采用超声溶剂萃取结合 GC-NPD 检测了卷烟主流烟气中的生物碱。同年，丁丽采用液液萃取结合 GC-FID 检测了卷烟主流烟气中的生物碱。2011 年，丁超等采用超声萃取结合 GC-MS 检测了卷烟主流烟气中逐口烟气中生物碱含量。2009 年，刘正聪采用固相萃取结合超高效液相色谱-紫外检测器检测了卷烟主流烟气中的生物碱。

综上所述，气相色谱法是烟草和烟气生物碱检测的主要方法，FID 没有 NPD 对生物碱的灵敏度和选择性好，而 MS 的选择离子监控（SIM）方法对生物碱不仅具有选择性还具有更高的灵敏度，MS/MS 虽然具有更高的灵敏度和选择性，但是 GC-MS/MS 仪器比较昂贵，不是常规通用仪器，所以 GC/MS（SIM）是制定检测烟气生物碱标准的首先仪器分析方法。

本项目采用机械振荡溶剂萃取对卷烟主流烟气总粒相物中烟碱、降烟碱、新烟草碱、麦斯明、假木贼碱、可替宁和 2,3′-联吡啶进行提取，使用 GC/MS-SIM（气相色谱/质谱联用-选择离子监测）和多内标法对目标化合物进行定量分析。

2. 实验部分

（1）仪器与试剂　气相色谱-质谱联用仪（ Agilent 5975，美国安捷伦公司）；Cerμlean SM450 直线式吸烟机（英国 Cerμlean 公司）；转盘式吸烟机（Borgwaldt-KC smoking machine RM 20H）；Milli-Q50 超纯水仪（美国 MILLI-PORE 公司）；KQ-700DE 型数控超声波清洗器（昆山市超声仪器有限公司）；机械振荡仪；CP2245 电子天平（感量 0.0001g，德国 Sartoriμs 公司）。

毛细管色谱柱：DB-35MS（30m×0.25mm×0.25μm）（美国 J&W 公司）。

标准品：烟碱、降烟碱、新烟草碱、麦斯明、假木贼碱、2,3′-联二吡啶和可替宁标准品（加拿大 Toronto Research Chemicals 公司），2-甲基喹啉（内标，日本 Tokyo Chemical Indμstry 公司），降烟碱-d_4（内标，加拿大 C/D/N Isotopes 公司），2,2′-联二吡啶-d_8（内标，加拿大 C/D/N Isotopes 公司），纯度至少 98%。

试剂：二氯甲烷、甲基叔丁基醚、正己烷、乙酸乙酯、甲醇（色谱纯，美国 J&T Baker 公司），三乙胺（色谱纯，美国 Sigma-Aldrich 公司），氢氧化钠（AR，美国 Sigma-Aldrich 公司）。

（2）溶液配制

①内标储备液的配制：准确称取 10g 2-甲基喹啉、50mg 2,2′-联二吡啶-d_8、75mg 降烟碱-d_4，精确至 0.1mg，置于 250mL 棕色容量瓶中，用 0.01% 三乙胺-二氯甲烷溶液定容。该溶液在-20℃条件下避光保存，有效期为 6 个月。

准确称取 10mg 降烟碱-d_4于 100mL 棕色容量瓶中，用含 0.01%三乙胺的二氯甲烷定容。

②标准溶液

a. 烟碱标准溶液

烟碱储备液：准确称取 500mg 烟碱，精确至 0.1mg，置至 50mL 棕色容量瓶中，用 0.01% 三乙胺-二氯甲烷溶液定容。

烟碱标准工作溶液：分别移取 200μL、400μL、1mL、2mL、4mL、10mL 烟碱储备液于 50mL 棕色容量瓶中，再准确加入 200μL 内标溶液，用 0.01% 三乙胺-二氯甲烷溶液定容。

b. 降烟碱标准溶液

降烟碱储备液：准确称取 100mg 降烟碱，精确至 0.1mg，置于 10mL 棕色容量瓶中，用 0.01% 三乙胺-二氯甲烷溶液定容。

一级降烟碱标准溶液：准确移取 250μL 降烟碱储备液至 50mL 棕色容量瓶中，用 0.01% 三乙胺-二氯甲烷溶液定容。

降烟碱标准工作溶液：分别移取 100μL、200μL、500μL、1.2mL、2.4mL、5mL 一级降烟碱标准溶液于 50mL 棕色容量瓶中，再准确加入 200μL 内标溶液，用 0.01% 三乙胺-二氯甲烷溶液定容。

c. 新烟草碱、麦斯明、假木贼碱、2,3′-联吡啶和可替宁标准溶液新烟草碱、麦斯明、假木贼碱、2,3′-联吡啶和可替宁储备液：分别准确称取新烟草碱、麦斯明、假木贼碱、2,3′-联吡啶各10mg，可替宁20mg，精确至0.1mg，置于10mL棕色容量瓶中，用0.01%三乙胺-二氯甲烷溶液定容。

一级新烟草碱、麦斯明、假木贼碱、2,3′-联二吡啶和可替宁标准溶液：取600μL新烟草碱、麦斯明、假木贼碱、2,3′-联二吡啶和可替宁储备液于25mL棕色容量瓶中，用0.01%三乙胺-二氯甲烷溶液定容。

新烟碱、麦斯明、假木贼碱、2,3′-联二吡啶和可替宁标准工作溶液：分别准确移取100μL、200μL、500μL、1.2mL、2 .4mL、5mL的混合标准溶液至50mL棕色容量瓶中，再准确加入200μL内标溶液，用0.01%三乙胺-二氯甲烷溶液定容。

d. 生物碱标准溶液的存放：生物碱储备溶液在-20℃条件下避光保存，有效期为6个月，标准工作溶液现配现用。

③5%的NaOH溶液的配制：称量5g NaOH，用95g蒸馏水溶解。

（3）样品分析

①卷烟抽吸

根据GB/T 5606.1—2004抽取卷烟样品。

根据GB/T 16450—2004，样品卷烟在温度22℃±1℃，相对湿度为60%±2%的环境中平衡48h，然后选其平均重量在±0.02g范围和平均吸阻在±49Pa/支范围内的烟支作为测试烟支。

按GB/T 19609—2004的规定收集5支卷烟的总粒相物。使用直线吸烟机时采用44mm滤片，每张滤片抽吸5支卷烟；使用转盘吸烟机时采用92mm滤片，每张滤片抽吸10支卷烟。

②样品前处理

将直径为44mm的滤片放入50mL锥形瓶中，加入5mL 5%NaOH溶液，静置30min，加入20mL含0.01%三乙胺-二氯甲烷溶液，准确加入80μL内标溶液，机械振荡40min。

将直径为92mm的滤片放入250mL锥形瓶中，加入10mL 5%NaOH溶液，静置30min，加入40mL 0.01%三乙胺-二氯甲烷溶液，准确加入160μL内标溶液，机械振荡40min。

将萃取液全部转入50mL离心管中，10000r/min离心5min，使水相和二

氯甲烷相分层。称取 4 g 无水硫酸钠加到一次性无菌注射器中，轻轻敲打注射器外壁，使无水硫酸钠装实，然后取 2mL 下层二氯甲烷相溶液于注射器中，收集过滤液于色谱分析瓶中待进样分析。

③GC-MS/MS 分析条件

a. 气相色谱测定条件

——色谱柱，DB-35MS（30m×0.25mm×0.25μm）。

——进样口温度应为 230℃。

——程序升温：初始温度 100℃，保持 3min，8℃/min 升至 160℃，2℃/min 到 175℃，10℃/min 升至 260℃。260℃，后运行 10min。

——载气：氦气，恒流模式，流量为 1mL/min。

——进样量和分流比：烟碱与其他生物碱的检测分两次进样来完成。

烟碱：进样量 1μL，分流进样，分流比 40∶1；

降烟碱、新烟草碱、麦斯明、假木贼碱、2,3′-联二吡啶和可替宁：不分流进样。

b. 质谱测定条件

——电离方式：电子轰击源（EI）。

——电离能量：70eV。

——离子源温度：230℃。

——传输线温度：280℃。

——四极杆温度：150℃。

——溶剂延迟时间：8min。

——扫描方式：选择离子监测模式（SIM），各化合物扫描参数见表 2-2。

表 2-2 生物碱及其内标保留时间、定量定性离子及丰度比

序号	化合物名称	保留时间/min	定量离子/（*m/z*）	定性离子/（*m/z*）	定量离子与定性离子丰度比
1	2-甲基喹啉	10.53	143	128	100∶15
2	烟碱	10.71	133	162	100∶54
3	降烟碱-d_4	13.01	122	151	100∶35
4	降烟碱	13.08	119	147	100∶34
5	麦斯明	13.51	118	146	100∶75

续表

序号	化合物名称	保留时间/min	定量离子/（m/z）	定性离子/（m/z）	定量离子与定性离子丰度比
6	2,2′-联吡啶-d_8	13.61	164	134	100∶24
7	假木贼碱	14.41	105	162	100∶54
8	新烟草碱	15.78	160	54	100∶67
9	2,3′-联吡啶	16.76	156	155	100∶69
10	可替宁	22.08	98	176	100∶46

④标准工作曲线的制作：按照气相色谱-质谱分析条件对系列标准工作溶液分别进行测定，内标法定量。以标准工作溶液7种生物碱的定量离子峰面积与内标物定量离子峰面积的比值为纵坐标（2-甲基喹啉为烟碱内标，降烟碱-d_4为降烟碱内标，2,2′-联吡啶-d_8为其他生物碱内标），各生物碱的浓度与内标浓度的比值为横坐标，绘制标准工作曲线，线性相关系数R_2不小于0.99。

每次试验均应制作标准工作曲线。每20次样品测定后应加入一个中等浓度的标准工作溶液，如果测得值与原值相差超过10%，则应重新进行标准工作曲线的制作。

⑤定量结果的计算及表述：定量分析采用选择离子扫描模式扫描，以定量离子进行定量分析。测定样品时，根据样品中目标物与相应内标的峰面积计算卷烟主流烟气总粒相物中7种生物碱（烟碱、降烟碱、新烟草碱、麦斯明、假木贼碱、可替宁和2,3′-联吡啶）的释放量（烟碱为mg/支，其他生物碱为μg/支）。

卷烟样品中生物碱的释放量（m）由式（2-2）计算得出：

$$m = \frac{C \times V}{n} \tag{2-2}$$

式中：m——每支卷烟主流烟气总粒相物中7种生物碱（烟碱、降烟碱、新烟草碱、麦斯明、假木贼碱、可替宁和2,3′-联吡啶）的释放量，烟碱单位为mg/支，其他生物碱单位为μg/支；

C——萃取溶液中7种生物碱（烟碱、降烟碱、新烟草碱、麦斯明、假木贼碱、可替宁和2,3′-联吡啶）的浓度，烟碱单位为mg/mL，其他生物碱单位为μg/mL；

V——萃取溶液的体积，mL；

n——烟支数量，支。

以两次平行测定结果的算术平均值为最终测定结果，烟碱测定结果精确至0.01mg/支，其他生物碱测定结果精确至0.01μg/支；平行测定结果的相对平均偏差应小于10%。

（4）方法检测限、定量限 按照气相色谱-质谱分析条件对系列标准工作溶液分别进行测定，内标法定量。以标准工作溶液7种生物碱的定量离子峰面积与内标物定量离子峰面积的比值为纵坐标（2-甲基喹啉为烟碱内标，降烟碱-d_4为降烟碱内标，2,2′-联吡啶-d_8为其他生物碱内标），各生物碱的浓度与内标浓度的比值为横坐标，绘制标准工作曲线，线性相关系数R^2不小于0.99。取最低浓度标准工作溶液，平行测定10次，计算标准偏差，3倍标准偏差为检出限，10倍标准偏差为定量限，结果见表2-3。

表2-3 本方法的检测限和定量限结果

化合物	烟碱	降烟碱	麦斯明	新烟草碱	假木贼碱	2,3′-联吡啶	可替宁
检出限/(μg/支)	2.49	0.03	0.03	0.07	0.08	0.45	0.06
定量限/(μg/支)	8.31	0.11	0.10	0.25	0.25	1.52	0.21

（5）回收率与精密度 在高、中、低3个浓度水平进行加标回收率测定，低浓度约为样品中7种生物碱释放量的0.5倍，中浓度约为样品中7种生物碱释放量的1倍，高浓度约为样品中7种生物碱释放量的2倍。加标回收率实验是将标样加在抽吸过的滤片上，然后进行前处理及GC-MS分析。平行测定3次，加标回收率结果如表2-4所示。

表2-4 本方法的检测限和定量限结果

卷烟类型	化合物	RSD/%		回收率/%		
		日内精密度(n=6)	日间精密度(n=6)	低浓度	中浓度	高浓度
烤烟型卷烟	烟碱	2.0	2.8	96.1	99.4	101
	降烟碱	2.2	6.0	97.8	104	106
	麦斯明	3.6	5.4	93.3	101	105
	新烟草碱	2.8	7.5	94.6	97.0	91.2

续表

卷烟类型	化合物	RSD/%		回收率/%		
		日内精密度（$n=6$）	日间精密度（$n=6$）	低浓度	中浓度	高浓度
烤烟型卷烟	假木贼碱	5.4	6.9	92.5	105	92.5
	2,3′-联吡啶	1.6	8.1	87.0	96.1	98.4
	可替宁	3.3	9.0	85.9	93.8	103
混合型卷烟	烟碱	2.6	3.7	95.2	98.4	102
	降烟碱	2.5	6.7	98.6	101	107
	麦斯明	4.3	5.5	94.3	98.6	106
	新烟草碱	2.9	7.1	93.1	99.7	85.8
	假木贼碱	6.1	7.4	93.2	109	89.4
	2,3′-联吡啶	1.5	8.8	85.8	93.5	96.3
	可替宁	3.5	8.3	87.7	94.3	106

（三）卷烟主流烟气中 CO 测定

1. 概述

CO 的测定方法有多种，常用的是利用非散射红外法和气相色谱法。由于非散射红外 CO 分析仪可以和吸烟机联机，使 CO 分析过程方便快速，准确可靠，而被 ISO 和 CORESTA 推荐为标准方法。

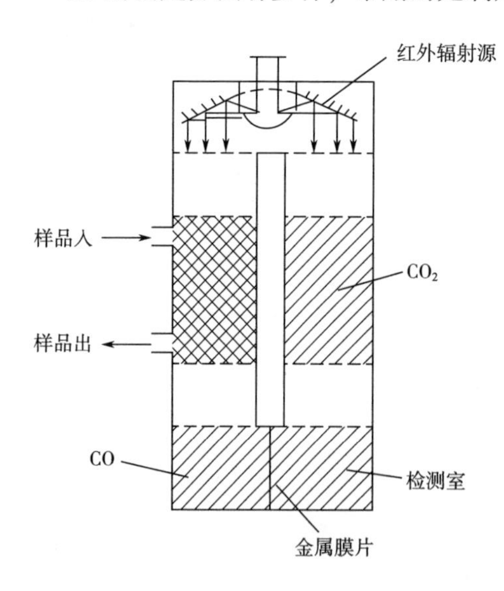

图 2-3　非散射红外检测器

将吸烟机收集到的烟气样品，通过 CO 分析仪的检测室，经过分析仪的核心部件——非散射红外检测器检测出样品中的 CO 含量。

非散射红外检测器是分析仪的心脏，它由红外辐射源、光路和检测室组成，如图 2-3 所示。

通电后，红外辐射源（固定在检测室对面的石英管中的加热线

圈）发出红外辐射光，经反射块反射，然后从对称的一对正交孔中射入两支分析管路中，形成两条光路。第一条光路通过烟气样品，红外辐射光被样品中的 CO 吸收一部分，使能量降低，然后再辐射到检测室的一个腔中。第二条光路则直接辐射到检测的另一个腔中。

检测室是一个充有 CO 气体的密封仓，在其对称的中心线处用一个压敏金属膜片将其分割成两个腔。当检测室中的 CO 气体受到红外光辐射时，吸收光能放出热能使室内气压升高，并作用在金属膜片上。由于两个腔所接受的辐射光能量不同，因而作用于金属膜片上的力也不同，使膜片发生微小位移，而这块膜片又是电路中射频电桥可变电容的一个电极，膜片的运动引起电容的变化，电路中输出的信号也随之而变化。因为电容的变化只与烟气中 CO 吸收的红外能量有关，即只与 CO 气体含量有关，而对其他气体不起作用，所以检测器可以达到相当高的灵敏性、可靠性和快速反应性。

这里必须指出，由于烟气样品中有 CO_2 的存在，而 CO_2 具有一段与 CO 重叠的红外吸收带，所以检测其中还在上面所讲的第二条光路即参与光路中加了一个充有 CO_2 气体的滤光室以消除样品中 CO_2 对红外线吸收的影响。

CO 的测定由 CO 收集和输送系统及 CO 分析仪三部分组成，如图 2-4 所示（以 8 孔道直线吸烟机为例）。

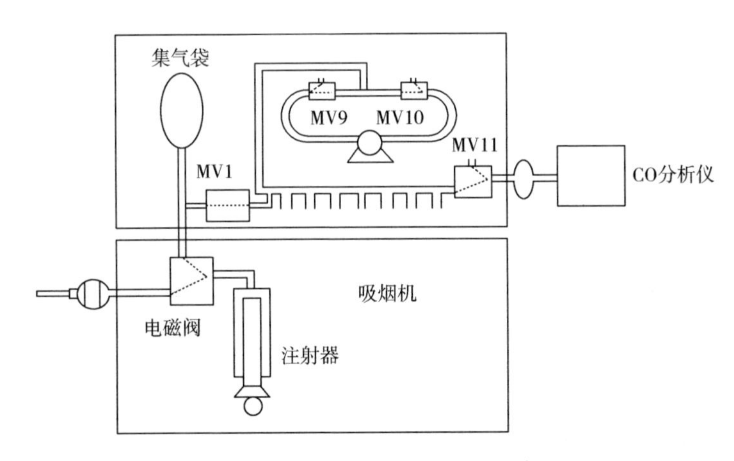

图 2-4　CO 收集和输送示意图

CO 的收集借助吸烟机来完成。在开动吸烟机前，集气袋必须经过新鲜空气冲洗，抽空，以便接受气体组分。冲洗时，打开 ATCOM 的抽动真空泵，通过 MV9、MV10 两个气动电磁阀和 MV1～MV8 的 8 个气动电磁阀，对每个集

气袋进行抽空，冲洗，自动重复3次，最后将每个集气袋抽空。

在吸烟过程中，每吸一口，每个注射器内芯便分别向其对应的集气袋排入35mL气相组分，在整个吸烟过程中，电磁阀和MV1～MV8和电磁阀MV11始终处于关闭状态。完成吸烟后，再空吸5口，使烟道内残留的烟气全部吸入集气袋内，以消除死体积的影响。

吸烟完毕后，用塑料导管将CO分析仪与吸烟机的输送系统(ATCOM)连接，并在连接处接上一个剑桥滤片，以去除水分等。

打开分析仪的抽样泵（Pump）开关，将按键拨向读数位置，CO分析则自动进行。首先MV1阀打开10s，与此同时MV11阀转换到第一个烟道，把第一个集气袋内的烟气通过抽样泵抽入非扩散红外光室，经过检测器测定，测定值（CO百分含量）则通过显示窗显示出来，经过一定时间读数稳定后，便自动打印出CO含量数值。然后MV2阀打开，测定过程重复进行，按次序测定第二至第八集气袋中的CO含量。过程状况可以从ATCOM的显示窗中显示出来。

在测定前后两个集气袋中间，MV9阀改变至与外界连通状态而进入空气，使CO分析室在短时间内与外界相通，以确保连续分析信号能够互相区别开来。在各烟孔道集气袋都抽测一次之后，该过程便自动结束。因此在吸烟之后数分钟，即可获得烟气中CO的分析结果。

2. 实验部分

（1）原理　抽吸GB/T 19609—2004卷烟并收集主流烟气中的气相物。利用校准过的非散射红外分析仪测定所收集气相物中的CO，计算加热不燃烧卷烟主流烟气中的CO含量。

（2）仪器设备　常用的实验室仪器如下所述。

①常规分析用吸烟机和附件。

②气相收集系统，满足如下条件：

a. 收集系统不应干扰吸烟机的正常操作和总粒相物的收集测定；

b. 利用CO浓度为4%～6%（体积分数）的气体检查收集系统对气相的不可渗透性。将CO气体充入预先排空的气体收集装置，立即测定CO的浓度。在不少于2h内CO的浓度变化不大于0.2%（体积分数）；

c. 参考抽吸条件选择合适的气袋，气袋的容量至少为气相体积与清除抽吸体积的总和，但不应高于总和的两倍。

③非散射红外分析仪，满足如下条件：

a. 测量范围：CO 浓度在 0～10%（体积分数）之间，满足对未经稀释的加热不燃烧卷烟气相物的测定。

b. 恒温恒压条件下，分析仪的精度应达到满度的 0.1%，线性应达到满度的 0.1%，重复性应达到满度的 0.02%（体积分数）。

c. 对 10%（体积分数）CO_2 响应为 CO 的值不应超过 0.05%（体积分数），对 2%（体积分数）水蒸气响应为 CO 的值不应超过 0.05%（体积分数）。

④气压计，精确至 0.1kPa。

⑤温度计，精确至 0.1℃。

（3）标准气体　非散射红外分析仪应用至少三种浓度已知的标准气体进行校准，标准气体浓度范围应覆盖预期检测到的 CO 浓度，以免外推曲线。通常，2.0%、4.0%和 6.0%（体积分数）三种 CO 浓度即可满足测试要求。CO 的浓度应予以检定（检定相对误差小于 2%）。由于检测到的 CO 响应不同，与 CO 混合的气体除氮气外不能使用其他气体，例如氦气。

（4）分析步骤

①校准非散射红外分析仪

a. 按照仪器说明预热仪器。然后，将环境空气导入仪器，调整仪器零点。

b. 将浓度为 2.0%（体积分数）的 CO 标准气体灌入预先排空的集气袋，排空后再灌入 6.0%（体积分数）的 CO 标准气体，要保证集气袋中的气体处于环境温度和大气压力下。由系统的取样泵将气体导入分析仪的测量池，分析仪内的压力需要 5～10s 的平衡，待读数稳定后记录仪器示值。如有必要，将仪器示值调整至标准气体的标定值。

c. 用另外两种标准气体重复 b. 的操作，若仪器示值与实际浓度相差超过 0.3%（体积分数）（绝对量），则应检查仪器的线性。

d. 非散射红外分析仪每周应至少校准一次，线性应符合规定。

e. 测定之前，应用 4.0%（体积分数）CO 标准气体检查校准曲线，若仪器示值与实际浓度相差超过 0.1%（体积分数），则应重复整个校准过程。

②吸烟与气相收集

a. 气相收集系统的准备：按照仪器说明准备气相收集系统，要保证抽吸开始前气相收集系统已用环境空气清洗并排空。抽吸开始前，气相收集系统不应有负压。

b. 抽吸：设置吸烟机满足样品抽吸的要求并参考样品说明抽吸加热不燃烧卷烟。

c. 抽吸试验完成后，取下加热不燃烧卷烟，做至少一口清除抽吸，确保气相物收集完全，且所测浓度在设备测试范围内。

d. 记录每个通道的总抽吸口数，即抽吸口数加清除口数。

③CO 体积浓度的测定

a. 重新检查分析仪校准曲线：在与抽吸加热不燃烧卷烟产生气相相同的环境温度和压力条件下，以校正分析仪时的流速，将气相导入分析仪的测量池，读取代表 CO 浓度的仪器示值。

b. 每次抽吸试验结束之后，应将集气袋排空，并用环境空气清洗。仪器就绪，可以按照上述步骤进行新的抽吸。

④结果的计算和表述：以每支加热不燃烧卷烟计算的 CO 量，由式（2-3）得出：

$$\mathrm{CO} = \frac{C_{obs} \times V \times N \times p \times T_0 \times 28}{q \times 100 \times 101.3 \times (t + T_0) \times 22.4} \tag{2-3}$$

式中：CO——每支加热不燃烧卷烟的 CO 量，mg/支；

C_{obs}——CO 体积浓度示值，%；

V——抽吸容量，mL；

N——总抽吸口数；

p——环境大气压力，kPa；

T_0——水的三相点温度，K；

q——每通道抽吸的加热不燃烧卷烟支数，支；

t——环境温度，℃。

计算结果精确至 0.1mg/支。

参考文献

[1] ISO 3308：2012 Routine analytical cigarette-smoking machine—Definitions and standard conditions.

[2] ISO 3402：1999 Tobacco and tobacco products—Atmosphere for conditioning and testing.

[3] FTC PROPOSES NEW METHOD FOR TESTING AMOUNTS OF TAR，NICOTINE，AND CARBON MONOXIDE IN CIGARETTES [EB/OL]. http：//www. ftc. gov/opa/1997/09/

tar&nic. shtm.

[4] The Massachusetts Department of Public Health. 1997 cigarette nicotine disclosure report: As requested by Massachusetts General Law Chapter 307B, CMR 660. 000 [R]. 1998.

[5] Independent Scientific Committee on Smoking and Health: forth report [R]. London: HMSO, 1988.

[6] GB/T 5605—2011 醋酸纤维滤棒

[7] GB/T 16447—2004 烟草及烟草制品 调节和测试的大气环境.

[8] GB 23356—2009 卷烟 烟气气相中一氧化碳的测定 非散射红外法.

[9] GBT 23203. 1—2013 卷烟 总粒相物中水分的测定 第1部分：气相色谱法.

[10] GB 23355—2009 卷烟 总粒相物中烟碱的测定 气相色谱法.

[11] GB 19609—2004 卷烟 用常规分析用吸烟机测定总粒相物和焦油.

[12] GB 16450—2004 常规分析用吸烟机 定义和标准条件.

[13] Severson, R. F, Medμfie, K. L, Arrendale, R. F. J. Chromatogr. A. 1981, 211: 111-121.

[14] Liμ B. Z., Zhμ X. L., Yan Y. Q, et al. CORESTA, 1997, 314-321.

[15] Yang S. S, Smetena I., Hμang C. B. J. Anal. Bioanal. Chem. 2000, 373: 839-943.

[16] 杨金辉，孙敏，杨文凡，等. 云南大学学报，2001，23：53-54.

[17] 侯英，杨伟祖，陈章玉，等. 云南化工，2003，30（1）：34-37.

[18] 丁丽，盛良全，童红武，等. 分析化学，2004，32（9）：1161-1164.

[19] 苏明亮. 烟叶与卷烟中生物碱组成及其迁移规律研究 [D]. 2004.

[20] Chen P X, Qian N, Bμrton H. R., et al. Beitr. Tabakforsch. int. 2005, 7: 369-379.

[21] Lisko J G., Stanfill S B., Dμncan B W., et al. Anal. Chem., 2013, 85: 3380-3384.

[22] 刘正聪，陆舍铭，桂永发，等. 烟草科技，2008，10：43-46.

[23] Yang S. S., Smetena I. J. Chromatographia. 1995, 40（7-8）：375-378.

[24] 卢斌斌. 烟草及卷烟烟气 pH 与游离烟碱的关系研究 [D]. 2002.

[25] 丁超，徐如彦，张洪召，等. 烟草科技. 2011，5：59-64.

[26] 刘正聪，陆舍铭，刘春波，等. 光谱实验室. 2009，26（2）：357-360.

第三章
烟草制品和烟气中常见多环芳烃化合物

一、 简介

美国FDA在2012年提出了烟草制品和烟气中有害和潜在有害成分清单（文件编号FDA-2012-N-0143），清单中一共包含了93种物质，其中涉及多环芳烃类化合物16种。以下按照顺序依次介绍其性质。

1. 苯并［a］蒽（Benz［a］anthracene）

苯并［a］蒽，CAS号：56-55-3，分子式：$C_{18}H_{12}$，相对分子质量：228.29，密度：1.274g/cm³，熔点：157~159℃，沸点：437.6℃，闪点：-18℃，储存温度：4℃。

苯并［a］蒽为淡黄色至褐色有荧光的片状物质，能升华，溶于多数有机溶剂，难溶于乙酸、热乙醇，不溶于水。国际癌症研究所（IARC）分类等级为2B（可能对人类致癌）。

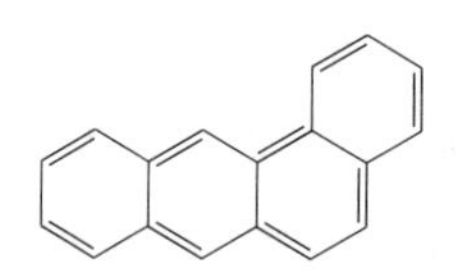

苯并［a］蒽的结构式

2. 苯并［j］醋蒽烯（Benz［j］aceanthrylene）

苯并［j］醋蒽烯，CAS号：202-33-5，分子式：$C_{20}H_{12}$，相对分子质量：252.31。国际癌症研究所（IARC）分类等级为2B（可能对人类致癌）。

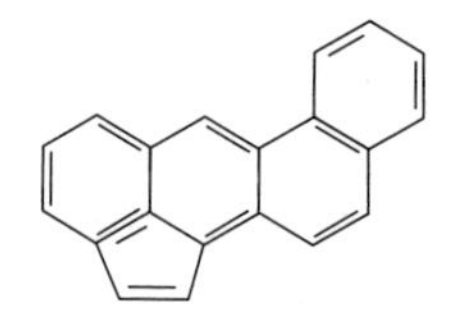

苯并［j］醋蒽烯的结构式

3. 苯并［b］荧蒽（Benzo［b］fluorathene）

苯并［b］荧蒽，CAS号：205-99-2，分子式：$C_{20}H_{12}$，相对分子质量：252.31，熔点：163~165℃，闪点：-18℃，储存温度：4℃。

苯并［b］荧蒽为白色至棕褐色晶体，不溶于水。国际癌症研究所（IARC）分类等级为2B（可能对人类致癌）。

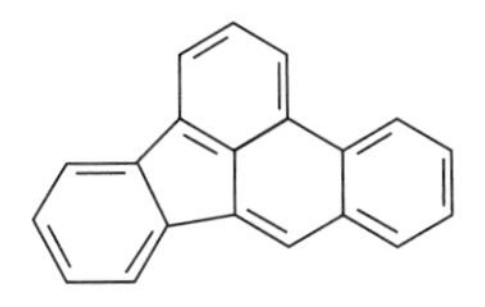

苯并［b］荧蒽的结构式

4. 苯并［k］荧蒽（Benzo［k］fluoranthene）

苯并［k］荧蒽，CAS号：207-08-9，分子式：$C_{20}H_{12}$，相对分子质量：252.31，密度：1.286g/cm^3，熔点：215 ~ 217℃，沸点：480℃，闪点：100℃，储存温度：4℃。

苯并［k］荧蒽为黄色晶体，不溶于水，溶解于20℃乙醇中（<1mg/mL）。国际癌症研究所（IARC）分类等级为2B（可能对人类致癌）。

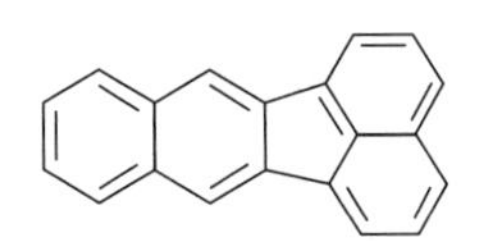

苯并［k］荧蒽的结构式

5. 苯并［a］芘（Benzo［a］pyrene）

苯并［a］芘，CAS号：50-32-8，分子式：$C_{20}H_{12}$，相对分子质量：252.31，熔点：177~180℃，沸点：495℃，闪点：495℃，储存温度：4℃。

苯并［a］芘为无色至淡黄色、针状、晶体，不溶于水，微溶于乙醇、甲醇，溶于苯、甲苯、二甲苯等。国际癌症研究所（IARC）分类等级为1（对人类致癌）。

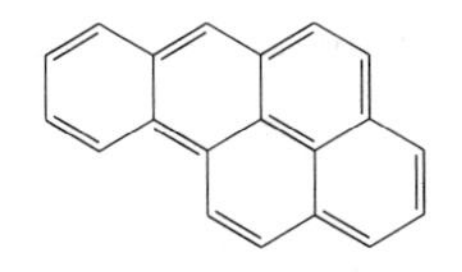

苯并［a］芘的结构式

6. 苯并［c］菲（Benzo［c］phenanthrene）

苯并［c］菲，CAS号：195-19-7，分子式：$C_{18}H_{12}$，相对分子质量：

228.29，熔点：158~160℃，储存温度：2~8℃。

苯并［c］菲为黄色固体，不溶于水。国际癌症研究所（IARC）分类等级为2B（可能对人类致癌）。

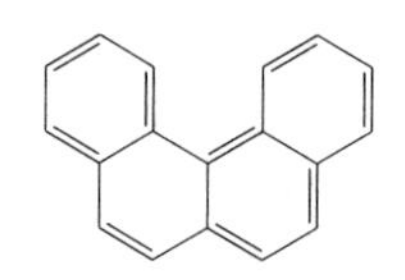

苯并［c］菲的结构式

7. 䓛（Chrysene）

䓛，CAS号：218-01-9，分子式：$C_{18}H_{12}$，相对分子质量：228.29。密度：1.274g/cm^3，熔点：252~254℃，沸点：448℃，闪点：-17℃，储存温度：2~8℃。

䓛为结晶粉末，不溶于水。国际癌症研究所（IARC）分类等级为2B（可能对人类致癌）。

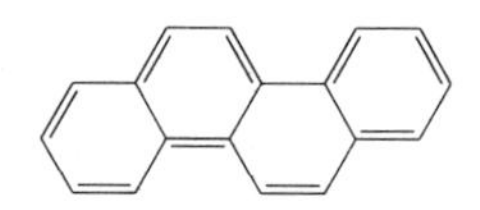

䓛的结构式

8. 环戊二烯［c，d］芘（Cyclopenta［c，d］pyrene）

环戊二烯［c，d］芘，CAS号：27208-37-3，分子式：$C_{18}H_{10}$，相对分子质量：226.27。国际癌症研究所（IARC）分类等级为2A（很可能对人类致癌）。

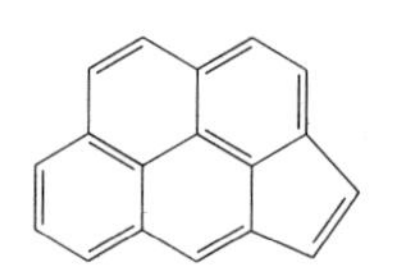

环戊二烯［c，d］芘的结构式

9. 二苯并［a，h］蒽（Dibenz［a，h］anthracene）

二苯并［a，h］蒽，CAS号：53-70-3，分子式：$C_{22}H_{14}$，相对分子质量：278.35，密度：1.282g/cm^3，熔点：262~265℃，沸点：524℃，闪点：-18℃，储存温度：4℃。

二苯并［a，h］蒽为白色到浅黄色结晶，不溶于水。国际癌症研究所（IARC）分类等级为2A（很可能对人类致癌）。

二苯并［a，h］蒽的结构式

10. 二苯并［a，e］芘（Dibenzo［a，e］pyrene）

二苯并［a，e］芘，CAS 号：192-65-4，分子式：$C_{24}H_{14}$，相对分子质量：302.37，储存温度：2~8℃。

二苯并［a，e］芘为黄色结晶，不溶于水。国际癌症研究所（IARC）分类等级为 3（对人类致癌的致癌性尚不明确）。

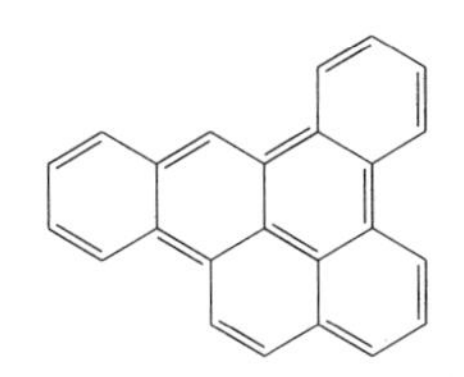

二苯并［a，e］芘的结构式

11. 二苯并［a，h］芘（Dibenzo［a，h］pyrene）

二苯并［a，h］芘，CAS 号：192-51-8，分子式：$C_{24}H_{14}$，相对分子质量：302.37，储存温度：2~8℃。国际癌症研究所（IARC）分类等级为 3（对人类致癌的致癌性尚不明确）。

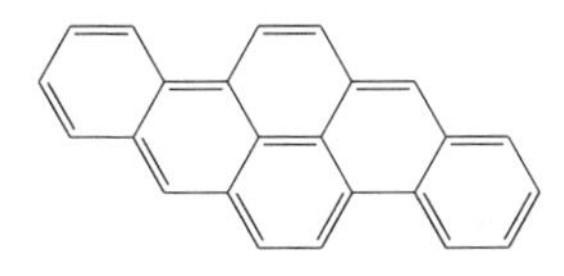

二苯并［a，h］芘的结构式

12. 二苯并［a，i］芘（Dibenzo［a，i］pyrene）

二苯并［a，i］芘，CAS 号：189-55-9，分子式：$C_{24}H_{14}$，相对分子质量：302.37。

二苯并［a，i］芘为无色固体，不溶于水。国际癌症研究所（IARC）分类等级为 2B（可能对人类致癌）。

二苯并［a，i］芘的结构式

13. 二苯并［a，l］芘（Dibenzo［a，l］pyrene）

二苯并［a，l］芘，CAS 号：191-30-0，分子式：$C_{24}H_{14}$，相对分子质量：302.37，储存温度：2~8℃。

二苯并［a，l］芘为黄色固体，不溶于水。国际癌症研究所（IARC）分类等级为 2A（很可能对人类致癌）。

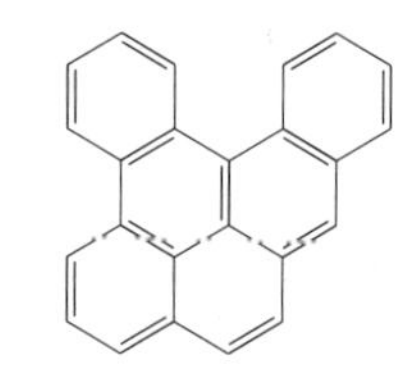

二苯并［a，l］芘的结构式

14. 茚并［1，2，3-c，d］芘（Indeno［1，2，3-c，d］pyrene）

茚并［1，2，3-c，d］芘，CAS 号：193-39-5，分子式：$C_{22}H_{12}$，相对分子质量：276.33，熔点：164℃，闪点：-18℃，储存温度：4℃。

茚并［1，2，3-c，d］芘为黄色晶体，不溶于水。国际癌症研究所（IARC）分类等级为 2B（可能对人类致癌）。

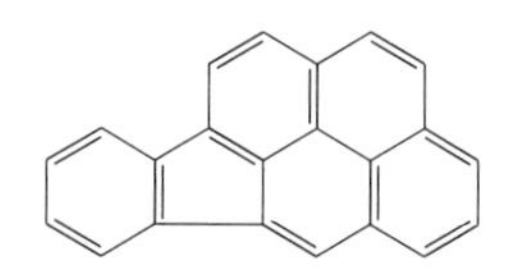

茚并［1，2，3-c，d］芘的结构式

15. 5-甲基䓛（5-Methylchrysene）

5-甲基䓛，CAS 号：3697-24-3，分子式：$C_{19}H_{14}$，相对分子质量：242.31，储存温度：2~8℃。

5-甲基䓛为紫色晶体，不溶于水。国际癌症研究所（IARC）分类等级为 2B（可能对人类致癌）。

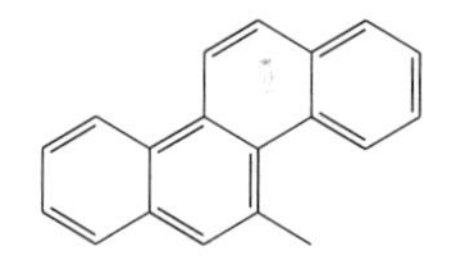

5-甲基䓛的结构式

16. 萘（Naphthalene）

萘，CAS 号：91-20-3，分子式：$C_{10}H_8$，相对分子质量：128.17，密度：

0.99g/cm^3，熔点：80~82℃，沸点：218℃，闪点：79℃，储存温度：4℃。

萘为白色至近白色粉末，在水中的溶解度为30mg/L（25℃），在甲醇中的溶解度为50mg/mL。国际癌症研究所（IARC）分类等级为2B（可能对人类致癌）。

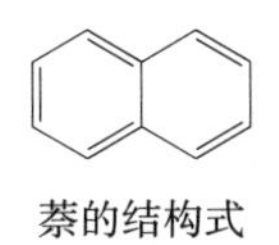

萘的结构式

二、 分析方法

1. 文献报道方法综述

本章中，我们以卷烟主流烟气为例简要介绍多环芳烃化合物（PAHs）的分析方法。研究表明，卷烟主流烟气中的多环芳烃化合物存在于粒相中，因此在对卷烟主流烟气中的多环芳烃化合物进行测定时，首先要先将主流烟气中的粒相物捕集。已有的主流烟气粒相物的捕集方法主要有：剑桥滤片捕集、静电捕集、喷射撞击捕集、冷阱捕集、固体吸附剂捕集和溶液捕集。其中剑桥滤片具有在室温下有效截滤烟气粒相物（捕集效率高，可达99.9%）、非吸湿性、容易制得效率一致的滤片、需要操作者前处理少、价格低和没有人为产物产生等优点，因此被包括CORESTA和ISO等国际组织广泛采用。目前，常用的剑桥滤片材质为硼硅酸盐玻璃纤维，厚度为1mm，可截留粒径不小于0.3μm的粒相物，有44mm直径和92mm直径两种规格。

分离检测技术：传统的烟气中多环芳烃化合物的分析方法主要有柱色谱、纸色谱和薄层色谱法，其分析过程一般是用溶剂（如正己烷、二氯甲烷、环己烷、丙酮、苯等有机溶剂）浸提捕集有烟气总粒相物的滤片，浸提液浓缩后过柱（层析硅胶柱或中性氧化铝柱），再用溶剂（正己烷或正己烷/甲苯等）洗脱分离出多环芳烃化合物，收集含有多环芳烃化合物的馏分并减压浓缩后用层析板（乙酰化纸层析板或醋酸纤维层析板等）在适当展开剂（例如，甲醇：醚：水 = 4：4：1）作用下分离。然后在紫外灯下将含有苯并［a］芘等多环芳烃化合物的蓝紫色荧光光斑取出，用甲苯溶解，在荧光分光光度计上进行定量分析。此法的优点是经济，但多环芳烃化合物的分离和回收率不够理想。

20世纪50年代以来，气相色谱配备氢火焰离子化检测器被应用于烟气中多环芳烃化合物的分析，首先用有机溶剂（正己烷、二氯甲烷、环己烷等）浸提烟气总粒相物，再对浸提液净化浓缩后进气相色谱仪分析，内标法定量，可以得到满意的回收率（90%左右）。氢火焰离子化检测器属于非选择性的检测器，因在常规检测中响应值的线性范围广、灵敏度高、长期定量重现性好，所以是多环芳烃化合物分析中普遍使用的一种检测器，它对多环芳烃的检测限为10~9g。但是，基于传统填充色谱的气相色谱分析方法也存在以下问题：①多环芳烃化合物的沸点较高，分析时要求高柱温以及高热稳定性的固定相；②由于固定相硅胶基质表面对多环芳烃化合物的相互作用，使色谱柱发生不可逆吸附，多环芳烃化合物色谱峰出现拖尾，尤其当含量低时，拖尾更为明显。

在分离分析较复杂、分子质量较大的多环芳烃化合物混合物时，高效液相色谱以其灵活多变的固定相和流动相搭配，再加上可以选择的梯度淋洗，也是一个重要的分离手段。在检测端，由于芳香族化合物具有吸收紫外光的大π键，大多数多环芳烃化合物能产生强烈的荧光，所以紫外检测器和荧光检测器是分析多环芳烃化合物常用的两种检测器。但是这两种检测器使用时各自也有一定的局限性。对紫外检测器而言，不能使用有紫外吸收的溶剂作流动相，限制了流动相的使用范围；对荧光检测器而言，并非所有多环芳烃化合物都具有荧光，因此限定了其使用范围。

随着色谱技术的不断提高，尤其是具有高分离性能的毛细管色谱柱的出现，使气相色谱-质谱成为多环芳烃化合物分析的有力方法之一，目前，气相色谱-质谱联用技术对多环芳烃化合物的分析能力和应用范围已经超过其他仪器分析方法。在使用气相色谱-质谱技术分析烟气中的多环芳烃化合物时，一般用有机溶剂（正己烷、环己烷等）浸提烟气总粒相物，浸提液用硅胶固相萃取柱净化后浓缩，即可进行分析，通常采用选择离子监测（SIM）模式，内标法定量。气相色谱-质谱法不仅提高了分析方法的灵敏度，而且内标法定量既解决了气相色谱法分析中基质干扰的问题，又解决了传统柱色谱、纸色谱和薄层色谱分析法中前处理烦琐的问题，同时提高了分析方法的回收率。

样品前处理技术：以上介绍了多环芳烃化合物分析时的分离与检测技术，由于多环芳烃化合物在复杂的卷烟烟气中的含量很低（通常在ng/支级别），且烟气中的其他基质干扰物质含量大，会干扰其测定。因此，在测定卷烟烟

气中的多环芳烃化合物时通常需要一定的样品前处理过程，即需要针对其性质选择合适的提取、纯化和浓缩方法才能进行后续的仪器测定。

早期 Sinclair 等将捕集有总粒相物的滤片剪碎后置于硅酸镁固相萃取柱顶端，以正己烷/乙醚（95/5，体积比）淋洗，将淋洗液浓缩至 1.0mL 后进入液相色谱分析，荧光检测器检测，以此建立了卷烟主流烟气中苯并［a］芘的分析方法。

Forehand 等采用同时蒸馏萃取的方法提取净化总粒相物的多环芳烃化合物，并结合气相色谱-质谱检测，建立了卷烟主流烟气中的多环芳烃化合物分析方法，该方法的主要不足是需要同时蒸馏萃取的时间较长（根据目标物不同，一般为 3~5h）。

Zha 等用甲醇提取卷烟主流烟气总粒相物，然后用 Bond Elut CH 固相萃取柱（中等极性环己基柱）净化提取液，环己烷解吸后用气相色谱-质谱分离检测，建立了卷烟主流烟气中多环芳烃化合物的分析方法。

樊虎等超声提取卷烟主流烟气总粒相物，然后用 Bond Elut Jr. Si 固相萃取柱（硅胶柱）净化提取液，以环己烷作为淋洗液，然后将全部淋洗液用乙腈进行液液萃取，再将乙腈相旋转蒸发近干复溶后进液相色谱-荧光检测器分离检测，建立了卷烟主流烟气中 5 种多环芳烃化合物的测定方法，该方法不仅需要固相萃取，而且还需要后续液液萃取对解吸液进行处理，再加上旋干等步骤，增加了前处理的时间和强度。

Ding 等用环己烷萃取捕集有总粒相物的滤片，萃取液用 Waters Sep-Pak Vac RC 硅胶固相萃取柱净化，并用环己烷清洗，上样液和清洗液旋干后用乙腈复溶后以液相色谱-串联质谱检测，建立了卷烟主流烟气中 10 种致癌性多环芳烃化合物的分析方法。

Shi 等用环己烷超声提取卷烟主流烟气总粒相物中的多环芳烃化合物，再将提取液用氧化石墨烯键合硅胶固相萃取柱净化，结合气相色谱-质谱建立了卷烟主流烟气中 14 种多环芳烃化合物的分析方法。

Zhang 等采用商品化 Supelco LC-Si 固相萃取柱净化主流烟气的环己烷提取液，结合液相色谱-大气压光致电离-串联质谱分离检测，建立了主流烟气中 16 种多环芳烃化合物的分析方法。

Zhang 等基于小波变换，离散粒子群算法和偏最小二乘回归法等原理，建立了中红外化学计量学预测卷烟主流烟气中苯并［a］芘的方法，该方法可以快速预测或半定量分析卷烟主流烟气中的苯并［a］芘释放量。

Toriba 等用二氯甲烷提取卷烟烟气中的多环芳烃化合物，并用硅胶和中性氧化铝串联的固相萃取柱净化提取液，结合液相色谱-荧光检测器建立了卷烟主流和侧流烟气中多环芳烃化合物的分析方法。

Wang 等捕集卷烟主流烟气后，用加速溶剂/固液固萃取提取和净化，萃取液浓缩后进行气相色谱-质谱分析，建立了集萃取与净化于一体的加速溶剂/固液固萃取卷烟烟气中痕量苯并［a］芘的分析方法，方法成功用于卷烟烟气样品的分析，测定结果与国家标准推荐方法吻合。

Ding 等用甲醇提取卷烟主流烟气总粒相物，然后用 ENVI-18 固相萃取柱（Supelco）净化，结合气相色谱-质谱检测，建立了卷烟主流烟气中 14 种多环芳烃化合物的测定方法。同时 Vu 等还对该方法进行了改进，采用自动化的固相萃取装置处理样品，节省了前处理的人工成本，提高了分析效率。

另外，还有其他文献报道采用自动化的固相萃取装置用于卷烟主流烟气中多环芳烃化合物的前处理。例如，Gmeiner 等用甲醇提取卷烟主流烟气总粒相物，再用水稀释提取液后以自动化固相萃取净化，以 C18 为吸附剂，并用环己烷解吸，最后用气相色谱-质谱检测，建立了卷烟主流烟气中 17 种多环芳烃化合物的分析方法。

边照阳等以吸烟机抽吸卷烟，并以剑桥滤片捕集卷烟主流烟气，然后以含氘代苯并［a］芘内标的环己烷溶液萃取滤片，萃取液经全自动固相萃取仪净化后以气相色谱-串联质谱分离检测，建立了卷烟主流烟气中的 3 种多环芳烃的测定方法。

固相微萃取也被用于卷烟主流烟气中多环芳烃化合物的分析，Wang 等用甲醇提取卷烟烟气总粒相物，然后用水稀释提取液，最后采用浸入固相微萃取的方法萃取样品中的多环芳烃化合物，并和气相色谱-质谱结合，建立了卷烟主流烟气中 16 种多环芳烃化合物的分析方法。

本书作者用环己烷提取卷烟主流烟气总粒相物，然后将提取液过滤后直接进行在线凝胶渗透色谱-气相色谱-质谱（或串联质谱）分析，建立了卷烟主流烟气中苯并［a］芘的分析方法（将在第四章详细介绍）。

2. FDA 清单中多环芳烃化合物分析方法

由于烟草、主流烟气、加热不燃烧卷烟基质的复杂性（共含有超过 8000 种化合物），再加上多环芳烃化合物在上述样品中的含量很低，且不同化合物

的含量分布范围可能较宽，因此文献报道的其他样品（土壤、大气、食品和环境水样）的测试方法并不能完全适用于上述样品的分析。目前有文献报道了卷烟烟气中多环芳烃的检测方法，但是这些方法没有涉及对样品选择性净化的步骤，会在一定程度上增加仪器维护频率和成本。同时也有文献报道了一种检测无烟气烟草制品中多环芳烃类物质含量的方法，该方法利用萃取剂对样品进行萃取后，采用气相色谱-串联质谱对过滤后的萃取液进行检测，同样没有涉及对样品溶液的净化。

由于加热不燃烧卷烟是一种新型的消费形式，且其中多环芳烃类化合物的含量相对较低，因此目前鲜有关于加热不燃烧卷烟中多环芳烃检测的报道。除此以外，烟草、卷烟主流烟气和加热不燃烧卷烟样品均具有各自不同的特点，如基质复杂程度、样品捕集方法、目标物含量差异等。因此，目前文献报道的多环芳烃的测定方法并不能适用于以上所有样品的分析检测。基于此，开发一种选择性净化效率高、适用范围广的烟草、卷烟烟气和加热不燃烧卷烟中多环芳烃化合物的测定方法，显得尤为重要。

基于此，本书作者开发了一种同时适用于测定烟草、主流烟气、加热不燃烧卷烟中多环芳烃的方法。与现有方法相比，本采用苯并［a］芘专用固相萃取柱对样品提取液进行净化，由于固相萃取填料和多环芳烃之间可以发生π-π、电荷转移等多种相互作用力，因此可以和多环芳烃之间发生特异性强的相互作用。基于此开发的方法具有选择性净化效率高、灵敏度高、快速高效、适用范围广等优点。

需要说明的是，由于萘的挥发性强，因此本方法不对此进行研究。除此以外，本方法还研究了欧盟清单中的 3 种多环芳烃化合物（苯并［c］芴、苯并［j］荧蒽和苯并［g，h，i］芘，即本方法的研究对象为 18 种多环芳烃化合物。以下详细介绍本方法的具体步骤。

（1）标准系列溶液的配制　以甲苯/异辛烷（50/50，体积比）为溶剂，以 18 种多环芳烃（B［c］F、B［c］PA、B［a］A、CP［c，d］P、CHR、5MC、B［b］F、B［k］F、B［j］F、B［j］A、B［a］P、DB［a，h］A、I［c，d］P、B［g，h，i］P、DB［a，l］P、DB［a，e］P、DB［a，i］P 和 DB［a，h］P）和 9 种同位素内标（B［a］A-d12、CHR-d12、B［b］F-d12、B［k］F-d12、B［a］P-d12、DB［a，h］A-d14、I［c，d］P-d12、B［g，h，i］P-d12 和 DB［a，i］P-d14）的标准品为溶质，配制不同

浓度的含内标的系列标准溶液；所述混合标准工作溶液中18种多环芳烃的浓度梯度均为0.2ng/mL、0.5ng/mL、2.0ng/mL、10.0ng/mL、50ng/mL、125.0ng/mL和250.0ng/mL，且系列标准溶液中CHR-d12、B［b］F-d12、B［k］F-d12、B［a］P-d12、DB［a，h］A-d14、I［c，d］P-d12和B［g，h，i］P-d12内标浓度均为50ng/mL，DB［a，i］P-d14的内标浓度为150ng/mL。其中，B［c］F、B［c］PA、B［a］A和CP［c，d］P所使用的内标为B［a］A-d12，CHR和5MC所使用的内标是CHR-d12，B［b］F所使用的内标是B［b］F-d12，B［k］F、B［j］F和B［j］A所使用的内标是B［k］F-d12，B［a］P所使用的内标是B［a］P-d12，I［c，d］P所使用的内标是I［c，d］P-d12，DB［ah］A所使用的内标是DB［a，h］A-d14，B［g，h，i］P所使用的内标是B［g，h，i］P-d12，DB［a，l］P、DB［a，e］P、DB［a，i］P和DB［a，h］P所使用的内标是DB［a，i］P-d14。

（2）样品提取液的制备　称取1.0g无烟气烟草制品，依次加入150μL混合内标和30mL正己烷后进行超声提取30min，再用2500r/min转速离心10min，取上层清液备用。若测定样品是卷烟主流烟气或加热不燃烧卷烟，则分别在捕集有卷烟主流烟气总粒相物或加热不燃烧卷烟气溶胶的滤片上加内标和提取液。

（3）样品提取液的净化　将苯并［a］芘专用固相萃取填料依次用5.0mL丙酮和2.0mL正己烷活化，然后将样品提取液加入苯并［a］芘专用固相萃取柱中，在自然重力作用下流经固相萃取柱；等样品提取液完全流出后，用3.0mL乙酸乙酯/正己烷（20/80，体积比）清洗吸附了目标物和干扰物质的填料，并吸出或挤出其中的清洗液；再用3.0mL丙酮解吸；将解吸液于35℃下用缓慢氮气流浓缩至0.2mL，转移至内置衬管的色谱瓶中，待测。

（4）标准系列溶液和样品溶液在相同条件下进行气相色谱-串联质谱分析条件为：色谱柱为DB-EUPAH（20m×0.18mm，0.14μm）；色谱柱升温程序为：初始温度110℃，保持0.8min，以70℃/min升至180℃，再以7℃/min升至230℃并保持6min，再以40℃/min升至280℃并保持5min，再以5℃/min升至300℃，再以25℃/min升至335℃并保持4min，运行时间为30.6min；溶剂延迟时间为6min；采用不分流进样方式，进样量为2μL；以高纯He为载气，载气流量为1.8mL/min；进样口温度：325℃；四极杆温度和离子源温度

分别为 180℃和 340℃，传输线温度为 350℃；质谱电离源为 EI 源；电离电压为 70eV；多反应监测模式，碰撞气为 Ar，压力为 200kPa。

本方法中，为了获取较高的灵敏度，我们对目标分析物的多反应监测参数进行了优化（图 3-1），包括定量离子对和碰撞能量等，最终选择的多反应监测参数如表 3-1 所示。

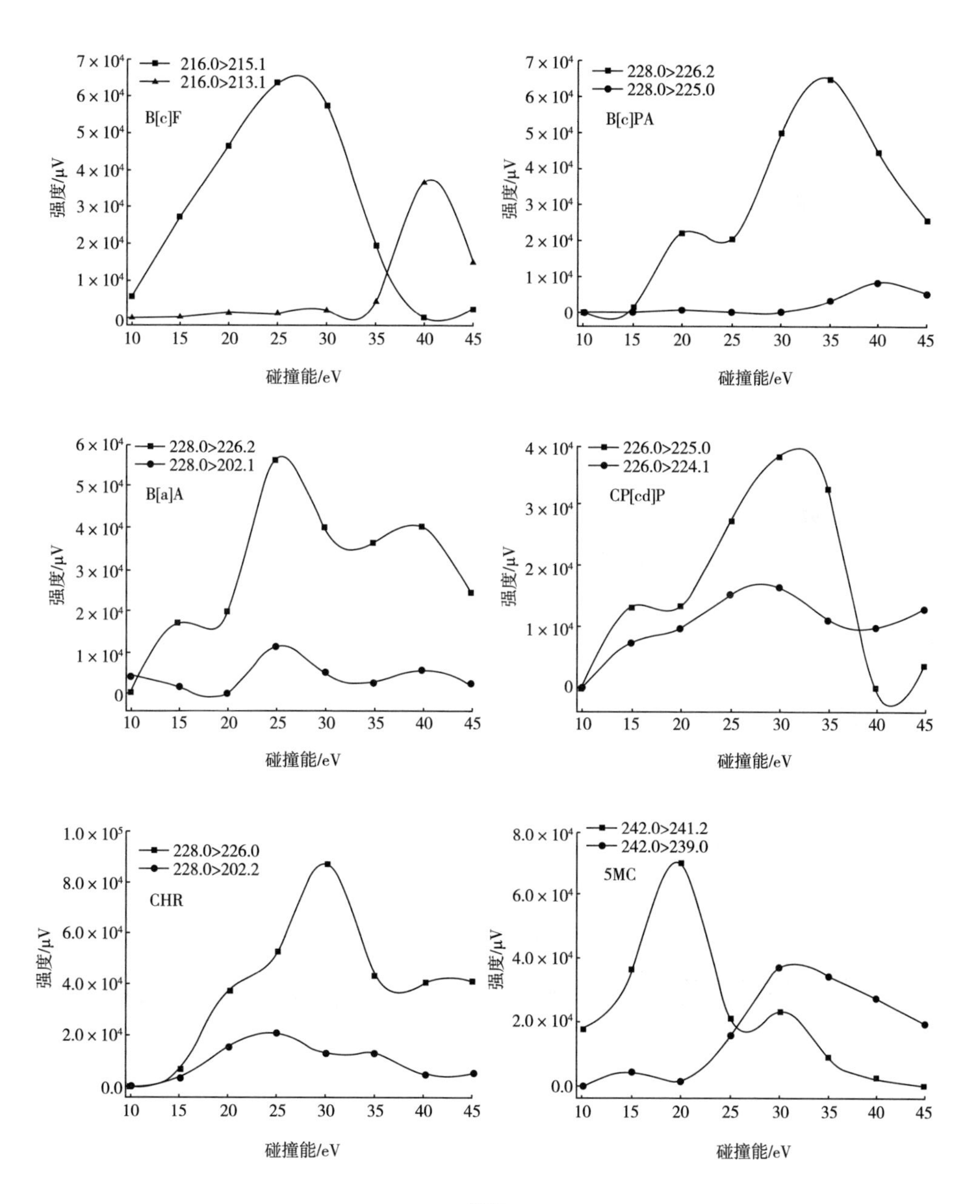

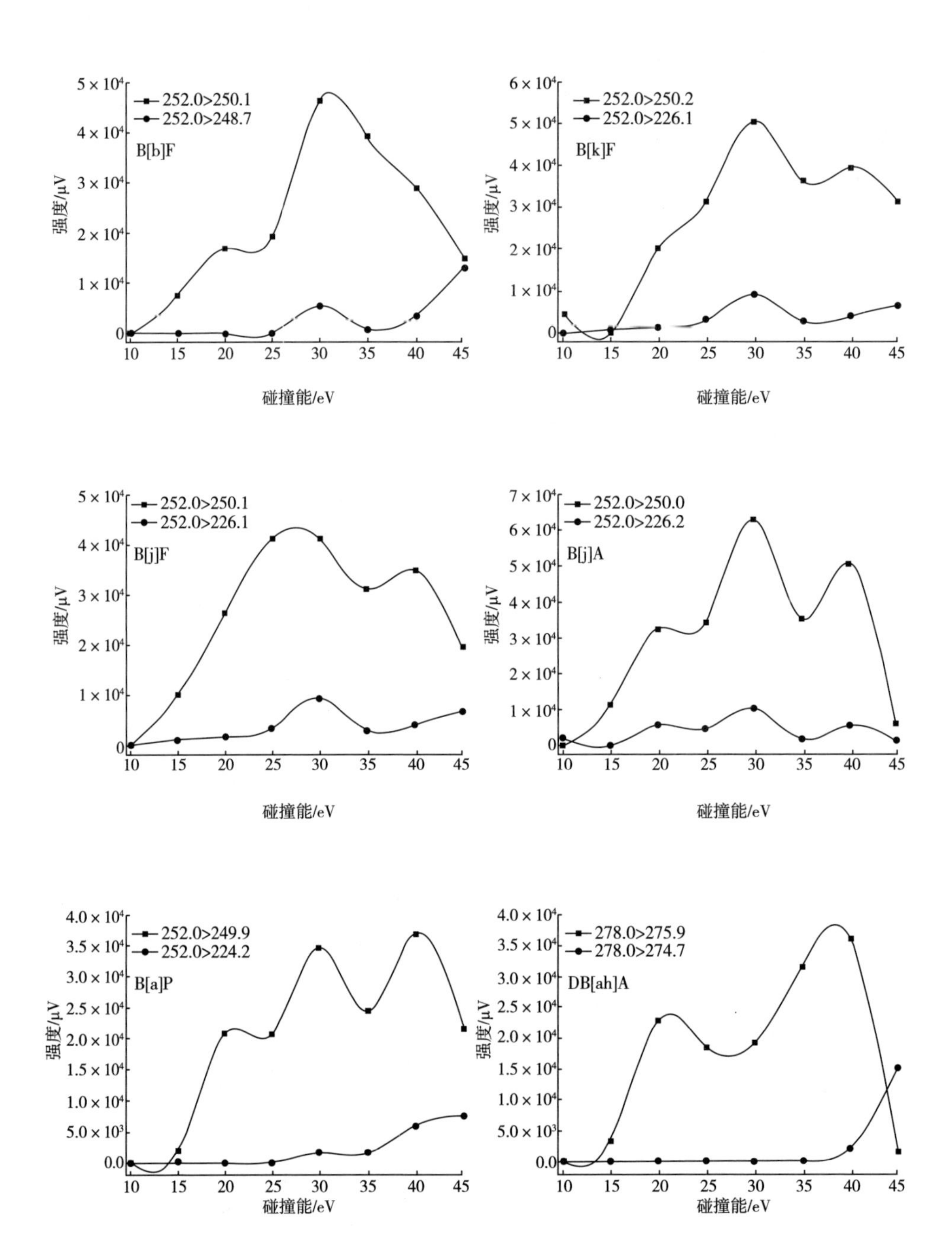
252.0>250.1
252.0>248.7
B[b]F
强度/μV
碰撞能/eV
252.0>250.2
252.0>226.1
B[k]F
强度/μV
碰撞能/eV
252.0>250.1
252.0>226.1
B[j]F
强度/μV
碰撞能/eV
252.0>250.0
252.0>226.2
B[j]A
强度/μV
碰撞能/eV
252.0>249.9
252.0>224.2
B[a]P
强度/μV
碰撞能/eV
278.0>275.9
278.0>274.7
DB[ah]A
强度/μV
碰撞能/eV

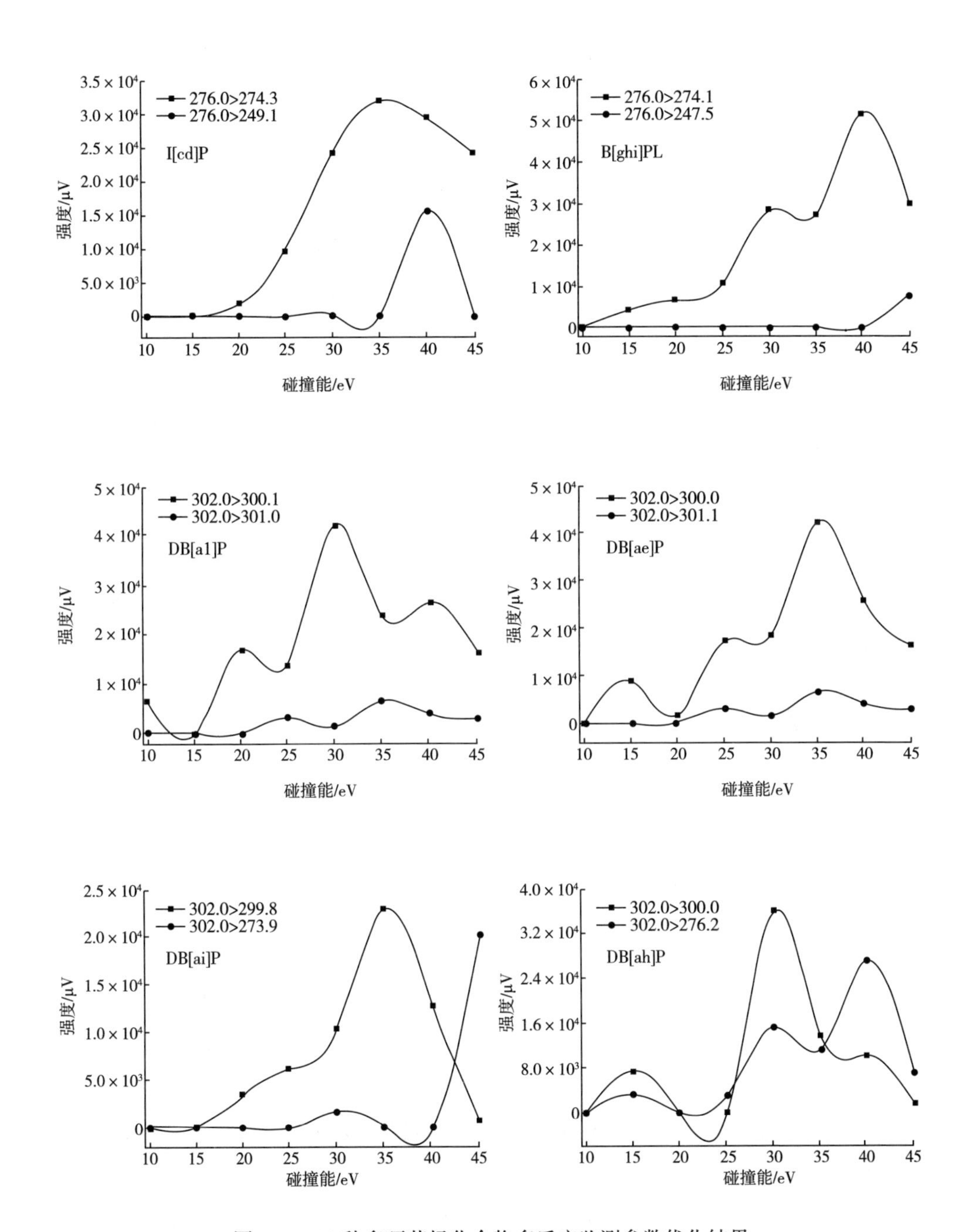

图 3-1　18 种多环芳烃化合物多反应监测参数优化结果

表 3-1　　目标分析物及内标的保留时间多反应监测参数表

化合物	保留时间/min	定量离子对	碰撞能量/eV	定性离子对	碰撞能量/eV
苯并［c］芴	10.63	216.0>215.0	25.0	216.0>213.0	40.0
苯并［c］菲	14.25	228.0>226.0	35.0	228.0>225.0	40.0
苯并［a］蒽	15.43	228.0>226.0	25.0	228.0>202.0	25.0
苯并［a］蒽-d_{12}	15.33	240.0>236.0	35.0	240.0>212.0	20.0
环戊二烯［c，d］芘	15.64	226.0>225.0	30.0	226.0>224.0	30.0
䓛	15.75	228.0>226.0	30.0	228.0>202.0	25.0
䓛-d_{12}	15.61	240.0>236.0	25.0	240.0>212.0	25.0
5-甲基䓛	16.91	242.0>241.0	20.0	242.0>239.0	30.0
苯并［b］荧蒽	18.69	252.0>250.0	30.0	252.0>226.0	30.0
苯并［k］荧蒽	18.79	252.0>250.0	30.0	252.0>226.0	30.0
苯并［j］荧蒽	18.90	252.0>250.0	30.0	252.0>226.0	30.0
苯并［b］荧蒽-d_{12}	18.61	264.0>260.0	30.0	264.0>236.0	30.0
苯并［k］荧蒽-d_{12}	18.71	264.0>260.0	40.0	264.0>236.0	30.0
苯并［j］醋蒽	19.36	252.0>250.0	30.0	252.0>226.0	30.0
苯并［a］芘	20.28	252.0>250.0	30.0	252.0>224.0	30.0
苯并［a］芘-d_{12}	20.16	264.0>260.0	30.0	264.0>262.0	45.0
二苯并［a，h］蒽	25.15	278.0>276.0	40.0	278.0>275.0	45.0
二苯并［a，h］蒽-d_{14}	25.00	292.0>288.0	25.0	292.0>286.0	45.0
茚并［1，2，3-c，d］芘	25.04	276.0>274.0	35.0	276.0>249.0	50.0
茚并［1，2，3-c，d］芘-d_{12}	24.94	288.0>284.0	35.0	288.0>286.0	30.0
苯并［g，h，i］芘-d_{12}	26.02	288.0>284.0	45.0	288.0>286.0	30.0
苯并［g，h，i］芘	26.10	276.0>274.0	40.0	276.0>248.0	45.0
二苯并［a，l］芘	28.73	302.0>300.0	30.0	302.0>301.0	20.0
二苯并［a，e］芘	29.58	302.0>300.0	30.0	302.0>301.0	20.0
二苯并［a，i］芘	30.12	302.0>300.0	35.0	302.0>274.0	45.0
二苯并［a，h］芘	30.45	302.0>300.0	30.0	302.0>276.0	45.0
二苯并［a，i］芘-d_{14}	30.00	316.0>312.0	40.0	316.0>288.0	30.0

在该条件下，得到的目标物的色谱图如图 3-2 所示。

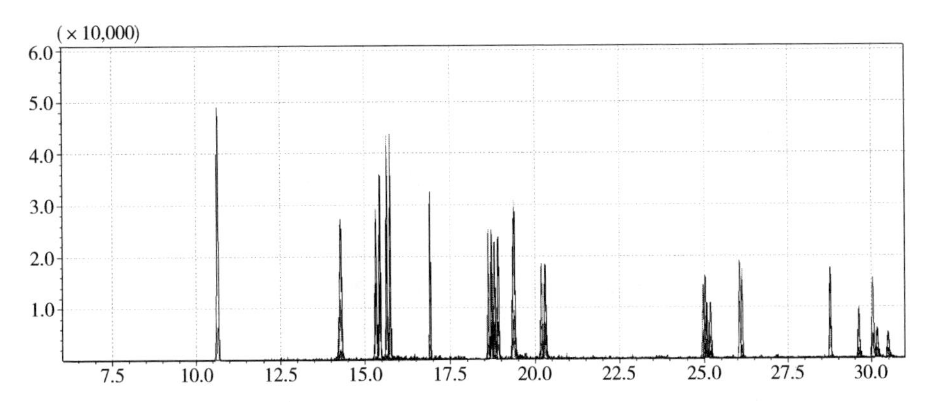

图 3-2　18 种多环芳烃化合物混合标准溶液采用气相色谱-串联质谱分析得到的总离子流图

采用气相色谱-质谱仪时，条件为：除了监测模式为选择离子监测外，其余色谱及质谱参数同采用气相色谱-串联质谱仪时的条件，选择离子监测的定量离子为多反应监测模式中定量离子对的母离子，定性离子为多反应监测模式中定量离子对的子离子。在该条件下，得到的目标物的色谱图如图 3-3 所示。

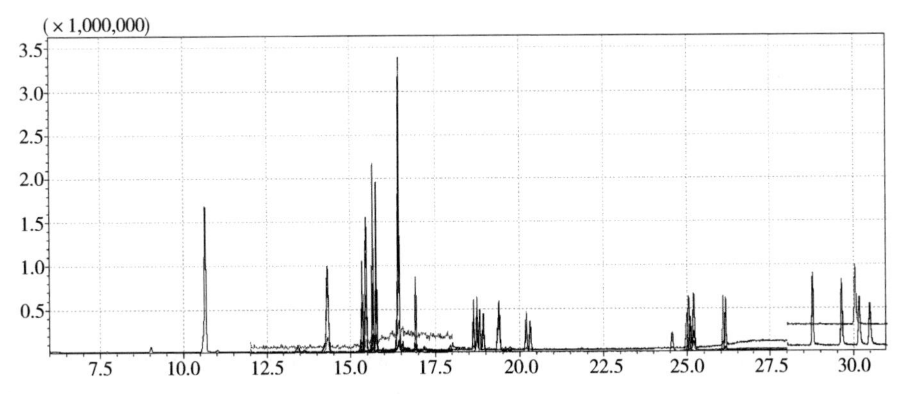

图 3-3　18 种多环芳烃化合物混合标准溶液采用气相色谱-质谱分析得到的总离子流图

（5）样品中 18 种多环芳烃的定量　由多环芳烃的峰面积和内标峰面积之比进行定量。具体操作过程为：以标准系列溶液中多环芳烃的峰面积和相应内标峰面积之比为纵坐标，标准系列溶液中多环芳烃的浓度为横坐标，绘制工作曲线，见表 3-2，其中本方法的检测限和定量限为多环芳烃信噪比（S/N）

为 3 和 10 时所对应的浓度；根据样品溶液中多环芳烃峰面积和相应内标峰面积之比，依据工作曲线，得到样品中多环芳烃的含量，其计算公式为 $m = \frac{(x-b)}{a} \times \frac{V}{n}$，其中 x 为目标物与内标物的峰面积之比，m 为样品中目标物的含量（单位为 ng/g 或 ng/支），a 和 b 为工作曲线中的斜率和截距，均由工作曲线求出，V 为提取液的体积（单位为 mL），n 为样品质量（单位为克或支）。

表 3-2　　本方法的线性范围、工作曲线、检测限和定量限

目标分析物	线性范围/(ng/mL)	标准曲线			检测限/(ng/mL)	定量限/(ng/mL)
		斜率/100	截距/1000	R^2		
苯并［c］芴	0.2~125	3.835	5.601	0.9936	0.005	0.016
苯并［c］菲	2.0~250	2.916	8.071	0.9920	0.16	0.53
苯并［a］蒽	2.0~250	2.388	6.085	0.9912	0.20	0.67
环戊二烯［c，d］芘	0.5~125	0.9755	0.1998	0.9954	0.10	0.34
䓛	0.5~125	1.704	10.03	0.9911	0.15	0.50
5-甲基䓛	2.0~250	1.215	4.680	0.9920	0.17	0.57
苯并［b］荧蒽	0.2~125	1.833	9.052	0.9915	0.05	0.15
苯并［k］荧蒽	0.2~125	2.136	22.28	0.9911	0.04	0.15
苯并［j］荧蒽	0.2~125	2.287	9.916	0.9984	0.04	0.14
苯并［j］醋蒽	0.5~125	4.269	46.53	0.9936	0.13	0.42
苯并［a］芘	0.5~125	1.777	15.69	0.9973	0.14	0.48
二苯并［a，h］蒽	2.0~250	1.187	2.845	0.9949	0.30	1.00
茚并［1，2，3-c，d］芘	2.0~250	1.514	5.598	0.9947	0.18	0.59
苯并［g，h，i］芘	0.5~125	1.672	3.979	0.9950	0.12	0.41
二苯并［a，l］芘	2.0~250	1.601	7.428	0.9951	0.17	0.57
二苯并［a，e］芘	0.5~125	1.092	-1.647	0.9992	0.15	0.49
二苯并［a，i］芘	2.0~250	0.6099	-0.4004	0.9937	0.33	1.11
二苯并［a，h］芘	2.0~250	0.5876	1.137	0.9970	0.33	1.11

为了考察该方法的重现性，配制低、中、高三种浓度（对线性范围最高为 125ng/mL 的目标物，低、中、高浓度分别为 1ng/mL、10ng/mL 和 100ng/mL；

对线性范围最高为 250ng/mL 的目标物，低、中、高浓度分别为 5ng/mL、25ng/mL 和 125ng/mL）的样品，以一天内配制的 4 个样品进行测定，计算不同浓度下的日内相对标准偏差；以连续 3d 配制的样品进行测定，计算不同浓度下的日间相对标准偏差。结果如表 3-3 所示，目标分析物在不同浓度下的日内及日间精密度分别小于 12.5%和 12.6%，说明该方法具有较好的重现性。

表 3-3　　本方法的精密度

目标分析物	日内精密度（RSD/%，n=4）			日间精密度（RSD/%，n=3）		
	低	中	高	低	中	高
苯并［c］芴	9.8	6.4	5.2	8.4	9.2	10.9
苯并［c］菲	1.7	9	6.3	2	5.3	5.4
苯并［a］蒽	9.9	4.8	4.1	1.2	1.7	6
环戊二烯［c，d］芘	2.5	7.1	6.5	4.1	3	4.8
䓛	1.2	4.8	9.4	2.1	7.5	1.6
5-甲基䓛	5.2	10.7	4.2	4.8	6.3	4.2
苯并［b］荧蒽	6	8	1.5	2.9	12.3	6.1
苯并［k］荧蒽	6.7	6.7	1.4	1.6	10.8	7
苯并［j］荧蒽	6	11.1	9.9	5.3	0.2	1
苯并［j］醋蒽	3.7	9.8	12.5	12.6	6.2	4.8
苯并［a］芘	4.5	1.2	3.3	12.3	9.1	1.3
二苯并［a，h］蒽	6.7	7.3	2.7	4.6	6.2	2.3
茚并［1，2，3-c，d］芘	3.9	6.5	10.8	8.1	5.6	1.2
苯并［g，h，i］苝	3.7	6.5	4.7	5.5	10.9	5
二苯并［a，l］芘	5.8	6.8	4.4	6.2	9.1	12
二苯并［a，e］芘	4.1	9.3	3.4	7	11.2	9
二苯并［a，i］芘	4.7	7.3	5.6	5.5	7.2	5.2
二苯并［a，h］芘	5.1	7.1	5.7	6.7	6.8	5.4

采用上述方法对该无烟气烟草制品中的多环芳烃含量进行了测定。结果如表 3-4 所示，在该样品中一共检测到 10 种多环芳烃，其含量介于 3.0~

33.0ng/g之间。为了考察方法的准确性，在样品中添加不同浓度的标样，之后用本方法进行分析，将所得的峰面积之比代入目标分析物的标准工作曲线计算所测得的浓度，并与实际添加量相比得到相对回收率。如表3-5所示，不同浓度下目标分析物的相对回收率介于75.2%~114.4%，表明方法的准确性良好，可以满足日常烟草中多环芳烃分析的要求。

按照上述方法对无烟气烟草制品进行提取和固相萃取净化步骤，以气相色谱-质谱仪分析标准系列溶液和样品溶液，分析其中多环芳烃含量。结果如表3-4所示，两种方法检测结果不存在显著差异。

表3-4　采用不同检测方法测定某无烟气烟草制品的结果及不同浓度下的回收率

目标分析物	含量/（ng/g）		回收率/%		
	GC-MS/MS法	GC-MS法	低	中	高
苯并[c]芴	6.1	6.4	80.8	84.3	81.8
苯并[c]菲	3.0	4.1	87.1	89.1	87.3
苯并[a]蒽	20.0	19.5	92.4	89.4	90.1
环戊二烯[c，d]芘	未检出	未检出	89.6	85.5	86.8
䓛	33.0	30.7	81	80.2	79.8
5-甲基䓛	未检出	未检出	81.9	79.5	79.9
苯并[b]荧蒽	13.0	13.5	89.8	85.3	86.8
苯并[k]荧蒽	6.0	6.0	87.2	84.5	85.0
苯并[j]荧蒽	7.0	5.7	92.1	98.8	94.6
苯并[j]醋蒽	未检出	未检出	109.5	106	106.9
苯并[a]芘	12.2	11.4	79.3	75.2	76.5
二苯并[a，h]蒽	未检出	未检出	81.6	83.4	81.7
茚并[1，2，3-c，d]芘	6.3	6.0	83.4	82.9	83.3
苯并[g，h，i]芘	7.2	6.3	110.8	108	108.6
二苯并[a，l]芘	未检出	未检出	114.4	111.9	112.3
二苯并[a，e]芘	未检出	未检出	81.3	86.1	82.9
二苯并[a，i]芘	未检出	未检出	82.6	83.4	82.2
二苯并[a，h]芘	未检出	未检出	85.8	84.3	84.5

按照上述方法对另外4种烟草（包括烟叶、卷烟填充物、无烟气烟草制品）进行提取和固相萃取净化步骤，以气相色谱-串联质谱仪分析标准系列溶液和样品溶液，分析其中多环芳烃含量，结果如表3-5所示。

表3-5　　不同烟草中多环芳烃的检测结果　　单位：ng/g

目标分析物	样品1	样品2	样品3	样品4
苯并［c］芴	3.5	0.9	393.2	136.4
苯并［c］菲	未检出	未检出	98.3	33.8
苯并［a］蒽	10.8	2.0	699.2	214.9
环戊二烯［c，d］芘	2.9	未检出	未检出	未检出
䓛	17.2	4.9	945.2	300.8
5-甲基䓛	未检出	未检出	未检出	未检出
苯并［b］荧蒽	6.2	1.7	190.9	55.6
苯并［k］荧蒽	2.8	0.4	73.9	21.9
苯并［j］荧蒽	4.3	0.9	92.9	28.1
苯并［j］醋蒽	未检出	未检出	未检出	未检出
苯并［a］芘	5.2	未检出	184.8	45.7
二苯并［a，h］蒽	未检出	未检出	12.9	2.7
茚并［1，2，3-c，d］芘	3.0	0.6	50.2	14.6
苯并［g，h，i］芘	3.7	未检出	47.9	14.1
二苯并［a，l］芘	未检出	未检出	未检出	未检出
二苯并［a，e］芘	未检出	未检出	3.7	未检出
二苯并［a，i］芘	未检出	未检出	未检出	未检出
二苯并［a，h］芘	未检出	未检出	未检出	未检出

按照GB/T 19609—2004、ISO 4387：2000规定的条件捕集卷烟主流烟气总粒相物，按照上所述方法对两种卷烟主流烟气进行提取和固相萃取净化步骤，以气相色谱-串联质谱仪分析标准系列溶液和样品溶液，分析其中多环芳烃含量，结果如表3-6所示。

表 3-6　　两种卷烟主流烟气中多环芳烃的检测结果　　单位：ng/支

目标分析物	样品 1	样品 2	目标分析物	样品 1	样品 2
苯并［c］芴	11.8	11.2	苯并［j］醋蒽	未检出	未检出
苯并［c］菲	未检出	未检出	苯并［a］芘	6.7	6.2
苯并［a］蒽	11.8	10.0	二苯并［a，h］蒽	0.5	0.4
环戊二烯［c，d］芘	未检出	未检出	茚并［1，2，3-c，d］芘	2.9	2.6
䓛	16.2	13.9	苯并［g，h，i］芘	未检出	未检出
5-甲基䓛	未检出	未检出	二苯并［a，l］芘	未检出	未检出
苯并［b］荧蒽	5.1	4.5	二苯并［a，e］芘	未检出	未检出
苯并［k］荧蒽	2.4	1.7	二苯并［a，i］芘	未检出	未检出
苯并［j］荧蒽	3.2	2.9	二苯并［a，h］芘	未检出	未检出

将加热不燃烧烟弹的一端插入烟草加热棒中，并将烟弹滤嘴端插入含有剑桥滤片的捕集器上；打开烟草加热棒开关对烟弹进行加热，在加热过程中进行抽吸，同时捕集其气溶胶。按照上述方法对加热不燃烧卷烟进行提取和固相萃取净化步骤，以气相色谱-串联质谱仪分析标准系列溶液和样品溶液，分析其中多环芳烃含量，结果如表 3-7 所示。

表 3-7　　某加热不燃烧卷烟产品中多环芳烃的检测结果　　单位：ng/支

目标分析物	样品 1	目标分析物	样品 1
苯并［c］芴	未检出	苯并［j］醋蒽	未检出
苯并［c］菲	未检出	苯并［a］芘	0.8
苯并［a］蒽	1.8	二苯并［a，h］蒽	未检出
环戊二烯［c，d］芘	未检出	茚并［1，2，3-c，d］芘	未检出
䓛	1.5	苯并［g，h，i］芘	未检出
5-甲基䓛	未检出	二苯并［a，l］芘	未检出
苯并［b］荧蒽	0.5	二苯并［a，e］芘	未检出
苯并［k］荧蒽	0.4	二苯并［a，i］芘	未检出
苯并［j］荧蒽	0.2	二苯并［a，h］芘	未检出

本节中，我们建立了一种测定烟草、主流烟气和加热不燃烧卷烟中 18 种多环芳烃的方法。本方法用含有内标的溶液对样品进行提取，然后经苯并［a］芘专用固相萃取柱净化，将解吸液吹干复溶得到待测溶液，再用气相色

谱-串联质谱仪或气相色谱-质谱仪进行检测。本方法不仅能够有效去除杂质及干扰物，而且能适用于多种不同性质样品、同时分离测定多种多环芳烃，具有净化效率高、灵敏度高、快速高效、适用范围广等优点。

3. 基于磁性固相萃取的苯并［a］芘分析方法

由于苯并［a］芘是 FDA 清单中唯一的国际癌症研究所（IARC）分类等级为 1（对人类致癌）的多环芳烃化合物。同时也是中国烟草行业所关注的 7 种代表性的卷烟烟气有害成分之一，因此检测卷烟主流烟气中苯并［a］芘的释放量对吸烟与健康的研究有重要意义。

卷烟燃烧过程所产生的烟气成分十分复杂，目前已经检测出的烟气成分已经超过 5000 余种，其中苯并［a］芘的含量通常在 ng/支级别，且存在大量的干扰物质。因此，如何去除其他共存物质的干扰、有效地净化样品并富集目标分析物成了准确测定卷烟主流烟气苯并［a］芘释放量的重要基础，而且一直都是国内外烟草行业研究的热门课题和技术难题之一。

目前，比较成熟的卷烟烟气中苯并［a］芘的测定方法为固相萃取-气相色谱/质谱法（即中华人民共和国 GB/T 21130—2007）。该方法首先对含有卷烟烟气粒相物的滤片进行超声萃取得到提取液，然后采用固相萃取技术对提取液进行处理，之后再进行气相色谱/质谱分析。但是该方法存在样品前处理时间长、操作烦琐、需要经过蒸发浓缩等不足。因此，有必要开发一种操作简单、快速准确、灵敏稳定的卷烟主流烟气中苯并［a］芘的测定方法。

本书作者采用磁性固相萃取技术（MSPE）对卷烟主流烟气萃取物进行快速处理，利用苯并［a］芘与磁性吸附剂之间的 π-π 相互作用实现苯并［a］芘的富集和净化，再采用气相色谱-质谱联用法定量测定卷烟主流烟气中苯并［a］芘的含量。其流程示意图如图 3-4 所示。

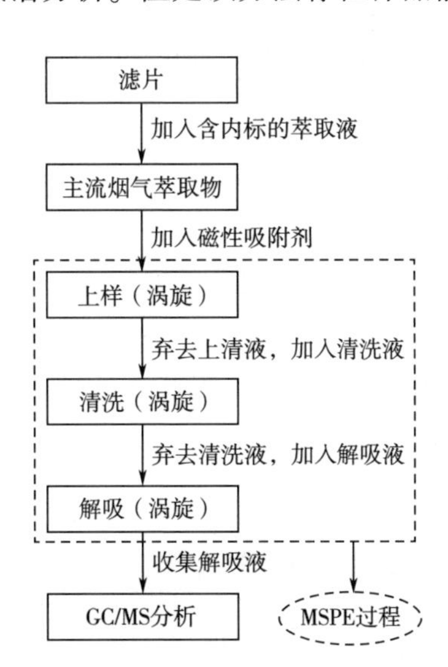

图 3-4 基于磁性固相萃取测定卷烟主流烟气中苯并［a］芘的操作流程示意图

本方法克服了现有技术样品预处理方法前处理繁琐费时的不足，针对卷烟主流烟气萃取物的特点和目标分析物的性质，改进了样品前处理方法。具体为：现有国标方法采用固相萃取净化，以硅胶为吸附剂，包括柱活化、上样、淋洗等步骤，然后用旋蒸方式将 40mL 洗脱液浓缩至约 0.5mL；本方法采用磁性固相萃取净化，以磁性材料为吸附剂，在外界磁场作用下实现整个样品预处理过程。本方法具有操作简单、易于高通量的优点，能同时处理多个样品，降低了单个样品的处理时间。而国标还需对溶液进行浓缩，不能实现样品的批量处理。总的来说，本方法能大大降低单个样品的平均处理时间，适合大量样品的快速分析。以下详细介绍本方法的具体步骤。

（1）标准系列溶液的配制　以环己烷为溶剂、苯并［a］芘标准品为溶质、氘代苯并［a］芘为内标，配制如下述浓度的标准系列溶液：0.5ng/mL、1.0ng/mL、2.0ng/mL、5.0ng/mL、10.0ng/mL、15.0ng/mL，且标准系列溶液中内标浓度为 8.125ng/mL。

（2）样品溶液的制备

①卷烟主流烟气中苯并［a］芘的捕集和萃取：将平衡及筛选后的卷烟用转盘型吸烟机按照 GB/T 19609—2004，ISO 4387：2000 规定的标准条件抽吸，每次实验抽吸 20 支卷烟。将捕集有主流烟气总粒相物的滤片放入 250mL 锥形瓶中，加入 50μL 浓度为 6.5μg/mL 的氘代苯并［a］芘内标溶液（以环己烷为溶剂），再加入 40mL 环己烷，将锥形瓶置于振荡器上以 200r/min 的速度振荡 60min，静置待用。

②卷烟主流烟气萃取物的富集和纯化：移取 10mL 主流烟气的环己烷萃取液于 15mL 具塞小瓶中，加入 0.3mL 磁性富勒烯的丙酮分散液（浓度为 25mg/mL），并通过涡旋 2min 完成材料对苯并［a］芘的快速吸附。在该过程中，目标物苯并［a］芘通过 π-π 相互作用保留在磁性吸附剂上，而基质中的杂质则保留在溶液中。之后在外界磁场的作用下将磁性吸附剂吸在小瓶的底部，弃去上清液后加入 0.5mL 丙酮继续涡旋清洗 0.5min，通过清洗可以进一步去除基质中的干扰物质。弃去清洗液后加入 0.3mL 甲苯并涡旋解吸 2min，再在外加磁场作用下将解吸液与吸附剂分离，收集解吸液作为样品溶液。

（3）标准系列溶液和样品溶液在相同条件下进行气相色谱-质谱分析　色谱-质谱条件为：色谱柱为 DB-5MS，规格：30m×0.25mm×0.25μm；程序升

温程序为：初始温度为 150℃，先以 6℃ /min 的速率升温至 260℃ 并保持 10min，然后再继续升温至 280℃，保持 20min；采用不分流进样模式，进样量为 1.0μL，溶剂切割时间为 12min；以高纯 He 为载气，流速为 1.2mL/min；进样口、离子源和传输线的温度分别为 280℃、230℃ 和 280℃；质谱电离源为 EI 源；电离电压为 70eV；扫描模式为选择离子扫描，苯并［a］芘和内标的监测离子的质荷比分别为 252：1 和 264：1。

（4）苯并［a］芘的定量　以标准系列溶液中苯并［a］芘峰面积和内标峰面积之比为纵坐标，苯并［a］芘标准系列溶液的浓度为横坐标，绘制工作曲线，见表 3-8（本方法的检测限和定量限为被测目标物信噪比（S/N）为 3 和 10 时所对应的浓度）；根据样品溶液中苯并［a］芘峰面积和内标峰面积之比，依据工作曲线，得到样品中苯并［a］芘的含量。

表 3-8　　本方法的线性范围、工作曲线、定量限和检测限等

线性范围/（ng/支）	校正曲线			定量限/（ng/支）	检测限 /（ng/支）	RSD/%
	斜率	截距	*R* 值			
1.0~30.0	0.5376	−0.09935	0.9999	0.24	0.80	7.2

采用上述基于磁性富勒烯的磁性固相萃取方法和国标固相萃取方法对三种牌号卷烟的主流烟气苯并［a］芘释放量进行了测定。结果如表 3-9 所示：本方法和国标方法检测结果不存在显著差异。

表 3-9　　三种牌号卷烟中苯并［a］芘的检测结果

卷烟牌号	本方法/（ng/支）	国标方法/（ng/支）
1	6.17	5.94
2	6.50	6.61
3	8.35	8.20

采用磁性石墨烯代替磁性富勒烯作为磁性吸附剂、以乙酸乙酯作为清洗溶剂、以乙苯作为解吸溶剂。基于磁性石墨烯的磁性固相萃取方法和国标固相萃取方法对三种牌号卷烟的主流烟气苯并［a］芘释放量进行了测定。结果如表 3-10 所示：本方法和国标方法检测结果不存在显著差异。

表 3-10　　三种牌号卷烟中苯并［a］芘的检测结果

卷烟牌号	本方法/（ng/支）	国标方法/（ng/支）
1	6.08	5.94
2	5.99	6.61
3	8.13	8.20

采用磁性碳纳米管代替磁性富勒烯作为磁性吸附剂、以正己烷作为清洗溶剂、以二甲苯作为解吸溶剂。基于磁性碳纳米管的磁性固相萃取方法和国标固相萃取方法对三种牌号卷烟的主流烟气苯并［a］芘释放量进行了测定。结果如表 3-11 所示：本方法和国标方法检测结果不存在显著差异。

表 3-11　　三种牌号卷烟中苯并［a］芘的检测结果

卷烟牌号	本方法/（ng/支）	国标方法/（ng/支）
1	6.13	5.94
2	6.25	6.61
3	8.24	8.20

本节中，建立了一种基于磁性固相萃取的卷烟主流烟气中苯并［a］芘的测定方法。本方法以吸烟机抽吸卷烟，并用剑桥滤片捕集卷烟主流烟气，以含氘代苯并［a］芘内标的溶液萃取滤片，萃取液经磁性固相萃取处理后以气相色谱-质谱检测，建立了卷烟主流烟气中苯并［a］芘的磁性固相萃取-气相色谱-质谱测定方法。与国标方法相比，本方法具有样品预处理操作简单快速的优点，适合大量样品的快速分析。

参考文献

［1］N. M. Sinclair, and B. E. Frost, Rapid method for the determination of benzo［a］pyrene in the particulate phase of cigarette smoke by high-performance liquid chromatography with fluorimetric detection. Analyst 103,（1978）：1199-1203.

［2］J. B. Forehand, G. L. Dooly, and S. C. Moldoveanu, Analysis of polycyclic aromatic hydrocarbons, phenols and aromatic amines in particulate phase cigarette smoke using simultaneous distillation and extraction as a sole sample clean-up step. Journal of Chromatography A 898,（2000）：111-124.

[3] Q. Zha, N. X. Qian, and S. C. Moldoveanu, Analysis of polycyclic aromatic hydrocarbons in the particulate phase of cigarette smoke using a gas chromatographic-high-resolution mass spectrometric technique. Journal of Chromatographic Science 40, (2002): 403-408.

[4] 樊虎，盛良全，童红武，等. 固相萃取-高效液相色谱法测定卷烟主流烟气中的多环芳烃. 分析测试学报 24, (2005): 103-105.

[5] Y. S. Ding, D. L. Ashley, and C. H. Watson, Determination of 10 carcinogenic polycyclic aromatic hydrocarbons in mainstream cigarette smoke. Journal of Agricultural and Food Chemistry 55, (2007): 5966-5973.

[6] R. Shi, L. Yan, T. Xu, D. Liu, Y. Zhu, and J. Zhou, Graphene oxide bound silica for solid-phase extraction of 14 polycyclic aromatic hydrocarbons in mainstream cigarette smoke, 2015: 1-7.

[7] X. Zhang, H. Hou, H. Chen, Y. Liu, A. Wang, and Q. Hu, Quantification of 16 polycyclic aromatic hydrocarbons in cigarette smoke condensate using stable isotope dilution liquid chromatography with atmospheric-pressure photoionization tandem mass spectrometry. Journal of Separation Science 38, (2015): 3862-3869.

[8] J. Zhang, R. S. Bai, X. L. Yi, Z. D. Yang, X. Y. Liu, J. Zhou, and W. Liang, Fully automated analysis of four tobacco-specific N-nitrosamines in mainstream cigarette smoke using two-dimensional online solid phase extraction combined with liquid chromatography-tandem mass spectrometry. Talanta 146, (2016): 216-224.

[9] A. Toriba, C. Honma, W. Uozaki, T. Chuesaard, N. Tang, and K. Hayakawa, Quantification of Polycyclic Aromatic Hydrocarbons in Cigarette Smoke Particulates by HPLC with Fluorescence Detection. Bunseki Kagaku 63, (2014): 23-29.

[10] C. -L. Wang, J. -X. Wang, J. Hu, Y. -L. Hu, and G. -K. Li, Analysis of benzo [a] pyrene in tobacco cigarette smoke by accelerated solvent/solid-liquid-solid extraction coupled with gas chromatography/mass spectrometry. Chinese Journal of Analytical Chemistry 41, (2013): 1069-1073.

[11] Y. S. Ding, J. S. Trommel, X. Z. J. Yan, D. Ashley, and C. H. Watson, Determination of 14 polycyclic aromatic hydrocarbons in mainstream smoke from domestic cigarettes. Environmental Science & Technology 39, (2005): 471-478.

[12] A. T. Vu, K. M. Taylor, M. R. Holman, Y. S. Ding, B. Hearn, and C. H. Watson, Polycyclic aromatic hydrocarbons in the mainstream smoke of popular US cigarettes. Chemical Research in Toxicology 28, (2015): 1616-1626.

[13] G. Gmeiner, G. Stehlik, and H. Tausch, Determination of seventeen polycyclic aromatic hydrocarbons in tobacco smoke condensate. Journal of Chromatography A 767, (1997):

163-169.

[14] 边照阳，唐纲岭，陈再根，等．全自动固相萃取-气相色谱-串联质谱法测定卷烟主流烟气中的3种多环芳烃. 色谱 29，(2011)：1031-1035.

[15] X. Y. Wang, Y. Wang, Y. Q. Qin, L. Ding, Y. Chen, and F. W. Xie, Sensitive and selective determination of polycyclic aromatic hydrocarbons in mainstream cigarette smoke using a graphene-coated solid-phase microextraction fiber prior to GC/MS. Talanta 140, (2015)：102-108.

[16] 段沅杏，王昆淼，刘志华，等．在线凝胶色谱-气质联用测定卷烟主流烟气中的苯并[a]芘. 烟草科技 9，(2014)：39-43.

[17] Y. -B. Luo, X. -Y. Jiang, F. -P. Zhu, X. Li, H. -F. Zhang, Z. -G. Chen, and Y. -Q. Pang, Determination of benzo [a] pyrene in mainstream cigarette smoke by on-line gel permeation chromatography - gas chromatography - tandem mass spectrometry. Tobacco Science & Technology 48, (2015)：46-51.

第四章
烟草制品和烟气中常见亚硝胺

一、 简介

美国FDA在2012年提出了烟草制品和烟气中有害和潜在有害成分清单（文件编号FDA-2012-N-0143），清单中一共包含了93种物质，其中涉及亚硝胺10种。以下按照顺序依次介绍其性质。

1. 4-（*N*-甲基亚硝胺基）-1-（3-吡啶基）-1-丁酮（*N*-Nitrosomethylamino）-1-（3-pyridyl）-1-butanone，NNK

NNK，CAS号：64091-91-4，分子式：$C_{10}H_{13}N_3O_2$，相对分子质量：207.23，熔点：63~65℃，闪点：9℃，储存温度：-20℃。

NNK为烟草特有*N*-亚硝胺（TSNAs）之一，为白色至淡黄色固体结晶。国际癌症研究所（IARC）分类等级为1（对人类致癌）。

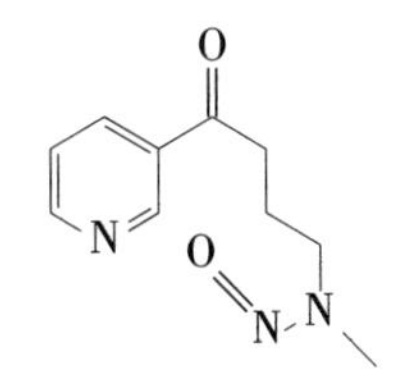

NNK的结构式

2. *N*-二乙醇亚硝胺（*N*-Nitrosodiethanolamine，NDELA）

NDELA，CAS号：1116-54-7，分子式：$C_4H_{10}N_2O_3$，相对分子质量：134.13，密度：1.26g/cm^3，沸点：125℃，闪点：11℃，储存温度：2~8℃。

NDELA为红黄色油状液体，溶于水。国际癌症研究所（IARC）分类等级为2B（可能对人类致癌）。

NDELA的结构式

3. *N*-亚硝胺二乙胺（*N*-Nitrosodiethylamine，NDEA）

NDEA，CAS 号：55-18-5，分子式：$C_4H_{10}N_2O$，相对分子质量：102.14，密度：0.95g/cm^3，熔点：<25℃，沸点：177℃，储存温度：2~8℃。

NDEA 为黄色液体，溶于水。国际癌症研究所（IARC）分类等级为 2A（很可能对人类致癌）。

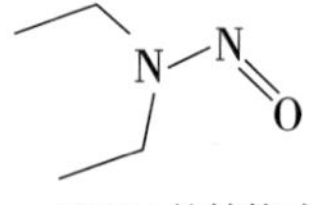

NDEA的结构式

4. *N*-亚硝基二甲胺（*N*-Nitrosodimethylamine，NDMA）

NDMA，CAS 号：62-75-9，分子式：$C_2H_6N_2O$，相对分子质量：74.08，密度：1.01g/cm^3，沸点：152℃，闪点：61℃，储存温度：2~8℃。

NDMA 为浅黄色油状液体，溶于水、醇和醚。国际癌症研究所（IARC）分类等级为 2A（很可能对人类致癌）。

NDMA 的结构式

5. *N*-亚硝基甲基乙基胺（*N*-Nitrosomethylethylamine，NMEA）

NMEA，CAS 号：10595-95-6，分子式：$C_3H_8N_2O$，相对分子质量：88.11，密度：0.94g/cm^3，沸点：170℃，闪点：76℃，储存温度：2~8℃。

NMEA 为浅黄色油状液体。国际癌症研究所（IARC）分类等级为 2B（可能对人类致癌）。

NMEA的结构式

6. *N*-亚硝基吗啉（*N*-Nitrosomorpholine，NMOR）

NMOR，CAS 为：59 - 89 - 2，分子式：$C_4H_8N_2O_2$，相对分子质量：116.12，熔点：29℃，沸点：225℃，闪点：29℃，储存温度：2~8℃。

NMOR 为黄色晶体或金色液体。国际癌症研究所（IARC）分类等级为 2B（可能对人类致癌）。

NMOR的结构式

7. *N*-亚硝基降烟碱（*N*-Nitrosonornicotine，NNN）

NNN，CAS 号：16543-55-8，分子式：$C_9H_{11}N_3O$，相对分子质量：177.2。

NNN 为烟草特有 *N*-亚硝胺（TSNAs）之一，为白色固体结晶。国际癌症研究所（IARC）分类等级为 1（对人类致癌）。

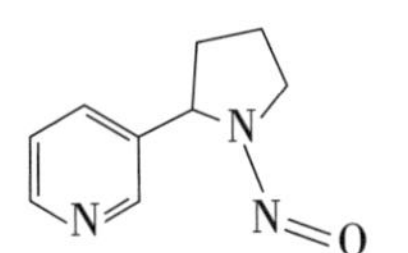

NNN的结构式

8. *N*-亚硝基哌啶（*N*-Nitrosopiperidine，NPIP）

NPIP，CAS 号：100-75-4，分子式：$C_5H_{10}N_2O$，相对分子质量：114.15，密度：1.06g/cm^3，熔点：170℃，沸点：219℃，闪点：11℃，储存温度：2~8℃。

NPIP 为淡黄色油状液体，溶于水。国际癌症研究所（IARC）分类等级为 2B（可能对人类致癌）。

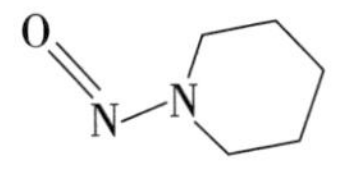

NPIP的结构式

9. *N*-亚硝基吡咯烷（*N*-Nitrosopyrrolidine，NPYR）

NPYR，CAS 号：930-55-2，分子式：$C_4H_8N_2O$，相对分子质量：100.12，密度：1.09g/cm^3，沸点：214℃，闪点：83℃，储存条件：冷藏储存。

NPYR 为淡黄色油状液体，溶于水。国际癌症研究所（IARC）分类等级为 2B（可能对人类致癌）。

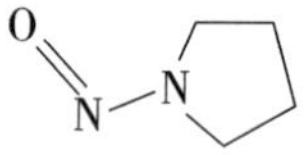

NPYR的结构式

10. *N*-亚硝基肌氨酸（*N*-Nitrososarcosine，NSAR）

NSAR，CAS 号：13256-22-9，分子式：$C_3H_6N_2O_3$，相对分子质量：118.09，熔点：66~67℃，储存温度：-20℃。

NSAR 为淡黄色固体结晶。国际癌症研究所（IARC）分类等级为 2B（可能对人类致癌）。

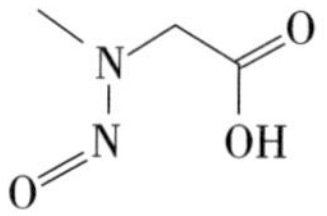

NSAR的结构式

二、 分析方法

1. 文献报道方法综述

本章中，我们以卷烟主流烟气为例简要介绍亚硝胺的分析方法。研究表明，卷烟主流烟气中的烟草特有 *N*-亚硝胺存在于粒相中，因此在对卷烟主流烟气中的烟草特有 *N*-亚硝胺进行测定时，首先要先将主流烟气中的粒相物捕集，其捕集技术和方法同多环芳烃化合物（PAHs）（可参见第三章，此处不再赘述）。

分离检测技术：在烟草特有亚硝胺（TSNAs）检测时，热能分析仪（TEA）的出现是 TSNAs 分析技术上的一次重大突破，TEA 以其高的灵敏度和对 TSNAs 的高选择性，已经成为烟气中 TSNAs 检测的国家标准方法。如图 4-1 所示，TEA 的工作原理是：当 *N*-亚硝基化合物进入热解器，其中的 *N*—NO 键被打破，产生亚硝酰基自由基（·NO），随后亚硝酰基自由基（·NO）在消除反应室中遇臭氧氧化，得到电子激发状态的二氧化氮（NO_2^*）。激发状态的二氧化氮（NO_2^*）发射特征辐射后衰减到它的基态。通过灵敏的光电倍

增管检测发光强度即可实现对 *N*-亚硝基化合物的定量测定。

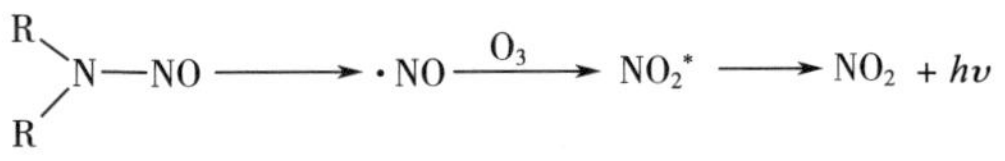

$$R_2N\text{—}NO \longrightarrow \cdot NO \xrightarrow{O_3} NO_2^* \longrightarrow NO_2 + h\nu$$

图 4-1 TEA 检测原理示意图

TEA 首先是和液相色谱联用分析烟气中的 TSNAs，并于 1979 年鉴定出了一种新的 TSNAs（NAT）。但是 TEA 和液相色谱联用时操作过程较为复杂烦琐，且分辨能力低，因此限制了其在烟气中 TSNAs 分析中的应用。气相色谱-热能分析仪联用技术中，TEA 的裂解管直接伸入气相色谱仪的接口，因此减少了死体积、并避免了局部冷点，因此从最初的填充气相色谱柱到后来的毛细管气相色谱柱，气相色谱-热能分析仪联用成为烟气中 TSNAs 分析的有力工具。

除了 TEA 以外，氮磷检测器和质谱检测器也是烟气中 TANAs 分析的常用检测器。二者不仅具有较高的灵敏度，而且对于质谱检测器来说，还可以使用选择离子扫描模式或多反应监测模式实现定量，可在一定程度上减少基质干扰。另外，液相色谱-串联质谱联用技术自 21 世纪初被用来报道分析烟气中 TSNAs 以来，普及程度也在不断上升，该技术采用正离子电喷雾技术电离 TSNAs，利用三四重极杆强大的定量能力对其进行定量，该技术中的样品前处理过程简单，且整个方法的回收率、重复性等参数都令人满意。阳离子选择性耗尽进样技术结合胶束电动色谱技术也被用来在线富集检测生物样品中的 TSNAs 及其代谢物，与其他技术相比，该技术的样品分析时间短，但是不适合实验室大量样品的常规分析检测。采用近红外光谱技术建立模型，也可以快速预测烟叶中的 TSNAs，该技术分析时间很短，而且实现无损分析，但是对低含量样品的分析还存在较大误差。

样品前处理技术：同多环芳烃化合物一样，在测定卷烟烟气中的 TSNAs 时通常也需要一定的样品前处理过程，即需要针对其性质选择合适的提取、纯化和浓缩方法才能进行后续的仪器测定。

有文献报道用 100mmol/L 乙酸铵溶液直接提取主流烟气总粒相物，经萃取液过滤后以（超高效）液相色谱-串联质谱联用分离检测，内标法定量，实现了卷烟主流烟气中 4 种 TSNAs 的同时检测。

为了减少提取液中基质的干扰，Zheng 等对提取液进行固相萃取净化，结合超高效液相色谱-飞行时间质谱建立了主流烟气中 4 种 TSNAs 的分析方法。

Wu 等首先用二氯甲烷提取总粒相物中的 TSNAs，然后用 0.1mol/L 盐酸溶液反萃目标物至水相中，再用固相萃取柱净化（Waters Oasis HLB 60mg），最后用液相色谱-质谱分离检测，内标法定量，通过该方法实现了卷烟主流烟气中 5 种 TSNAs 的同时检测。

Zhou 等用乙酸乙酯提取总粒相物中的 TSNAs，再将提取液用 Supelclean ENVI-Carb 固相萃取柱（500mg/6mL，Supelco）净化，以气相色谱-质谱检测，内标法定量，建立了主流烟气中 4 种 TSNAs 的分析方法。

Wang 等以环糊精改性硅胶为固相萃取吸附剂，结合液相色谱-串联质谱技术，建立了兔血中 TSNAs 的分析方法。

Sleiman 和 Clayton 等用甲醇提取纤维素滤片或滤嘴上的 TSNAs，提取液离心后以气相色谱-离子阱串联质谱或液相色谱-串联质谱检测，建立了二手烟或滤嘴中 4 种 TSNAs 的分析方法。

Xia 等采用 4-（甲基亚硝胺）-1-（3-吡啶）-1-丁酮（NNAL）分子印迹固相萃取技术分离富集尿液中的 NNAL，结合液相色谱-串联质谱分离检测，为流行病学调查提供了一种简单、灵敏的评价主动吸烟者对卷烟烟气或被动吸烟者对二手烟的暴露评定方法。

Shah 等考察了样品提取条件、色谱分离条件和质谱离子化抑制效应，将方法的灵敏度提高了 25 倍，可以实现尿液中 pg/mL 级 NNAL 的检测。

Lee 等用以 C8 和 C18 为吸附剂的固相萃取技术对老鼠尿液中的 NNK 及其代谢物进行分离富集，结合液相色谱-质谱技术，建立了老鼠尿液中 NNK 及其代谢物的分析方法。

Kim 等采用二氯甲烷液液萃取方法，结合液相色谱-串联质谱技术，建立了电子烟液中 4 种 TSNAs 的分析方法。

Wu 等用 0.1mol/L 盐酸溶液提取总粒相物中的 TSNAs，再用阳离子交换树脂固相萃取柱净化，结合气相色谱-正离子化学电离-三重四极杆质谱分离检测，建立了卷烟主流烟气中 4 种 TSNAs 的分析方法。

Cho 等首先将电子烟气溶胶收集在密封注射器中，再用二氯甲烷提取，结合液相色谱-串联质谱建立了电子烟气溶胶中 TSNAs 的分析方法。

Zhang 等建立了一种二维在线固相萃取-液相色谱-串联质谱技术分析主流烟气中 TSNAs 的方法，该方法灵敏度高、选择性强，同时具有自动化程度

高、通量高和稳定性强的优点。

文献报道同时分析卷烟主流烟气中多环芳烃化合物和 TSNAs 的方法较少，例如，Carre 等采用激光解吸傅里叶变换离子回旋加速质谱仪分析卷烟烟气，定性分析出了其中的多环芳烃化合物和 TSNAs 等，该方法仅能对多环芳烃化合物和 TSNAs 进行定性分析，而且受制于质量分析器，仅能分析 m/z < 250 的离子；除此以外，边照阳等捕集有卷烟主流烟气粒相物的剑桥滤片并加入乙酸乙酯和内标物，振荡提取后，提取液经分散固相萃取净化（吸附剂为无水硫酸镁和 *N*-丙基乙二胺键合硅胶），然后取上清液氮吹浓缩后，以气相色谱-串联质谱测定，建立了同时分析卷烟主流烟气中 3 种多环芳烃化合物和 4 种 TSNAs 的方法；崔华鹏等用剑桥滤片捕集卷烟主流烟气总粒相物，用提取液提取剑桥滤片上的苯并［a］芘和 NNK，并用气相色谱-串联质谱检测，建立了同时分析卷烟主流烟气中苯并［a］芘和 NNK 的方法。本书作者建立了一种基于在线凝胶色谱-气相色谱-串联质谱的卷烟主流烟气中多环芳烃化合物和 TSNAs 同时分析的方法。

2. FDA 清单中挥发性亚硝胺分析方法

N-亚硝胺是一类在结构上含有-N-NO 的多种化合物的总称，根据其物理性质的差异可将其分为挥发性 *N*-亚硝胺和非挥发性 *N*-亚硝胺。其中，挥发性 *N*-亚硝胺是一类受到广泛关注的致癌类物质，不仅是 Hoffmann 清单和 FDA “烟草制品及烟气中有害及潜在有害物质名单”中的重要物质，也是国际癌症研究机构“无烟气烟草制品中 28 种有害物质”名单中的重要成分。2016 年 1 月，FDA 提出了首个烟草产品限量标准，将无烟气烟草制品中 NNN 的含量水平限制为 1μg/g。因此，准确分析烟草制品成分及释放物中的挥发性 *N*-亚硝胺含量，对评价烟草及烟草制品、保障烟草制品消费安全具有重要意义。

最早建立的烟叶及烟气中挥发性亚硝胺的检测方法是，样品经水溶液提取后用二氯甲烷提取，再将有机相过氧化铝固相萃取柱净化，样品溶液浓缩后经气相色谱-热能分析联用仪分离检测。后来发表的烟草基质中挥发性 *N*-亚硝胺的测定方法均是在该方法的基础上改良而来。这些方法要经过液液萃取、固相萃取净化、样品溶液浓缩等步骤，使样品前处理操作烦琐，不利于大量样品的快速分析。热能分析仪虽然是分析挥发性 *N*-亚硝胺的专属型检测器，但是其存在前处理时间长、效率低等问题。气相色谱-串联质谱以其强大的色谱分离能力、良好的选择性和灵敏度，在复杂样品中痕量物质的分析中展现出了强大的优势，例如，气相色谱-串联质谱已经在食品、化妆品中挥发性 *N*-亚硝胺分析中取得了广泛的应用。目前，已经有烟草及无烟气烟草制品成分中挥发性 *N*-亚硝胺的测定方法，但是用于同时测定烟草制品释放物中挥发性 *N*-亚硝胺的方法尚未见报道。由于烟草制品释放物较烟草制品本身包含的化学物质数量更多，其基质也更加复杂，因此有必要针对烟草制品释放物建立相应的测定方法。基于此，本书作者建立了一种基于气相色谱-串联质谱的同时测定烟草制品成分及释放物中挥发性 *N*-亚硝胺的方法。以下详细介绍本方法的具体步骤。

（1）标准系列溶液的配制　以二氯甲烷为溶剂，五种挥发性 *N*-亚硝胺，*N*-二甲基亚硝胺（NDMA）、*N*-二正丙基亚硝胺（NDPA）、*N*-亚硝基吡咯烷（NPYR）、*N*-亚硝基吗啉（NMOR）和 *N*-亚硝基哌啶（NPIP）的标准品为溶质，配制系列标准工作溶液；所述标准系列溶液中 NDMA、NDPA、NPYR、NMOR 和 NPIP 的浓度梯度均为 5ng/mL、10ng/mL、20ng/mL、50ng/mL、100ng/mL、200ng/mL 和 500ng/mL。

（2）样品溶液的制备　对烟草制品成分测定，称取 1.0g 试样，精确至 0.1mg，置入 15mL 具塞离心管中，准确加入 1.0mL NaOH 水溶液，充分浸润后加入 10mL 二氯甲烷，置于超声波发生器超声提取 20min，静置 5min 后，置于离心机上离心（5min，10000r/min），下层清液经 0.22μm 有机相滤膜过滤后，取 1mL 作为待净化液；对烟草制品释放物测定，按照 GB/T 19609—2004，ISO 4387：2000 规定的条件用直线型吸烟机每次抽吸 5 支后，将捕集有主流烟气总粒相物的滤片置于容器中，加入 15mL 二氯甲烷，置于超声波发生器超声提取 20min，将提取液经 0.22μm 有机相滤膜过滤后，取 1mL 作为待净化液。

（3）样品溶液的除水和净化　待净化液转移至含有 15mg GCB、12.5mg PSA、70mg $MgSO_4$ 和 25mg NaCl 的 15mL 具塞离心管中，置于振荡器上振荡 10min，置于离心机上离心（5min，10000r/min），清液经 0.22μm 有机相滤膜过滤后，滤液作为待测液。需要说明的是，为了获取较好的除水和净化效果，我们考察了吸附剂的质量，不同质量吸附剂净化后样品溶液的紫外-可见吸收光谱如图 4-2 所示，可以看出吸附剂对样品溶液具有较好的除水和净化效果，且净化效果随着吸附剂的用量不断增加而增强，综合考虑净化效果和吸附剂消耗量，本方法选择的吸附剂质量为 125mg。

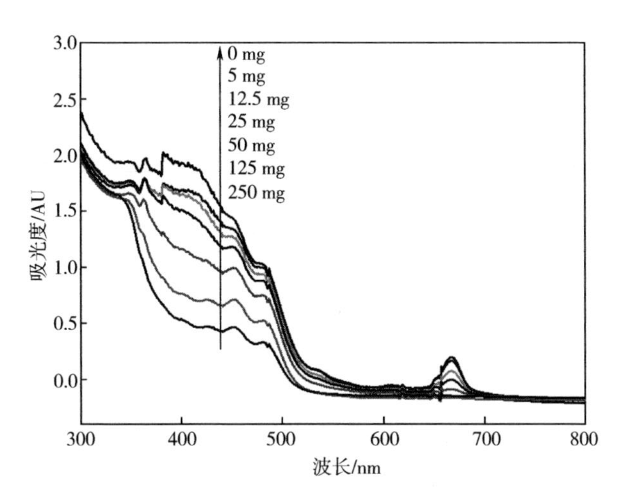

图 4-2 不同质量吸附剂净化后待测溶液的紫外-可见吸收光谱图

（4）标准系列溶液和样品溶液在相同条件下进行气相色谱-串联质谱分析其具体条件为：色谱柱为 DB-35ms，30m×0.25mm×0.25μm，色谱柱升温程序为：60℃开始，以 4℃ /min 的速率升温至 120℃，再以 40℃ /min 的速率升温至 280℃，保持 10min；采用不分流进样方式；以高纯 He 为载气，流速为 1.0mL/min；进样口温度为 280℃；接口温度和离子源温度分别为 280℃和 200℃；质谱电离源为 EI 源；电离电压为 70eV；溶剂延迟时间为 3min；多反应监测模式，碰撞气为 Ar；本方法对目标分析物的多反应监测参数（母离子、子离子和碰撞能）进行了优化，结果如图 4-3 至图 4-7 所示。

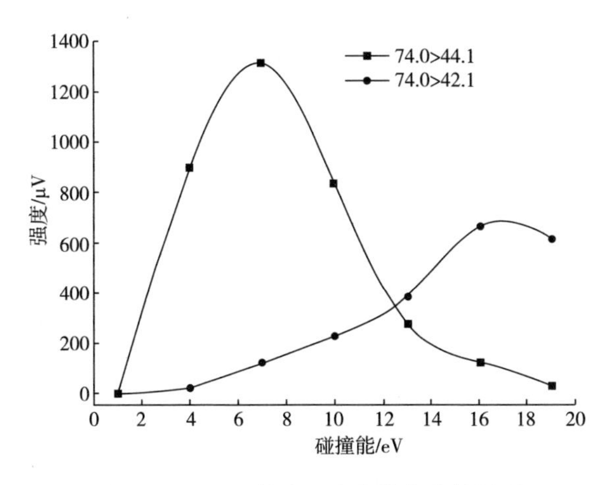

图 4-3 NDMA 的多反应参数优化结果图

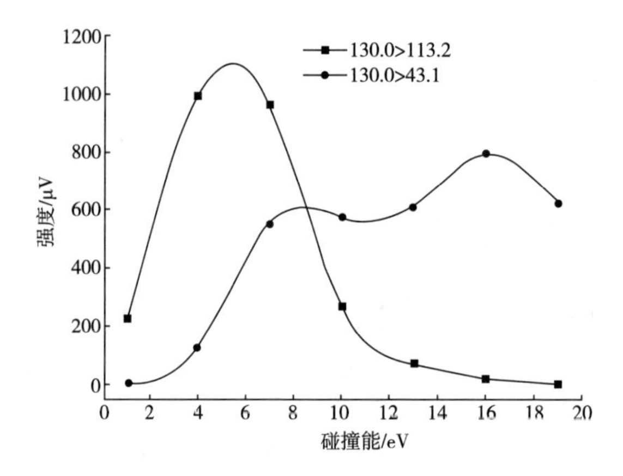

图 4-4　NDPA 的多反应参数优化结果图

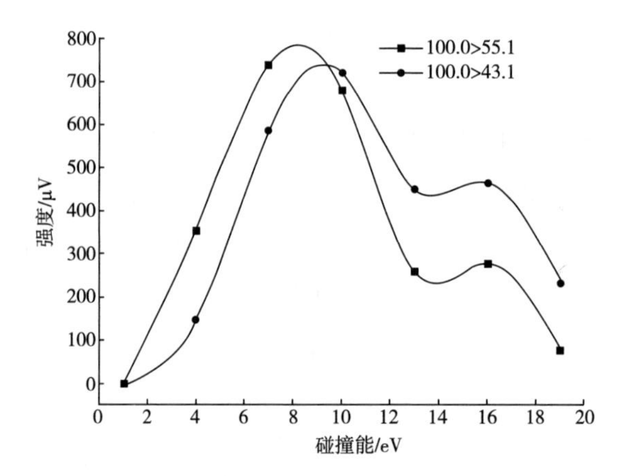

图 4-5　NPYR 的多反应参数优化结果图

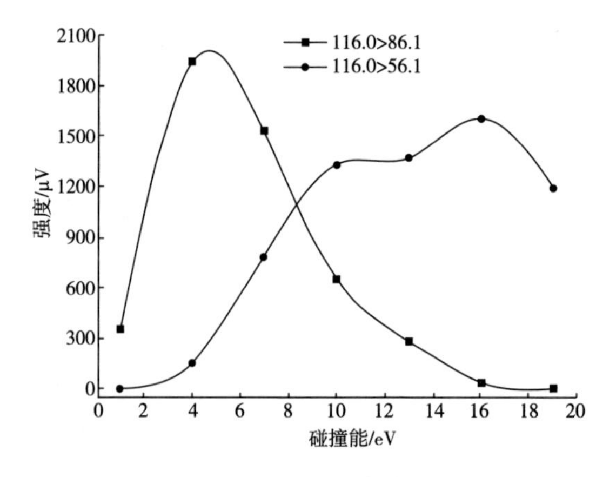

图 4-6　NMOR 的多反应参数优化结果图

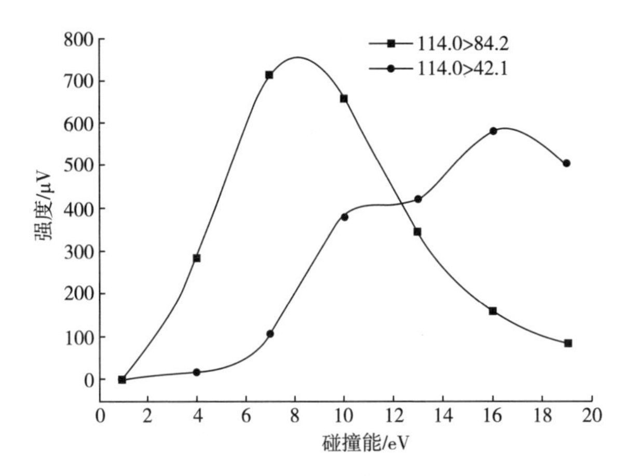

图 4-7　NPIP 的多反应参数优化结果图

经过优化，NDMA、NDPA、NPYR、NMOR 和 NPIP 的定量离子对依次为：74. 0>44. 1、130. 0>113. 2、100. 0>55. 1、116. 0>86. 1 和 114. 0>84. 2，相应的碰撞电压依次为：7. 0eV、4. 0eV、7. 0eV、4. 0eV 和 7. 0eV；NDMA、NDPA、NPYR、NMOR 和 NPIP 的定性离子对依次为：74. 0>42. 1、130. 0>43. 1、100. 0>43. 1、116. 0>56. 1 和 114. 0>42. 1，相应的碰撞电压依次为：16. 0eV、16. 0eV、10. 0eV、16. 0eV 和 16. 0eV。在该条件下标准溶液的色谱图如图 4-8 所示。

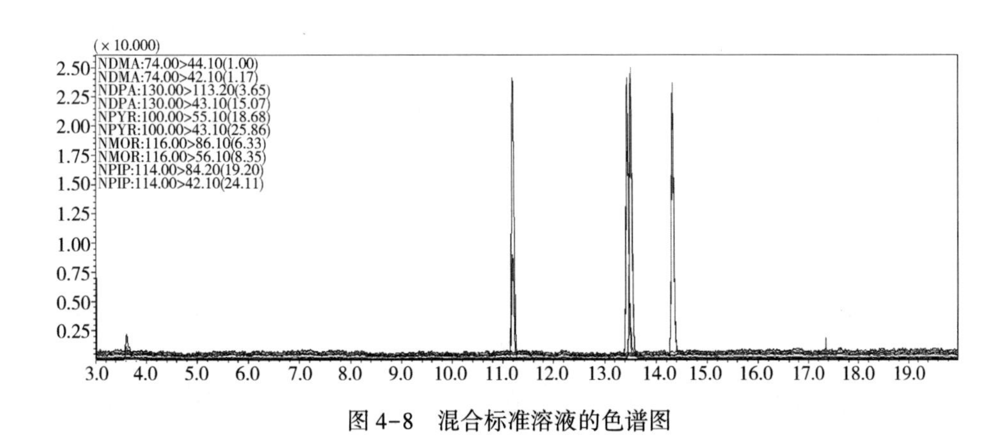

图 4-8　混合标准溶液的色谱图

（5）挥发性 *N*-亚硝胺的定量　由挥发性 *N*-亚硝胺的峰面积进行定量，具体操作过程为：以标准系列溶液中挥发性 *N*-亚硝胺的峰面积对标准系列溶液的浓度作图，绘制工作曲线，如表 4-1 所示，可以看出目标分析物的线性相关系数均不小于0.99，说明方法的线性关系良好；根据样品溶液中挥发性*N*-亚硝胺，依据工作曲线，得到样品溶液中挥发性*N*-亚硝胺的含量，其计算公式为 $m=\frac{(x-b)}{a}\times\frac{V}{n}$，其中 x 为目标物的峰面积，m 为样品中目标物的含量（单位为 ng/g 或 ng/支），a 和 b 为工作曲线中的斜率和截距，均由工作曲线求出，V 为提取液的体积（单位为 mL），n 为样品量或卷烟支数（单位为 g 或支）。本方法的检测限和定量限为挥发性*N*-亚硝胺信噪比（S/N）为 3 和 10 时所对应的浓度，结果如表 4-1 所示。

表 4-1　　本方法的线性范围、工作曲线、定量限和检测限

分析物	线性范围/(ng/mL)	工作曲线			检测限/(ng/mL)	定量限/(ng/mL)
		斜率	截距	R^2		
NDMA	5.00~500	351.6	-2466	0.9996	1.4	4.5
NDPA	5.00~500	203.6	-1445	0.9993	1.4	4.5
NPYR	5.00~500	122.1	-2017	0.9985	1.5	5.0
NMOR	5.00~500	372.9	-2334	0.9997	1.1	3.6
NPIP	5.00~500	134.7	-1328	0.9993	1.0	3.3

为了考察该方法的重现性，配制低、中、高三种浓度的样品，实际样品加标后得到的典型色谱图如图 4-9 所示，可以看到在优化的条件下，目标分析物与干扰物分离良好，干扰物质不影响目标物的定量。以一天内配制的 5 个样品进行测定，计算不同浓度下的日内相对标准偏差；以连续 4d 配制的样

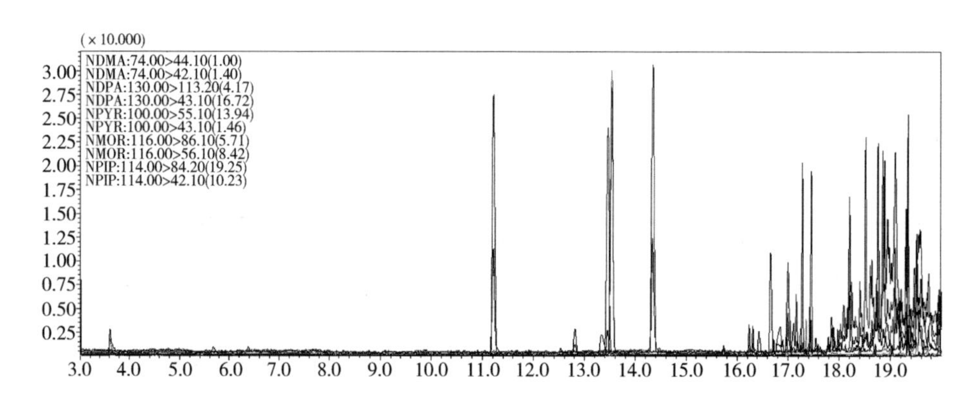

图 4-9　中浓度加标样品的典型色谱图

品进行测定，计算不同浓度下的日间相对标准偏差。结果如表 4-2 所示，目标分析物在不同浓度（低、中、高浓度对应的值分别为各目标物线性范围最低值的 2、10 和 40 倍）下的日内及日间精密度分别小于 9. 1%和 8. 2%，说明该方法具有较好的重现性。

在烟草制品中添加目标分析物标准溶液，低、中、高浓度分别为各目标物线性范围最低值的 2、10 和 40 倍，之后用本方法进行分析，将所得的峰面积代入目标分析物的标准工作曲线计算所测得的浓度，并与实际添加量相比得到相对回收率。如表 4-2 所示，不同浓度下目标分析物的相对回收率介于 82. 4%~112. 4%之间，表明方法的准确性良好，可以满足日常样品中挥发性 *N*-亚硝胺分析的要求。

表 4-2　　不同浓度下目标分析物的回收率和精密度

分析物	日内（回收率±RSD/%，n=5）			日间（回收率±RSD/%，n=4）		
	低浓度	中浓度	高浓度	低浓度	中浓度	高浓度
NDMA	105. 6±4. 8	91. 2±8. 1	85. 3±1. 8	105. 5±5. 2	87. 0±6. 4	85. 1±3. 2
NDPA	105. 2±4. 1	97. 2±9. 1	91. 6±2. 0	109. 5±5. 0	95. 5±5. 5	91. 1±3. 8
NPYR	91. 0±2. 4	106. 9±8. 7	88. 9±3. 1	92. 0±3. 3	98. 4±8. 2	87. 6±5. 5
NMOR	109. 7±3. 7	99. 2±9. 1	87. 8±0. 7	108. 5±3. 9	94. 6±6. 7	86. 8±3. 5
NPIP	112. 3±3. 3	93. 1±5. 5	82. 4±1. 8	112. 4±4. 4	89. 3±6. 4	83. 3±4. 0

采用上述方法对 6 种烟草制品中的挥发性 *N*-亚硝胺进行测定，其中在一种样品中检测到了 NPIP，其含量为 40. 2 ng/g；采用上述方法对烟草制品成分释放物中的挥发性 *N*-亚硝胺进行测定，其中检测到了 NDMA 和 NPYR，其含量分别为 35. 4 ng/支和 69. 0 ng/支。

本节中，我们建立了一种烟草、烟草制品及烟气中挥发性 *N*-亚硝胺的测定方法。测定方法包括：在样品提取液中加入石墨化炭黑、*N*-丙基乙二胺键合硅胶、无水硫酸镁和氯化钠吸附剂，经分散固相萃取净化后离心、过滤，得到待测溶液；取待测溶液进行气相色谱-串联质谱分析，对照标准曲线得到待测溶液中挥发性 *N*-亚硝胺的含量，经计算得到样品中挥发性 *N*-亚硝胺的含量。该方法检测灵敏度高，准确性和重复性好，操作简单且快速高效，相对回收率介于 82. 4% ~ 112. 4% 之间，日内及日间精密度分别小于 9. 1%

和8.2%。

3. 基于在线凝胶渗透色谱-气相色谱-串联质谱的卷烟主流烟气中多环芳烃化合物和烟草特有*N*-亚硝胺的同时分析方法

在线凝胶渗透色谱-气相色谱-串联质谱简介：在线凝胶渗透色谱-气相色谱-串联质谱（GPC-GC-MS/MS）是将凝胶渗透色谱和气相色谱-串联质谱在线联用的新型分离检测技术，不但具有抗基质干扰能力强、灵敏度高的优点，而且可以连续自动分析，能提高分析速度和结果的准确性。其原理如图4-10所示，根据体积排阻的原理，分子质量较大的干扰基质先从GPC色谱柱中流出，通过六通阀位置的设定将这些基质干扰物排出系统，之后将所要检测的小分子质量的目标分析物导入试样捕集环路，最后再送入GC-MS/MS进行分离检测。具体为含有基质的样品通过自动进样器被注入系统，并在泵B（流速0.1mL/min）的作用下实现干扰物与目标物的分离；不含待测物的馏分直接从GPC柱中流出被排出系统，含有目标物的馏分通过阀A和阀B的切换，首先被储存在定量环中，之后在泵A和吹扫气的推动作用下全部在线转入GC的程序升温进样口（大体积进样口）。如图4-11所示，注入GC系统的样品，首先在惰性前置柱（5m×0.53mm，空柱）内实现溶剂的气化和排出（通过溶剂排出阀完成），而目标分析物会在预柱（DB-35ms，5m×0.25mm×0.25μm）中进行冷凝富集。当溶剂气化和排出完以后，溶剂排出阀关闭，此时色谱柱温箱开始升温，目标化合物则进入分析柱（DB-35ms，25m×0.25mm×0.25μm）进行分离检测。这一技术已被实际应用于蔬菜、水果、谷物等食品中农药残留检测的样品前处理过程中。

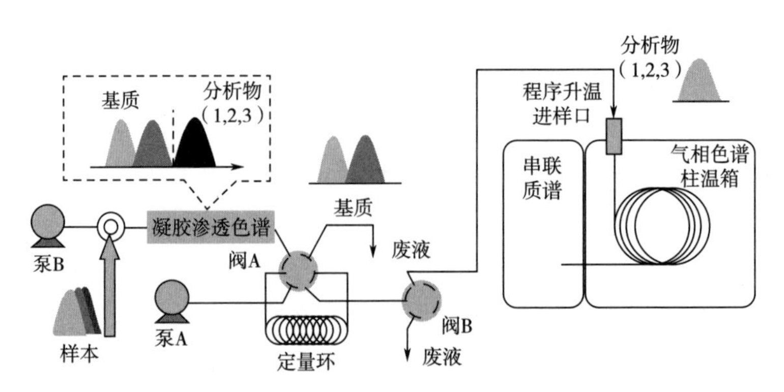

图4-10 在线GPC-GC-MS/MS系统示意图

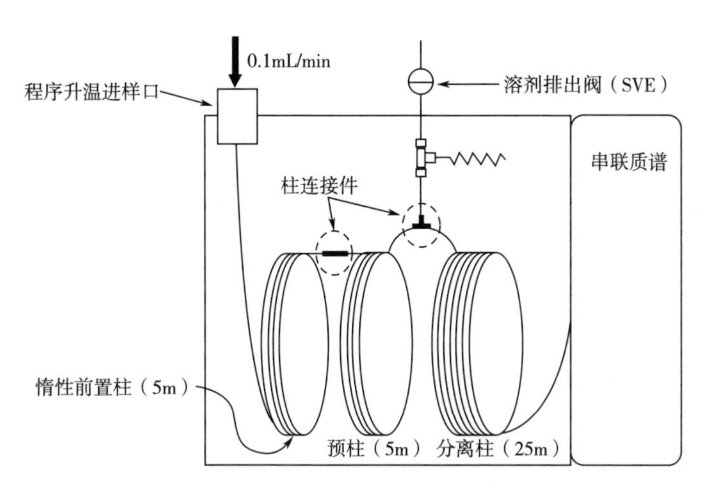

图 4-11　在线 GPC-GC-MS/MS 系统气相色谱柱系统示意图

在线 GPC-GC-MS/MS 系统接口的选择和优化：程序升温（programmed temperature vaporizer，PTV）进样口是将注入衬管内的样品按设定的程序升温步骤迅速提高气化室的温度，进而实现样品的快速气化的一类进样口。PTV 进样口在不分流模式下的示意图如图 4-12 所示，步骤（1）中，在低于溶剂沸点的温度下，样品注入进样口，分流出口处于关闭状态；步骤（1）中，进样口迅速升温，样品气化并转移至色谱柱中；步骤（3）中，分流出口打开，排出进样中残留的溶剂和样品。PTV 进样口中通常会放置一定量的吸附剂，低温下目标分析物被吸附剂吸附，再在高温下解吸，可以达到对样品进行二次富集、提高进样量的目的。因此，PTV 进样口又称大体积进样口，经过改造后的 PTV 进样口可以达到 mL 级别的进样体积。

由于 GPC 的流速为 0.1mL/min，且含有目标分析物的馏分的体积通常为几百微升级别，因此注入气相色谱的样品体积相对较大。因此，气相色谱常规的分流/不分流进样口较小的进样体积（μL 级别）无法满足其分析要求。本研究中的衬管中虽然没有放置吸附剂，但是图 4-12 所示的预柱体积为 1100μL，完全可以将 GPC 的馏分预先储存在其中。再加上若使用分流/不分流进样口，瞬间气化的样品体积会急剧增大，预柱也不可能完全储存样品气化后的蒸气；若分流，势必会对灵敏度造成损失。因此，综合考虑进样量和灵敏度，本研究中选择 PTV 进样口作为在线 GPC-GC-MS/MS 系统中 GPC 和 GC-MS/MS 的接口。

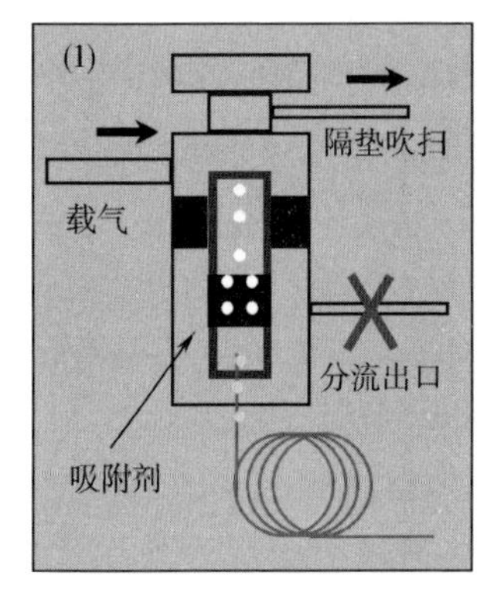

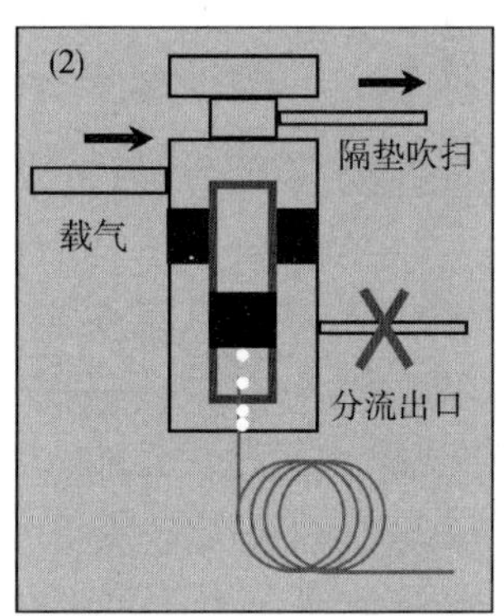

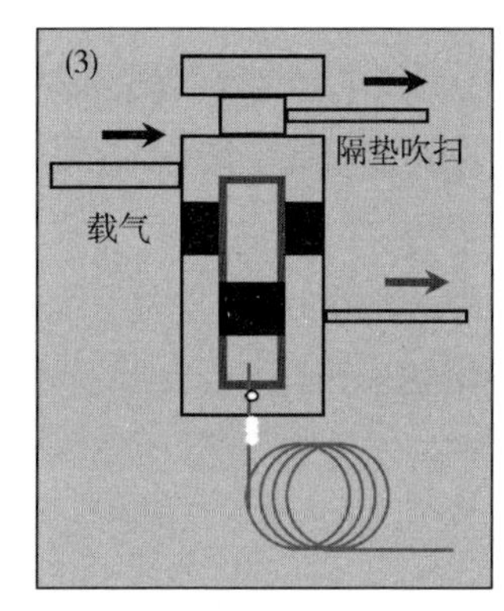

图 4-12　PTV 进样口不分流进样模式示意图

同时，为了适应较大体积的进样量，我们对进样口的排溶剂程序进行了优化。原有的进样口载气压力程序为：由 120kPa 开始，以 100kPa/min 升至 220kPa 并保持 6.0min，再以 49.8kPa/min 恢复至原始压力，并保持 31min，该条件下用全扫描模式监测得到的溶剂峰色谱图如图 4-13 中 a 所示。当从 GPC 注入 GC PTV 进样口的样品量增加了一倍后，原有的排溶剂程序条件下的溶剂峰色谱图如图 4-13 中 c 所示。可以看到进入色谱柱的溶剂有很大增加。虽然溶剂对目标物的定性定量分析没有影响，但是长期大量溶剂的进入会降低色谱柱的使用寿命。因此本方法对进样口载气压力程序进行了优化，包括最终压力和保持时间。最终选取的程序为：由 120kPa 开始，以 100kPa/min 升至 180kPa 并保持 4.4min，再以 49.8kPa/min 恢复至原始压力，并保持 33.8min，该条件下用全扫描模式监测得到的溶剂峰色谱图如图 4-13 中 b 所示。可以看出优化后的载气压力程序可以大幅度减少进入 GC 的溶剂量。

在线 GPC-GC-MS/MS 参数的优化：为了得到最佳的同时分析 PAHs 和 TSNAs 的 GPC-GC-MS/MS 条件，我们对影响两类化合物分离分析的参数进行了优化，包括 GPC 色谱柱、GPC 流动相、GC 色谱柱和质谱参数等。

GPC 色谱柱的选择及流动相优化：为了将两类目标分析物能在线转入 GC-MS/MS 系统，我们首先对 GPC 色谱柱及分离条件进行了考察，如表 4-3 所示，选取了不同长度及内径、填料基质及粒径的色谱柱。

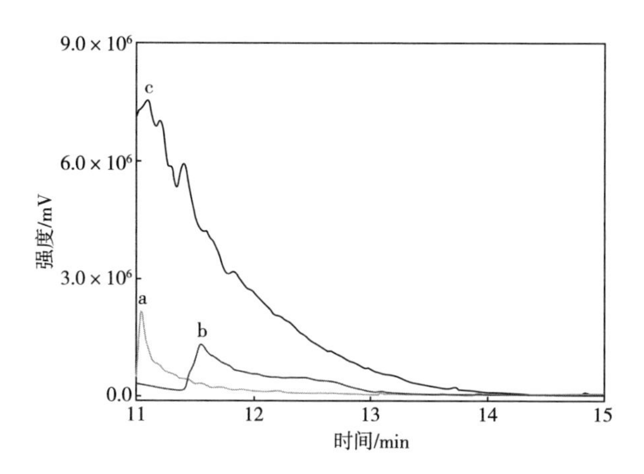

图 4-13　不同脱溶剂条件下溶剂峰的色谱图

a—原有脱溶剂程序（进样体积为 200μL）　b— 优化前程序（进样体积为 400μL）

c— 优化后程序（进样体积为 400μL）

表 4-3　本方法中考察的 GPC 色谱柱及相应流动相

序号	色谱柱名称	长度和内径	填料基质	填料粒径
1	Shodex CLNpak EV-200	150mm×2. 0mm	聚合物	16μm
2	Shodex Silica 5SIL 4D	150mm×4. 6mm	硅胶	5μm
3	Shodex Silica 5SIL 4E	250mm×4. 6mm	硅胶	5μm

在上述色谱柱中，1 号色谱柱的填料基质为苯乙烯-二乙烯基苯聚合物，其能够使用的流动相为环己烷/丙酮（体积比范围为 50/50～90/10）和环己烷/乙酸乙酯（体积比范围为 50/50～90/10），因此本方法在其比例范围内对两类化合物在其上的保留行为进行了考察；2 号和 3 号色谱柱的填料基质为高纯硅胶，因此参照 1 号色谱柱，本方法考察的流动相为环己烷/丙酮（体积比范围为 100/0～0/100）和环己烷/乙酸乙酯（体积比范围为 100/0～0/100）。

结果表明，2 号和 3 号色谱柱为常规液相色谱柱，在所考察的流动相条件下，两类目标分析物全部洗脱的体积大于 1. 0mL（即含目标分析物的洗脱体积大于 1000μL），而改造前的 GPC-GC-MS/MS 系统用于收集流出液的定量环体积为 200μL，所以 Shodex Silica 5SIL 4D 和 Shodex Silica 5SIL 4E 色谱柱不适于在线 GPC-GC-MS/MS 系统；对 1 号色谱柱，如图 4-14 所示，当流动相为环己烷/乙酸乙酯（体积比为50/50）时，目标分析物可以在400μL（即流速为0.1mL/min时，保留时间为3.0~7.0min）体积内全部被洗脱出，因此选择Shodex CLNpak EV-200为最终色谱柱，流动相为环己烷/乙酸乙酯（体积比为50/50），同时将原有系统进行改造：把用于收集馏分的定量环体积由200μL增加至400μL。

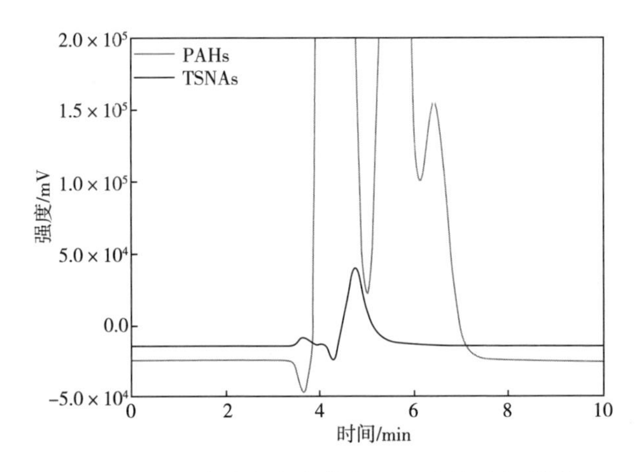

图4-14　目标分析物在优化GPC条件的色谱图

GC色谱柱的选择：文献报道常规极性或非极性的色谱柱对PAHs具有较好的分离能力，但是对于极性相对较大的TSNAs化合物则会存在拖尾等现象。因此，在同时分析卷烟主流烟气中的PAHs和TSNAs时，通常选择中等极性的色谱柱，例如DB-35ms色谱柱。因此，本方法选择极性适中的DB-35ms色谱柱作为同时分离PAHs和TSNAs的分离柱，即惰性前置柱为5m×0.53mm的空柱；预柱为DB-35ms，5m×0.25mm×0.25μm；分离柱为DB-35ms，25m×0.25mm×0.25μm；其中预柱和分离柱由商品化DB-35ms（30m×0.25mm×0.25μm）一分为二得到，分别达到富集冷凝和分离目标分析物的效果。相应的色谱柱升温程序为：初始温度82℃，保持5min，再以8℃/min升至300℃并保持7.75min，运行时间为40min。

质谱参数的优化：本方法以串联质谱作为PAHs和TSNAs的检测器，采用反应监测（multiple reaction monitoring，MRM）模式。为了得到目标分析物最佳的检测条件，本方法优化了母离子、子离子和碰撞能量等参数。通过优化的目标分析物及内标的MRM参数和保留时间（t_R）如表4-4所示。

表 4-4　　目标分析物及内标的保留时间和 MRM 参数

分析物	t_R/min	离子对/（m/z）	碰撞能/eV
		定量离子对	定性离子对
NNN	22. 43	177. 0>147. 0（5）	177. 0>105. 0（20）
NNN-d_4	22. 39	181. 0>151. 0（5）	181. 0>109. 0（20）
N-亚硝基新烟草碱	23. 05	159. 0>157. 0（10）	159. 0>105. 0（25）
N-亚硝基新烟草碱-d_4	23. 00	163. 0>161. 0（10）	163. 0>109. 0（25）
N-亚硝基假木贼碱	23. 38	161. 0>133. 0（15）	161. 0>106. 0（25）
N-亚硝基假木贼碱-d_4	23. 34	165. 0>137. 0（15）	165. 0>110. 0（25）
NNK	25. 39	177. 0>146. 0（5）	177. 0>118. 0（15）
NNK-d_4	25. 35	181. 0>150. 0（5）	181. 0>122. 0（15）
苯并［a］蒽	31. 61	228. 0>226. 0（30）	228. 0>202. 0（30）
䓛	31. 85	228. 0>226. 0（30）	228. 0>202. 0（30）
苯并［a］芘	38. 06	252. 0>250. 0（35）	252. 0>226. 0（35）
苯并［a］芘-d_{12}	37. 89	264. 0>260. 0（35）	264. 0>236. 0（35）

综上所述，在线 GPC-GC-MS/MS 的条件如下，GPC 条件为：色谱柱为 Shodex CLNpak EV-200，16μm，2mm×150mm；流动相为环己烷/乙酸乙酯（体积比为 50/50）；流速为 0. 1mL/min；柱温为 40℃；进样量为 10μL；收集凝胶色谱保留时间为 3. 0～7. 0min 的组分，并将其全部在线导入 GC-MS/MS 分析；GC-MS/MS 为：惰性前置柱为 5m×0. 53mm 的空柱；预柱为 DB-35ms，5m×0. 25mm×0. 25mm；分离柱为 DB-35ms，25m×0. 25mm×0. 25μm；色谱柱升温程序为：初始温度 82℃，保持 5min，再以 8℃/min 升至 300℃ 并保持 7. 75min，运行时间为 40min；采用不分流进样方式，进样时间为 7. 0min；以高纯 He 为载气，载气压力程序为：由 120kPa 开始，以 100kPa/min 升至 220kPa 并保持 6. 0min，再以 49. 8kPa/min 恢复至原始压力，并保持 31min；程序升温进样口，进样口升温程序为：120℃ 保持 5min，再以 100℃/min 升至 280℃ 并保持 33. 4min；吹扫流量程序为：初始流量为 5. 0mL/min，以 10mL/min 的速率降至 0 并保持 7. 0min，再以同样的速率升至初始流量，并保持

32.0min；接口温度和离子源温度分别为300℃和200℃；质谱电离源为EI源；电离电压为70eV；溶剂延迟时间为18min，目标分析物及内标的保留时间如表4-4所示；多反应监测模式，碰撞气为Ar，压力为200kPa，目标分析物及内标的MRM参数如表4-4所示。

为了证明GPC-GC-MS/MS在去除基质干扰上的效果，将质谱扫描模式设置为全扫描（*m/z*范围为45~500），将样品进行GC-MS/MS和GPC-GC-MS/MS分析，如图4-15所示，相比直接进行GC-MS/MS分析，在线GPC-GC-MS/MS在去除小分子化合物干扰方面也有显著优势。

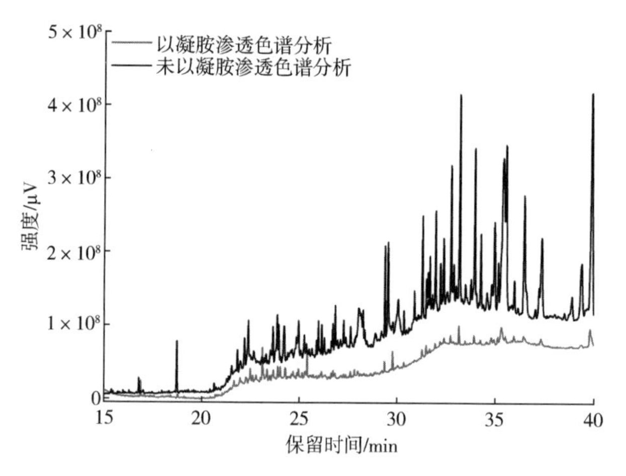

图4-15　样品进行GC-MS/MS和GPC-GC-MS/MS分析后得到的典型色谱图

卷烟主流烟气提取条件的优化：本方法的目的是建立一种同时测定卷烟主流烟气中PAHs和TSNAs的方法，因此将两类极性差别较大的物质同时萃取出来，是实现本方法目的的前提。因此，本方法首先优化了两类化合物的提取条件，包括提取溶剂的种类和体积、提取时间和提取方式等。由于肯塔基3R4F参比卷烟主流烟气中PAHs和TSNAs的释放量已有大量文献报道，因此本方法也以3R4F参比卷烟作为条件优化用卷烟。

提取溶剂种类考察：为了得到最佳的提取效果，本方法中考察了4种极性不同的溶剂，包括二氯甲烷、环己烷、乙酸乙酯和环己烷/乙酸乙酯（50/50，体积比）等。如图4-16所示，以NNK和苯并［a］芘为代表性化合物，4种提取溶剂的提取效果没有显著性差异。因为二氯甲烷具有相对较高的毒性，同时考虑提取液的简单性，再加上乙酸乙酯对整个GPC系统的腐蚀性较

小，匹配性较好，本方法选取乙酸乙酯作为提取溶剂。

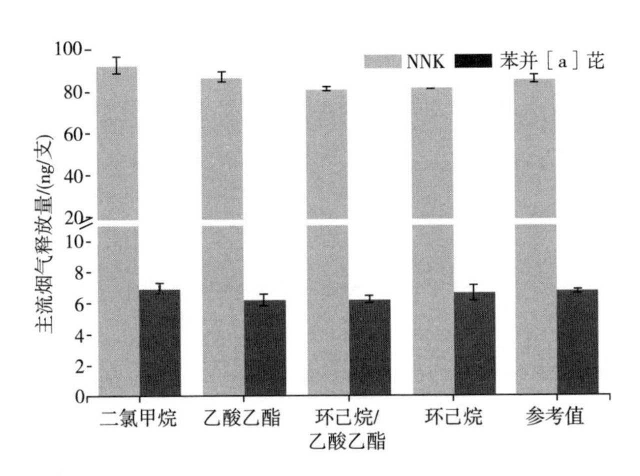

图 4-16　不同种类提取溶剂的提取效果

（提取液体积：40mL；将剑桥滤片以 200r/min 速率振荡 30min）

提取溶剂体积考察：为了得到最佳的提取效果，本方法考察了不同体积（10~50mL）乙酸乙酯条件下的提取效果。如图 4-17 所示，以 NNK 和苯并［a］芘为代表性化合物，不同体积下的提取效果没有显著性差异。由于目标分析物和干扰基质的浓度随着提取液体积的降低，都在不断增加。因此，综合考虑干扰物的浓度和提取液的消耗，本方法中确定提取液的体积为 20mL。

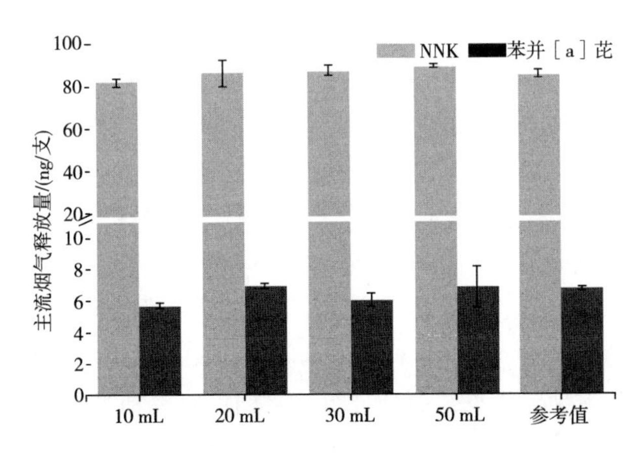

图 4-17　不同体积提取溶剂的提取效果

（提取液种类：乙酸乙酯；将剑桥滤片以 200r/min 速率振荡 30min）

提取时间和方式考察：为了得到最佳的提取效果，本方法考察了不同提取时间（10~60min）条件下的提取效果。如图 4-18 所示，以 NNK 和苯并［a］芘为代表性化合物，不同提取时间下的提取效果没有显著性差异。因此，综合考虑提取时间消耗和提取效果的稳定，本方法中确定提取时间为 20min。

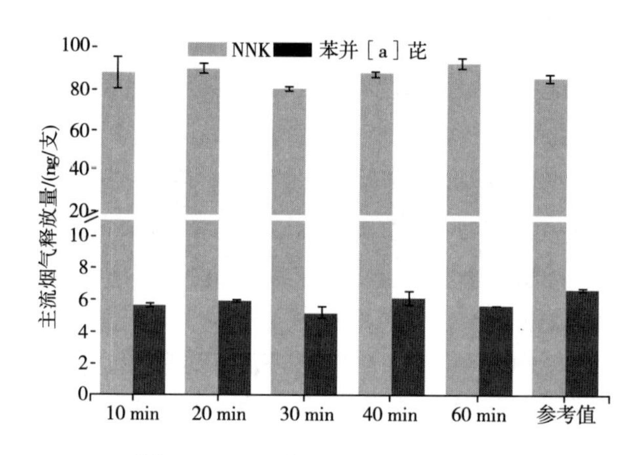

图 4-18　不同提取时间的提取效果

（提取液：20mL 乙酸乙酯；将剑桥滤片以 200r/min 速率振荡）

本方法考察了两种常用的提取方式，即超声提取和振荡提取。结果表明两种提取方式没有差异。因此，本方法选择振荡提取，振荡速率为 200r/min。

基于上述实验，本方法确定的提取条件为：20mL 乙酸乙酯以 200r/min 速率振荡提取 20min。

in-tip 微固相萃取条件的优化：理想的样品前处理技术应该具有简单、快速和高效的优点。in-tip 微固相萃取是固相萃取的一种模式，相比于常规的吸附管式固相萃取模式，其操作更加简单、经济（填料少）、溶剂消耗量小，而且一次性使用的 tip 头可以避免记忆效应的影响，这些优势使得 in-tip 微固相萃取成为具有发展潜力的样品前处理技术。文献报道中，该技术已经被广泛应用于纯化、浓缩、选择性分离人血浆或全血样品中的药物和生物大分子、植物组织中的植物激素、环境水样中的药物等。文献报道的自制的 tip 头展现出了灵活、使用方便等优点，而且分析结果的回收率和重复性数据也令人满意。因此，本方法拟将 in-tip 微固相萃取技术应用于主流烟气提取液的净化，在结合在线 GPC-GC-MS/MS 的基础上，建立卷烟主流烟气中 PAHs 和 TSNAs 的同时测定方法。该技术中样品净化的时间可在 1min 内完成，通过同时处理

多个样品，可以进一步降低单个样品前处理的时间，另外还可以起到对提取液进行过滤的作用。

为了得到最佳的净化条件，本方法对影响净化效率的参数进行了考察，例如，吸附剂种类、吸附剂质量等。

in-tip 微固相萃取头的制备及样品前处理过程：萃取头的制备过程：首先将筛板至于商品化 tip 头（1mL，长度：71mm，内径：1~8mm）内，然后将 50mg 吸附剂放入 tip 头内即可。萃取头制备过程的重复性是决定其实用性的一个重要因素。本方法中，通过净化加标样品，得到了批次内和不同批次间萃取头制备的重复性。重复性以相对标准偏差表示，分别为批次内 11.4%（$n=12$）和批次间 13.3%（$n=3$），说明了萃取头制备过程良好的重复性，这主要归因于制备过程中精确的吸附剂质量控制。

样品前处理过程：卷烟样品按照 International Standardization Organization（ISO 3402—1999）条件平衡，然后在 SM450 型吸烟机上按照 ISO 3308—2012 规定的条件抽吸卷烟并捕集主流烟气粒相物。卷烟抽吸完成以后，将剑桥滤滤片置于 50mL 具塞容量瓶内，加入内标，并加入 20mL 乙酸乙酯，以 200r/min 的速率振荡提取 20min，提取液即可进行 in-tip 微固相萃取净化。如图 4-19 所示，净化前，首先在洗耳球的驱动下用 0.5mL 乙酸乙酯活化吸附剂，保持液滴流速为 1 滴/s 左右，然后将 0.5mL 提取液按照同样的条件通过吸附剂，收集流出液即可进行后续仪器测定。

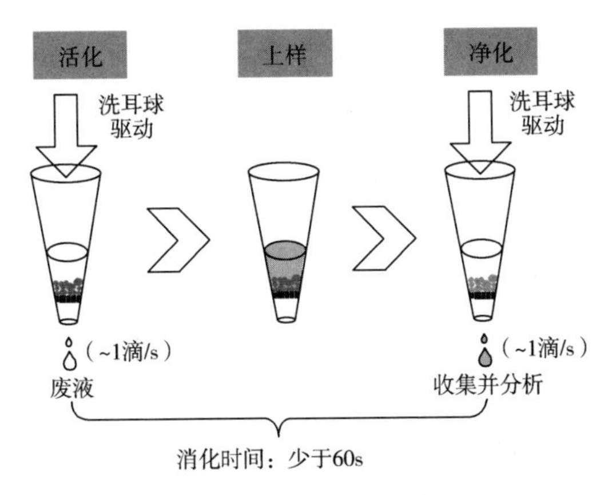

图 4-19　tip 头微固相萃取的操作流程示意图

吸附剂种类考察：由于主流烟气粒相物的提取液为乙酸乙酯，而且本方法的目标是将烟气提取液直接过滤后进行仪器分析，因此我们考察了常用的正相色谱吸附材料，包括硅胶（SiO_2）、*N*-丙基乙二胺键合硅胶（PSA）和 SiO_2/PSA（质量比 50/50）。方法采用的优化方法是：将未净化及不同净化条件下的烟气提取液注入 GPC 分析，采集样品在 254nm 下的吸收信号。如图 4-20 所示，相比于未净化的主流烟气提取液，经过三种材料净化的样品溶液的吸收峰强度均有不同程度的下降，说明了吸附剂对提取液的良好净化效果。同时 SiO_2/PSA 展现出了最好的净化能力，因此，本方法将其作为后续实验的净化材料。

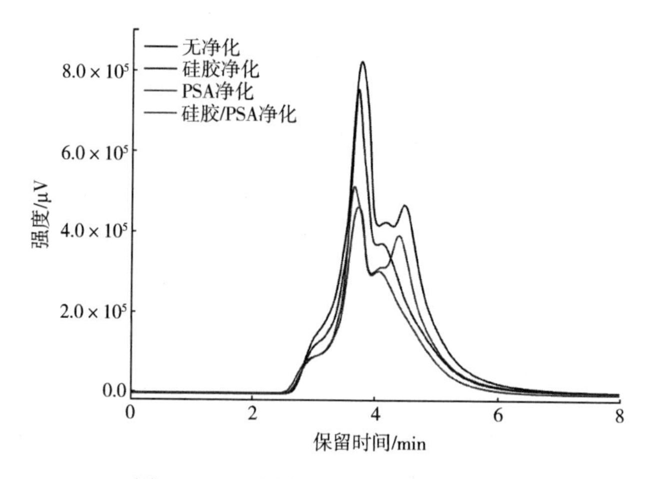

图 4-20　不同类型吸附剂的净化效果

吸附剂质量考察：为了得到理想的净化效果，本方法在 10～100mg 范围内对吸附剂的质量进行了考察。如图 4-21 所示，随着吸附剂质量不断增加，样品溶液的吸收峰强度在不断降低，当吸附剂质量达到 50mg 时，继续增加吸附剂质量，样品溶液吸收峰的强度下降不明显。同时与未经净化的溶液吸收峰强度相比，其强度有较大下降，说明了吸附剂对样品溶液良好的净化能力。在该条件下，目标分析物的回收率在 77.1%～108.6%，说明目标分析物的回收率并没有随着净化效果的增强而降低。综合考虑净化效果和吸附剂消耗，本方法选择 50mg 作为吸附剂质量。

吸附剂的表征：本方法首次将 SiO_2/PSA 作为 in-tip 微固相萃取吸附剂来实现主流烟气中 PAHs 和 TSNAs 的同时分析，为了得到吸附剂的微观形貌特征，我们对其进行了扫描电镜表征。结果如图 4-22 所示，吸附剂的组成成分

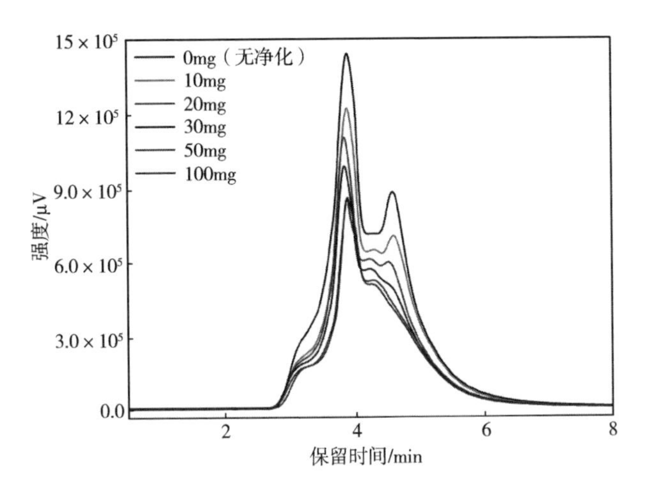

图 4-21　不同吸附剂质量的净化效果

混合均匀，表面光滑，均呈现不规则的形状。我们用 N_2 吸附法测定了吸附剂的比表面积，通过 Brunauer-Emmett-Teller（BET）模型计算得到的吸附剂比表面积为 356m²/g。大的比表面积确保了吸附剂的优良净化能力。主流烟气提取液的原始颜色为黄色，经过净化后的颜色为近无色，这也说明了吸附剂在净化提取液中色素等干扰基质上的优良性能。

图 4-22　吸附剂的扫描电镜图

方法的分析性能：在优化的实验条件下，我们考察了所建立的 GPC-GC-MS/MS 方法的检测限（LOD）、定量限（LOQ）、线性范围和重现性。LOD 和 LOQ 分别为被测目标物信噪比（S/N）为 3 和 10 时所对应的浓度。以标准系列溶液中目标分析物峰面积和内标峰面积之比为纵坐标，目标分析物标准系列溶液的浓度为横坐标，绘制工作曲线。如表 4-5 所示，所建立的 GPC-GC-MS/MS 方法对目标分析物的检测限和定量限分别为 0.01～0.23ng/支和 0.02～0.76ng/支之间，在各自的线性范围内，方法线性关系良好，线性相关系数的平方（R^2）大于 0.9984。为了考察该方法的重复性，在 3R4F 参比卷烟提取液中添加低、中、高三种浓度（三种浓度分别为各目标分析物线性范围最低值的2、10和40倍）标样，以一天内配制的4个样品进行测定，计算不同浓度下的日内相对标准偏差；以连续3d配制的样品进行萃取，计算不同浓度下的日间相对标准偏差。结果如表4-6所示，在3R4F参比卷烟样品提取液中加标后，目标分析物在不同浓度下的日内及日间精密度分别小于11.4%和13.3%，以上说明方法的灵敏度和重复性等可以满足日常卷烟主流烟气中PAHs和TSNAs释放量的检测需求。

表4-5　目标分析物的线性方程数据、LOD和LOQ

分析物	线性范围/（ng/支）	校准曲线			LOD/（ng/支）	LOQ/（ng/支）
		斜率	截距	R^2		
NNN	2.00~200	0.1200	0.09921	0.9992	0.07	0.24
N-亚硝基新烟草碱	2.00~200	0.1097	0.02692	0.9998	0.03	0.09
N-亚硝基假木贼碱	2.00~200	0.2168	0.02392	0.9986	0.22	0.73
NNK	2.18~218	0.2269	0.2226	0.9984	0.23	0.76
苯并［a］蒽	4.38~438	0.2652	0.2249	0.9993	0.04	0.12
䓛	5.32~532	0.2614	0.3253	0.9989	0.03	0.10
苯并［a］芘	2.00~200	0.1698	0.0400	0.9999	0.01	0.02

表4-6　3R4F参比卷烟样品提取液加标后的分析结果

分析物	日内（RSD/%，n=4）			日间（RSD/%，n=3）		
	低	中	高	低	中	高
NNN	3.57 （3.9）	18.70 （5.8）	74.88 （3.3）	3.93 （9.0）	19.68 （4.2）	73.36 （2.8）
N-亚硝基新烟草碱	4.12 （4.3）	20.56 （2.3）	83.84 （2.5）	4.19 （5.7）	20.10 （1.8）	81.52 （2.6）
N-亚硝基假木贼碱	4.13 （4.6）	21.16 （5.8）	86.32 （1.8）	4.02 （6.0）	20.10 （7.5）	83.12 （5.9）
NNK	3.92 （8.1）	20.54 （11.4）	76.65 （8.1）	3.84 （13.3）	21.56 （12.5）	73.42 （5.7）
苯并［a］蒽	9.15 （2.9）	46.21 （2.1）	185.19 （2.3）	9.12 （4.0）	44.46 （1.7）	179.58 （4.4）

续表

分析物	日内（RSD/%，n=4）			日间（RSD/%，n=3）		
	低	中	高	低	中	高
䓛	11.07 (3.2)	54.37 (1.8)	222.59 (2.2)	10.42 (3.3)	53.68 (1.7)	226.63 (4.5)
苯并［a］芘	4.01 (3.3)	20.24 (0.7)	82.24 (1.0)	3.89 (5.1)	19.88 (1.8)	81.04 (1.6)

实际样品分析：为了验证所建立方法在分析不同卷烟样品时的适用性，我们分析了烤烟型和混合型卷烟，同时也分析了3R4F参比卷烟。结果表明，3R4F参比卷烟的分析结果与文献报道值吻合，如图4-23所示，在优化条件下目标分析物能够与干扰基质分离开，干扰基质不干扰目标分析物的定量。

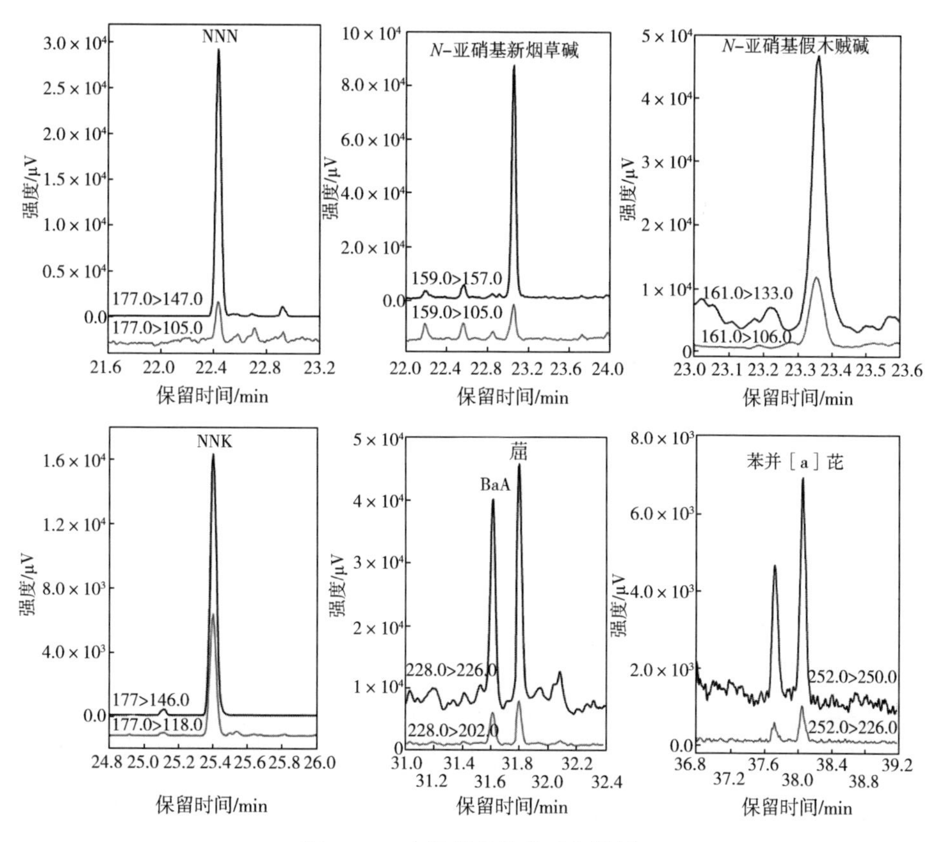

图4-23　实际样品的典型色谱图

为了考察本方法的回收率，我们在烤烟型和混合型卷烟的主流烟气萃取液中加标，加标浓度分别为各目标分析物线性范围最低值的 2、10 和 40 倍，之后进行在线 GPC-GC-MS/MS 分析，将所得的峰面积之比代入目标分析物的标准工作曲线计算所测得的浓度，并与实际添加量相比得到相对回收率。如表 4-7 所示，不同样品中 3 种浓度下目标分析物的相对回收率介于 77.1%~108.6%之间，表明方法的准确性良好，可以满足日常卷烟主流烟气中 PAHs 和 TSNAs 分析的要求。

表 4-7　目标分析物在不同类型卷烟样品主流烟气中的释放量及不同加标浓度下的回收率

样品	分析物	释放量/(ng/支)	加标量/(ng/支)	回收率/%	加标量/(ng/支)	回收率/(ng/支)	加标量/(ng/支)	回收率/%
混合型卷烟	NNN	84.1	4.0	84.0	20.0	87.8	80.0	87.5
	N-亚硝基新烟草碱	98.8	4.0	103.6	20.0	99.1	80.0	95.6
	N-亚硝基假木贼碱	10.8	4.0	100.8	20.0	101.8	80.0	95.2
	NNK	85.3	4.4	85.8	21.8	83.9	87.2	82.8
	苯并［a］蒽	12.5	8.8	105.0	43.8	108.6	175.2	105.4
	䓛	16.1	10.6	102.9	53.2	105.4	212.8	104.6
	苯并［a］芘	6.3	4.0	108.3	20.0	108.5	80.0	108.3
烤烟型卷烟	NNN	6.8	4.0	78.6	20.0	82.8	80.0	83.7
	N-亚硝基新烟草碱	12.1	4.0	82.8	20.0	80.6	80.0	88.3
	N-亚硝基假木贼碱	1.7	4.0	80.1	20.0	86.8	80.0	84.4
	NNK	7.3	4.4	84.3	21.8	78.6	87.2	77.1
	苯并［a］蒽	11.8	8.8	99.1	43.8	99.6	175.2	102.8
	䓛	15.9	10.6	105.4	53.2	104.6	212.8	103.2
	苯并［a］芘	7.1	4.0	98.8	20.0	103.5	80.0	105.4

最后，以苯并［a］芘和 NNK 为代表，我们比较了本方法、国标方法和 CORESTA 推荐方法对市售卷烟主流烟气中的 PAHs 和 TSNAs 的测定结果，以国标规定方法和 CORESTA 推荐方法测定值为横坐标，以本方法测定值为纵坐

标作图。由图 4-24 所示，本方法与国标方法分析苯并［a］芘时结果具有较好的一致性，两种测定方法测定结果之间的线型关系良好，线性方程为 $y=0.9788x+0.1120$，线性相关系数为 0.9798，测定结果的标准偏差均小于 10%，说明本方法准确可靠。由图 4-25 所示，本方法与 CORESTA 推荐方法分析 NNK 时结果的一致性稍逊于苯并［a］芘，两种测定方法测定结果之间的线型关系较好，线性方程为 $y=0.9637x+0.4365$，线性相关系数为 0.9899，说明本方法基本准确可靠，部分测定结果的标准偏差大于 10%，这可能是两种分析仪器之间的差异引起的。

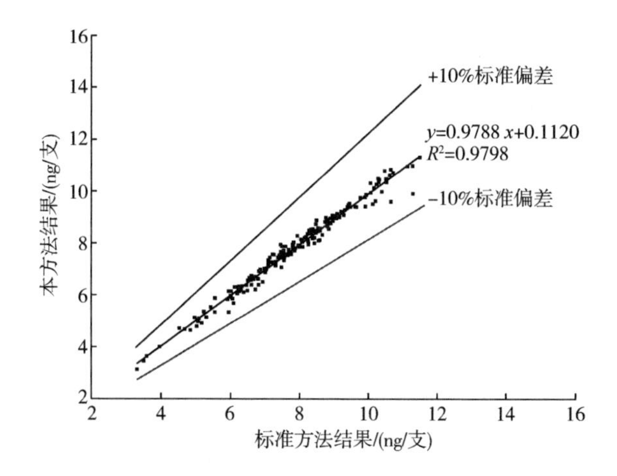

图 4-24　本方法与国家标准方法测定苯并［a］芘得到的结果比较

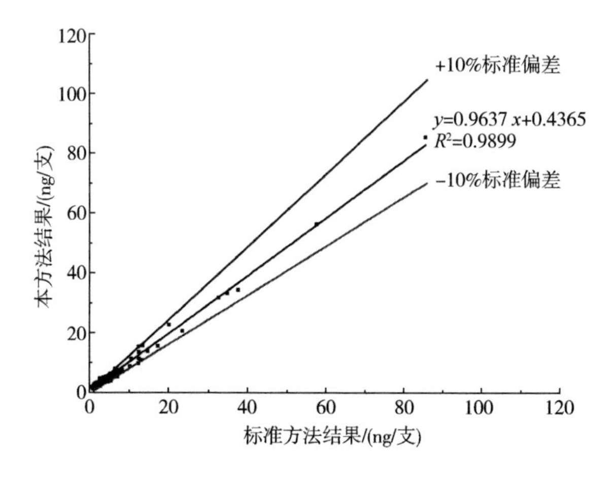

图 4-25　本方法与 CORESTA 推荐方法测定 NNK 得到的结果比较

与文献报道方法的比较：为了更加全面地了解所建立的方法，我们将其与文献报道的分别测定 PAHs 和 TSNAs 的方法进行比较。如表 4-8 所示，相比于文献报道方法，本方法的检测限更低，说明本方法的灵敏度较高；本方法的样品前处理过程更加简单，可以在短时间内（<1min）完成，通过同时处理多个样品可以降低单个样品的前处理时间；本方法可以在单次仪器检测中同时分析 PAHs 和 TSNAs，因此可以降低测试成本。

表 4-8　　不同分析方法之间的比较

分析物	样品前处理过程	LODs/(ng/支)
PAHs	固相萃取柱以甲醇和环己烷活化，上样后以环己烷清洗，合并上样液和清洗液，浓缩至 1mL	苯并［a］蒽：0.05，䓛：0.07，苯并［a］芘：0.27
	样品溶液加热 15min 后将 SPME 萃取纤维浸没到溶液中萃取 45min	苯并［a］蒽：0.03，䓛：0.03，苯并［a］芘：0.05
	固相萃取柱以环己烷活化和清洗，氮气吹干解吸液后用 0.2mL 乙腈复溶	苯并［a］蒽：0.34，䓛：0.46，苯并［a］芘：1.34
	固相萃取柱以甲醇和环己烷活化，上样后以环己烷解吸，将解吸液浓缩至 1mL	苯并［a］蒽：2.22，䓛：2.73，苯并［a］芘：2.61
	固相萃取柱以甲醇和水/甲醇活化，上样后以水和水/甲醇清洗，抽干 SPE 柱后以环己烷解吸	苯并［a］芘：0.10
TSNAs	固相萃取柱以甲醇和水活化，水/甲醇清洗，甲醇解吸，解吸液吹干后以 5mmol/L 乙酸铵/甲醇溶液复溶	NNN：0.50，N-亚硝基新烟草碱：0.14，*N*-亚硝基假木贼碱：0.70，NNK：1.79
	提取液过滤后进样	NNN：0.10，N-亚硝基新烟草碱：0.04，*N*-亚硝基假木贼碱：0.04，NNK：0.03
	提取液过滤后进样	NNN：0.20，N-亚硝基新烟草碱：0.16，*N*-亚硝基假木贼碱：0.11，NNK：0.16
	固相萃取柱以甲醇和水活化，甲醇清洗，以甲醇/氨水解吸，收集解吸液进样	NNN：0.72，N-亚硝基新烟草碱：0.60 *N*-亚硝基假木贼碱：1.08，NNK：0.84
PAHs 和 TSNAs	乙酸乙酯活化微固相萃取头，收集上样时的流出液进样分析	NNN：0.07，N-亚硝基新烟草碱：0.03，*N*-亚硝基假木贼碱：0.22，NNK：0.23，苯并［a］蒽：0.04，䓛：0.03，苯并［a］芘：0.01

本节中，我们以 SiO_2/PSA 为 tip 微固相萃取吸附剂，通过优化仪器检测条件和样品前处理过程，建立了同时测定卷烟主流烟气中 PAHs 和 TSNAs 的在线 GPC-GC-MS/MS 方法，该方法具有简单、快速、高效的优点。所建立的方法成功应用于实际卷烟样品分析，该方法还有望扩展至其他目标分析物的分析。

参考文献

[1] Y. Y. Yang, H. G. Nie, C. C. Li, et al. On-line concentration and determination of tobacco-specific *N*-nitrosamines by cation-selective exhaustive injection-sweeping-micellar electrokinetic chromatography. Talanta, 82, (2010): 1797-1801.

[2] Y. J. Ma, R. S. Bai, G. R. Du, et al. Rapid determination of four tobacco specific nitrosamines in burley tobacco by near-infrared spectroscopy. Analytical Methods, 4, (2012): 1371-1376.

[3] Y. Ding, J. Yang, W. -J. Zhu, et al. An UPLC-MS^3 Method for Rapid Separation and Determination of Four Tobacco-specific Nitrosamines in Mainstream Cigarette Smoke. Journal of the Chinese Chemical Society, 58, (2011): 667-672.

[4] K. A. Wagner, N. H. Finkel, J. E. Fossett, et al. Development of a quantitative method for the analysis of tobacco-specific nitrosamines in mainstream cigarette smoke using isotope dilution liquid chromatography/electrospray ionization tandem mass spectrometry. Analytical Chemistry, 77, (2005): 1001-1006.

[5] W. Xiong, H. W. Hou, X. Y. Jiang, et al. Simultaneous determination of four tobacco-specific *N*-nitrosamines in mainstream smoke for Chinese Virginia cigarettes by liquid chromatography tandem mass spectrometry and validation under ISO and "Canadian intense" machine smoking regimes. Analytica Chimica Acta, 674, (2010): 71-78.

[6] J. Wu, P. Joza, M. Sharifi, et al. Quantitative method for the analysis of tobacco-specific nitrosamines in cigarette tobacco and mainstream cigarette smoke by use of isotope dilution liquid chromatography tandem mass spectrometry. Analytical Chemistry, 80, (2008): 1341-1345.

[7] S. J. Zheng, J. Yang, B. Z. Liu, et al. Rapid determination of four tobacco-specific nitrosamines in mainstream cigarette smoke by UPLC-TOF-MS. Asian Journal of Chemistry, 24, (2012): 1147-1150.

[8] W. J. Wu, D. L. Ashley, and C. H. Watson. Simultaneous determination of five tobacco-specific nitrosamines in mainstream cigarette smoke by isotope dilution liquid chromatography/

electrospray ionization tandem mass spectrometry. Analytical Chemistry, 75, (2003): 4827-4832.

[9] J. Zhou, R. Bai, Y. Zhu. Determination of four tobacco-specific nitrosamines in mainstream cigarette smoke by gas chromatography/ion trap mass spectrometry. Rapid Communications in Mass Spectrometry, 21, (2007): 4086-4092.

[10] L. Wang, C. Q. Yang, Q. D. Zhang, et al. SPE-HPLC-MS/MS method for the trace analysis of tobacco-specific *N*-nitrosamines and 4- (methylnitrosamino) -1- (3-pyridyl) -1-butanol in rabbit plasma using tetraazacalix [2] arene [2] triazine-modified silica as a sorbent. Journal of Separation Science, 36, (2013): 2664 2671.

[11] M. Sleiman, R. L. Maddalena, L. A. Gundel, et al. Rapid and sensitive gas chromatography-ion-trap tandem mass spectrometry method for the determination of tobacco-specific *N*-nitrosamines in secondhand smoke. Journal of Chromatography A, 1216, (2009): 7899-7905.

[12] P. M. Clayton, A. Cunningham, and J. D. H. van Heemst. Quantification of four tobacco-specific nitrosamines in cigarette filter tips using liquid chromatography-tandem mass spectrometry. Analytical Methods, 2, (2010): 1085-1094.

[13] Y. Xia, J. E. McGuffey, S. Bhattacharyya, et al. Analysis of the Tobacco-Specific Nitrosamine 4- (Methylnitrosamino) -1- (3-pyridyl) -1-butanol in Urine by Extraction on a Molecularly Imprinted Polymer Column and Liquid Chromatography/Atmospheric Pressure Ionization Tandem Mass Spectrometry. Analytical Chemistry, 77, (2005): 7639-7645.

[14] K. A. Shah, M. S. Halquist, and H. T. Karnes. A modified method for the determination of tobacco specific nitrosamine 4- (methylnitrosamino) -1- (3-pyridyl) -1-butanol in human urine by solid phase extraction using a molecularly imprinted polymer and liquid chromatography tandem mass spectrometry. Journal of Chromatography B, 877, (2009): 1575-1582.

[15] H. L. Lee, C. Y. Wang, S. Lin, et al. Liquid chromatography/tandem mass spectrometric method for the simultaneous determination of tobacco-specific nitrosamine NNK and its five metabolites. Talanta, 73, (2007): 76-80.

[16] H. J. Kim, H. S. Shin. Determination of tobacco-specific nitrosamines in replacement liquids of electronic cigarettes by liquid chromatography-tandem mass spectrometry. Journal of Chromatography A, 1291, (2013): 48-55.

[17] D. Wu, Y. F. Lu, H. Q. Lin, et al. Selective determination of tobacco - specific nitrosamines in mainstream cigarette smoke by GC coupled to positive chemical ionization triple quadrupole MS. Journal of Separation Science, 36, (2013): 2615-2620.

[18] Y. H. Cho, and H. S. Shin. Use of a gas-tight syringe sampling method for the determination of tobacco-specific nitrosamines in E-cigarette aerosols by liquid chromatography-tandem mass spectrometry. Analytical Methods, 7, (2015): 4472-4480.

[19] J. Zhang, R. S. Bai, X. L. Yi, et al. Fully automated analysis of four tobacco-specific *N*-nitrosamines in mainstream cigarette smoke using two-dimensional online solid phase extraction combined with liquid chromatography - tandem mass spectrometry. Talanta, 146, (2016): 216-224.

[20] V. Carre, F. Aubriet, and J. F. Muller. Analysis of cigarette smoke by laser desorption mass spectrometry. Analytica Chimica Acta, 540, (2005): 257-268.

[21] 边照阳，陈晓水，唐纲岭，等．同时分析卷烟主流烟气中三种多环芳烃和四种烟草特有亚硝胺的 GC-MS/MS 方法. 2013.

[22] 崔华鹏，刘绍锋，陈黎，等．一种气相色谱-串联质谱同时检测卷烟主流烟气中苯酚、NNK 和苯并［a］芘的方法. 2015.

[23] Y. -B. Luo, X. -J. Chen, H. -F. Zhang, et al. Simultaneous determination of polycyclic aromatic hydrocarbons and tobacco-specific *N*-nitrosamines in mainstream cigarette smoke using in-pipette-tip solid-phase extraction and on-line gel permeation chromatography-gas chromatography-tandem mass spectrometry, 2016.

[24] D. Lu, X. Qiu, C. Feng, et al. Simultaneous determination of 45 pesticides in fruit and vegetable using an improved QuEChERS method and on-line gel permeation chromatography-gas chromatography/mass spectrometer. Journal of Chromatography B, 895-896, (2012): 17-24.

[25] 罗彦波，郑浩博，姜兴益，等. 在线凝胶渗透色谱-气相色谱-串联质谱联用检测烟叶中的农药残留. 分析化学，43，(2015)：1538-1544.

[26] L. -B. Liu, Y. Hashi, Y. -P. Qin, et al. Development of automated online gel permeation chromatography-gas chromatograph mass spectrometry for measuring multiresidual pesticides in agricultural products. Journal of Chromatography B, 845, (2007): 61--68.

[27] Y. -B. Luo, X. Li, X. -Y. Jiang, et al. Magnetic graphene as modified quick, easy, cheap, effective, rugged and safe adsorbent for the determination of organochlorine pesticide residues in tobacco, 2015.

[28] A. T. Vu, K. M. Taylor, M. R. Holman, et al. Polycyclic aromatic hydrocarbons in the mainstream smoke of popular US cigarettes. Chemical Research in Toxicology, 28, (2015): 1616-1626.

[29] X. Y. Wang, Y. Wang, Y. Q. Qin, et al. Sensitive and selective determination of polycyclic aromatic hydrocarbons in mainstream cigarette smoke using a graphene-coated

solid-phase microextraction fiber prior to GC/MS. Talanta, 140, (2015): 102-108.

[30] X. Zhang, H. Hou, H. Chen, et al. Quantification of 16 polycyclic aromatic hydrocarbons in cigarette smoke condensate using stable isotope dilution liquid chromatography with atmospheric-pressure photoionization tandem mass spectrometry. Journal of Separation Science, 38, (2015): 3862-3869.

[31] E. Roemer, H. Schramke, H. Weiler, et al. Mainstream smoke chemistry and in vitro and in vivo toxicity of the reference cigarettes 3R4F and 2R4F. Contributions to Tobacco Research, 25, (2012): 316-335.

[32] H. Zhang, W. P. Low, and H. K. Lee. Evaluation of sulfonated graphene sheets as sorbent for micro-solid-phase extraction combined with gas chromatography-mass spectrometry. Journal of Chromatography A, 1233, (2012): 16-21.

[33] L. Guo, H. K. Lee. Low-density solvent-based solvent demulsification dispersive liquid-liquid microextraction for the fast determination of trace levels of sixteen priority polycyclic aromatic hydrocarbons in environmental water samples. Journal of Chromatography A, 1218, (2011): 5040-5046.

[34] H. Zhang, B. W. L. Ng, H. K. Lee. Development and evaluation of plunger-in-needle liquid-phase microextraction, 2014: 20-28.

[35] X. -P. Lee, C. Hasegawa, T. Kumazawa, N. Shinmen, Y. Shoji, H. Seno, and K. Sato. Determination of tricyclic antidepressants in human plasma using pipette tip solid-phase extraction and gas chromatography-mass spectrometry. Journal of Separation Science, 31, (2008): 2265-2271.

[36] T. Kumazawa, C. Hasegawa, X. -P. Lee, et al. Pipette tip solid-phase extraction and gas chromatography-mass spectrometry for the determination of mequitazine in human plasma. Talanta, 70, (2006): 474-478.

[37] C. Hasegawa, T. Kumazawa, X. -P. Lee, et al. Pipette tip solid-phase extraction and gas chromatography-mass spectrometry for the determination of methamphetamine and amphetamine in human whole blood. Analytical and Bioanalytical Chemistry, 389, (2007): 563-570.

[38] J. Svačinová, O. Novák, L. Plačková, et al. A new approach for cytokinin isolation from Arabidopsis tissues using miniaturized purification: pipette tip solid-phase extraction. Plant Methods, 8, (2012): 17-30.

[39] G. -T. Zhu, X. -M. He, X. -S. Li, et al. Preparation of mesoporous silica embedded pipette tips for rapid enrichment of endogenous peptides, 2013: 23-28.

[40] C. Hasegawa, T. Kumazawa, S. Uchigasaki, et al. Determination of dextromethorphan in hu-

man plasma using pipette tip solid-phase extraction and gas chromatography-mass spectrometry. Analytical and Bioanalytical Chemistry, 401, (2011): 2215-2223.

[41] X. -M. He, G. -T. Zhu, Y. -Y. Zhu, et al. Facile preparation of biocompatible sulfhydryl cotton fiber-based sorbents by thiol-ene click chemistry for biological analysis. ACS Applied Materials & Interfaces, 6, 2014: 17857-17864.

[42] L. Yu, J. Ding, Y. -L. Wang, et al. 4-Phenylaminomethyl-benzeneboric acid modified tip extraction for determination of brassinosteroids in plant tissues by stable isotope labeling-liquid chromatography-mass spectrometry. Analytical Chemistry, 88, 2016: 1286-1293.

[43] T. Du, J. Cheng, M. Wu, et al. An in situ immobilized pipette tip solid phase microextraction method based on molecularly imprinted polymer monolith for the selective determination of difenoconazole in tap water and grape juice, 2014: 104-109.

[44] N. Sun, Y. Han, H. Yan, et al. A self-assembly pipette tip graphene solid-phase extraction coupled with liquid chromatography for the determination of three sulfonamides in environmental water, 2014: 25-31.

[45] Q. Shen, L. Gong, J. T. Baibado, et al. Graphene based pipette tip solid phase extraction of marine toxins in shellfish muscle followed by UPLC-MS/MS analysis, 2014: 770-775.

[46] ISO. Tobacco and Tobacco Products-Atmosphere for Conditioning and Testing, International Organization for Standardization, Geneva. 1999.

[47] Routine analytical cigarette-smoking machine: definitions and standard conditions. (ISO 3308—2000).

[48] 卷烟 烟气粒相物中苯并芘的测定.（GB/T 21130—2007）.

[49] C. C. f. S. R. R. t. T. C. r. m. N. 75, Determination of Tobacco Specific Nitrosamines in Mainstream Cigarette Smoke by LC-MS/MS (second edition). 2012.

[50] R. Shi, L. Yan, T. Xu, et al. Graphene oxide bound silica for solid-phase extraction of 14 polycyclic aromatic hydrocarbons in mainstream cigarette smoke, 2015: 1-7.

[51] Y. Q. Xie, H. W. Tong, X. Y. Yan, et al. Determination of 14 polycyclic aromatic hydrocarbons in mainstream smoke from flue-cured cigarettes by GC-MS using a new internal standard. Asian Journal of Chemistry, 24, 2012, 3499-3503.

[52] Q. Zha, N. X. Qian, S. C. Moldoveanu. Analysis of polycyclic aromatic hydrocarbons in the particulate phase of cigarette smoke using a gas chromatographic-high-resolution mass spectrometric technique. Journal of Chromatographic Science, 40, 2002: 403-408.

[53] W. J. Wu, D. L. Ashley, C. H. Watson. Simultaneous determination of five tobacco-specific nitrosamines in mainstream cigarette smoke by isotope dilution liquid chromatography/electrospray ionization tandem mass spectrometry. Analytical Chemistry, 75, 2003:

4827-4832.

[54] J. Wu, P. Joza, M. Sharifi, et al. Quantitative method for the analysis of tobacco-specific nitrosamines in cigarette tobacco and mainstream cigarette smoke by use of isotope dilution liquid chromatography tandem mass spectrometry. Analytical Chemistry, 80, 2008: 1341-1345.

[55] S. J. Zheng, J. Yang, B. Z. Liu, et al. Rapid determination of four tobacco-specific nitrosamines in mainstream cigarette smoke by UPLC-TOF-MS. Asian Journal of Chemistry, 24, 2012: 1147-1150.

第五章
烟草制品和烟气中常见羰基化合物

一、 简介

美国 FDA 在 2012 年提出了烟草制品和烟气中有害和潜在有害成分清单（文件编号 FDA-2012-N-0143），清单中一共包含了 93 种物质，其中涉及羰基化合物 8 种。以下按照顺序依次介绍其性质。

1. 甲醛 Formaldehyde

CAS：500-00-0，分子式：CH_2O，相对分子质量：30.03；中文别名：福尔马林，蚁醛，甲醛溶液；无色气体，有特殊的刺激气味，对人眼、鼻等有刺激作用，气体相对密度 1.067（空气 = 1），液体密度 0.815g/cm^3（-20℃），熔点-92℃，沸点-19.5℃。易溶于水和乙醇。水溶液的浓度最高可达 55%，通常是 40%，称做甲醛水，俗称福尔马林（formalin），是有刺激气味的无色液体。

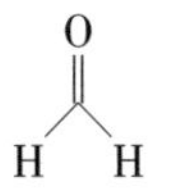

甲醛有强还原作用，特别是在碱性溶液中。能燃烧，蒸气与空气形成爆炸性混合物，爆炸极限 7%~73%（体积）。着火温度约 300℃。甲醛可由甲醇在银、铜等金属催化下脱氢或氧化制得，也可由烃类氧化产物分出。可用作农药和消毒剂，制酚醛树脂、脲醛树脂、维纶、乌洛托品、季戊四醇和染料等的原料。工业品甲醛溶液一般含 37% 甲醛和 15% 甲醇，作阻聚剂，沸点 101℃。

甲醛的主要危害表现为对皮肤黏膜的刺激作用，甲醛在室内达到一定浓度时，人就有不适感。大于 0.08m^3 的甲醛浓度可引起眼红、眼痒、咽喉不适或疼痛、声音嘶哑、喷嚏、胸闷、气喘、皮炎等。新装修的房间甲醛含量较高，是众多疾病的主要诱因。甲醛浓度过高会引起急性中毒，表现为咽喉烧灼、呼吸困难、肺水肿、过敏性紫癜、过敏性皮炎、肝转氨酶升高、黄疸等。

IARC 的致癌性评论曾为“动物阳性；人类不明确”，后经过进一步研究，在 2006 年将其确定为 1 类致癌物（即对人类及动物均致癌）。

2. 乙醛 Acetaldehyde

CAS：75-07-0，分子式：C_2H_4O，相对分子质量：44.05；无色液体；溶于水和乙醇等有机溶剂；沸点 21℃；相对密度：0.804~0.811。天然存在于圆柚、梨子、苹果、覆盆子、草莓、菠萝、干酪、咖啡、橙汁、朗姆酒中，具有辛辣、醚样气味，稀释后具有果香、咖啡香、酒香、青香。

由于在大自然当中存在广泛以及工业上的大规模生产，乙醛被认为是醛类当中最重要的化合物之一。乙醛可存在于咖啡，面包，成熟的水果中，它还可以通过植物作为代谢产物而生成。乙醛还可通过乙醇的氧化获得并被认为是宿醉的成因。乙醛常温下为液态，无色、可燃，有刺鼻的气味。其熔点为-123.5℃，沸点为 20.2℃。可以被还原为乙醇，也可以被氧化成乙酸。

3. 丙酮 Acetone

CAS：67-64-1，分子式：C_3H_6O，相对分子质量：58.08；又名二甲基酮，阿西通，醋酮，二甲酮，2-丙酮，为最简单的饱和酮；是一种无色透明液体，有特殊的辛辣气味；易溶于水和甲醇、乙醇、乙醚、氯仿、吡啶等有机溶剂；易燃、易挥发，化学性质较活泼。丙酮的羰基能与多种亲核试剂发生加成反应。丙酮还能进行 α 氢的反应。也可用作卸除指甲油的去光水，以及油漆的稀释剂等还可以冰冻水银。

$$H_3C-\overset{\overset{\displaystyle O}{\|}}{C}-CH_3$$

4. 丙烯醛 Acrolein

CAS：107-02-8，分子式：C_3H_4O，相对分子质量：56.06；外观：无色或淡黄色液体，有恶臭；易溶于水、乙醇、乙醚、石蜡烃（正己烷、正辛烷、环戊烷)、甲苯、二甲苯、氯仿、甲醇、乙二醚、乙醛、丙酮、乙酸、丙烯酸和乙酸乙酯。

丙烯醛是最简单的不饱和醛，是化工中很重要的合成中间体，广泛用于树脂生产和有机合成中。对环境有严重危害，对大气和水体可造成污染；极度易燃，高毒，具强刺激性。

5. 巴豆醛 Crotonaldehyde

CAS：123-73-9，分子式：C_4H_6O，相对分子质量：70；巴豆醛的结构式为 $CH_3CH=CHCHO$。其有顺式和反式两种双键异构体。微溶于水，可混溶于乙醇、乙醚、苯、甲苯等多数有机溶剂。该品为无色或略带黄色的液体，可燃，有催泪性，露置于空气中或遇光时逐渐变为淡黄色液体，被氧化为巴豆酸。巴豆醛是重要的有机合成中间体，可用于制造丁醛、食品防腐剂山梨酸、合成树脂、染料、杀虫剂、选矿用发泡剂、橡胶抗氧化剂等。

巴豆醛有窒息性刺激气味，有剧毒，易污染环境。

6. 2-丁酮 2-Butanone

CAS：78-93-3，分子式：C_4H_8O，相对分子质量：72.11；又称：甲基乙基酮；无色透明液体，有类似丙酮气味，易挥发，能与乙醇、乙醚、苯、氯仿、油类混溶。可溶于 4 份水中，但温度升高时溶解度降低。能与水形成共沸混合物（含水 11.3%），共沸点 73.4℃（含丁酮 88.7%），相对密度 0.805。凝固点-86℃。沸点 79.6℃，折射率 1.3814，闪点 1.1℃。低毒，半数致死量（大鼠，经口）3300mg/kg。易燃，蒸汽能与空气形成爆炸性混合物，爆炸极限为 1.81%~11.5%（体积）。高浓度蒸汽有麻醉性。

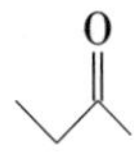

7. 丙醛 Propionaldehyde

CAS：123-38-6，分子式：C_3H_6O，相对分子质量：58.08；丙醛通常情

况下是无色易燃液体，有刺激性，溶于水，与乙醇和乙醚混溶。可用于制合成树脂、橡胶促进剂和防老剂等。也可用作抗冻剂、润滑剂、脱水剂等。丙醛主要由乙烯经羰基合成，也可用重铬酸盐氧化正丙醇或将正丙醇蒸汽在高温时通过铜催化剂而制得。

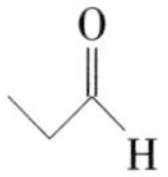

在紫外光、碘或热的影响下，丙醛会分解而成二氧化碳和乙烷等。能聚合。用空气、次氯酸盐和重铬酸盐氧化时生成丙酸。用氢还原时生成正丙醇。与过量甲醛作用可生成甲基丙烯醛。易燃，其蒸汽与空气可形成爆炸性混合物，遇明火、高热极易燃烧爆炸。与氧化剂接触时反应猛烈。若遇高热，可发生聚合反应，放出大量热量而引起容器破裂和爆炸事故。其蒸汽比空气重，能在较低处扩散到相当远的地方，遇火源会着火回燃。

8. 丁醛 Butyraldehyde

中文名称：丁醛，正丁醛，分子式：C_4H_8O，相对分子质量：72.11；CAS 号：123-72-8。

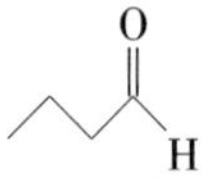

丁醛为无色透明可燃液体，有窒息性醛味，微溶于水，能与乙醇、乙醚、乙酸乙酯、丙酮、甲苯及多种其他有机溶剂和油类混溶。自然界中的花、叶、果、草、乳制品、酒类等的多种精油中都有这一成分，其也存在于烤烟烟叶、主流烟气、侧流烟气中。极度稀释则带有飘逸的清香。

二、 分析方法

（一）文献报道方法综述

羰基化合物是卷烟主流烟气中的一类重要有害成分，被列入加拿大政府46种有害成分名单。20世纪70年代以来，有研究报道卷烟烟气中的低级醛（主要是指甲醛、乙醛和丙烯醛等）具有纤毛毒性，在抽吸过程中会不同程度地刺激人体的感觉器官和呼吸系统，长期吸入会对人体造成严重的危害。同时动物实验表明，甲醛和乙醛会引发鼻癌。

我国烟草行业关注的卷烟主流烟气7种有害成分中也包括甲醛、乙醛和巴豆醛等8个羰基化合物，其中巴豆醛作为7个指标之一参与卷烟危害性指数的计算。国际烟草科学研究组织（CORESTA）也将对羰基化合物的测定作为其特种分析物学组的一项重要工作，并在2013年推出了测定羰基化合物的推荐方法CRM 74。2008年世界卫生组织（WHO）研究工作组《烟草制品管制的科学基础第951号技术报告》公布了卷烟烟气中9种优先级成分，其中3种为羰基化合物，分别是乙醛、丙烯醛和甲醛。

鉴于主流烟气中羰基化合物的重要性，准确测定其含量对于卷烟危害性评价以及对于烟草控制框架公约（FCTC）的履约工作有重要意义。

目前，国内有关卷烟主流烟气中羰基化合物的检测普遍采用《YC/T 254—2008》所规定的高效液相色谱法，此方法采用100mL乙腈溶液对4支卷烟主流烟气中的羰基化合物进行萃取，耗费较多的有机溶剂，不利于环保。CORESTA CRM 74中采用2个串联的各装有25mL 2,4-二硝基苯肼乙腈溶液的吸收瓶捕集2支卷烟的主流烟气，同样耗费了较多的有机溶剂。WHO FCTC也推荐了两个实验室方法对羰基化合物进行分析，其中推荐方法《SOP07 用CX-572吸附剂捕集并同时测定羰基化合物和VOCs》中只能对8个主要羰基化合物中的7个进行分析，不能对甲醛进行分析，而甲醛又是《烟草制品管制的科学基础第951号技术报告》中9种优先级成分中的一种。推荐方法《SOP08 卷烟主流烟气中甲醛、乙醛和丙烯醛的HPLC分析方法》目前还没有确定如何萃取目标物。

挥发性羰基化合物在烟草中的含量很低，在卷烟烟气中却有较高的含量。目前，在卷烟烟气中至少已发现有20种醛和6种酮。目前行业内关注的主流烟气中的羰基化合物有甲醛、乙醛、丙酮、丙烯醛、丙醛、巴豆醛、2-丁酮和丁醛，每支卷烟的烟气中含量范围从几十到几百微克。醛酮类物质需要衍生化后才能被气相色谱或者液相色谱检测；同时由于卷烟主流烟气成分复杂，目标物主要分布在主流烟气的气相中，如何有效捕集主流烟气气相中的目标物并实现目标物的完全衍生和色谱分离，是卷烟烟气中羰基化合物测定的研究重点。分析过程一般包括捕集、衍生和检测等步骤。

1. 羰基化合物的捕集

相对于卷烟烟气粒相物质的捕集，卷烟烟气气相物质的捕集较难。挥发性羰基化合物的捕集与所采用的检测方法密切相关。现已有的捕集方法为：

溶液吸收法、固相萃取法和吸附剂法。

2. 溶液吸收法

溶液吸收法是捕集卷烟烟气成分最常用的手段。该法的最大特点是特定的溶剂和溶液的设计，如用碱性溶液捕集酸性成分或是用酸性溶液捕集碱性成分，同时可以避免人为产物的生成。通常，卷烟烟气被抽吸通过一个或多个气体洗气瓶，在洗气瓶中与某些溶液或溶剂作有效接触。加拿大和英国测定卷烟主流烟气中挥发性羰基化合物的标准方法是采用装有 2,4-二硝基苯肼酸性溶液的 250mL 洗气瓶捕集羰基化合物。姚伟等改进了捕集装置和捕集方法，采用串联捕集进行两次洗气过程，增加了气液交换总时间和总表面积，实验中表现为第二个捕集阱液体上方无白色烟气，弥补了羰基类化合物捕集不完全的缺陷。采用 1#玻璃砂芯（滤片平均直径为 80~120μm）作捕集阱中的雾化器，砂芯距瓶底约为 5mm，改善了以往无法保证每口抽吸的烟气容量在 35mL 左右及砂芯过细导致少量烟气冷凝物堵塞玻璃砂芯的现象，提高了捕集效率。溶液吸收法的吸收效率主要决定于吸收速度，而吸收速度又取决于待测成分的反应速度及吸收液与待测成分的接触面积和接触时间。

3. 固相萃取法

固相萃取法是使卷烟烟气流过经捕集溶液或溶剂处理过的采样管或滤片，卷烟烟气中的待测成分与采样管或滤片上吸附着的吸附剂产生作用，反应生成的物质用洗脱剂洗脱下来。相对于溶液吸收法，固相萃取法捕集气相羰基化合物更为方便，捕集效率高，试剂用量少，被广泛用于捕集大气、室内空气中的羰基化合物。谢复炜等采用经 2,4-二硝基苯肼酸性溶液处理的剑桥滤片捕集卷烟主流烟气中的挥发性羰基化合物，有效地防止了抽吸过程中丙烯醛的聚合，使得卷烟烟气的抽吸更符合标准条件要求，提高了分析的准确性。他并比较了溶液吸收法与固相萃取法对测定结果的影响，发现两种方法得到的乙醛、丙酮、丙醛、2-丁酮和丁醛的测定结果比较接近，但滤片捕集得到的甲醛和丙烯醛的测定结果高于溶液捕集的测定结果，巴豆醛则是溶液捕集得到的测定结果高于滤片捕集的测定结果。

4. 吸附剂法

Shigehisa Uchiyama 等采用 CX-572 吸附剂捕集了卷烟主流烟气中的挥发性羰基化合物和 VOCs，吸附剂经二硫化碳和甲醇洗脱后取出一部分，经过 2,4-二硝基苯肼衍生后，采用液相色谱对羰基化合物进行分析。

5. 羰基化合物的衍生化

检测羰基化合物使用最多的方法是色谱法，色谱法检测羰基化合物是利用衍生试剂与羰基化合物中羰基专一性反应，生成的衍生物再用色谱定性定量。要准确有效地分离羰基化合物，首先要选好衍生化试剂，选择衍生化试剂的要求有：①衍生化试剂与羰基化合物反应能生成稳定的衍生物；②衍生化试剂与羰基化合物反应的速度要足够快，能满足定量分析的要求；③反应生成的衍生物能很好的分离和检测；④由于是气相采样，反应生成的衍生物挥发性不能太强；⑤用气相色谱分离时，衍生物要有足够高的挥发性。一般用于检测挥发性羰基化合物的衍生化试剂有以下几种。

（1）2,4-二硝基苯肼　2,4-二硝基苯肼（2,4-dinitrophenyldrazine，DNPH）是羰基的一种紫外衍生化试剂，它与羰基化合物在酸性条件下反应生成腙。该反应速度快，产物稳定，反应生成的腙可以用液相色谱法和气相色谱法来分析。且 DNPH 与羰基化合物反应生成的腙标准品可以直接从市场上购买。DNPH 被广泛用于测定大气、室内空气及食品中的有害羰基化合物。加拿大和英国将 DNPH-液相色谱法作为检测卷烟主流烟气中羰基化合物的标准方法。现已有的测定卷烟烟气中挥发性羰基化合物大多采用 DNPH。Wang 等采用经 2,4-二硝基苯肼酸性溶液处理的剑桥滤片捕集卷烟主流烟气中的挥发性羰基化合物，反应生成的 2,4-二硝基苯腙衍生物经乙腈萃取后，应用配备二极管阵列的液相色谱对卷烟主流烟气中挥发性羰基化合物进行定量分析。优化了色谱条件，使得分析时间缩短到 18min 以内。考察了不同酸度条件对 2,4-二硝基苯肼与羰基化合物衍生反应的影响。该方法的检测限是 2.5~27.7ng/mL，并应用此方法分析了 13 种中国牌号卷烟主流烟气中 7 种挥发性羰基化合物。分析结果表明，乙醛、丙酮和甲醛是卷烟主流烟气中含量较多的羰基化合物，其中，乙醛的含量最高。

（2）*N*-甲基-4-肼-硝基苯并呋喃　在用 2,4-二硝基苯肼（DNPH）捕集大气中羰基化合物的过程中，臭氧和 NO_2 会产生干扰。于是，Buldt 等研究采用 *N*-甲基-1-(2,4-二硝基) 苯肼（*N*-methyl-2,4-dinitrophenyldrazine，MDNPH）捕集大气中羰基化合物，此衍生化试剂的缺点是 MDNPH 与羰基化合物特别是酮反应活性下降，虽然可以通过三氟硼酸替代磷酸做催化剂可显著提高反应速度，但丙酮和 2-丁酮与 MDNPH 的反应速度仍然非常慢。1997 年，Buldt 等首次采用 *N*-甲基-4-肼-硝基苯并呋喃（*N*-methyl-4-hydrazino-

7-nitrobenzofuran，MNBDH）捕集了大气中的羰基化合物。在相同条件下，MNBDH 与甲醛的反应速度比 DNPH 和 MDNPH 快，而生成的腙的摩尔吸收值比 DNPH 高，从而提高了检测灵敏度。MNBDH 是一个替代 DNPH 的很好衍生试剂，但是合成各化合物的衍生过程比较烦琐。Gaberiela 等采用经 *N*-甲基-4-肼-硝基苯并呋喃酸性溶液处理的滤片捕集卷烟主流烟气中的羰基化合物，反应生成的腙经乙腈萃取后，用液相色谱-质谱进行定性定量分析。该方法的检测限是 10^{-7} ~ 2×10^{-6}mol/L。并采用内标法测定了卷烟烟气中的乙醛。

（3）巯乙胺　在中性和室温条件下，巯乙胺与羰基化合物反应生成稳定的噻唑烷。但是，巯乙胺不与 α，β-不饱和醛如丙烯醛发生反应。反应生成的噻唑烷用色谱分析。这种方法被用来检测食品和啤酒中的挥发性羰基化合物。Takashi 等采用巯乙胺水溶液捕集卷烟主流烟气中的羰基化合物，反应生成的衍生物用配备了氮-磷检测器的气相色谱进行定性定量的分析方法。该方法的检测限是 5.8 ~ 36.5pg，回收率是 88.0% ~ 99.8%。作者采用此方法分析了 26 种牌号卷烟主流烟气中的羰基化合物。研究表明，26 种牌号卷烟主流烟气中总羰基化合物的含量为 2.37 ~ 5.14mg/支，羰基化合物含量高低顺序为：乙醛、丁醛、己醛、丙醛、丙酮、辛醛、2-甲基丙醛、甲醛。

（4）丹磺酰肼　丹磺酰肼（5-dimethylaminophthalene-1-sulfohydrazide，DNSH）是羰基的一种荧光衍生化试剂，在酸性条件下，与醛、酮反应生成丹磺酰腙，反应生成的丹磺酰腙具有荧光。荧光检测器的灵敏度比紫外检测器高 100 倍，当对痕量组分进行分析时，它是一种有力的检测工具。Zhang 等建立采用 DNSH-高效液相色谱-荧光检测器测定了大气中 8 种羰基化合物的方法。

6. 羰基化合物的仪器检测方法

挥发性羰基化合物具有挥发性高，反应活性大的特点，且存在于卷烟烟气中的挥发性羰基化合物含量相对较低。而且，卷烟烟气成分复杂，测定过程中可能存在较多干扰。因此，给分析工作带来了很大的难度。目前，报道挥发性羰基化合物的仪器检测方法主要有：液相色谱法、气相色谱法、毛细管电泳、分光光度法、调制二极管激光吸收光谱和傅里叶变换红外光谱等。

（1）液相色谱法　液相色谱法（liquid chromatography，LC）具有分离效能高、选择性高、检测灵敏度高、分析速度快等特点。LC 是测定羰基化合物的最常用方法。通过采用不同的衍生化试剂捕集羰基化合物，羰基化合物与

衍生化试剂反应生成的衍生物经液相色谱分离，用紫外检测器、二极管阵列检测器、荧光检测器、质谱检测。

液相色谱—质谱联用技术（liquid chromatography-mass spectrometry，LC-MS）把液相色谱的高分离能力和质谱的高检测能力结合起来，是研究测定羰基化合物和识别新的羰基化合物的一种很好的手段。

LC-MS 联用技术是继气相色谱-质谱联用技术（gas chromatography-mass spectrometry，GC-MS）之后又一新兴分离检测技术，近年来发展极为迅速。Suze 等采用经 2,4-二硝基苯肼酸性溶液处理的硅胶采样管捕集汽车尾气中的羰基化合物，反应生成的 2,4-二硝基苯腙衍生物经乙腈萃取后，用液相色谱、质谱进行定性定量分析。该方法的检测限是 $29\times10^{-9}\sim24\times10^{-9}$mol/L，最低检测量是 $9.7\times10^{-9}\sim80\times10^{-9}$mol/L。

（2）气相色谱法　气相色谱法（gas chromatography，GC）也是通过采用不同的衍生化试剂捕集羰基化合物，羰基化合物与衍生化试剂反应生成的衍生物经气相色谱分离，用氮-磷检测器、电子捕获检测器、火焰离子检测器、质谱检测。气相色谱-质谱联用技术（GC-MS）是目前所有联用技术中最成熟的一种。高效的分离技术与质谱法提供的丰富结构信息相结合，使气相色谱、质谱联用技术成为痕量有机分析实验的常规手段，并因操作简单、小巧耐用、价位合理而得到广泛普及。另外，气相色谱的程序升温较高效液相色谱的梯度洗脱程序要简单得多。

Dong 等采用经 2,4-硝基苯肼酸性溶液处理的剑桥滤片捕集卷烟主流烟气中的挥发性羰基化合物，反应生成的 2,4-二硝基苯腙衍生物经乙腈萃取后，用 GC-MS 进行定性定量分析。作者应用该方法分析了卷烟主流烟气中 8 种挥发性羰基化合物，并且应用此方法分析了 C4、C5 和 C6 的同分异构体。并且首次检测到卷烟烟气中几种痕量羰基化合物如甲氧基乙醛。该方法的最低检测量是 1.4~5.6μg/支。但用气相色谱分析羰基化合物时，要求反应生成的衍生物的蒸汽压要低，有足够高的挥发性。

（3）毛细管电泳　毛细管电泳（capillary electrochromatohraphy，CEC）是一种经典电泳技术与现代微柱分离技术有机结合的新兴分离分析技术。CEC 具有仪器简单、分离模式多样化、应用范围广、分析速度快、分离效率高、灵敏度高、分析成本低、环境污染少等特点。Ewa 等采用经 2,4-二硝基苯肼酸性溶液处理的硅胶采样管捕集空气和汽车尾气中的羰基化合物，反应生成的2,4-二硝基苯腙衍生物经乙腈萃取后，用毛细管电泳-光电二极管阵列检测器分析。该方法的检测限是0.1~0.5μg /mL。

（4）分光光度法　在过量铵盐存在下，甲醛与乙酰丙酮生成黄色化合物，于414nm波长处进行分光光度测定。乙酰丙酮分光光度法是测定地表水和工业废水中甲醛含量的标准方法。杨湘山等采用乙酰丙酮分光光度法测定了卷烟烟气中甲醛的含量，测得卷烟主流烟气中甲醛的浓度为4.28~5.68mg/m^3。

（5）调制二极管激光吸收光谱　调制二极管激光吸收光谱（tunable diode laser spectroscopy，TDLAS）是应用广泛的分析方法。Parrish等采用TDLAS法研究了1R4F卷烟每口烟气中甲醛含量。研究发现，第一口卷烟烟气中甲醛的含量显著偏高，是后面几口的6~7倍。

（6）傅里叶变换红外光谱　在傅里叶变换红外光谱（Fourier transform infrared spectroscopy，FTIR）法中，甲醛的检测是利用特征波长2780.9cm^{-1}来检测的。Li等采用FTIR方法研究了卷烟主流烟气气相中甲醛的转移量。研究发现，第一口卷烟烟气中甲醛的含量是最高的。Li等也考察了烟棒长度、烟棒上烟气冷凝物和滤嘴对卷烟烟气中甲醛转移量的影响，发现随着烟棒长度、烟棒上冷凝物数量和滤嘴的不同，卷烟烟气中甲醛的转移量是不同的。

7. 总结

卷烟主流烟气中挥发性羰基化合物具有挥发性高，反应活性大的特点，且卷烟烟气成分复杂，测定中可能会有较多的干扰。直接分光光度法易被干扰，不能准确定量。气相色谱法、高效液相色谱法和毛细管电泳具有分离效率高、灵敏度好、选择性好等特点。气相色谱法具有通用性的检测器，但要求反应生成的衍生物要有足够高的挥发性。丙醛与丙酮、丁醛与丁酮均是两对同分异构体，具有相同的相对分子质量，很难分离。通过合理设计液相色谱的梯度洗脱程序，可以使丙醛与丙酮、丁醛与丁酮分离。毛细管电泳与液相色谱一样同是液相分离技术，很大程度上两者互为补充，但无论从分离效率、分析速度、试剂用量和成本来说，毛细管电泳法都显示了它的优势。

总之，通过合理设计捕集方法、捕集装置，选择合适的衍生化试剂，建立操作简便、快速、准确检测卷烟烟气中挥发羰基化合物的色谱法是值得探索的。

8. 代表性方法比较

对国内外标准方法和代表性方法的对比如表5-1所示。

表 5-1　　代表性方法的对比

	CORESTAN°74 (2013)	加拿大卫生部 (2007)	YC/T 254—2008	SOP 07 (2013)	SOP 08 (2013)
吸烟机	直线和转盘	直线	未指明	直线	未指明
烟支数	直线 2 支，转盘 5 支或 10 支	未指明	2 支	1 支	未指明
捕集方式	2 个各装有 35mL 的 2,4-二硝基苯肼酸性溶液的捕集瓶	装有 80mL 的 2,4-二硝基苯肼酸性溶液的捕集瓶	加入衍生化试剂的滤片	CX-572 吸附剂	未指明
萃取过程	无	无	取剑桥滤片，加入 50mL 吡啶乙腈溶液，振荡 10min	取出吸附剂，加入 1mL CS_2，加入 4mL 甲醇，静置 10min	未指明
衍生过程	加入 1% 的氨基甲烷溶液定容衍生	加入 1% 的氨基甲烷溶液定容衍生	在滤片上衍生	取 0.5mL 洗脱液，加入 0.1mL 衍生化试剂衍生	未指明
检测方法	HPLC	HPLC	HPLC	HPLC	未指明
方法评价指标	无	无	检出限 LOD：36.6~95.5ng/支；回收率：86.5%~99.0%；重复性：2.3%~6.6%	检出限 LOD：70 ~ 310ng/支；回收率：95.9%~103%；重复性：1.2%~3.3%	未指明

（二）羰基化合物检测方法

醛类化合物是卷烟烟气中的主要组分之一，其中低级醛具有强烈的气味，随着分子质量的增大，刺激气味降低，逐渐产生了香气。20 世纪 70 年代以来，有关研究报道卷烟中的低级醛类化合物（主要指甲醛、乙醛和丙烯醛等）具有纤毛的毒性，在卷烟抽吸过程中会不同程度的刺激人体的呼吸系统和感觉器官，长期吸入会对人体造成较严重的危害。目前国内外对大气和食品中存在的甲醛、乙醛和丙烯醛均制定了相应的限量标准。

挥发性醛类化合物在烟草中的含量很低，在卷烟烟气中确有较高的含量，卷烟烟气中含量较大的醛类化合物包括甲醛、乙醛、丙烯醛、丙醛、巴豆醛和丁醛，其中含量最大的是乙醛。据文献报道，卷烟烟气中挥发性醛类化合物的主要来源是烟草中的多糖类化合物在卷烟燃烧过程中热裂解而生成，主要前体物质包括糖、纤维素、果胶质和蛋白质，少部分由烟草非酶棕色化反应产物直接转移。

1. 衍生化溶液捕集法测定主流烟气中羰基化合物

羰基化合物是卷烟主流烟气中的一类重要有害成分，被列入加拿大政府46种有害成分名单和WHO“烟草制品管制研究小组”建议的管制成分清单，因而准确测定卷烟烟气中的挥发羰基化合物对于卷烟危害性评价有重要意义。早期报道的烟气中羰基化合物分析方法主要有分光光度法、气体进样法、纸色谱法等。但由于甲醛、乙醛和丙烯醛等有害羰基化合物具有挥发性高、反应活性大的特点，且在卷烟烟气中存在大量干扰物，因此采用以上直接分析的方法存在干扰和不能准确定量等缺陷。近年来，采用2,4-二硝基苯肼作为羰基化合物衍生化试剂的分析方法报道日益增多。利用2,4-二硝基苯肼在酸性条件下可与羰基化合物反应生成为较为稳定的腙类化合物的性质，采用GC或HPLC均可对该腙类化合物进行准确检测。

目前，国内有关卷烟主流烟气中羰基化合物的检测普遍采用《YC/T 254—2008》所规定的高效液相色谱法，此方法的缺点是样品测定前期准备工作烦琐，需要对捕集滤片加衍生化试剂处理并在真空干燥箱中静置过夜晾干，在批量样品分析过程中易导致目标化合物的损失，因此，建立一种能够快速、高效、准确的测定卷烟主流烟气中羰基化合物的方法，有利于提高对卷烟主流烟气中羰基化合物检测的效率和准确性，同时大大降低有机溶剂的损耗，减少对环境的污染。

(1) 实验部分

①仪器和试剂

标准品：甲醛、乙醛、丙酮、丙烯醛、丙醛、巴豆醛、2-丁酮、丁醛的2,4-二硝基苯腙衍生物标准品（TCI公司）；

试剂：乙腈（德国CNW公司）、乙酸乙酯（德国默克公司），无水乙醇（美国ROE公司），均应达到HPLC纯；所有实验用水均为超纯水仪处理后的去离子水；2,4-二硝基苯肼（DNPH）为分析纯试剂（使用前重结晶）；高氯酸和磷酸为分析纯试剂；

仪器：SM450，20通道直线型吸烟机；Agilent 1200高效液相色谱仪

（HPLC，美国 Agilent 公司）；紫外检测器（VWD）；四元溶剂管理器；AE163 电子天平（瑞士 Mettler 公司），感量：0.0001g。

②色谱条件

色谱柱：Merck Lichrosphere RP C_{18}，5μm，4×250mm；保护柱：Lichrocart 4×4mm，Lichrosphere RP C_{18}，5μm；

柱温：30℃；

流动相 A：水/乙腈/四氢呋喃/异丙醇（59∶30∶10∶1，体积比）；

流动相 B：水/乙腈/四氢呋喃/异丙醇（33∶65∶1∶1，体积比）；

流动相 C：乙腈；

柱流量：1.5ml/min；

进样体积：20μL；

梯度：三元溶剂流动相梯度如表 5-2 所示。

检测器：紫外检测器；检测波长为 365nm。

表 5-2　　三元溶剂流动梯度表

时间/min	流量	A/%	B/%	C/%
0.0	1.5	100	0	0
8.0	1.5	70	30	0
20.0	1.5	47	53	0
27.0	1.5	0	100	0
30.0	1.5	0	0	100
32.0	1.5	0	0	100
34.0	1.5	95	5	0
35.0	1.5	100	0	0

③标准工作溶液制备：分别准确称取 30mg 的丙酮、丙烯醛、丙醛、巴豆醛、2-丁酮、丁醛的 2,4-二硝基苯腙衍生物标准品，40mg 甲醛和 50mg 乙醛的 2,4-二硝基苯腙衍生物标准品至不同的 25mL 容量瓶中，精确至 0.1mg，分别用乙腈定容作为一级储备液，此溶液密封于 4℃存放，有效期为一年；然后分别移取 1.0mL 的乙醛 DNPH 溶液，0.75mL 的丙酮 DNPH 溶液，0.5mL 甲醛、丙烯醛、丙醛、巴豆醛、2-丁酮、丁醛的 DNPH 溶液至 25mL 容量瓶中，用乙腈定容至刻度，此为二级储备液，密封于 4℃存放，有效期为 20d；然后

移取0.05mL、0.2mL、0.4mL、0.8mL、2.0mL、4.0mL、7.0mL和10.0mL的二级储备液至10mL的容量瓶中，用乙腈定容配制8级具有一定浓度梯度的标准工作溶液，有效期为20d。标准溶液置于冰箱保存，取用时置于常温下，达到常温后方可使用。各指标浓度如表5-3所示。

表5-3　各指标标准溶液浓度　单位：μg/mL

名称	1#	2#	3#	4#	5#	6#	7#	8#
甲醛	0.0226	0.0904	0.1807	0.3614	0.9035	1.8070	3.1623	4.5176
乙醛	0.0844	0.3375	0.6749	1.3499	3.3747	6.7494	11.8114	16.8734
丙酮	0.0455	0.1818	0.3637	0.7274	1.8184	3.6368	6.3643	9.0919
丙烯醛	0.0305	0.1221	0.2441	0.4882	1.2205	2.4411	4.2719	6.1027
丙醛	0.0303	0.1211	0.2423	0.4846	1.2115	2.4230	4.2402	6.0574
巴豆醛	0.0305	0.1222	0.2444	0.4888	1.2220	2.4440	4.2769	6.1099
2-丁酮	0.0312	0.1250	0.2500	0.5000	1.2499	2.4998	4.3747	6.2495
丁醛	0.0265	0.1061	0.2122	0.4243	1.0608	2.1216	3.7128	5.3040

④衍生化试剂的重结晶：称取35g的2,4-二硝基苯肼（DNPH）固体于2L烧瓶中，加入750mL无水乙醇后，缓慢加热并摇动，然后慢慢加入1000mL乙酸乙酯，继续加入直至DNPH完全溶解，此溶液应为澄清深红色溶液；将此溶液真空过滤至2L烧瓶中，密封闭光并静置过夜使其结晶，真空抽滤重结晶的DNPH，称重并密封干燥存放；浓缩抽滤液以得到更多的重结晶DNPH。

⑤前处理所需溶剂的准备：萃取溶液的配制：称取4.755g的重结晶DNPH至2L的容量瓶中，加入1L乙腈，慢慢摇动并加热使其溶解，保证没有结晶物残留；然后加入58mL的磷酸溶液（在200mL容量瓶中加入28mL的85%磷酸，然后用去离子水定容）并摇匀，此时溶液会变为黄色；用去离子水定容至刻度，此时溶液会变成橘黄色。将此溶液闭光室温保存，有效期为一星期。

氨基甲烷溶液的配制：称取2.00g的氨基甲烷于1L的容量瓶中，加入200ml的去离子水使其溶解，用乙腈定容至刻度；此溶液密封室温存放，有效期可达数周。

⑥样品前处理：按照 GB/T 5606. 1—2004 抽取卷烟样品，用 2 个串联的各装有 25mL 萃取溶液的吸收瓶捕集 2 支卷烟的全部主流烟气，用洗耳球吹洗吸收瓶 3 次，静置 5min，然后将捕集有主流烟气的吸收液合并放入 100mL 锥形瓶中，从中吸取 4mL 经过 0. 45μm 有机相滤膜过滤的溶液转移到 10mL 容量瓶中，移取 6mL 1%的氨基甲烷溶液至 10mL 容量瓶中，摇匀转移一定量的混合溶液至色谱小瓶中于 4℃存放待测。

⑦捕集装置和连接示意图：针对卷烟烟气中羰基化合物的有效收集而设计了一种捕集装置，利用该装置可以与吸烟机连用从而较好地捕集卷烟主流烟气中的羰基化合物，为卷烟主流烟气中羰基化合物的准确测定提供了可能。

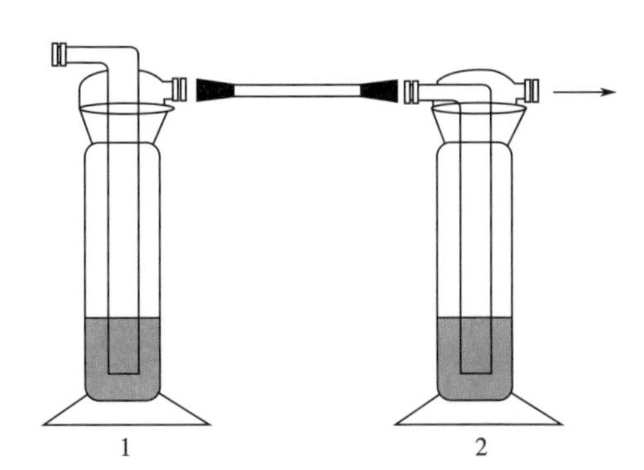

图 5-1　卷烟主流烟气捕集装置和连接图

本捕集装置用于卷烟烟气中羰基化合物的捕集时，将装置串联在卷烟夹持器与抽吸针筒之间构成，吸收瓶内各加入 25mL 2,4-二硝基苯肼溶液作为吸收液，具体如图 5-1 所示。

（2）结果与讨论

①捕集溶液及其量和衍生化时间的优化：分别对剑桥滤片采用 25mL 和 35mL 的磷酸和高氯酸溶液进行捕集，并考察抽吸完毕后的静置时间（5min 和 20min），实验结果如图 5-2、图 5-3、图 5-4、图 5-5 所示。

a. CM6 和 Ky 3R4F 卷烟高氯酸溶液捕集体积比较

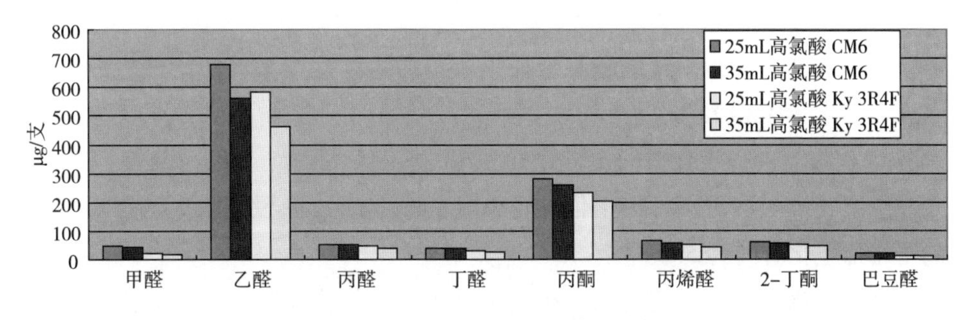

图 5-2　高氯酸溶液捕集体积比较

由图 5-2 所示，采用 25mL 高氯酸捕集溶液所得含量高于 35mL 捕集溶液，因此选定 25mL 捕集溶液。

b. CM6 和 Ky 3R4F 卷烟磷酸溶液捕集体积比较

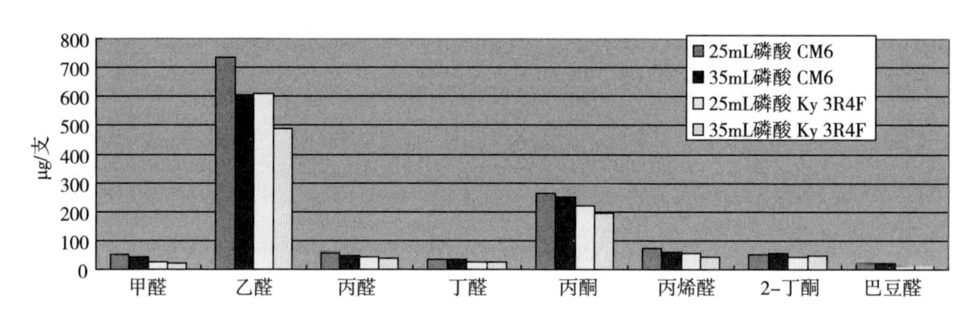

图 5-3　磷酸溶液捕集体积比较

由图 5-3 所示，采用 25mL 磷酸捕集溶液所得含量高于 35mL 捕集溶液，因此选定 25mL 捕集溶液。

c. 25mL 磷酸和高氯酸溶液比较

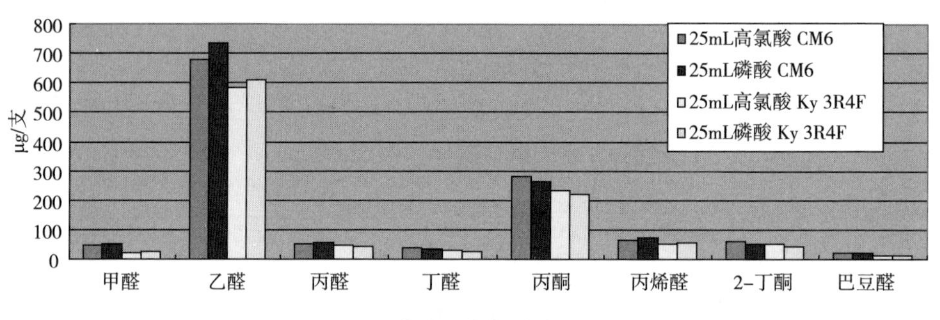

图 5-4　磷酸和高氯酸溶液比较

由图 5-4 所示，采用磷酸溶液捕集所得的效果优于高氯酸溶液，因此选定 25mL 磷酸溶液捕集。

d. 捕集溶液衍生化时间比较（5min 和 30min）

由图 5-5 可以看出，衍生化时间采用 5min 和 30min 没有太大的影响，因此采用衍生化时间为 5min。

②选定色谱条件下色谱图：经过对色谱条件优化，选择合适的流动相比例，确定色谱条件。此条件下样品中各个目标物能和杂质达到有效的分离，可以实现对样品的分析。如图 5-6、图 5-7 所示。

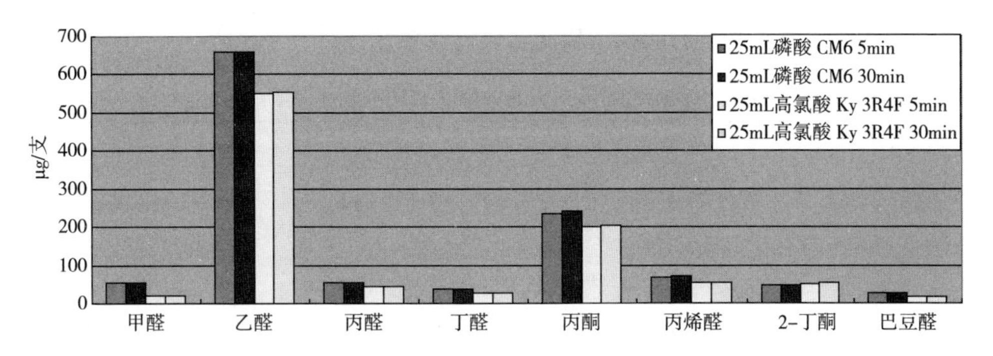

图 5-5　溶液衍生化时间比较

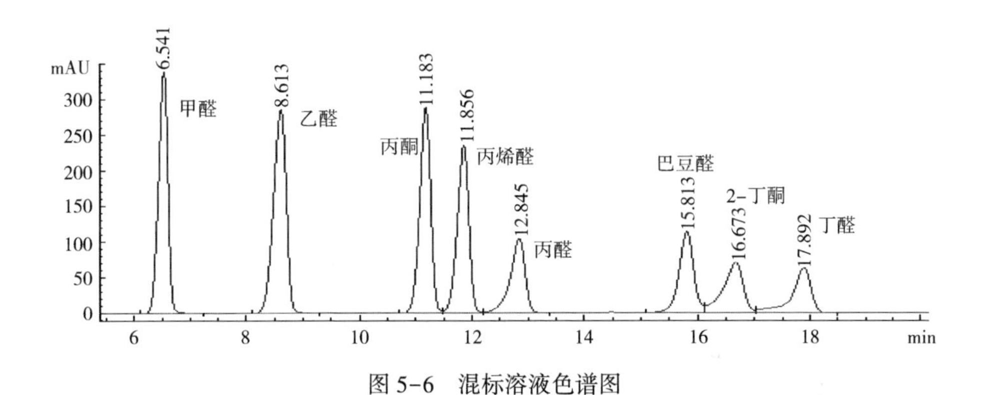

图 5-6　混标溶液色谱图

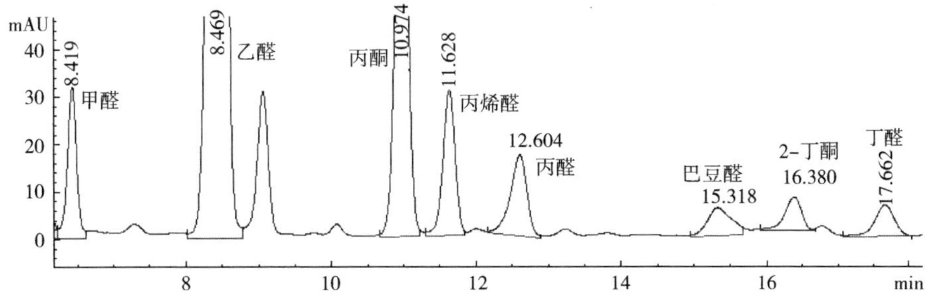

图 5-7　卷烟样品色谱图

③方法的回收率和重复性：对样品进行高、中、低不同浓度水平的标准溶液加标回收率试验，每个样品分别测定 5 次，计算本方法各种卷烟主流烟气中主要羰基化合物的回收率及加标后测定值的相对标准偏差，结果见表 5-4。由表 5-4 可以看出，在 3 个加标水平上，利用此方法检测卷烟主流烟气中主要羰基化合物的平均回收率在 86%~94%之间。样品测试结果的平均相对偏

差小于7%；说明本法的回收率较高，重复性较好。

表5-4　卷烟主流烟气羰基化合物的回收率和重复性（$n=5$）

名称	样品平均含量/（μg/支）	加标含量/（μg/支）	测定平均含量/（μg/支）	RSD/%	平均RSD/%	回收率/%	平均回收率/%
甲醛	149.39	50	195.89	2.31	2.62	93	94
		150	241.9	2.50		93	
		300	293.4	3.04		96	
乙醛	529.05	100	603.89	4.52	3.38	75	86
		500	707.18	3.60		89	
		1000	812.47	2.03		94	
丙酮	162.56	50	204.06	5.21	5.20	83	90
		150	254.68	6.05		92	
		300	306.31	4.35		96	
丙烯醛	56.07	10	64.37	7.06	6.25	83	89
		50	73.78	5.47		89	
		100	84.34	6.23		94	
丙醛	52.27	10	60.77	4.68	5.66	85	90
		50	70.1	5.80		89	
		100	80.62	6.52		95	
巴豆醛	13.88	2	15.6	4.65	6.81	86	89
		10	17.34	6.52		87	
		20	19.48	9.26		93	
2-丁酮	36.23	10	40.78	6.32	5.29	91	90
		30	44.84	5.28		86	
		100	50.2	4.29		93	
丁醛	33.63	10	37.98	7.06	6.01	87	89
		30	42.32	6.58		87	
		100	47.65	4.39		93	

④卷烟主流烟气羰基化合物的标准曲线和检测限：以甲醛、乙醛、丙酮、丙烯醛、丙醛、巴豆醛、2-丁酮、丁醛为检测指标，配制 8 种羰基化合物的工作标准溶液，经高效液相色谱分析，以目标物色谱峰面积对其相应浓度进行回归分析，得到标准曲线及其回归方程、相关系数，利用最低浓度标液信噪比为 3 时计算出检测限。由表 5-5 可知，所采用的色谱条件使 8 种羰基有化合物色谱峰都分离较好，并且均具有较好的相关性，检测限在 0.04μg/支~0.12μg/支之间。

表 5-5　卷烟主流烟气羰基化合物的标准曲线和检测限

卷烟编号	名称	保留时间/min	回归方程	相关系数	检测限①/（μg/支）
1	甲醛	6.419	$Y=463.9319X+1.1376$	1.0000	0.05
2	乙醛	8.458	$Y=367.2131X+1.6263$	1.0000	0.12
3	丙酮	10974	$Y=279.2393X+2.0672$	1.0000	0.08
4	丙烯醛	11.628	$Y=360.2303X+1.6750$	1.0000	0.04
5	丙醛	12.604	$Y=268.6246X+0.6798$	1.0000	0.06
6	巴豆醛	15.319	$Y=296.0517X+1.0616$	1.0000	0.05
7	2-丁酮	16.380	$Y=233.2526X+0.4802$	1.0000	0.09
8	丁醛	17.662	$Y=202.4466X+0.2786$	1.0000	0.05

注：①检测限以 3 倍信噪比（$S/N=3$）计算。

⑤卷烟测定结果及分析：应用本法对 CM6 和 3R4F 卷烟以及 51 种国内卷烟主流烟气中 8 种羰基化合物的含量进行分析测定。结果详见（表 5-6）。分析结果表明，卷烟主流烟气中总羰基化合物的含量在 373.83~1315.83μg/支之间，其含量主要受到焦油含量的影响。

表 5-6　国内外卷烟测定结果　单位：μg/支

卷烟编号	甲醛	乙醛	丙酮	丙烯醛	丙醛	巴豆醛	2-丁酮	丁醛	总量
1	82.66	539.57	215.26	55.78	53.89	18.14	53.03	35.91	1054.24
2	45.39	517.20	224.85	49.78	49.29	16.12	52.12	33.24	987.99
3	30.72	449.05	199.27	41.56	41.00	13.10	49.21	32.74	856.65
4	9.50	207.32	100.48	18.87	20.36	4.72	25.25	16.42	402.92

续表

卷烟编号	甲醛	乙醛	丙酮	丙烯醛	丙醛	巴豆醛	2-丁酮	丁醛	总量
5	115.52	595.91	241.54	72.67	62.27	21.02	56.58	38.37	1203.88
6	124.30	640.67	267.07	76.04	64.67	24.26	66.88	44.46	1308.35
7	108.15	606.52	246.48	69.95	61.85	20.37	57.62	39.59	1210.53
8	108.82	596.22	245.84	71.32	63.21	22.34	58.49	40.88	1207.12
9	73.49	626.96	270.12	65.75	62.07	21.76	64.68	44.93	1229.76
10	96.48	604.99	243.19	68.80	61.97	22.21	59.63	43.92	1201.19
11	113.68	653.44	273.86	82.99	67.94	23.99	62.49	37.44	1315.83
12	105.70	622.78	258.96	71.28	65.01	24.48	67.74	46.13	1262.08
13	70.35	475.09	206.57	55.15	50.36	18.22	53.55	35.91	965.20
14	29.81	336.68	149.05	33.90	35.62	10.08	39.38	25.09	659.61
15	106.39	644.16	259.38	79.38	64.44	23.71	64.59	47.14	1289.19
16	122.56	611.52	232.60	74.59	63.11	20.05	55.51	38.73	1218.67
17	82.72	574.82	248.03	60.46	58.53	20.19	62.47	42.17	1149.39
18	129.37	672.79	283.06	79.47	72.33	26.65	70.71	45.72	1380.10
19	92.99	599.19	241.22	73.26	61.89	22.23	60.67	39.98	1191.43
20	73.66	496.78	202.32	54.72	49.88	13.97	47.38	31.94	970.65
21	99.67	548.01	211.43	62.02	57.25	18.13	51.36	38.91	1086.78
22	84.46	465.90	189.73	54.47	47.74	16.37	48.73	32.89	940.29
23	115.39	638.85	244.22	72.14	65.12	21.95	59.03	42.66	1259.36
24	104.87	545.31	224.98	63.03	55.32	18.34	52.93	35.94	1100.72
25	94.50	521.81	211.88	65.42	56.62	19.31	54.62	36.53	1060.69
26	122.08	602.75	236.24	69.44	59.55	20.34	53.47	38.06	1201.93
27	16.14	356.47	148.27	31.50	33.03	8.25	37.52	24.30	655.48
28	7.65	206.65	83.96	17.57	18.71	4.01	21.51	13.77	373.83
29	28.97	516.70	217.05	43.52	54.19	14.49	54.74	34.87	964.53
30	45.24	513.95	213.25	49.58	54.89	16.76	53.61	37.83	985.11
31	28.12	402.64	164.40	38.34	42.76	11.97	41.32	28.51	758.06

续表

卷烟编号	甲醛	乙醛	丙酮	丙烯醛	丙醛	巴豆醛	2-丁酮	丁醛	总量
32	43.50	434.91	203.42	40.89	47.09	10.61	47.64	30.30	858.36
33	81.64	515.69	217.96	59.68	57.32	18.54	56.03	36.25	1043.11
34	81.88	496.49	190.12	52.32	54.93	13.01	42.53	32.44	963.72
35	100.46	616.22	247.01	63.89	66.50	20.61	59.74	40.05	1214.48
36	96.74	592.57	237.08	62.88	65.59	20.05	57.18	40.64	1172.73
37	89.71	587.31	270.00	65.14	69.79	26.05	76.34	47.06	1231.40
38	76.87	508.48	223.44	52.39	56.54	19.97	60.82	36.45	1034.96
39	70.35	475.09	206.57	55.15	50.36	18.22	53.55	35.91	965.20
40	29.81	336.68	149.05	33.90	35.62	10.08	39.38	25.09	659.61
41	36.04	373.92	188.43	31.75	43.44	13.47	49.58	29.58	766.21
42	20.13	185.40	100.96	17.21	20.99	6.88	29.77	16.27	397.61
43	84.70	464.30	201.89	51.89	51.79	17.40	55.77	30.14	957.88
44	25.18	380.60	178.16	33.45	39.42	13.03	49.12	28.44	747.40
45	59.05	452.51	208.74	46.88	49.82	19.21	59.97	35.26	931.44
46	26.38	239.49	133.39	24.94	29.58	9.50	34.76	20.76	518.80
47	21.45	266.78	139.43	22.94	30.61	9.81	38.47	22.91	552.40
48	36.86	366.83	179.76	34.31	41.01	13.33	49.38	29.65	751.13
49	23.43	416.51	184.43	36.70	42.97	14.46	48.68	35.07	802.25
50	43.62	389.60	182.85	39.15	45.84	17.37	52.08	31.18	801.69
51	18.49	268.52	133.44	25.61	30.09	9.69	37.56	22.64	546.04
CM6	42.45	587.70	192.81	50.31	43.62	27.43	16.24	29.91	990.46
3R4F	20.19	411.21	134.10	30.43	28.71	13.66	13.98	17.98	670.26

（3）结论　本研究是利用装有羰基衍生化试剂的吸收瓶捕集卷烟主流烟气中的主要羰基化合物，利用溶液捕集-高效液相色谱法（HPLC）分析卷烟主流烟气中的主要羰基化合物的方法。采用本发明方法检测卷烟主流烟气中主要羰基化合物的含量，快速有效，前处理简单，平均相对标准偏差小于7%，各指标的平均回收率在86%~94%之间。具有快速准确、灵敏度高及重

复性好的优点。

2. 超高效合相色谱（UPC²）法

羰基化合物是卷烟主流烟气中的一类重要有害成分，被列入加拿大政府46种有害成分名单和WHO“烟草制品管制研究小组”建议的管制成分清单，因而准确测定卷烟烟气中的挥发性羰基化合物对于卷烟危害性评价具有重要意义。早期报道的烟气羰基化合物的分析方法主要有分光光度法、气体进样法、纸色谱法等。近年来，采用2,4-二硝基苯肼作为羰基化合物衍生化试剂的分析报道日益增多。利用2,4-二硝基苯肼在酸性条件下可与羰基化合物反应生成较为稳定的腙类化合物，再采用GC或HPLC均可对该腙类化合物进行准确检测。超高效合相色谱（Ultra performance convergence chromatography，UPC²）技术是近年发展的一种分离技术，源于超临界流体色谱技术，其以超临界CO_2为主要的流动相，具有黏度低、传质性能好、分离效率高、绿色环保的优点；该系统基于Waters成熟的UPLC™技术平台，以及亚2μm的色谱柱技术，使仪器的可操控性、重现性和精密度等方面都有质的进步。目前，国内普遍采用YC/T 254—2008所规定的高效液相色谱法检测卷烟主流烟气中羰基化合物，此方法的缺点是样品检测时间长（45min），耗费有机溶剂多，不环保。因此，建立了快速、高效、环保的测定卷烟主流烟中气羰基化合物的方法，以提高卷烟主流烟气中羰基化合物的检测效率。

（1）材料与方法

①材料、试剂与仪器

仪器：BORGWALDT-KC 5孔道侧流吸烟机（德国BORGWALDT-KC公司）；ACQUITY UPC²系统，配ACQUITY UPC² PDA检测器（美国Waters公司）；ACQUITY UPC² BEH色谱柱（1.7μm，3mm×100mm）、ACQUITY UPC² BEH 2-EP色谱柱（1.7μm，3mm×150mm）、ACQUITY UPC² HSS C_{18} SB色谱柱（1.8μm，3mm×150mm）和ACQUITY UPC² CSH Fluoro-Phenyl色谱柱（1.7μm，3mm×150mm）（美国Waters公司）；GB204电子天平（感量：0.0001g，瑞士Mettler Toledo公司）；昆山KQ-700DB台式数控超声仪（昆山市超声仪器有限公司）；有机相针式滤器（13mm×0.22μm，上海安谱科学仪器有限公司）；Milli-Q纯水系统（美国密理博公司）。

卷烟样品：2013年卷烟市场抽查样品（烤烟型，焦油含量6mg~11mg，国家烟草质量监督检验中心提供）。

标准品：甲醛、乙醛、丙酮、丙烯醛、丙醛、巴豆醛、丁酮、丁醛的2，4-二硝基苯腙衍生物标准品（日本TCI公司）。

试剂：乙腈、甲醇、乙醇和异丙醇（色谱纯，韩国Duksan pure chemicals公司）；CO_2（食品级，河南源正科技发展有限公司）；去离子水（自制）；2，4-二硝基苯肼（DNPH）（AR，天津市瑞金特化学品有限公司）（使用前重结晶）；高氯酸（AR，美国Sigma-Aldrich公司）。

②样品处理与分析：取一组卷烟，挑选重量为（平均值±20）mg，吸阻为（平均值±50）Pa的烟支，在温度（22±2）℃和相对湿度（60±5）%下平衡48h；按照GB/T 16450的方法调整吸烟机抽吸参数，用5孔道侧流吸烟机抽吸平衡后的卷烟，用经过衍生化试剂处理的剑桥滤片收集主流烟气粒相物。卷烟抽吸结束后，再空吸两口，取出捕集器，放置3min，使烟气中的羰基化合物与DNPH充分反应，然后马上取出滤片。取同样卷烟，不点燃，每支空吸7口，然后按照上述条件处理分析，得到的结果为室内空气空白值，在最后的测定结果中要进行空白扣除。

取出两组滤片（4支卷烟），转移至150mL锥形瓶中，用数字可调型瓶口分配器准确加入100mL 2%的吡啶/乙腈（体积比）溶液，机械振荡10min（振荡频率160~200r/min）；静置2min，取适量萃取液用有机相滤膜过滤后，转移至2mL色谱瓶中，进行UPC^2分析。分析条件如下所述。

色谱柱：Acquity UPC^2 BEH 2-EP（1.7μm，3mm×150mm）色谱柱；系统背压：11.0MPa；色谱柱温度：40℃；进样量：1μL；流动相：CO_2（流动相A）和甲醇（流动相B）；柱流速：1.5mL/min；监测方式：紫外波长365nm，检测时间：10min。流动相梯度洗脱程序见表5-7。

表5-7　流动相梯度洗脱程序

时间/min	A/%	B/%	曲线①
初始	99.8	0.2	初始
0.10	99.8	0.2	6
1.00	99.7	0.3	6
7.00	99.6	0.4	6
9.00	95.0	5.0	6
10.00	65.0	35.0	6

续表

时间/min	A/%	B/%	曲线①
11.00	99.8	0.2	11
13.00	99.8	0.2	6

注：①曲线为 Waters 仪器中梯度变化方式，6 代表线性变化，11 代表垂直变化。

（2）结果与讨论

①分析条件对分离效果的影响

a. 色谱柱：分别考察了 4 种色谱柱（ACQUITY UPC^2 BEH，BEH 2-EP，HSS C_{18} SB 和 CSH Fluoro-Phenyl 色谱柱）对 8 种羰基化合物的分离能力。从实验结果（图 5-8）可见，不同的色谱柱对 8 种物质的分离能力有差异，只有 ACQUITY UPC^2BEH 2-EP 色谱柱能够实现 8 种物质的有效分离。因此选用该色谱柱作为分析柱。

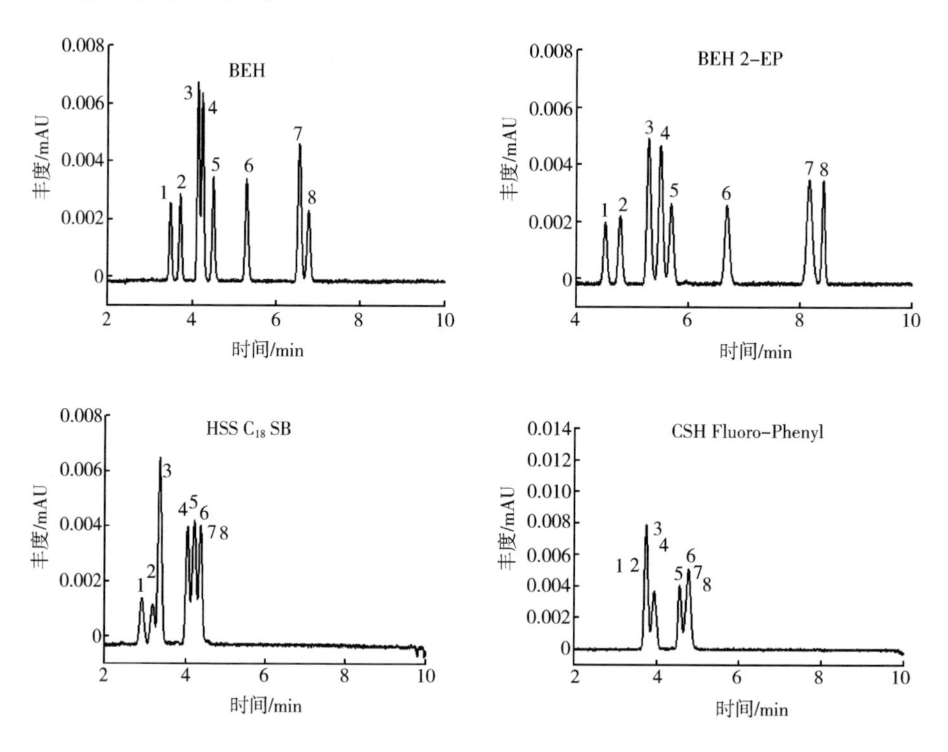

图 5-8 不同色谱柱对 8 种羰基化合物的分离效果

1—丁醛 2—丁酮 3—丙醛 4—巴豆醛 5—丙烯醛 6—丙酮 7—乙醛 8—甲醛

b. 有机溶剂流动相：UPC²系统所使用主要流动相为 CO_2，有机溶剂的使用量极少，但不同的有机溶剂会对目标物的分离有一定的影响。考察了 4 种有机溶剂（甲醇、乙腈、乙醇和异丙醇）对 8 种羰基化合物的分离结果。从图 5-9 可见，4 种溶剂对 8 种物质的洗脱能力大小顺序为：甲醇>异丙醇>乙腈>乙醇。其中，使用甲醇和乙腈的分离效果较好，乙醇和异丙醇的分离能力有限，但由于乙腈毒性更大，因此，最终采用甲醇作为有机溶剂流动相。

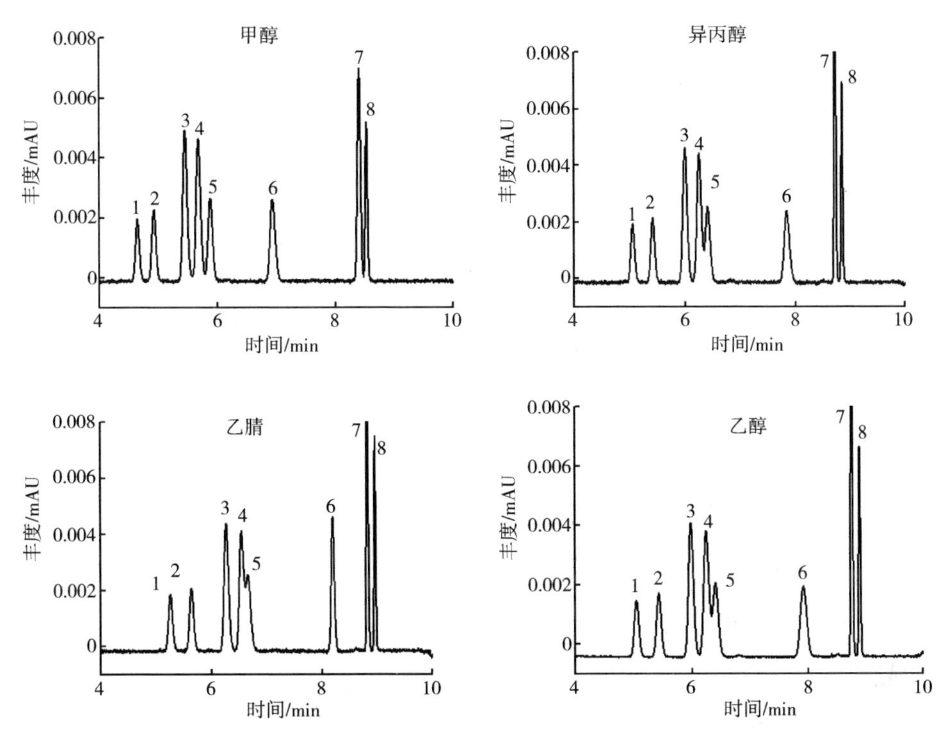

图 5-9　4 种有机溶剂流动相对 8 种羰基化合物的分离效果

1—丁醛　2—丁酮　3—丙醛　4—巴豆醛　5—丙烯醛　6—丙酮　7—乙醛　8—甲醛

c. 色谱柱温度：在分离过程中，色谱柱柱温对 UPC²的分离效果有着重要的影响。分别考察了不同柱温（30℃，40℃，50℃和 60℃）对分离效果的影响，结果见图 5-10。从图 5-10 可见，温度对 8 种羰基化合物的分离度和保留时间均有影响；随着柱温升高，8 种物质的分离度有所增加；当温度大于 40℃，2-丁酮和丙醛的分离受到影响。因此，最终选定温度为 40℃。

d. 系统背压：UPC²色谱柱在分离过程中，系统背压也是需要优化的参数。分别考察了不同的系统背压（11.0MPa，12.4MPa 和 13.8MPa）对于分离

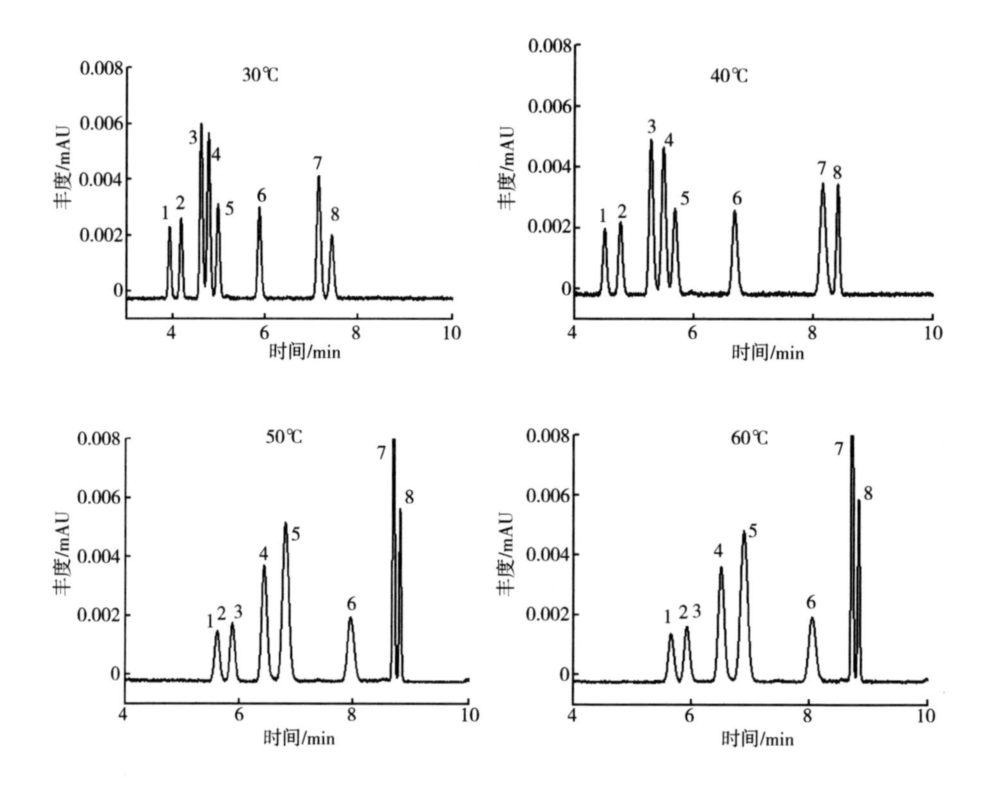

图 5-10　温度对 8 种羰基化合物分离效果的影响

1—丁醛　2—丁酮　3—丙醛　4—巴豆醛　5—丙烯醛　6—丙酮　7—乙醛　8—甲醛

效果的影响。从图 5-11 可见，背压的高低对 8 种羰基化合物的色谱分离影响不显著，系统背压为 11.0MPa 时的分离效果略好。考虑到过高的背压易使 UPC^2 系统压力增高，因此选定系统背压为 11.0MPa。

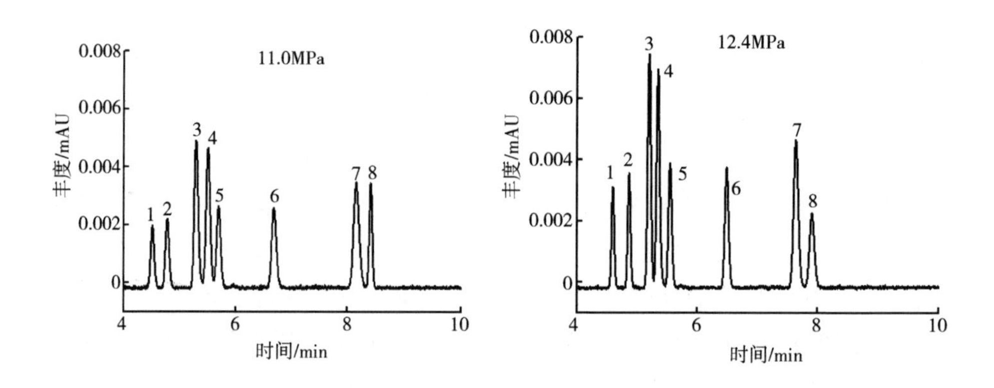

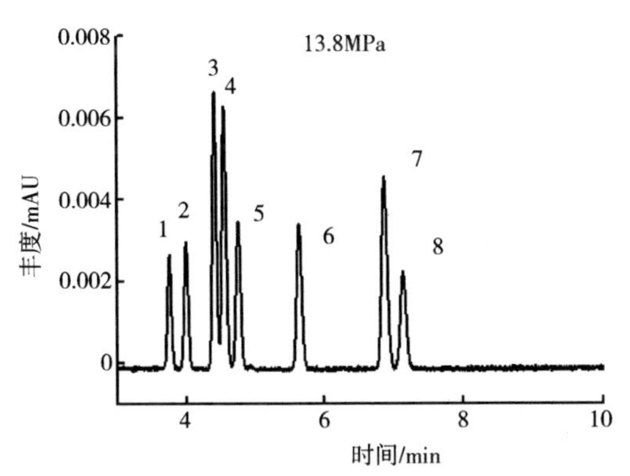

图 5-11　背压对 8 种羰基化合物分离效果的影响

1—丁醛　2—丁酮　3—丙醛　4—巴豆醛　5—丙烯醛　6—丙酮　7—乙醛　8—甲醛

②选定色谱条件下的分离效果：经过对色谱条件优化，选择合适的色谱柱和流动相比例，确定色谱条件。此条件下实际样品中 8 种目标物能与杂质有效分离。如图 5-12、图 5-13 所示。

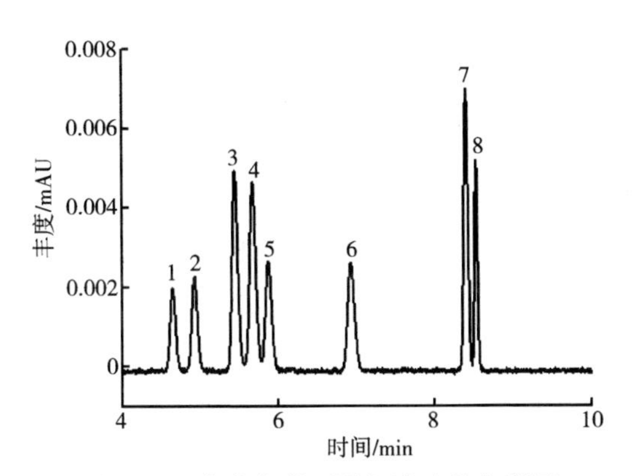

图 5-12　优化条件下混标溶液的色谱图

1—丁醛　2—丁酮　3—丙醛　4—巴豆醛　5—丙烯醛　6—丙酮　7—乙醛　8—甲醛

③方法评价：配制标准溶液，以标准系列峰面积对应标准工作溶液浓度建立线性回归方程。根据普查样品中目标物的实际含量，对样品进行高、中、低不同浓度水平的标准溶液加标回收率试验，每个样品分别测定 5 次，计算本方法卷烟主流烟气 8 种羰基化合物的回收率及加标后测定值的相对标准偏差；逐级稀释标准溶液，按信噪比 $S/N=3$ 计算方法的检出限（*LOD*）（表 5-8）。由表 5-8 可知，8 种物质在 0.02～10.00mg/L 范围内线性关系良好（R^2>0.999），在 3 个加标水平上，8 种物质的平均回收率在 75%～96%之间，样品

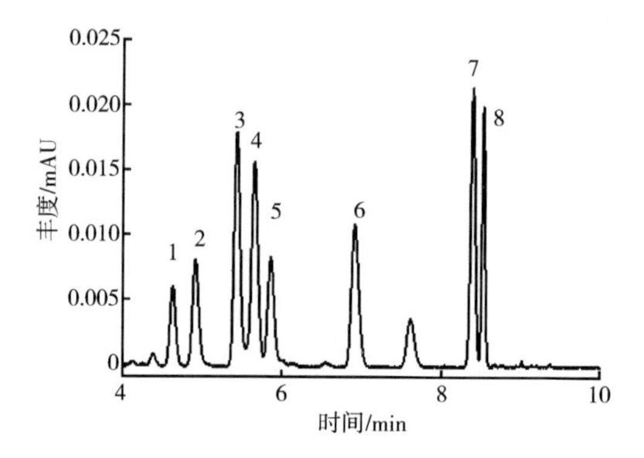

图 5-13　卷烟样品主流烟气的色谱图

1—丁醛　2—丁酮　3—丙醛　4—巴豆醛　5—丙烯醛　6—丙酮　7—乙醛　8—甲醛

测试结果的平均相对偏差小于 10%，检出限在 0.07~0.15μg/支之间。说明本法的回收率较高，重复性较好。

表 5-8　卷烟主流烟气 8 种羰基化合物的回收率及加标测定值的相对标准偏差

序号	羰基化合物	保留时间/min	线性方程	R^2	LOD/(μg/支)	加标量/(μg/支)	回收率/%	RSD/%
1	丁醛	4.699	$Y=1.4\times10^2X+5.49\times10^2$	0.9994	0.08	10	87	7.1
						30	87	6.6
						100	93	4.4
2	丁酮	4.993	$Y=1.73\times10^2X+8.48\times10^2$	0.9993	0.12	10	91	6.3
						30	86	5.3
						100	93	4.3
3	丙醛	5.485	$Y=2.76\times10^2X+2.05\times10^3$	0.9995	0.09	10	85	4.7
						50	89	5.8
						100	95	6.5
4	巴豆醛	5.704	$Y=4.02\times10^2X+1.23\times10^3$	0.9996	0.08	2	86	4.6
						10	87	6.5
						20	93	9.3
5	丙烯醛	5.920	$Y=2.31\times10^2X-4.29\times10^2$	0.9999	0.07	10	83	7.1
						50	89	5.5
						100	94	6.2

续表

序号	羰基化合物	保留时间/min	线性方程	R^2	*LOD*/(μg/支)	加标量/(μg/支)	回收率/%	RSD/%
						50	83	5.2
6	丙酮	6.974	$Y=2.08\times10^2X+1.07\times10^3$	0.9991	0.11	150	92	6.0
						300	96	4.3
						100	75	4.5
7	乙醛	8.409	$Y=2.13\times10^2X+9.96\times10^2$	0.9998	0.15	500	89	3.6
						1000	94	2.0
						10	93	2.3
8	甲醛	8.539	$Y=2.57\times10^2X+8.00\times10^2$	0.9998	0.08	50	93	2.5
						100	96	3.0

④与标准方法的对比：使用 SPSS 软件，将本方法测定 22 个样品的结果与采用 YC/T 254—2008 所规定的高效液相色谱法测定的数据进行配对 *t* 检验，结果如表 5-9 所示。两组数据的相关性为 0.938，*sig.* =0.082，大于 0.05，在 95%置信区间内说明两组数据没有显著差异，是来自同一样本。

表 5-9　配对 *t* 检验结果

方法	样本数	平均值	相关系数	*sig.*
UPC^2	176	194.5830	0.938	0.082
HPLC	176	210.6694		

由于国内烟草行业较为关注 8 种羰基化合物中的巴豆醛，因此将采用本方法测定巴豆醛的数据与采用 YC/T 254—2008 的方法测定的数据进行比较，如图 5-14 所示，二者的线性关系较好，$R^2=0.949$，结果较为一致。

（3）结论

①通过对色谱系统主要参数的优化，建立了一种基于超高效合相色谱的卷烟主流烟气 8 种羰基化合物的检测方法。②本方法能够在 10min 内实现 8 种羰基化合物的有效分离和准确定量，相比于标准方法（45min），检测时间显著缩短。③所采用的主要流动相为 CO_2，有机溶剂消耗极少，更加符合绿色

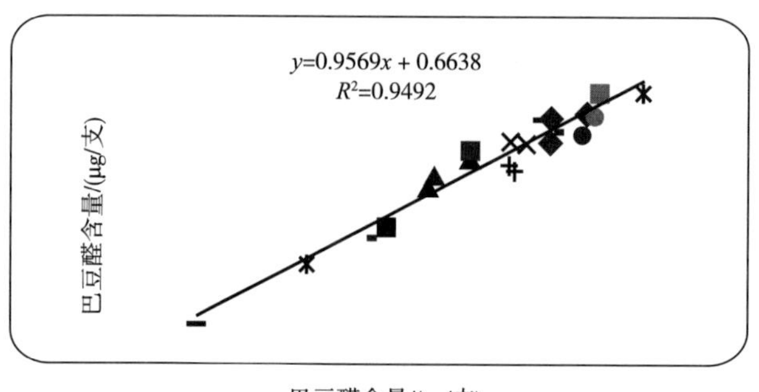

图 5-14　两种方法测定巴豆醛数据比较

分析的要求，并降低了分析成本。④实际样品分析结果表明方法简便、结果准确，测定数据与标准方法没有差异，但本方法更高效环保。

3. UPLC-IE 法

羰基化合物，特别是不饱和醛类成分（例如，巴豆醛）具有纤毛毒性和剧烈的黏膜刺激性，长期接触会对人体产生不可逆的伤害；甲醛和乙醛也是一种对人体可疑的致癌物。羰基化合物同时也是卷烟中的一类重要有害成分。Hoffmann 清单中包含了 8 种羰基化合物-甲醛、乙醛、丙酮、丙烯醛、丙醛、巴豆醛、2-丁酮和丁醛。在 World Health Organization（WHO）“烟草制品管制研究小组”建议的管制成分清单中明确提出了对这 8 种羰基化合物的管制要求。

目前，用于分析卷烟烟气中含有的这 8 种羰基化合物的方法有分光光度法、气相色谱法和高效液相色谱法等。其中，高效液相色谱的应用最广，也是卷烟主流烟气中羰基化合物检测行业标准 YC/T 254—2008 所推荐使用的测定方法。超高效液相色谱（Ultra performance liquid chromatography，UPLC）是分离科学中的一个全新类别，UPLC 借助高效液相色谱（High performance liquid chromatography，HPLC）的理论及原理，通过结合更小颗粒的填料、低系统死体积及快速检测等技术，可以有效提高色谱分离的速度。

在本文中，结合 UPLC 系统，并系统优化在使用 UPLC 系统分析羰基化合物时的分析柱、流动相和分离梯度，建立了一种基于 UPLC 的等梯度洗脱（UPLC-isocratic elution，UPLC-IE）法，能够快速高效的测定卷烟主流烟气中 8 种羰基化合物的方法。该方法只需 12min 的等度洗脱即可实现 8 种羰基化合物的有效分离。相比于以往的 HPLC 方法，该方法分离时间更短，有机溶剂

消耗更少，并且可以更好的避免底物溶液中杂质的存在对于8种羰基化合物的分离的干扰。

（1）实验部分

①仪器与试剂：沃特世ACQUITY UPLC系统，配ACQUITY UPLC PDA检测器（美国Waters公司）；安捷伦1200 HPLC系统，配HPLC DAD检测器（美国Agilent公司）；ACQUITY UPLC BEH 2-EP色谱柱（1.7μm，3cm×50mm和3cm×100mm）和安捷伦HC-C18色谱柱（5μm，4.6cm×150mm）；BORGWALDT-KC 5孔道侧流吸烟机（德国BORGWALDT-KC公司）；GB204电子天平（瑞士Mettler公司），感量：0.0001g；KQ-700DB台式数控超声仪（昆山市超声仪器有限公司）；有机相针式滤器，13mm×0.22μm（上海安谱科学仪器有限公司）；标准品：甲醛、乙醛、丙酮、丙烯醛、丙醛、巴豆醛、2-丁酮、丁醛的DNPH苯腙标准品购自梯希爱（上海）化成工业发展有限公司；试剂：乙腈、甲醇、乙醇和异丙醇（色谱纯）购自韩国Duksan pure chemicals公司；实验用水为Milli-Q纯水系统所制去离子水；2,4-二硝基苯肼（2,4-dinitrophenylhydrazine，DNPH）为分析纯试剂（使用前重结晶）；高氯酸为分析纯试剂。

标准溶液的准备：a. 衍生化试剂的准备：取50g DNPH加入到800mL乙腈中，加热回流至DNPH完全溶解，转入到烧杯中密封避光自然冷却，静置过夜，DNPH结晶经抽滤、乙腈洗涤，真空干燥后转入棕色瓶密封后避光低温保存；

b. 衍生化溶液的配制：准确称取0.01g DNPH于100mL棕色容量瓶中，精确至0.1mg，加入5mL磷酸后用乙腈定容；

c. 标准工作溶液的配制：分别准确称取30mg的丙酮、丙烯醛、丙醛、巴豆醛、2-丁酮、丁醛的DNPH衍生物标准品，40mg甲醛和50mg乙醛的DNPH衍生物标准品至不同的25mL容量瓶中，精确至0.1mg，分别用乙腈定容并作为一级储备液，此溶液密封于4℃存放，有效期为一年；然后分别移取1.0mL乙醛DNPH溶液，0.75mL丙酮DNPH溶液，0.5mL甲醛、丙烯醛、丙醛、巴豆醛、2-丁酮和丁醛DNPH溶液至25mL容量瓶中，用乙腈定容至刻度，此为二级储备液，密封于4℃存放，有效期为20d；然后移取0.05mL、0.2mL、0.4mL、0.8mL、2.0mL、4.0mL、7.0mL和10.0mL的二级储备液至10mL的容量瓶中，用乙腈定容配制8级具有一定浓度梯度的标准工作溶液，有效期为 20d。标准溶液置于冰箱保存，取用时置于常温下，达到常温后方可使用。标准溶液浓度如表 5-10 所示。

表 5-10　　8 种羰基化合物标准曲线浓度　　单位：μg/mL

化合物	1#	2#	3#	4#	5#	6#	7#	8#
甲醛	0.0389	0.0565	0.1413	0.2827	1.4133	2.8267	7.0667	14.1334
乙醛	0.0826	0.1653	0.4132	0.8265	4.1323	8.2645	20.6613	41.3226
丙酮	0.0452	0.0903	0.2258	0.4517	2.2584	4.5168	11.2921	22.5841
丙烯醛	0.0418	0.0836	0.209	0.4179	2.0897	4.1794	10.4485	20.8969
丙醛	0.0363	0.0727	0.1816	0.3633	1.8164	3.6329	9.0822	18.1644
巴豆醛	0.0338	0.0676	0.1691	0.3382	1.691	3.382	8.455	16.91
2-丁酮	0.0336	0.0672	0.168	0.3361	1.6803	3.3606	8.4014	16.8029
丁醛	0.0342	0.0684	0.1709	0.3418	1.7088	3.4175	8.5438	17.0877

②卷烟主流烟气中羰基化合物的提取：取卷烟一组，挑选重量和吸阻合格的烟支，在温度（22±2）℃和相对湿度（60±5）%下平衡 48h。同时按照 GB/T 16450—文件（《常规分析用吸烟机　定义和标准条件》）调整检查吸烟机抽吸参数。在 BORGWALDT-KC 5 孔道侧流吸烟机上抽吸平衡后的卷烟。用经过衍生化试剂处理的剑桥滤片收集主流烟气粒相物。抽吸结束后，空吸 2 口，取出捕集器，并放置 3min，以使烟气中的羰基化合物充分与 DNPH 进行反应，然后取出滤片。

取出两组滤片，转移至 150mL 锥形瓶中，准确加入 100mL 2%的吡啶/乙腈（体积比）溶液，并机械振荡 10min（振荡频率：160～200r/min）。静置 2min 后，使用 0.45μm 聚醚砜微孔滤膜过滤。

③色谱条件

a. UPLC-IE 法：使用 Acquity UPLC BEH 2-EP 色谱柱（1.7μm，3cm×100mm）。进样量为 5μL。流动相分别为超纯水（流动相 A）和乙腈：异丙醇：四氢呋喃（89.9%：10%：0.1%，体积比）（流动相 B），柱流速为 0.4mL/min，流动相梯度洗脱程序如下：0～12min，40% B。采用紫外波长 365nm 进行监测。

b. HPLC 法：使用安捷伦 HC-C18 色谱柱（5μm，4.6cm×150mm）。进样量为 5μL。流动相分别为超纯水（流动相 A）和纯乙腈（流动相 B），柱流速为 1mL/min，流动相梯度洗脱程序如下：0～8min，0～30% B；8～20min，

30%~53% B；20~27min，53%~100% B；27~40min，100% B；40~45min，100%~5% B；45~50min，5%~0% B。采用紫外波长365nm进行监测。

（2）结果与讨论

①UPLC-IE法色谱分离条件的优化：以纯水和纯乙腈分别做为流动相A和B，在UPLC系统上分析8种标准羰基化合物。8种化合物都没有实现基线分离。而使用更长的色谱分析柱，分离效果得到较大改善，但依旧有严重的前峰展宽。并且，分离梯度的优化并不能实现8种羰基化合物的有效分离。

根据文献报道，异丙醇和四氢呋喃可以改善羰基化合物的分离。实验结果证实，10%（体积比）的异丙醇和0.5%（体积比）四氢呋喃的加入改善了8种化合物的分离效果。除了丙酮和丙烯醛（#代表的色谱峰）没有实现分离，其余6种羰基化合物都实现了有效的基线分离；当加入10%（体积比）的异丙醇和0.1%（体积比）四氢呋喃，丙酮和丙烯醛的分离效果也进一步得到了改善。因此，最终使用乙腈：异丙醇：四氢呋喃（89.9%：10%：0.1%，体积比）的组成作为流动相B。

色谱分离洗脱方式被改为等度，流动相B比例为35%时，丙酮和丙烯醛的分离效果依旧不能满足基线分离。而将流动相B比例改为45%时，由于过快的底物洗脱进程，丙酮和丙烯醛的分离效果反而变差。当使用流动相B的比例为40%时，如图5-15所示，8种羰基化合物都实现了有效的基线分离。因此，最终确定使用流动相B的比例为40%。综上所述，使用该等度洗脱的

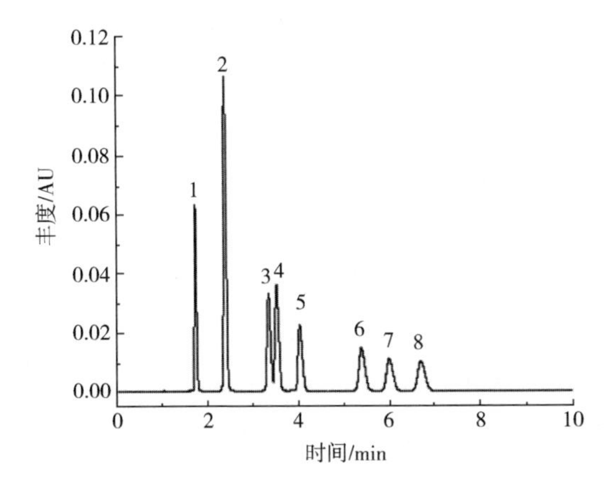

图5-15　UPLC-IE法分离8种标准羰基化合物的色谱图

1—甲醛　2—乙醛　3—丙酮　4—丙烯醛　5—丙醛　6—巴豆醛　7—2-丁酮　8—丁醛

方法，8 种羰基化合物可以在 12min 之内实现基线分离，色谱峰宽在 5~15s 之间。相比于使用常规高效液相色谱和气相色谱的方法在分离羰基化合物具有更快速的优势，并可以减少有机试剂的消耗。

②UPLC-IE 法标准曲线的建立：标准工作溶液浓度如表 5-10 所示，并使用 UPLC-IE 方法分析。8 种标准羰基化合物的保留时间、线性回归方程和相关系数见表 5-11。结果表明，8 种羰基化合物在各自标准曲线浓度范围内线性关系良好（R^2>0. 99）。

表 5-11　　8 种羰基化合物的标准曲线方程

序号	标准物质	停留时间/min	线性方程	R^2
1	甲醛	2. 183	Y=7126. 94323+20565. 55227X	0. 99469
2	乙醛	3. 192	Y=15636. 96221+15828. 24846X	0. 99472
3	丙酮	4. 824	Y=6436. 98554+12150. 40169X	0. 99482
4	丙烯醛	5. 009	Y=7654. 49092+15272. 42493X	0. 99477
5	丙醛	5. 901	Y=5035. 13006+11844. 52877X	0. 99508
6	丁烯醛	8. 292	Y=5029. 93359+11844. 52877X	0. 99468
7	丁酮	9. 469	Y=3843. 14274+9789. 65572X	0. 99975
8	丁醛	10. 555	Y=3781. 18515+9789. 65572X	0. 99492

③UPLC-IE 法分离卷烟主流烟气中羰基化合物：对从卷烟燃烧产生的主流烟气中提取的羰基化合物采用本文发展的方法进行分离。如图 5-16 所示，使用本文发展的 UPLC-IE 方法，可以分离得到全部 8 种羰基化合物［图 5-16（1）］，而使用 HPLC 法，虽然也可以分离得到 8 种羰基化合物［图 5-16（2）］。但是，其色谱图上杂峰明显更多。另一方面，巴豆醛是烟气中主要的 7 种有害成分之一，如何对其单独准确的定量对于建立烟草安全评价体系具有重要的实用意义。在图 5-16（2）中，巴豆醛（色谱峰 6）的色谱峰附近出现了含量较高的杂质峰干扰其分离和定量，而在图 5-16（1）中，则完全没有这种现象。说明 UPLC-IE 法可以更好的分离和定量巴豆醛。综上所述，相比于传统的 HPLC 法，使用本文发展的 UPLC-IE 法分离烟草主流烟气中的 8 种羰基化合物，不仅更快，而且更为有效。

（3）结论　本文发展了一种 UPLC-IE 法，用于分离卷烟主流烟气中的 8

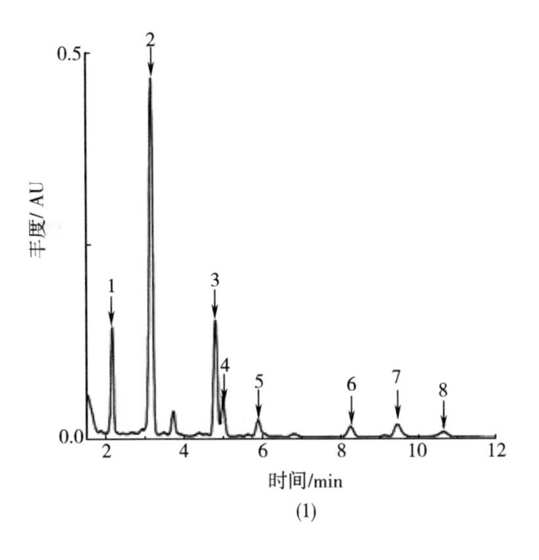

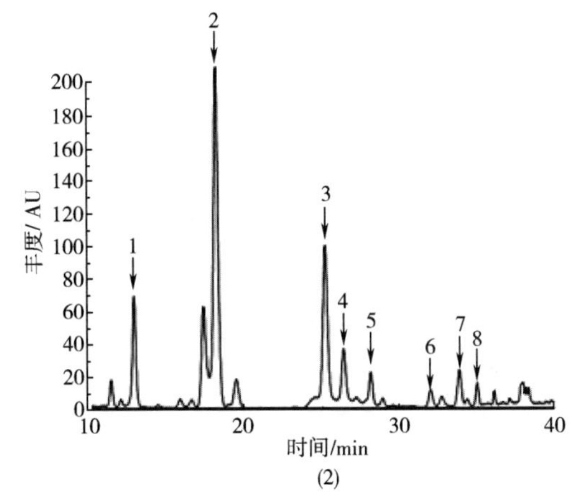

图 5-16 分别使用 UPLC-IE 法（1）和 HPLC 法（2）分离卷烟主流烟气中 8 种羰基化合物的色谱图

1—甲醛 2—乙醛 3—丙酮 4—丙烯醛 5—丙醛 6—巴豆醛 7—2-丁酮 8—丁醛

种羰基化合物。本方法可以以等度洗脱的方式在 12min 内实现 8 种羰基化合物的有效分离。相比于 HPLC 法，首先分离时间明显缩短；其次，使用该方法分析卷烟主流烟气中的 8 种羰基化合物，也更为高效，可以有效的避免杂质对于羰基化合物分离的影响。本方法实施简单、快速而高效，有潜力成为一种分离和定量这 8 种羰基化合物的新方法。

参考文献

[1] Wyder E L, Hoffmann D. Tobacco and Tobacco smoke [M]. New York: Academic Press, 1967: 417-418.

[2] Blot W J, Fraumeni J F. Cancers of the lung and pleura in cancer epidemiology and prevention [M]. New York: Oxford Universty Press, 1996: 637.

[3] Dong L Z, Serban C, Moldoveanu S C. Gas chromatography-mass spectrometry of carbonyl compounds in cigarette mainstream smoke after derivatization with 2,4-dinitrophenylhydrazine [J]. Journal of Chromatography A, 2004, 1027: 25-35.

[4] Takashi Miyake. Quantitative analysis by gas chromatograph of volatile carbonyl compounds in cigarette smoke [J]. J Chromatograph A, 1995, 693: 376-381.

[5] Health Canada 2 Offcial Method, T104. Determination of selected carbonyls in mainstream tobacco smoke. [S]. 1999.

[6] Fujioka K, Shibamoto T. Determination of toxic carbonyl compounds in cigarette smoke [J]. Environ Toxicol. 2006, 21 (1): 47-54.

[7] 姚伟，冯学伟，王邵雷，等. 卷烟烟气中挥发性羰基化合物的检测方法 [J]. 华东理工大学学报：自然科学版，2005，31 (1)：110-114.

[8] YC/T 254 — 2008 卷烟主流烟气中主要羰基化合物的测定高效液相色谱法 [S].

[9] Determination of selected carbonyls in mainstream tobacco smoke [S]. Health Canada - Offcial Method, T104, Dec 31, 1999.

[10] UK smoke constituents study Part 2. Determination of eight carbonyl yields in cigarette smoke [S]. TobaccoManufacturers Association, July 2002.

[11] SUZE M VAN, LEEUWEN, LAURENS HENDRJKSEN, UWE KARST. Determination of aldehydes andketones using derivatizationwith 2,4-dinitrophenylhydrazine and liquid chromatography-atmosphericpressure photoionization-mass spectrometry [J]. Journal of ChromatographyA, 2004, 1058: 107-112.

[12] SHIGEHISA UCHIYAMA, ERIKA MATSUSHIMA HIROSHI TOKUNAGA, et a1. Determination of orthophthaldehyde in air using 2,4-dinitrophenylhydrazine-impregnated silica catridhe and high - preformanceliquid chromatography [J]. Joumal of Chromatography A, 2006, 1116: 165-171.

[13] DANIEL R CARDOSO, SANDRA M BETTIN, RONI V RECHE, et al. HPLC-DVD analysis ofketones astheir 2,4-dinitrophenylhydrazones in Brazilian sugar-cane spirits and rum [J]. Journal. of Food Compositionand Analysis, 2003, 16: 563-573.

[14] 谢复炜，吴鸣，王异，等. 卷烟主流烟气中主要羰基化合物的改进分析方法 [C] // 烟草化学学术研讨会论文集. 北京：中国烟草学会工业专业委员会，2005.

[15] Shigehisa Uchiyama, Takuya Tomizawa, YoheiInaba. Simultaneous determination of volatile organic compounds and carbonyls in mainstream cigarette smoke using a sorbent cartridge followed by two-step elution [J]. Journal of Chromatography A. 2013, 1314: 31-37.

[16] Shigehisa Uchiyamaa, Toshiro Kanekob, Hiroshi Tokunagac, et al. Acid-catalyzed isomerization and decomposition of ketone-2,4-dinitrophenylhydrazones [J]. AnalyticaChimica Acta, 2007, 605: 198-204.

[17] WANG T L, TONG H W, YAN XY, et a1. Determination of volatile carbonyl compounds in cigarette smokeby LC-DVD [OL]. Chromatographia, 2005.

[18] SUNG OK BAEK, ROGER A JENKINS. Characterization oftrace organic compounds associated with agedand diluted sidestream tobacco smoke in a controlled atmosphere-volatile organic compounds and polycyclicaromatic hydrocarbons [J]. AtmophericEnviroment, 2004, 38: 6583-6599.

[19] DONG JI ZHOU, SERBAN C MOLDOVEANU. Gas chromatography-mass spectrometry of carbonyl compounds in cigarette mainstream smoke afier derivation with2,4-dinitrophenylhydiazine [J]. Joumal of Chromatography A, 2004, 1027: 25-35.

[20] BVLDT A, KARST U. Determination of carbonyl compounds in air using *N*-methy-4-hydrazino-7-nitrobenzofUrazan by liquid chromatography [J]. Anal Chem, 1997, 69: 3617-3622.

[21] GABRICA ZUREK, ANDERA BVLDT, UWE KARST. Determination of acetaldehyde in tobacco smokeusing *N*-methyl-4-hydrazino-7-nitrobenzofi. uazan and liquid chromatogiaphy/mass spectrometry [J]. Anal Chem, 2000, 366: 396-399.

[22] MIYAKE T, SHIBAMOTOT. Determination of volative carbonyl compounds iJl beverages by gaschromatography [J]. J Agric Food Chem, 1993, 41: 1968.

[23] TAKASHI MIYAKE, TAKAYUKI SHIBABAOTO. Quantitative analysis by gas chromatography of volatilecarbonyl compounds in cigarette smoke [J]. Joumal of ChromatographyA, 1995, 693: 376-381.

[24] ZHANG J, ZHANG L, FAN Z, IIACQUA V ENVIRON. Determination of carbonyl compounds in air byliquid chromatography with fluorescence detection [J]. SciTechnol, 2000, 34: 2601-2607.

[25] ELENA E STASHENKO, MARIA CONSTANZA FERRIRA, LUIS GORZALO SEQUDA, et al. Comparison of extraction methods and detection systems in the gas chromatolrraphic analysis of voliatilecarbonyl compounds [J]. Journal of ChromatographyA, 1997, 779: 360-369.

[26] EWA DABEK ZLOTOZYNSKA, EDWARD PC LAI. Separation of carbonyl 2,4-dinitrophe-

nylhydrazones bycapillary electro-chromatography with diode array detection [J]. Journal of Chromatography A, 1999, 853: 487-496.

[27] 杨湘山，赵淑华，吕焱，等. 香烟烟气中 SO_2、NO_x 和甲醛浓度的测定及评价 [J]. 安全与环境学报，2005，5（3）：45-46.

[28] PARRISH M E, HARWARD C N. Atunable laser diode spectroscopy study on puff by puff formaldehyde content [J]. Appl Spectrosc. 2000, 54: 1065.

[29] Li S, BANYASZ J L, PARRISH M E, et al. Formaldehyde in the gas phase of mainstream cigarette smoke [J]. Journal of Analyical and Applied Pyrolysis, 2002, 65: 137-145.

第六章
烟草制品和烟气中常见酚类化合物

一、 简介

1. 苯酚（Phenol）

苯酚，CAS号：108-95-2，分子式：C_6H_6O，相对分子质量：94.11。俗称石炭酸，苯分子里只有一个氢原子被羟基取代的生成物，是最简单的酚。苯酚为无色透明针状或片状晶体，熔点43℃，有特殊气味。苯酚微溶于水，易溶于乙醇、乙醚等有机溶剂，有毒。苯酚是非常重要的有机化工原料，大量用于制造酚醛树脂（电木），环氧树脂、聚碳酸酯，己内酰胺和己二酸，香料、燃料，药物的中间体，还可以直接用作杀菌剂，消毒剂等。

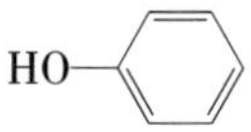

HO—

2. 对苯二酚（Hydroquinone）

CAS：123-31-9，化学式：$C_6H_4(OH)_2$，相对分子质量：110.1，又称氢醌，无色或浅灰色针状晶体，熔点170℃，易升华，溶于热水和乙醇、乙醚、氯仿等有机溶剂，有毒。可渗入皮肤内引起中毒，蒸汽对眼睛的损害较大。对苯二酚是重要的有机化工原料，可用于合成医药、染料、橡胶防老剂、单体阻聚剂、石油抗凝剂、油脂抗氧剂和氮肥工业的催化脱硫剂等，它还是一个强的还原剂，用作照相显影剂，还用作化学分析试剂。

OH

OH

3. 邻苯二酚（Catechol）

邻苯二酚，CAS：120-80-9，化学式：$C_6H_6O_2$，相对分子质量：110.11。

儿茶酚多数以衍生物的形式存在于自然界中。例如，邻甲氧基酚和2-甲氧基-4-甲基苯酚，是山毛榉杂酚油的重要成分。哺乳动物体内的拟交感胺，如肾上腺素、去甲肾上腺素等是儿茶酚的苯环上带有一个β-羟基乙胺侧链的化合物。儿茶酚为无色结晶；熔点105℃，沸点245℃（750mmHg），密度1.1493g/cm^3（21℃）；溶于水、醇、醚、氯仿、吡啶、碱水溶液，不溶于冷苯中；可水气蒸馏，能升华。

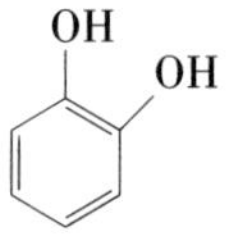

4. 间苯二酚（m-dihydroxybenzene）

CAS号108-46-3，分子式：$C_6H_6O_2$，相对分子质量：110.11。沸点276.5℃，相对密度（水=1）：1.28，相对蒸汽密度（空气=1）：3.79，饱和蒸汽压：0.13kPa（108.4℃），燃烧热（kJ/mol）：2847.8，引燃温度（℃）：608。溶解性：易溶于水、乙醇、乙醚，溶于氯仿、四氯化碳，不溶于苯。化学性质：间苯二酚的化学性质与二元酸相似，与氢氧化钠、氨水等发生反应生成盐。间苯二酚可与乙酸酐反应生成酯；在氯化锌的催化下可与邻苯二甲酸酐发生缩合反应生成苯二酚酞，再进一步脱水生成荧光素。可燃。

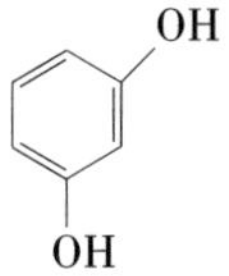

5. 邻甲酚（o-Cresol）

CAS号95-48-7，分子式：C_7H_8O，相对分子质量：108.14。沸点：190.8℃，相对密度（水=1）：1.05，相对蒸汽密度（空气=1）：3.72，蒸汽压：0.13kPa（38.2℃），燃烧热：3689.8kJ/mol，折射率：1.5361，闪点81.1℃（闭杯），自燃点598.9℃。

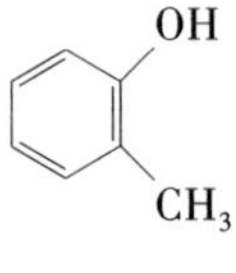

6. 间甲酚（m-Cresol）

CAS号108-39-4，化学式：C_7H_8O，相对分子质量：108.1378。外观：

无色透明液体，有特殊气味，熔点：10.9，沸点：202.8，黏度：20.8（293.15K），折光率：1.544（293.15K），闪点：86℃，相对密度（水=1）：1.03，相对蒸汽密度（空气=1）：3.72，引燃温度：558℃，爆炸下限［%（体积比）］：1.1（150℃），临界温度：432℃，爆炸上限［%（体积比）］：1.3（150℃），临界压力：4.56MPa，饱和蒸汽压：0.13kPa（52℃），危险标志：14（有毒品），溶解性：微溶于水，可溶于乙醇、乙醚、氢氧化钠溶液，毒性：毒性较小，有腐蚀性，LD_{50}：2020mg/kg，空气中最高容许浓度 22mg/m^3。

7. 对甲酚（p-cresol）

CAS：106-44-5，分子式：C_7H_8O，相对分子质量：108.14。外观：无色液体或晶体，允许微带黄色熔点：34.69℃。沸点：201.9℃（201.8℃，202.5℃），85.7℃（1.33kPa）。相对密度（20/4℃）：1.0178（1.0341）。折射率：1.5310~1.5390。闪点：86.1℃（闭杯）。自燃点：559℃。溶解性：稍溶于水，溶于乙醇、乙醚和碱溶液。水中溶解度 40℃时达 2.3%，100℃时达 5%。溶于苛性碱液和常用有机溶剂。能随水蒸气挥发。香气：有苯酚气味。

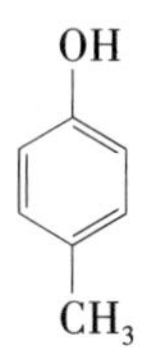

8. 绿原酸（Chlorogenic acid）

CAS No. 327-97-9，分子式：$C_{16}H_{18}O_9$，相对分子质量：354.31，密度 1.65g/cm^3，熔点：208℃，沸点：665℃，闪点：245.5℃。半水合物为针状结晶（水）。110℃变为无水化合物，25℃水中溶解度为 4%，热水中溶解度更大。易溶于乙醇及丙酮，极微溶于醋酸乙酯。

绿原酸具有较广泛的抗菌作用，但在体内能被蛋白质灭活。与咖啡酸相似，口服或腹腔注射时，可提高大鼠的中枢兴奋性。可增加大鼠及小鼠的小肠蠕动和大鼠子宫的张力。有利胆作用，能增进大鼠的胆汁分泌。

9. 香豆素（Coumarin）

CAS No. 91-64-5，分子式：$C_9H_6O_2$，相对分子质量：146.15，白色结晶固体，熔点：68~70℃，沸点：298℃/266Pa，相对密度：0.9350。天然香豆素存在于黑香豆、香蛇鞭菊、野香荚兰、兰花中，具有新鲜干草香和香豆香，一般不作食用，允许烟用和外用。

10. 黄曲霉毒素（Aflatoxin）

黄曲霉毒素是20世纪60年代初发现的一类剧毒的真菌代谢产物，主要由黄曲霉菌（*Aspergillus flavus*）和寄生曲霉菌（*Aspergillus parasiticus*）等侵染农产品后产生，是目前已知最强的致癌物之一。1993年，AFT被世界卫生组织癌症研究机构划定为一级致癌物。目前发现的AFT有十几种，其中B_1、B_2、G_1和G_2较为常见，黄曲霉毒素B_1（简称AFB_1，其余类推）的毒性最强。黄曲霉毒素广泛地存在于霉变的大米、花生、玉米、棉籽等农产品中，是食品安全和食品国际贸易的巨大威胁。烟叶在储藏过程中，也面临着霉变的威胁。

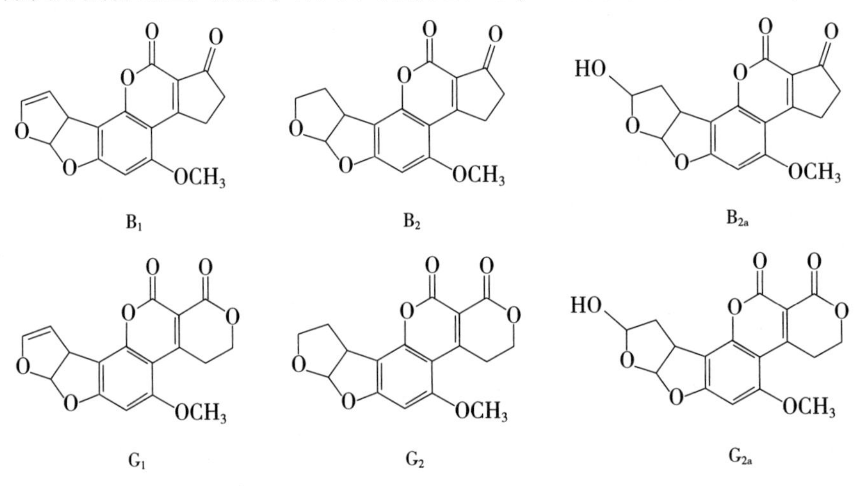

黄曲霉毒素B_1、B_2、G_1、G_2、B_{2a}和G_{2a}的结构

二、 分析方法

(一) 酚类文献报道综述

烟气中的酚类化合物是卷烟抽吸过程中由烟草燃烧、裂解和蒸馏而产生的。文献已报道的卷烟烟气中酚类物质有50多种，其中最主要的酚类化合物包括苯酚，儿茶酚，间苯二酚，对苯二酚，邻、间、对-甲酚等7种成分。烟气中的这7种酚类成分因具有致癌，辅助致癌，致突变和基因毒性等毒性作用，被列入EPA有害成分名单，其中儿茶酚还被IARC列为2B级的致癌成分，苯酚也被国家烟草专卖局列为重点控制的7种代表性有害成分之一。

烟草中的酚类化合物（多酚和木质素）是卷烟烟气中酚类化合物最为重要的一类前体成分，它是一类羟基直接与芳香环相连的化合物。烟叶中的酚类可大致分为丹宁类、黄酮类、香豆素类等简单酚类和木质素等复杂酚类。烟草中的简单酚类大多数为多酚，其中，绿原酸、芸香苷和莨菪亭是烟草中含量相对较高的多酚化合物，也是产生儿茶酚、对苯二酚、间苯二酚以及苯酚的重要前体成分。日本烟草的Ishiguro等研究烟气组分来源时认为烟叶中的多酚对卷烟烟气中苯酚形成有较大贡献。Schlotahauer等对烟草的各种溶剂提取物和残留物的裂解产物进行了分析，研究表明，乙醇提取物（主要是多酚类化合物）对于二羟基的挥发酚成分（邻、间、对-苯二酚）以及苯酚的成成有较大贡献，而萃取残留物（主要是纤维素和木质素）对于取代苯酚的成成有重要作用。而后，Schlotahauer等又对不同的烟叶品种（烤烟和白肋烟）裂解产生酚类化合物的种类和相对含量进行了比较。这些不同的烟叶品种在多酚、纤维素、木质素等含量上有较大差异。比较结果表明，绿原酸是儿茶酚最为重要的前体成分，木质素是儿茶酚的主要前体成分，黄酮类的栎精和芸香苷也能产生少量的儿茶酚。McGrath等和Czegeny等也进一步证实了绿原酸是对苯二酚的主要前体成分。但不同的研究者裂解芸香苷得到的产物不是很一致，大部分研究者认为它能生成对苯二酚以及其他产物，而部分研究者则表明，它能生成间苯二酚以及其他成分。近来，吴亿勤等采用气相色谱-质谱联用技术研究黑香豆酊的热裂解产物，发现黑香豆酊的主要成分香豆素是苯酚、邻-甲酚、邻-乙基苯酚等的前体成分，表明外加香原料中的酚类衍生物也是卷烟烟气中酚类的一种来源。

1. 影响酚类化合物形成的因素

卷烟烟气中酚类化合物主要源于卷烟化学成分的燃烧、裂解及干馏，研究者也借助影响卷烟燃烧的因素（温度、气氛、升温速率以及无机盐等）来间接了解各酚类前体成分裂解产生酚类化合物的机理。

由于裂解产物的组成和分布强烈地依赖于裂解温度，因此裂解温度是酚类形成机理研究中关注最多的影响因素。陈永宽等分别在500℃和770℃下裂解芸香苷，分别得到24种和23种裂解产物，其中16种化合物是相同的，但是它们的相对含量是不同，表明温度对酚类前体成分裂解产物的种类和相对含量有重要影响。

Schlotzhauer等的裂解工作表明，600℃附近是前体成分如木质素裂解产生苯酚的最佳温度。Sakuma等研究纤维素热裂解行为，表明N_2气氛下，750℃是纤维素裂解产生苯酚和邻-甲酚的最佳温度。Sakuma等在He气氛下，500℃裂解绿原酸和芸香苷，分别鉴定出22种和24种裂解产物。而后Sharma等发现绿原酸在400℃裂解基本完成，高于450℃时质量损失最大；而当温度>600℃，裂解产生的苯二酚进一步裂解，酚类化合物产量降低；因此，400~600℃是多酚化合物裂解产生酚类的主要温度段。

Czegeny等采用热裂解-气质联用（Py-GC/MS）研究纤维素、栎精和绿原酸450℃、600℃、900℃连续（停留2s）或等温裂解行为。结果表明：当600℃≤T≤900℃时，纤维素裂解形成苯酚、儿茶酚和对苯二酚；当T<600℃时，栎精和绿原酸的儿茶酚基团断裂形成儿茶酚；绿原酸的多元醇酯环部分脱水、去碳酸化形成对苯二酚。当T=900℃时，由于苯二酚的不稳定性，产物裂解生成1,3-丁二烯，苯，萘等，这与绿原酸的热重分析（TGA）和差示扫描量热计（DSC）结果是一致的。栎精的三羟基苯并吡喃部分热裂解生成苯酚和对苯二酚。该文献采用Py-GC/MS进行在线定性分析和离线定量分析研究纤维素和多酚（绿原酸和芸香苷）的裂解产物。由于裂解产物中的酚类成分容易被氧化，且具有较强的活性，离线分析须采用D，L-抗坏血酸处理过的剑桥滤片捕集，或用干冰-丙酮冷阱捕集，然后加入内标和衍生化试剂BSTFA，最后进入GC/MS检测。可见，多酚裂解产生酚类化合物的最佳温度在较低温度区间，而木质素和纤维素产生多酚要在较高的温度区间。

裂解气氛的含氧量是影响酚类前体成分裂解的另一个重要因素。在高温下，气氛中加入氧气，化合物容易发生吸热氧化反应，从而改变了其裂解途

径和产物的产量。Torikai 等采用一种新的卷烟裂解模拟装置，这种装置采用红外聚焦炉作为裂解器，能够在各种气氛下对较大量的样品进行快速升温裂解，模拟卷烟燃吸过程，作者研究了气氛对烤烟和白肋烟裂解的影响，表明酚类裂解产物在纯 N_2气氛下达到最大值。Czegeny 等用 TGA 和 DSC 研究烤烟和白肋烟的裂解行为表明，含氧气氛对裂解产物的影响很小，却影响着化合物特征裂解曲线。同时还发现，只有当温度≥420℃时，2% O_2才能抑制苯酚的形成；再增加 O_2的含量到 9%时，对裂解产物的影响较小。而 McGrath 等的研究工作表明，高氧气含量能够影响酚类前体成分的裂解途径，降低对苯二酚和儿茶酚的产率，而对苯酚和甲酚产量影响不大。

高温停留时间、升温过程中的温度变化速率、裂解样品的颗粒大小等实验参数对裂解反应也有一定影响。一般认为，高温停留时间越长，裂解反应的几率就越大；升温速率越小，升温时间越长，产物越复杂；样品颗粒较大时，裂解产物浓度较高，二次反应可能性增加。但是很多文献表明，在通常的裂解条件下，这些实验参数对裂解产物的分布和产量并没有显著的影响。Patterson 等用脉冲裂解仪研究温度、升温速率、气氛以及气体流速对烟草裂解产生酚类产物的影响。研究结果表明，这些参数对整个酚类产物分布和产量影响较小。Czegeny 等用 TGA 裂解烤烟和白肋烟时也发现，颗粒大小对裂解反应影响较小，但影响特征曲线点。

2. 酚类化合物的形成机理

关于烟气中酚类化合物的形成研究主要集中在与裂解相关的影响因素和实验手段上，这些研究虽然为了解酚类前体成分的裂解行为提供了相关知识，但进一步的机理研究较少。Nakamori 等对绿原酸及其结构相似物咖啡酸、奎宁酸的裂解机理进行了推断。绿原酸在分子结构上是由咖啡酸和奎宁酸通过酯键连接构成的。由于酯键强度较弱，在裂解过程中，可能首先断裂，得到的咖啡酸和奎宁酸再进行进一步裂解。作者分别裂解咖啡酸和奎宁酸，根据产物的结构推断出各自的裂解途径。他们还用无机盐来分别改变绿原酸、咖啡酸和奎宁酸的裂解途径，来验证咖啡酸和奎宁酸的裂解产物分布和产量的变化与绿原酸的产物变化是否吻合。

Moigne 等研究卷烟纸（包含纤维素）的燃烧，提出了纤维素裂解过程中 C—O 键先断裂，C—C 键后断裂。C—O 键断裂又可分为单体内的 C—O 键断裂和两个单体之间的糖苷键的断裂。在 $T<250 \sim 300$℃时，纤维素单体之间发

生断裂、脱水裂解形成 CO、CO_2、H_2O 和灰分；当 $T \geqslant 300℃$ 时，纤维素的糖苷键解聚、断裂形成左旋葡萄糖，然后再热裂解形成挥发性的裂解产物。

Zmierczak 等研究了木质素裂解机理，认为木质素裂解包括三个过程。Ⅰ：230~350℃，碱催化解聚阶段，部分木质素解聚形成单体烷基苯酚、聚烷基苯酚、联苯、烷氧基苯酚以及一些碳水化合物。Ⅱ：200~300℃，去氢化阶段，部分木质素去氢化反应形成单体烷基苯酚、聚烷基苯酚和碳水化合物的混合物。Ⅲ：350~400℃，加氢化阶段，全部木质素发生加氢反应，通过温和的氢化裂解形成 C_7-C_{10}烷基苯、C_5-C_{10}含支链的石蜡以及 C_6-C_{10}烷基石油环烷。Kleinert 和 Barth 研究表明，木质素在 PrOH/EtOH 碱催化剂，350~400℃条件下，直接去氢化反应形成单体烷基苯酚和碳水化合物的液体混合物。

Dyakonov 等使用 DSC、TG、质谱等多种手段研究了各种酚类可能前体成分的裂解过程，提出六元环的碳水化合物可能通过环己烷过渡态或醌形成酚类；多酚化合物可以直接裂解生成酚类；而芳香烃化合物，例如：木质素等，通过氧化、断裂反应形成酚类化合物。在这三类化合物中，芳香烃氧化反应需要的能量最高，也最不容易形成酚类化合物。

3. 酚类化合物检测方法

酚类化合物是卷烟烟气中存在的一类重要物质，主要包括对苯二酚、邻苯二酚、间苯二酚、苯酚、间甲酚、对甲酚和邻甲酚，与烟草的品质密切相关，酚类化合物本身无致癌性，但是具有明显的促癌作用，因此，烟气中酚类化合物的研究一直受到人们的广泛关注，卷烟主流烟气中酚类化合物的分析研究工作开展较早，卷烟烟气是一个非常复杂的混合物体系，其中含有的化合物超过 5000 种，卷烟烟气中酚类物质有 40 多种，很多种分析技术，都曾经应用于卷烟烟气中酚类的分析，如复杂的液-液萃取、柱层析和衍生化，但由于卷烟烟气是非常复杂的混合物，而且酚类的含量很低，因此酚类化合物的准确定量一直都是很困难的工作。在早期的定性研究中，气相色谱法是卷烟烟气中酚类物质分析中应用较多的技术，但是由于酚类成分容易被氧化，并且具有较强的活性，应此对其定量必须采用衍生化处理，操作较为烦琐。2004 年谢复炜等利用高效液相色谱法荧光检测器进行了卷烟主流烟气中酚类成分的分析测定，该方法不需要衍生化，可以直接进行样品测定，简化了分析步骤，提高了定量的可靠性。同时由于采用荧光检测，大大提高了分析的灵敏度。并在该方法的基础上，形成了烟草行业标准 YC/T 255—2008“卷烟

主流烟气中主要酚类化合物的测定高效液相色谱法”。

（1）仪器和试剂　Cerulean SM450 吸烟机；Agilent1200 高效液相色谱仪（美国 Agilent），配备自动进样器、柱温箱、荧光检测器；CP224S 电子天平（感量 0.0001 g，德国 Sartorius）；KQ-700DE 型超声波振荡器（中国 舒美）；Milli-Q 超纯水系统（美国 Millipore 公司）。

乙腈、乙酸、异丙醇（均为色谱纯）；对苯二酚，间苯二酚，邻苯二酚，苯酚，邻-甲酚，间-甲酚和对-甲酚，纯度应大于 98%，（标样，Fluka）；具塞锥形瓶。

样品卷烟 A（烤烟型，卷烟危害性评价参比卷烟，焦油 12mg）；样品卷烟 B（混合型，卷烟危害性评价参比卷烟，焦油 8mg）；样品卷烟 C（烤烟型，国产某品牌，焦油 13mg）；样品卷烟 D（烤烟型，国产某品牌，焦油 8mg）。

（2）抽吸卷烟　按 GB/T 19609—2004 规定调节烟支和滤片水分，调节和测试大气应符合 GB/T 16447—2004 的规定，并确定和标记抽吸卷烟的烟蒂长度。按照 YC/T 185 中侧流烟气抽吸方法，调节侧流吸烟机的抽吸流量为 3000mL/min，抽吸 2 支卷烟，用鱼尾罩和玻璃纤维滤片捕集侧流烟气总粒相物，气相部分中的主要酚类化合物用一个吸收瓶（使用 1%乙酸水溶液作为吸收液）进行捕集，吸收瓶中的 1%乙酸水溶液体积为 20mL。

（3）样品分析　将收集有主流烟气粒相物的玻璃纤维滤片放入锥形瓶中，再加入 50mL 1%乙酸水溶液，室温下超声萃取 40min，静置 5min，经 0.45μm 水相滤膜过滤进行色谱分析。

采用高效液相色谱分析：

色谱柱：150×4.6mm　固定相 C18（LUNA）　填料粒度 5μm 。

流动相 A：1%乙酸水溶液

流动相 B：乙酸：乙腈：水（1：30：69，体积比）

柱温：30℃

柱流量：1mL/min

进样体积：10μL

梯度：0min：流动相 B 20%，15min：流动相 B 60%，23min：流动相 B 100%，35min：流动相 B 100%，40min：流动相 B 20%

检测器：荧光检测器条件如表 6-1 所示。

表 6-1　　荧光检测器条件

时间/min	激发波长/nm	发射波长/nm
0	284	332
5	275	315
8	277	319
12	272	309
20	273	323
40	284	332

4. 小结

综上所述，当前卷烟烟气中酚类化合物的裂解研究主要集中前体成分确定以及影响它们裂解的因素，如温度、气氛、升温速率以及无机盐上，这些工作虽为研究卷烟烟气中酚类的形成提供了一些基础，但是酚类成分的形成机理还不明确。而且目前商品化装置的裂解条件与卷烟实际燃吸条件有很大的差异，研究结果与卷烟实际燃烧过程发生的反应是否一致还不清楚，前体成分与酚类成分的量效关系尚不明确。因此需要使用更合适的裂解模拟装置来明确前体成分与酚类产物的量效关系，并在模拟卷烟烟气形成条件下开展卷烟烟气中酚类化合物的形成机理研究。

（二）香豆素文献报道方法综述

在卷烟产品设计和生产加工工程中，企业常常选加各种香料，以改善卷烟的香吃味，并赋予产品独特的风格特征，这些烟用添加剂在卷烟燃烧过程中会发生复杂的反应及产生大量的热解产物，而某些产物可能具有一定的生理毒性，因而烟用添加剂的质量安全问题日益引起国内外的注意，20 世纪在烟用香精香料中常用的烟草矫味剂香豆素和烟味增强剂黄樟素由于具有一定的对生物体有害的生理毒性，都列入了卷烟严禁使用的添加剂名单。蒋瑾华等建立了化妆品中包括香豆素在内的 10 种有害香料化合物的气相色谱——傅立叶变换红外光谱联用技术（GC-FTIR）测定方法，但该方法灵敏度低，且傅立叶变换红外光谱仪器普及率较低；Wisneski H H 建立了香水中香豆素的 GC-ECD 测定方法，但 ECD 测香豆素灵敏度较低，且需用 GC/MS 进行确证；在我国的标准方法中，GB/T 14454.9—1993 和 SN/T 0735.7—1997 都是采用准确度较差的冻点法分别测定香料中黄樟素含量和出口芳香油、单离和合成

香料黄樟油中黄樟素的含量，GB/T 14454.15—1993 规定了黄樟油中黄樟素和异黄樟素含量的填充柱气相色谱法测定法，但填充柱气相色谱法现已多被毛细管柱气相色谱法所替代，且该标准中的内标癸酸乙酯也可能在某些香精中出现，SN/T 1783—2006 规定了进出口化妆品中黄樟素和 6-甲基香豆素的气相色谱测定方法，该法以甲醇超声提取，外标法定量，操作简单、快捷，但该方法以 GC-FID 进行检测，尚需采用 GC/MS 进行确证。

（三）黄曲霉毒素文献报道方法综述

黄曲霉素（AFT）的检测方法主要有薄层层析法、高效液相色谱-荧光检测法（High performance liquid chromatography-fluorescence detection，HPLC-FLD）和酶联免疫法等。薄层层析法过程复杂且灵敏度差，酶联免疫法存在假阳性和培育合适的抗原抗体困难的问题。HPLC-FLD 法测定准确、分辨率高，可同时定性、定量测定多种 AFT 成分，此方法一般要经过样品的净化和衍生化。目前主要使用免疫吸附柱来纯化萃取液并富集 AFT。免疫吸附柱是通过偶联的抗体对 AFT 进行特异性吸附而达到富集的效果，其富集效率高，选择性强，是目前 AFT 最为有效的固相萃取柱。衍生化方法可分为柱前衍生和柱后衍生，柱后衍生对于设备有较高要求，使用不便，不宜普及。目前，有关粮油中 AFT 的检测研究报道很多，而烟草中 AFT 检测方面的相关研究很少。

目前我国烟叶中霉变检测技术、方法与发达国家相比还有相当差距。此外，检测方法涉及的有害物质品种、样品介质种类少；前处理步骤烦琐，实际可操作性差；检测所需大型仪器昂贵、检测成本高，难以满足对烟草中霉变物质的实时、快速、预警性检测的需要。

从 20 世纪 80 年代开始，酶抑制和免疫检测技术作为快速筛选检测方法受到许多国家的高度重视，成为农业生物技术领域的一个重要分支，得到了快速发展。酶联免疫方法采用特异性抗体，可以避免假阴性，适宜于阳性率较低的大量样品检测，具有较高的精确度和灵敏度、较低的操作技术要求和短的检测时间等特点，同时前处理简单、取样量少、操作简单、成本低、适合大批样品的快速筛选方法，可大规模推广应用等优点。

然而目前国内外实验室检测主要采用仪器分析方法，成本高、样品前处理复杂、烦琐费时、检测成本较高，而且需专业人员操作，很难满足对样品进行现场、批量、快速检测的需要。因此开发一种简单快速、适用于烟草及烟草制品霉变物质现场监控的分析方法和产品，能够较好地满足烟草公司、烟草监管部门等开展检测工作，具有重要的现实意义。

参考文献

[1] Gourama H, Bullerman L B. *Aspergillus flavus* and *Aspergillus parasiticus*: aflatoxigenic fungi of concern in foods and feed [J]. J Food Protect, 1995, 58 (12): 1395-1404.

[2] 李培武，马良，杨金娥，等. 粮油产品黄曲霉毒素 B_1 检测技术研究进展 [J]. 中国油料作物学报，2005，27 (2)：77-81.

[3] 孙玲玉，柴同杰. 黄曲霉毒素生物降解的研究进展 [J]. 山东农业大学学报：自然科学版，2012，43 (4)：645-647.

[4] 吴兆蕃. 黄曲霉毒素的研究进展 [J]. 甘肃科技，2010，26 (18)：89-93.

[5] 王宏亮. 薄层层析法测定饲料中黄曲霉毒素 B_1 方法的改进 [J]. 粮食与饲料工业，1998 (1)：40-42.

[6] Blesa J, Soriano J M, Molto J C, et al. Determination of aflatoxins in peanuts by matrix solid-phase dispersion and liquid chromatography [J]. J Chromatogr A, 2003, 1011 (1/2): 49-54.

[7] FU Zhaohui, HUANG Xuexiang, MIN Shungeng. Rapid determination of aflatoxins in corn and peanuts [J]. J Chromatogr A, 2008, 1209 (1/2): 271-274.

[8] 陈萍，邓冬云，欧阳静茹，等. 酶联免疫吸附法（ELISA）测定花生油中的黄曲霉毒素 B_1 [J]. 中国卫生检验杂志，2012，22 (3)：658-659.

[9] 李军，田苗，于一芒，等. 免疫亲和-光化学衍生高效液相色谱检测花生及花生制品中黄曲霉毒素 [J]. 分析测试学报，2007，26 (1)：93-96.

[10] 赵宁，郭玉梅，姚妍妍，等. 高效液相色谱法测定花生中黄曲霉素的含量 [J]. 科技信息，2009，25：44-45.

[11] Afzali D, Ghanbarian M, Mostafavi A, et al. A novel method for high preconcentration of ultra trace amounts of B_1, B_2, G_1 and G_2 aflatoxins in edible oils by dispersive liquid-liquid microextraction after immunoaffinity column clean-up [J]. J Chromatogr A, 2012, 1247: 35-41.

[12] Ghali R, Belouaer I, Hdiri S, et al. Simultaneous HPLC determination of aflatoxins B_1, B_2, G_1 and G_2 in Tunisian sorghum and pistachios [J]. Journal of Food Composition and Analysis, 2009, 22 (7/8): 751-755.

[13] Reite E V, Cichna-Markl M, Chung D H, et al. Immuno-ultrafiltration as a new strategy in sample clean-up of aflatoxins [J]. J Sep Sci, 2009, 32 (10): 1729-1739.

[14] 李书国，陈辉，李雪梅，等. 粮油食品中黄曲霉毒素检测方法综述［J］. 粮油食品科技，2009，17（2）：62-65.

[15] 韩珍，赵文红，钱敏，等. 黄曲霉毒素检测方法研究进展［J］. 广东农业科学，2011（13）：93-96.

第七章 烟草制品和烟气中常见芳香胺类化合物

一、 简介

1. 4-氨基联苯

4-氨基联苯，CAS：92 - 67 - 1，分子式：$C_{12}H_{11}N$，相对分子质量：169.22，密度：1.077g/cm^3，熔点：52~54℃，沸点：191℃，闪点：>110℃，储存温度：-20℃。无色或微紫黄色结晶，能随水蒸气挥发。易溶于热水，能溶于乙醇、乙醚氯仿和甲醇，微溶于冷水。由联苯经硝化，还原而得。

存在形式：主流烟气和侧流烟气。毒性：WGK Germany：3、RTECS：DU8925000。安全性：R45 - R22 、S53 - S45。IARC 致癌性评估：证据充分（对人证据充分）。

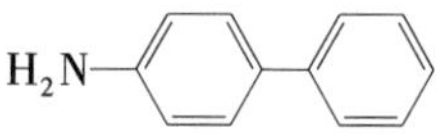

H_2N

遇明火，近热火星和遇强氧化剂易燃；受热放出有毒氧化氮气体。染料和农药中间体。还用于制造闪烁剂对三联苯，测定硫酸盐，制造染料，癌症研究，有机合成。

2. 1-氨基萘（1-Aminonaphthalene）

1-氨基萘，CAS：134-32-7，分子式：$C_{10}H_9N$，相对分子质量：143.19，密度：1.114g/cm^3，熔点：47~50℃，沸点：301℃，闪点：>110℃，储存温度：2~8℃。白色针晶，在空气中变为红色。具有难闻的气味。微溶于水，易溶于乙醇、乙醚。由 1-硝基萘还原而得。

存在形式：主流烟气和侧流烟气。毒性：WGK Germany：2、RTECS：QM1400000。安全性：R34 - R51/53 - R22、S26 - S36/37/39 - S45 - S61 - S24。IARC 致癌性评估：证据不充分（对人证据不充分）。

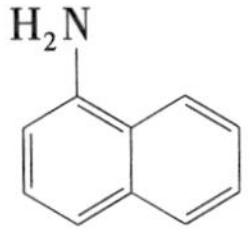

遇明火、高温可燃，燃烧释放有毒氮氧化物烟气。该品是直接染料、酸性染料、冰染染料和分散染料等多种染料产品的中间体，也是多种橡胶防老剂的主要原料，由1-萘胺生产的1-萘酚是农药西维因的重要中间体。1-萘胺可经皮肤吸收，生成高铁血红蛋白，造成备液中毒，引起泌尿系统疾病；慢性中毒可引起膀胱癌。空气中最大允许浓度为0.001mg/L。

3. 2-氨基萘（2-Aminonaphthalene）

2-氨基萘，CAS：91-59-8，分子式：$C_{10}H_9N$，相对分子质量：143.19，密度：1.061g/cm^3，熔点：111~113℃，沸点：306℃，储存温度：-20℃。白色至淡红色叶片状晶体，易溶于醚和醇，微溶于水。2-萘酚与氨水和亚硫酸铵在高压下作用而制得。

存在形式：主流烟气和侧流烟气。毒性：WGK Germany：3、RTECS：QM2100000。安全性：R45-R22-R51/53、S53-S45-S61。IARC致癌性评估：对动物证据充分（对人证据充分）。

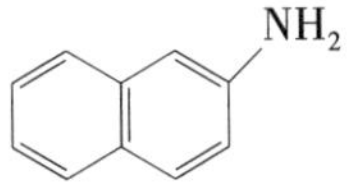

遇明火可燃；受热放出有毒氮氧化物气体。萘胺的氨基与亚硝酸作用形成重氮盐，并可转烃成多种萘的衍生物，用于制造染料和有机合成，也用作有机分析试剂和荧光指示剂。

4. *o*-茴香胺（*o*-Anisidine）

o-茴香胺，CAS：90-04-0，分子式：C_7H_9NO，相对分子质量：123.15，密度：1.092g/cm^3，熔点：3~6℃，沸点：225℃，闪点：98.9℃，储存温度：冷藏保存。浅红色或浅黄色油状液体，暴露在空气中变成浅棕色。溶于稀的无机酸、乙醇和乙醚，微溶于水。由邻硝基苯甲醚还原而得，也可由邻硝基苯酚经甲基化、还原来制取邻甲氧基苯胺。

存在形式：香料烟烟叶。毒性：WGK Germany：3、RTECS：BZ5410000。安全性：R45-R23/24/25-R68、S53-S45。可疑致癌物。

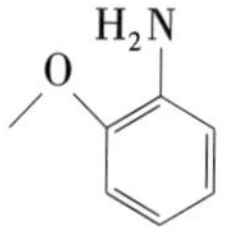

遇明火可燃；受热放出有毒苯胺类气体。可用于制取偶氮染料、冰染染料及色酚 AS-OL 等染料以及愈创木酚、安痢平等医药。还可制取香兰素等。

5. 2,6-二甲基苯胺（2,6-Dimethylaniline）

2,6-二甲基苯胺，CAS：87-62-7，分子式：$C_8H_{11}N$，相对分子质量：121.18，密度：0.984g/cm^3，熔点：10~12℃，沸点：216℃，闪点：91.1℃，储存温度：冷藏保存。微黄色液体，不溶于水，能溶于醇、醚和盐酸中。2,6-二甲基苯胺的合成路线主要有 2,6-二甲基苯酚氨解法、邻甲基苯胺烷基化法、苯胺甲基化法、间二甲苯双磺化硝化法和间二甲苯硝化还原法等。

存在形式：白肋烟烟叶、主流烟气和侧流烟气。毒性：WGK Germany：2、RTECS。安全性：R20/21/22-R37/38-R40-R51/53、S23-S25-S36/37-S61。

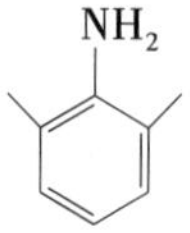

遇明火可燃；与氧化剂起作用；高热分解有毒氮氧化物烟气。2,6-二甲基苯胺是杀菌剂甲霜灵、苯霜灵、呋霜灵和除草剂异丁草胺的中间体。

6. 邻甲苯胺（*o*-Toluidine）

邻甲苯胺，CAS：95-53-4，分子式：C_7H_9N，相对分子质量：107.15，密度：1.004g/cm^3，熔点：-23℃，沸点：199~200℃，闪点：85℃，储存温度：2~8℃。浅黄色易燃液体，暴露在空气和日光中变成红棕色。微溶于水，溶于乙醇和乙醚。由邻硝基甲苯还原而得。

存在形式：白肋烟烟叶和主流烟气。毒性：WGK Germany：3、RTECS：XU2975000。安全性：R45-R23/25-R36-R50-R35-R20/22-R10-R39/23/24/25-R23/24/25-R11、S53-S45-S61-S36/37/39-S26-S36/37-S16-S7。IARC 致癌性评估：证据充分（对人证据不充分）。

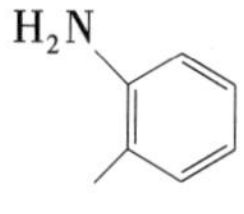

邻甲苯胺是杀菌剂三环唑、甲霜灵、呋霜灵，杀虫杀螨剂杀虫脒、螟蛉畏，除草剂异丁草胺、敌草胺、乙草胺等的中间体，也是染料的主要中间体，可制造枣红色基 GBC、大红色基 G、红色基 RL、色酚 As-D、酸性红 3B、碱性品红等，并可制造活性染料。

7. 苯胺（Aniline）

苯胺，CAS：62-53-3，分子式：C_6H_7N，相对分子质量：93.13，密度：1.022g/cm^3，熔点：-6.2℃，沸点：184℃，闪点：76℃，储存温度：2～8℃。无色油状易燃液体，有强烈气味。稍溶于水，与乙醇、乙醚、氯仿和其他大多数有机溶剂混溶。由硝基苯经活性铜催化氢化制备，另外也可以由氯苯和氨在高温和氧化铜催化剂存在下反应得到。

存在形式：白肋烟烟叶、主流烟气和侧流烟气。毒性：WGK Germany：2、RTECS：BW6650000。安全性：R23/24/25-R40-R41-R43-R48/23/24/25-R50-R68-R48/20/21/22-R39/23/24/25-R11、S26-S27-S36/37/39-S45-S46-S61-S63-S36/37。IARC 致癌性评估：有限的证据。

H_2N

与空气混合可爆；与氧化剂反应剧烈。苯胺是重要的中间体。由苯胺生产的较重要产品达 300 种。苯胺是染料工业的最重要的中间体之一，也是医药、橡胶促进剂、防老剂的主要原料，还可制香料、清漆和炸药等。

8. 异丙基苯（Cumene）

异丙基苯，CAS：98-82-8，分子式：C_9H_{12}，相对分子质量：120.19，密度：0.864g/cm^3，熔点：-96℃，沸点：152～154℃，闪点：46.1℃，储存温度：2～8℃。无色液体。不溶于水，溶于乙醇、乙醚、苯和四氯化碳。由苯与丙烯进行烷基化反应而得。通常采用三氯化铝为催化剂、氯化氢为促进剂，反应在常压和 95℃左右进行。

存在形式：烤烟烟叶、白肋烟烟叶、主流烟气和侧流烟气。毒性：WGK Germany：1、RTECS：GR8575000。安全性：R10-R37-R51/53-R65、S24-S37-S61-S62。

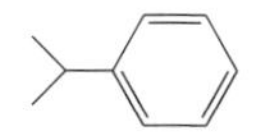

与空气混合可爆。主要用于生产苯酚和丙酮，也可用作提高燃料油辛烷

值的添加剂、合成香料和聚合引发剂的原料。

9. 丙基苯（*N*-Propylbenzene）

丙基苯，CAS：103-65-1，分子式：C_9H_{12}，相对分子质量：120.19，熔点：-99℃，沸点：159℃，闪点：47.8℃，储存温度：2~8℃。无色液体。不溶于水，可混溶于乙醇、乙醚等多数有机溶剂。

存在形式：烤烟烟叶，香料烟烟叶，白肋烟烟叶。毒性：WGK Germany：2、RTECS：DA8750000。安全性：R10-R37-R51/53-R65、S24-S37-S61-S62。

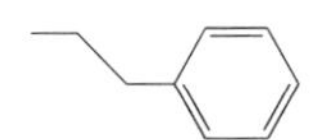

与空气混合可爆。用于溶剂和印染工业，如乙酸纤维素的溶剂和织物印染等。

10. 间二甲苯（*m*-Xylene）

间二甲苯，CAS：108-38-3，分子式：C_8H_{10}，相对分子质量：106.17，密度：0.868g/cm^3，熔点：-48℃，沸点：139℃，闪点：25℃，储存温度：0~6℃。无色透明液体，有强烈芳香气味。不溶于水，溶于乙醇和乙醚。利用石油二甲苯或煤焦油二甲苯进行分离，分离的方法可以用低温结晶法、配合法、吸附法和磺化水解法等。

存在形式：烤烟烟叶、香料烟烟叶、白肋烟烟叶、主流烟气和侧流烟气。毒性：WGK Germany：2、RTECS：ZE2275000。安全性：R10-R20/21-R38-R39/23/24/25-R23/24/25-R11、S25-S45-S36/37-S16-S7。

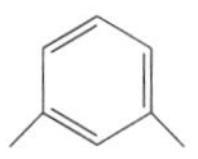

遇明火、高温、氧化剂较易燃；燃烧产生刺激烟气。间二甲苯主要作溶剂，用于生产间苯二甲酸进而生产不饱和聚酯树脂和涂料，还用于生产间甲基苯甲酸、间苯二甲腈，医药利多卡因、氧甲唑啉，新泛影等。还可用于香料、彩色电影胶片的油溶性成色剂等的原料和染料中间体。由于生产间二甲苯的技术难度大，我国产量很少，无论产量还是质量都不能满足市场需要。

11. 苯醌（1,4-Benzoquinone）

苯醌，CAS：106-51-4，分子式：$C_6H_4O_2$，相对分子质量：108.09，密度：1.31g/cm^3，熔点：113~115℃，沸点：293℃，闪点：38℃，储存温度：

2~8℃。黄色可燃晶体，有类似于氯的刺激性气味。溶于乙醇、乙醚和碱，微溶于水。由苯胺经氧化而制得。

存在形式：主流烟气。毒性：WGK Germany：3、RTECS：DK2625000。安全性：R23/25-R36/37/38-R50-R20/21/22-R11、S26-S28-S45-S61-S28A-S23-S16。

遇明火可燃；受热分解；燃烧释放刺激烟气。用作毒芹碱、吡啶、氮杂茂、酪氨酸和对苯二酚的定性检定。分析中用于氨基酸的测定。染料和医药的中间体。制造对苯二酚和橡胶防老剂，丙烯腈和醋酸乙烯聚合引发剂以及氧化剂等。

12. 萘（Naphthelene）

萘，CAS：91-20-3，分子式：$C_{10}H_8$，相对分子质量：128.17，密度：0.99g/cm^3，熔点：80~82℃，沸点：218℃，闪点：78.9℃，储存温度：4℃左右。无色有光泽的单斜晶体。有强烈的焦油味。在常温下易升华。不溶于水，可溶于乙醚、乙醇、氯仿、二硫化碳、苯等。其制备方法是在高温煤焦油中（萘占8%~12%），将焦油蒸馏切除轻油馏分和酚油馏分后，切取210~230℃馏分，即得萘油馏分。将萘油馏分采用冷却结晶法，可得萘含量为75%的粗萘，然后将粗萘进行过滤、干燥和压榨，即得萘含量为96%~98%的压榨块，将压榨萘熔融，加硫酸洗涤净化，再用10%氢氧化钠中和并脱酚，然后进行蒸馏蒸出水分，收集100~130℃馏分，最后经结晶成型得成品。

存在形式：香料烟烟叶、白肋烟烟叶、主流烟气和侧流烟气。毒性：WGK Germany：3、RTECS：QJ0525000。安全性：R22-R40-R50/53-R67-R65-R38-R11-R39/23/24/25-R23/24/25-R52/53、S36/37-S46-S60-S61-S62-S45-S16-S7。

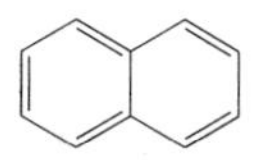

遇明火、高温、氧化剂易燃；燃烧产生刺激烟气。萘是重要的化工原料，煤焦油中含萘10%左右，可以从煤焦油的中油馏分或石油产品裂化所得的高沸点馏分用结晶法分离获得。其产量多少可作为衡量有机化工发展水平的标志之一。约有80%的萘用来制取邻苯二甲酸酐，邻苯二甲酸酐是重要的有机化工原料，并进一步合成增塑剂及一些染料。其余用作染料中间体及生产鞣革、表面活性剂。少量用于代替樟脑制卫生丸，利用其特殊气味供家庭衣物驱虫防蛀用。但萘蒸气或粉尘吸入人体会引起头痛、恶心，量大时会引起视角膜混浊和视神经炎、心肌炎等。

13. 硝基苯（Nitrobenzene）

硝基苯，CAS：98-95-3，分子式：$C_6H_5NO_2$，相对分子质量：123.11，密度：1.205g/cm^3，熔点：5~6℃，沸点：210~211℃，闪点：87.8℃，储存温度：2~8℃。纯品为无色至浅黄色油状液体。溶于乙醇、乙醚和苯，微溶于水。由苯经混酸硝化而得。

存在形式：主流烟气和侧流烟气。毒性：WGK Germany：2、RTECS：DA6475000。安全性：R23/24/25-R40-R48/23/24-R51/53-R62-R39/23/24/25-R11-R36/37/38、S28-S36/37-S45-S61-S28A-S16-S7-S27。

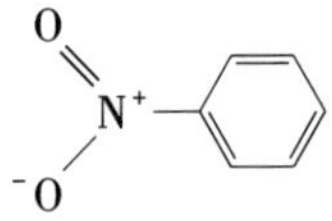

O
N⁺
⁻O

遇明火、高热可燃；与硝酸反应；燃烧产生有毒氮氧化物烟气。硝基苯是重要的其本有机中间体。硝基苯用三氧化硫磺化得间硝苯磺酸。可作为染料中间体温和氧化剂和防染盐S。硝基苯用氯磺酸磺化得间硝基苯磺酰氯，用作染料、医药等中间体。硝基苯经氯化得间硝基氯苯，广泛用于染料、农药的生产，经还原后可得间氯苯胺。用作染料橙色基GC，也是医药、农药、荧光增白剂、有机颜料等的中间体。

二、 分析方法

（一）芳香胺类化合物的定义和危害

胺是氨（NH_3）分子中的氢原子被烃基取代所生成的化合物。通式为RNH_2，R_2NH或R_3N，其中R代表脂肪烃基或芳香烃基，氨基与芳香环直接相连的叫芳香胺。烟草和烟气中的芳香胺类物质很可能是烟叶中的蛋白质和氨基酸在催化酶或微生物存在下降解脱羧、或在吸烟过程中热解脱羧的产物。芳香胺为高沸点的液体或低熔点的固体，具有特殊气味，难溶于水，易溶于有机溶剂，具有一定的毒性；芳香胺的碱性比脂肪胺弱得多，芳香胺氮原子

上所连的苯环越多，共轭程度越大，碱性也就越弱；芳香胺能与许多酸作用生成盐；芳香胺的盐与强碱（如 NaOH）作用时，能使胺游离出来；芳香伯胺和仲胺能与许多酰化试剂作用生成酰胺。卷烟主流烟气中 4 种芳香胺化合物分别为：1-氨基萘、2-氨基萘、3-氨基联苯、4-氨基联苯，如图 7-1 所示。

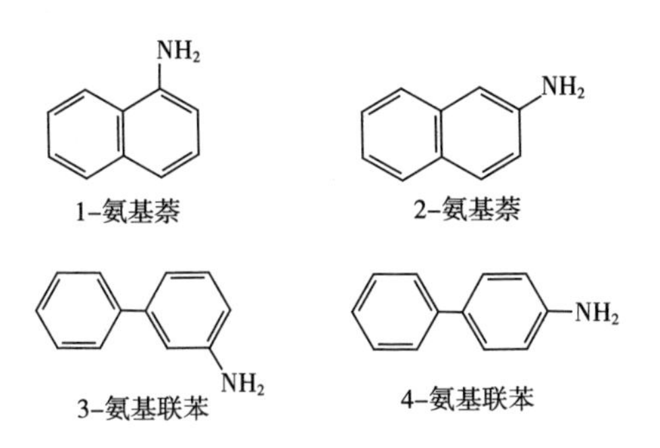

图 7-1　卷烟主流烟气中 4 种芳香胺化合物的结构式

G. Grimmer 等研究认为，吸烟人群中膀胱肿瘤的发生归因于烟草中芳香胺而非其他化合物如多环芳烃（PAH）等。动物实验和流行病学调查证实了芳香胺与膀胱肿瘤的发生关系密切。芳香胺的代谢活化产物与生物学大分子的共价结合，改变了生物大分子的结构与功能，引起一系列病理生理改变。如与 DNA 的共价结合，可引起 DNA 失活或突变。芳香胺可以通过消化道、呼吸道或经皮肤吸收而引起中毒，芳香胺在与人体的接触过程中被吸收，并在人体内扩散，然后与人体正常新陈代谢过程中释放的物质混合起来，发生还原反应，形成致癌芳香胺化合物。由于芳香胺化合物的毒性和致癌性，它们越来越引起人们的关注。

（二）芳香胺类化合物的检测处理方法

芳香胺类化合物在水中的含量极低，水样必须经过前处理将其富集后才能检测。芳香胺类化合物前处理的方法有顶空固相微萃取法、分散液相微萃取法、固相萃取法、微波辅助萃取法等，检测方法有气相色谱法、气相色谱-质谱联用法或液相色谱法、液相色谱-质谱联用、亲水作用液相色谱法、分光光度法、拉曼光谱法、显色法。

1. 顶空固相微萃取-气相色谱法

胡庆兰等建立了顶空固相微萃取-气相色谱法（HS-SMPE-GC）测定水

中三种芳香胺类化合物：苯胺、邻甲苯胺、2,4-二甲基苯胺的方法。采用溶胶-凝胶法，加入自制的离子液体键合固相微萃取涂层，涂层厚度为50μm，萃取头长度为1cm。萃取头在分析前在300℃老化2h。对萃取温度、萃取时间、pH、离子强度等实验条件进行了优化。确定了萃取温度为40℃，萃取时间40min，pH=13.6，加入4g氯化钠调节离子强度，280℃下解析3min。方法的检测限为0.5~5μg/L，线性范围在10~1000μg/L，相对标准偏差（RSD）不大于8.6%。对东湖水样进行了测定，未检测到3种芳香胺类化合物，其回收率为87.5%~99.9%。该法线性范围宽（2至3个数量级），检出限低，重现性好，回收率高。用自制涂层分析了东湖水样，证明其具有实用性。

2. 固相萃取-气相色谱法

叶伟红等采用固相萃取-气相色谱质谱法分析了水中24种致癌芳香胺的含量，结果表明，该方法的检出限低于0.36ug/L。固相萃取的优化条件为：选用Envi-chromp固相萃取小柱，水样pH8~ 10，二氯甲烷洗脱2次。绝大多数芳香胺的空白水样加标回收率在88.8%~111.8%之间，标准偏差为6.8%~9.9%。对浙江省13个饮用水源地的地表水进行检测，均未检出24种致癌芳香胺。降解实验表明，大多数芳香胺化合物在水中能稳定存在14d以上。

3. 分散液相微萃取-气相色谱法

刘鹏等采用分散液相微萃取-气相色谱同时测定环境水样中氟苯胺等6种芳香胺（苯胺、对氟苯胺、苯甲胺、邻氯苯胺、3，4-二氯苯胺、邻溴苯胺）。确定了色谱条件为色谱柱：HP-5MS毛细管柱（30m×0.32mm×0.25μm）；载气：氮气（99.999%），流量：1.0mL/min；尾吹气流量：35mL/min；进样体积：1.0μL；进样方式：不分流；升温程序：初始温度0℃，以20℃/min升至150℃，保持1min；进样口温度：260℃；FID检测器温度：320℃，在4min内实现了对6种芳香胺的分离与测定；选用二氯甲烷为萃取剂，萃取剂用量为0.2mL，选择异丙醇为分散剂，分散剂用量为1.0mL，选择样品溶液的pH为9~11，使得水样中6种芳香胺得到了同时提取和富集。在最佳实验条件下，建立了6种物质的工作曲线，其相关系数为0.9991~0.9999，线性范围≥103，检出限（$S/N=3$）为0.2~0.7μg/L，样品加标平均回收率为93.2%~104%，相对标准偏差为3.2%~4.9%。

4. 液相色谱法/液相色谱质谱联用法

张艺等建立了以硅胶为色谱柱，高含量有机溶剂-低含量水溶液为流动相

的亲水作用色谱法（HILIC）测定废水中甲萘胺、苯胺、*N*,*N*-二甲基苯胺、*N*,*N*-二乙基苯胺、联苯胺5种芳香胺类化合物的新方法。实验中考察了流动相中缓冲溶液的pH，有机溶剂的类型及浓度、流速对分析物的保留及分离的影响。探讨了保留机理，确定最佳色谱条件为：流动相为乙腈-0.75%磷酸（85∶15体积比）。流速：1.0mL/min。柱温35℃，检测波长254nm。HILIC是一种以极性固定相（如硅胶等）及水-极性有机溶剂为流动相的色谱模式，具有分离效率高、流动相组成简单且适合与质谱联用等优点。本法为水体中芳香胺类化合物的测定开辟了一条新途径，同时也扩大了HILIC的应用范围。

Qingxiang Zhou等采用超声辅助的分散液相微萃-高效液相色谱的方法测定了环境水样中4种芳香胺类化合物，包括了2,4-二氯苯胺，1-萘基胺，邻氯苯胺，*N*,*N*-二甲基苯胺。通过超声振荡，将1-己基-3-甲基咪唑鎓六氟磷酸盐［C6MIM］［PF6］分散成细小的颗粒并溶液待测水样中，促使分析物更容易迁移到离子相中。所使用的［C6MIM］［PF6］为60μL，添加的乙腈量为7%，样品pH为13，超声时间5min，萃取时间30min，离心时间15min。方法检出限为：0.17~0.49μg/L，RSD（%）为：2.0~6.1，方法已成功运用到检测实际水样，并且加标回收率为：92.2%~119.3%。

黄丽芳等使用高效液相色谱-质谱联用的方法测定废水中联苯胺、苯胺、对甲苯胺、对硝基苯胺、甲萘胺等芳香胺类化合物的含量。色谱柱为Kromasil C18柱（250×4.6mm i.d.，5μm），以甲醇25mmol/L甲酸铵缓冲溶液（pH=3.0）为流动相，流速为1.0mL/min，采用梯度洗脱，分流进样。质谱采用电喷雾电离源正离子模式，以各种化合物的选择离子$[M+H]^+$监测模式进行定量分析。实验发现，联苯胺、苯胺、对甲苯胺、对硝基苯胺、甲萘胺有良好的线性关系，它们的线性范围分别为：7.03~281.30μg/L、10.65~213.10μg/L、11.91~238.20μg/L、12.39~247.90μg/L和14.55~291.10μg/L。回收率为92.7%~101.4%。方法检出限为1.7~3.2μg/L。该分析方法灵敏度高、前处理简便、所测浓度范围宽，适用于废水中芳香胺环境污染物的快速测定。

Hiroshi Moriwaki等采用固相萃取-液质联用技术确定了日本淀川河两种芳香胺类诱变剂PBTA-1、PBTA-2的检测方法。该方法快速，并且相对标准偏差低于4%，方法检出限为PBTA-1：1ng/L，PBTA-2：2ng/L。在淀川河采集的水样所测的PBTA-1、PBTA-2含量都是在ng/L级别的。

Ruiping Li 等利用亲水相互作用色谱法（HILIC）检测了环境水样中五种芳香胺类化合物（1-萘胺、苯胺、*N*，*N*-二甲基苯胺、*N*，*N*-二乙基苯胺、联苯胺）。色谱法采用单一的硅胶柱作为固定相，乙腈和 NaH_2PO_4-H_3PO_4缓冲溶液（pH=1.5，NaH_2PO_4 10mmol/L）的混合液，混合体积比为 85∶15，作为流动相，流速为 1mL/min，使用紫外检测器，波长设定为 254nm，测得的线性相关系数为 0.998，检出限在 0.02～0.2mg/L，使用固相萃取的预处理方法处理水样，方法精密度小于 12%，加标回收率为 75%，测得的水样的浓度是 5～50μg/L。

5. 光学法

刘英红等使用碱性高锰酸钾光度法测定水中的苯胺类物质，在碱性条件下，高锰酸钾氧化苯胺引起自身颜色的变化，并且体系吸光度的变化值和苯胺的含量成正比。据此建立了光度法测定微量苯胺的新方法，方法分别选择显色波长 430nm，610nm 和褪色波长 525nm 进行测定。使用的氢氧化钠量为 1.00mL，选择 0.60g/L 高锰酸钾溶液的加入量为 1.00mL，反应时间 40min。干扰物质的影响采用欲蒸馏除去。3 个波长下表观摩尔吸光系数分别为 1.60×10^4L/（mol·cm），2.09×10^4L/（mol·cm）和 2.09×10^4L/（mol·cm）。苯胺质量浓度均在 2.5～30μg/10mL 范围内，符合比尔定律。将该方法用于测定水样中的苯胺含量，3 个波长下均获得满意结果。

渠陆陆等利用表面增强拉曼光谱（SERS）对水中芳香胺类污染物进行检测分析。通过化学法合成具有 SERS 活性的银胶，方法是：将 100mL 1%的硝酸银溶液加热至微沸，然后逐滴加入 2mL 包含 1%柠檬酸三钠和 0.2%聚乙烯吡咯烷酮（PVP）的溶液，保持溶液沸腾 40min，最后使溶胶自然冷却，胶体的最终体积为 60mL。紫外可见光谱、动态光散射及扫描电子显微镜表征显示制备的银胶分散性良好、粒径均匀。选用背景散射弱、价格便宜的 TLC 板为承载基底，利用所制备的银胶并结合便携式拉曼光谱仪对芳香胺类污染水样进行现场快速检测。便携式拉曼光谱仪的激发波长为 785nm，积分时间为 10s，能量为 30mW（激光最大能量的 30%）。结果显示，当溶胶中氯化钠浓度为 0.1mol/L，胶体浓度为 2.0mmol/L，可提高检测效果，优化条件下的部分芳香胺检测限可达 5.0×10^{-6}mol/L。研究表明，SERS 技术可用于水中芳香胺的现场快速检测，而水中天然有机物对检测无干扰，所以 SERS 技术有望成为一种新的水污染应急分析手段。

6. 显色法

叶曦雯等为了减少禁用芳香胺检测过程对大型色谱仪的依赖，提高检测速度，降低检测成本，建立了23种致癌芳香胺的邻甲氧基苯酚显色测定方法。根据芳香胺的结构特征，引入重氮化偶合反应机制，有效考察优化了23种芳香胺重氮化反应和偶合反应过程中的各项条件，得到最佳的反应条件：在室温下，23种芳香胺和亚硝酸钠在pH为2.56时反应生成重氮盐，加入氨基磺酸铵除去多余的亚硝酸钠后，加入邻甲氧基苯酚与重氮盐偶联显色，显色的最佳pH范围为10~11，显色反应可以迅速完成，生成的偶氮化合物可稳定180min以上。方法的线性范围为1~50mg/L。该方法操作简单易行，减少了禁用芳香胺检测过程对大型色谱仪的依赖，提高检测速度，降低检测成本，建立了23种致癌芳香胺的邻甲氧基苯酚显色测定方法，可有效地应用于纺织品中23种致癌芳香胺的同时定性筛选检测。

7. 中空纤维液相微萃取-微乳液毛细管电动色谱

Zian Lin等采用微乳液毛细管电动色谱（MEEKC）配合中空纤维液相微萃取（HF-LPME）的预处理方法检测环境水样中的六种芳香胺类化合物（4-甲基苯胺，3-硝基苯胺，2,4-二甲基苯胺，4-氯苯胺，3，4-二氯苯胺，4-氨基联苯）。使用微乳缓冲的方法，六种物质的分离只需要8min。缓冲区包含了pH=9的10mmol/L缓冲溶液，0.8%的乙酸乙酯作为油滴，60mmol/L的胆酸钠作为表面活性剂，5%的1-丁醇作为辅助表面活性剂。方法还测定了HF-LPME的影响因子，萃取液中正辛醇和甲醇的体积比为6：4，萃取时间为30min，搅拌速率为800r/min，加入36%的氯化钠可以使溶液饱和，pH=13，在30min的萃取时间内的富集系数在70~157，方法检出限在0.0021~0.0048mg/L。实际水样加标回收率在87.2%~99.8%。

（三）卷烟主流烟气中芳香胺化合物的检测方法

由于烟气成分的复杂性和芳香胺类物质在其中的超低含量，因此，如何快速、完全收集烟气，排除大量的干扰物质，准确测定主流烟气中的芳香胺类物质，一直都是一项极富挑战性的工作。1969年，Y. Masuda和Hoffmann利用气相色谱-FID检测器分离鉴定出来卷烟主流烟气中的1-氨基萘和2-氨基萘。1992年，Pieraccini等报道了用气相色谱—质谱联用定量测定滤嘴J. B. Forehand在纯化过程中使用了同时蒸馏萃取方法分析了卷烟粒相物中的芳香胺。2003年，Cato Brede使用了固相萃取衍生-气质的方法分析了食品中的芳香胺。同年，C. J. Smith 使用了固相萃取的方法分析了卷烟主流烟气中的芳香胺。2006 年，陈章玉等研究了用在线固相萃取富集和高效液相色谱法测定卷烟主流烟气中的几种芳胺（苯胺、对甲基苯胺、2,4-二甲基苯胺、1-萘胺、2-萘胺和 4-氨基联苯）的方法，样品中的芳胺，用邻甲氧基酚衍生生成偶氮染料，偶氮染料用 Waters Xterra TM RP18 色谱柱在线固相萃取富集，然后以 Waters Xterra TM RP18 色谱柱为固定相，75%的甲醇（内含 0.01mol/L pH=8 的四氢吡咯-醋酸缓冲液）为流动相分离，二极管矩阵检测器检测。

气相色谱法（GC）、高效液相色谱法（HPLC）、气相色谱-质谱联用法（GC-MS）等都可作为芳香胺的分析手段。由于烟气的复杂性和芳香胺在其中的低含量，国际上参加 CORESTA 特种分析物共同实验的 13 家实验室，基本上都利用 SIM（选择离子监测）模式具有灵敏度高、选择性强、排干扰能力大的优点，采用气相色谱-质谱联用方法，对肯塔基参比卷烟（1R5F、2R4F）进行分析。但是，得到的 4 种芳香胺的含量却各不相同，如图 7-2，图 7-3 所示。因此，完善气相色谱-质谱测定卷烟主流烟气中 4 种芳香胺化合物的含量方法是非常迫切的。

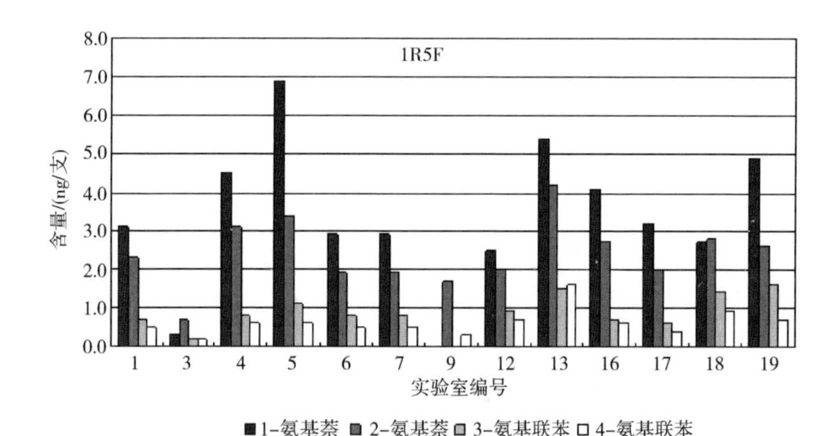

图 7-2　2006 年参加 CORESTA 特种分析物共同实验的 13 家实验室测定肯塔基参比卷烟 1R5F 主流烟气中 4 种芳香胺化合物的含量

本文采用氘代-1-氨基萘作为内标，利用肯塔基参比卷烟（1R5F、2R4F）建立了固相萃取-气相色谱/质谱联用方法测定卷烟主流烟气中 4 种芳香胺化合物的方法，同时考察了样品纯化前后加入内标-氘代-1-氨基萘对 4

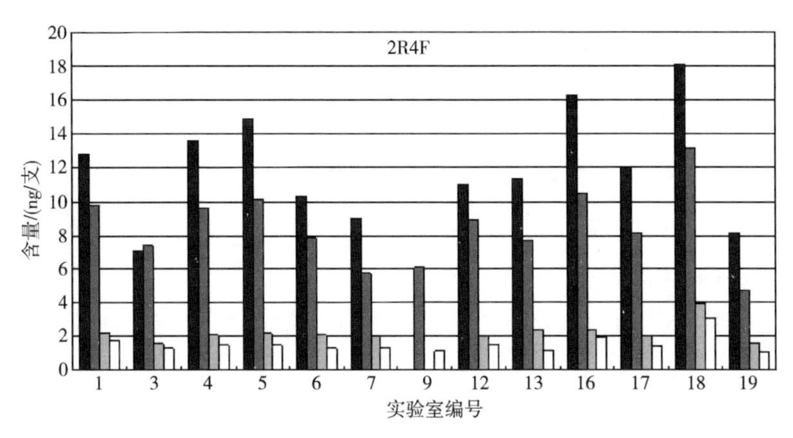

图 7-3　参加 CORESTA 特种分析物共同实验的 13 家实验室测定肯塔基参比卷烟 2R4F 主流烟气中 4 种芳香胺化合物的含量

种芳香胺化合物含量的影响。另外，我们测定了两种不同焦油含量的国内卷烟 4 种芳香胺化合物的含量，并分析了卷烟抽吸一氧化碳（CO）含量、烟气总粒相物（TPM）含量与卷烟主流烟气中 4 种芳香胺化合物含量的关系。

1. 仪器、试剂与标准样品

仪器、试剂与标准样品如下所述：

苯、丙酮、正己烷、二氯甲烷均为 J. T. BAKER 色谱纯试剂。

无水硫酸钠、盐酸、氢氧化钠均为 MERK 农残级试剂。

1-氨基萘、2-氨基萘、3-氨基联苯、4-氨基联苯、氘代-1-氨基萘、盐酸三甲胺、五氟丙酸酐均为 FLUKA 农残级试剂。

分析天平（Sartorios CP224S，max 220g，d=0. 1mg）。

肯塔基参比卷烟（1R5F、2R4F），从美国 Arista 实验室购买。

剑桥滤片（德国 borgwaldt technik 公司，92mm ø）。

RM200 型 20 孔道转盘吸烟机（德国 borgwaldt technik 公司，配备有 CO 自动分析仪）。

GILSON 固相萃取仪（404 SYRINGE PUMP，ASPEC XL4 SOLID PHASE EXTRACTION）。

500mg，3mL florisil 固相萃取柱（Agilent Technologies，AccuBond Ⅱ SPE FLORISIL Cartridges）。

Turbo Vap II 旋转蒸发仪（美国 Zymark 公司）。

Agilent 6890N-5975B MSD 色-质联用仪。

2. 方法

（1）芳香胺标准溶液

①芳香胺标准系列溶液的配制，如表 7-1、表 7-2 所示。

内标溶液：配制浓度为 47.664ng/mL 的氘代-1-氨基萘溶液作为内标溶液，以正己烷为溶剂。

芳香胺标准系列溶液：按下列浓度范围配制四种芳香胺标准系列溶液，以正己烷为溶剂。

表 7-1　内标和 4 种芳香胺标准溶液的浓度　单位：ng/mL

	氘代-1-氨基萘	1-氨基萘	2-氨基萘	3-氨基联苯	4-氨基联苯
1#	47.664	3.8412	3.7316	0.948	0.784
2#	47.664	4.8015	4.6645	1.176	0.98
3#	47.664	9.603	9.329	2.352	1.96
4#	47.664	19.206	18.658	4.704	3.92
5#	47.664	38.412	37.316	9.408	7.84
6#	47.664	57.618	55.974	14.112	11.76

表 7-2　10mL 溶液中内标和 4 种芳香胺标准溶液的含量　单位：ng

	氘代-1-氨基萘	1-氨基萘	2-氨基萘	1-氨基联苯	2-氨基联苯
101#	476.4	38.142	37.316	9.48	7.84
102#	476.4	48.015	46.645	11.76	9.8
103#	476.4	96.03	93.29	23.52	19.6
104#	476.4	192.06	186.58	47.04	39.2
105#	476.4	384.12	373.16	94.08	78.4
106#	476.4	576.18	559.74	141.12	117.6

②芳香胺标准系列溶液酰化：取 101#~106#芳香胺标准系列溶液各 1mL，分别加入 80μL 盐酸三甲胺和 40μL 五氟丙酸酐，摇晃之后，静置 40min。

③芳香胺标准溶液的纯化：将酰化后的芳香胺标准系列溶液移至固相萃

取仪，用 2. 5mL 洗脱液洗脱，收集所有洗脱液。

④芳香胺标准系列溶液浓缩：将盛有所有洗脱液的浓缩瓶连接到旋转蒸发仪上，在 60 有所、高纯氮气保护下旋转蒸发，浓缩至约 1mL，待 GC/MS 分析。

（2）烟气样品的分析

①实验方案

a. 抽吸方案，如图 7-4 所示。

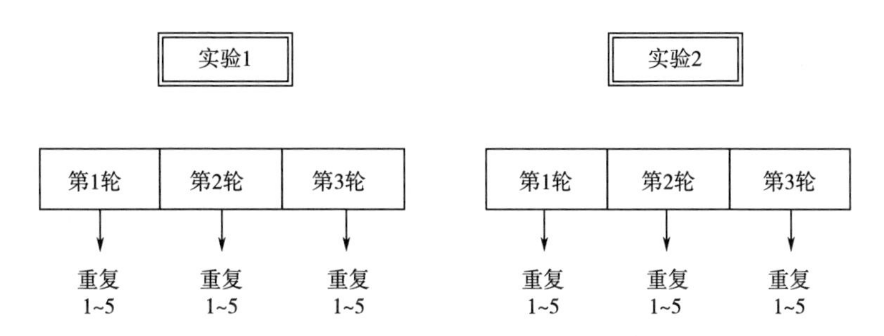

图 7-4　固相萃取-GC-MS 法测定肯塔基参比卷烟（1R5F 、2R4F）主流烟气中 4 种芳香胺化合物的抽吸方案

肯塔基参比卷烟（1R5F 、2R4F）同时进行实验 1 和实验 2，实验 1 和 2 中的 3 个抽吸轮次分别在不同周次进行。每一个抽吸轮次的样品有 5 个平行。

b. 预处理方案，对于实验 1，内标的加入时间为加入 200mL 5%盐酸，超声波萃取 30min，静置数分钟后。对于实验 2，内标的加入时间为加入 80μL 盐酸三甲胺和 40μL 五氟丙酸酐衍生试剂前。

②烟气总粒相物的收集：所用卷烟实验前在（22±1）℃、相对湿度（60±2）%条件下平衡 48h，然后经重量及吸阻分选，挑出均匀一致的试验烟支。吸烟使用一台 RM200 型 20 孔道转盘吸烟机，每口抽吸 2s，体积 35mL，每口间隔 58s，环境温度（22±2）℃、相对湿度（60±5）%。按 GB/T 19609—2014 标准的要求收集 20 支卷烟的总粒相物。

③烟气样品的预处理、衍生化、固相萃取：将滤片放入 250mL 锥形瓶中，加入 200mL 5%盐酸，超声波萃取 30min，静置数分钟。准确移取 100ml 萃取液加到 250mL 分液漏斗中，用 150mL 二氯甲烷分三次洗涤，弃去有机相，水相用固体氢氧化钠调节 pH = 12 ~ 13，用 150mL 正己烷分三次萃取，萃取液加无水硫酸钠（约 30g）干燥过夜，加入 80μL 盐酸三甲胺和 40μL 五氟丙酸酐

(40%）酰化至少 40min，然后在高纯氮气保护下，60℃旋转蒸发浓缩至约 3mL。将样品浓缩液移至取固相萃取仪萃取洗脱。其过程为：用 3mL 正己烷先润洗固相萃取柱（500mg，3mL florisil），然后加入 2.5mL 的浓缩液到固相萃取柱，利用 2mL 的洗脱液（正己烷：苯：丙酮=5：4：1）洗脱，洗脱速度为 2mL/min。在高纯氮气保护下旋转蒸发浓缩至约 0.5mL 后，进色—质分析。

④仪器分析条件如下所述。

色谱柱：弹性石英毛细管色谱柱（HP-35MS 30m×0.25mm×0.25μm）。

程序升温：从 60℃保持 2min，然后以 10℃/min 的速率升至 140℃，再以 4℃/min 的速率升至 190℃，最后以 30℃/min 的速率升至 280℃，保持 20min，进样口温度为 280℃。

无分流进样，进样体积为 1.0μL。

电离方式：EI，离子源温度：230℃，传输线温度：280℃。

采样方式：SIM 。

采样离子：1-氨基萘、2-氨基萘：289；3-氨基联苯、4-氨基联苯：315；内标：氘代-1-氨基萘：296。

(3）工作曲线与检测限　为了评价该测定方法的分析特性，将 6 个不同浓度的芳香胺化合物混合标样分别进行 GC-MS 分析，并用各种芳香胺化合物色谱峰与内标峰面积比值对其相应芳香胺化合物含量进行回归分析，得回归方程及其相关参数。产生 3 倍噪声信号时，单位时间内进入检测器的组分量为检测限。结果表明，在卷烟烟气中芳香胺化合物的含量范围内，检测器响应与这 4 种芳香胺化合物的浓度呈明显的线性关系。4 种芳香胺化合物的检测限均在 ng 级的水平，远远低于卷烟烟气中这些成分的实际含量。如表 7-3 所示。

表 7-3　　4 种芳香胺化合物的回归方程及检测限

芳香胺	含量范围/ng	回归方程	相关系数	检测限/(ng/支)
1-氨基萘	38.412~576.18	$y=0.0025x-0.0187$	0.9998	0.04
2-氨基萘	37.316~559.74	$y=0.0023x+0.0125$	0.9823	0.03
3-氨基联苯	9.408~141.12	$y=0.0031x-0.0362$	0.9976	0.07
4-氨基联苯	7.84~117.6	$y=0.0031x-0.0296$	0.9914	0.07

注：y—各种芳香胺化合物色谱峰与内标峰面积比值；x—样品中 4 种芳香胺化合物含量。

（4）回收率　采用标样加入法测定方法的回收率，即在捕集有已知芳香胺含量卷烟烟气的滤片上，加入一定量的芳香胺化合物混合标样，而后进行萃取、衍生化和 GC/MS 分析，并根据测定量、加入量和原含量计算回收率。由表 7-3 可知，采用实验 1 测定卷烟主流烟气中的芳香胺化合物，4 种芳香胺的回收率在 89.8%～106.0%之间。采用实验 2 测定卷烟主流烟气中的芳香胺化合物，4 种芳香胺的回收率在 88.9%～107.1%之间。如表 7-4 所示。

表 7-4　　4 种芳香胺化合物的回收率测试结果

实验方案	样品	芳香胺	样品含量/（ng/支）	加入量/（ng/支）	测定量/（ng/支）	回收率/%
实验 1	1R5F	1-氨基萘	4.30	4.8	8.92	96.3
		2-氨基萘	2.72	4.66	6.98	91.4
		3-氨基联苯	1.27	1.17	2.51	106.0
		4-氨基联苯	1.02	0.98	1.90	89.8
	2R4F	1-氨基萘	10.55	9.6	20.68	105.5
		2-氨基萘	7.91	9.329	16.95	96.9
		3-氨基联苯	2.18	2.35	4.56	101.3
		4-氨基联苯	1.76	1.96	3.62	94.9
实验 2	1R5F	1-氨基萘	3.76	4.80	8.47	98.1
		2-氨基萘	1.94	4.66	6.58	99.6
		3-氨基联苯	1.72	1.17	2.76	88.9
		4-氨基联苯	1.38	0.98	2.43	107.1
	2R4F	1-氨基萘	8.64	9.6	18.11	98.6
		2-氨基萘	8.48	9.329	18.3	105.3
		3-氨基联苯	2.94	2.35	5.34	102.1
		4-氨基联苯	2.52	1.96	4.37	94.4

（5）重复性　在两个实验方案的 3 个轮次当中，同种卷烟样品平行测定 5 次，结果见表 7-5 和表 7-6。实验 1 和实验 2 中，所有测定结果的变异系数均小于 5%。

表 7-5　　实验 1 中肯塔基参比卷烟主流烟气 4 种芳香胺化合物测定方法的重复性

轮次	样品	萃取之后加内标				烟气特征		
		1-氨基萘/(ng/支)	2-氨基萘/(ng/支)	3-氨基联苯/(ng/支)	4-氨基联苯/(ng/支)	平均口数/支	CO/(mg/支)	TPM/(mg/支)
第1轮	IR5F	4.30	2.72	1.27	1.02	6.87	4.20	2.68
		4.19	2.79	1.34	1.12	6.93	4.20	2.64
		4.23	2.81	1.28	1.07	6.84	4.30	2.73
		4.20	2.78	1.26	1.10	7.08	4.00	2.71
		4.32	2.80	1.30	1.06	7.02	3.90	2.70
	$\bar{x}$	4.25	2.78	1.29	1.07	6.95	4.12	2.69
	s	0.06	0.04	0.03	0.04	0.10	0.16	0.03
	RSD/%	1.39	1.27	2.45	3.58	1.45	3.99	1.27
	最大值	4.32	2.81	1.34	1.12	7.08	4.30	2.73
	最小值	4.19	2.72	1.26	1.02	6.84	3.90	2.64
	2R4F	10.55	7.91	2.18	1.76	8.74	12.40	10.85
		10.89	8.70	2.39	1.90	8.65	11.90	10.57
		10.85	8.12	2.21	1.85	8.73	12.30	11.01
		10.80	8.06	2.18	1.96	8.68	12.00	10.82
		10.68	7.96	2.22	1.78	8.70	11.50	10.52
	$\bar{x}$	10.75	8.15	2.24	1.85	8.70	12.02	10.75
	s	0.14	0.32	0.09	0.08	0.04	0.36	0.20
	RSD/%	1.29	3.91	3.93	4.49	0.42	2.96	1.90
	最大值	10.89	8.70	2.39	1.96	8.74	12.40	11.01
	最小值	10.55	7.91	2.18	1.76	8.65	11.50	10.52
第2轮	IR5F	4.39	3.01	1.30	1.08	7.00	4.00	2.96
		4.19	3.00	1.38	1.12	6.92	4.10	2.70
		4.20	3.02	1.32	1.02	7.01	4.20	2.88
		4.26	2.86	1.36	1.03	6.95	4.20	2.86
		4.30	2.88	1.32	1.06	6.93	4.10	2.90
	$\bar{x}$	4.27	2.95	1.34	1.06	6.96	4.12	2.86
	s	0.08	0.08	0.03	0.04	0.04	0.08	0.10
	RSD/%	1.91	2.62	2.46	3.79	0.59	2.03	3.39
	最大值	4.39	3.02	1.38	1.12	7.01	4.20	2.96
	最小值	4.19	2.86	1.30	1.02	6.92	4.00	2.70
		11.15	8.27	2.19	1.74	8.75	12.00	11.38

续表

轮次	样品	萃取之后加内标				烟气特征		
		1-氨基萘/（ng/支）	2-氨基萘/（ng/支）	3-氨基联苯/（ng/支）	4-氨基联苯/（ng/支）	平均口数/支	CO/（mg/支）	TPM/（mg/支）
		11.34	8.21	2.37	1.88	8.69	12.20	10.72
	2R4F	11.00	8.16	2.18	1.70	8.66	12.00	10.68
		11.26	8.08	2.22	1.82	8.63	11.90	10.76
		11.18	8.12	2.16	1.78	8.70	12.10	10.66
第2轮	$\bar{x}$	11.19	8.17	2.22	1.78	8.69	12.04	10.84
	s	0.13	0.07	0.08	0.07	0.05	0.11	0.30
	RSD/%	1.14	0.91	3.80	3.92	0.52	0.95	2.81
	最大值	11.34	8.27	2.37	1.88	8.75	12.20	11.38
	最小值	11.00	8.08	2.16	1.70	8.63	11.90	10.66
		4.05	2.69	1.27	0.99	6.84	4.10	2.70
		4.16	2.54	1.22	1.01	6.91	4.20	2.70
	IR5F	4.20	2.62	1.20	1.03	6.80	4.10	2.82
		4.18	2.50	1.24	1.02	6.95	4.30	2.64
		4.08	2.48	1.23	1.00	6.85	4.20	2.71
	$\bar{x}$	4.13	2.57	1.23	1.01	6.87	4.18	2.71
	s	0.07	0.09	0.03	0.02	0.06	0.08	0.07
	RSD/%	1.58	3.42	2.10	1.57	0.87	2.00	2.41
	最大值	4.20	2.69	1.27	1.03	6.95	4.30	2.82
	最小值	4.05	2.48	1.20	0.99	6.80	4.10	2.64
第3轮		11.06	8.72	2.17	1.75	8.63	12.10	10.88
		11.52	8.82	2.34	1.96	8.68	12.00	11.07
	2R4F	11.28	8.76	2.20	1.86	8.60	12.20	10.78
		11.18	8.68	2.36	1.81	8.64	12.00	10.82
		11.12	8.56	2.14	1.95	8.61	12.30	10.86
	$\bar{x}$	11.23	8.71	2.24	1.87	8.63	12.12	10.88
	s	0.18	0.10	0.10	0.09	0.03	0.13	0.11
	RSD/%	1.61	1.12	4.51	4.83	0.36	1.08	1.03
	最大值	11.52	8.82	2.36	1.96	8.68	12.30	11.07
	最小值	11.06	8.56	2.14	1.75	8.60	12.00	10.78

表 7-6　　实验 2 中肯塔基参比卷烟主流烟气 4 种芳香胺合物测定方法的重复性

轮次	样品	衍生之前加内标				烟气特征		
		1-氨基萘/(ng/支)	2-氨基萘/(ng/支)	3-氨基联苯/(ng/支)	4-氨基联苯/(ng/支)	平均口数/支	CO/(mg/支)	TPM/(mg/支)
第1轮	IR5F	3.76	1.87	1.72	1.38	6.79	4.10	2.71
		3.72	1.68	1.70	1.34	6.78	4.00	2.51
		3.58	1.86	1.72	1.44	6.91	4.20	2.73
		3.64	1.70	1.68	1.40	6.82	4.20	2.62
		3.66	1.78	1.72	1.44	6.89	4.30	2.70
	$\bar{x}$	3.67	1.78	1.71	1.40	6.84	4.16	2.65
	s	0.07	0.09	0.02	0.04	0.06	0.11	0.09
	RSD/%	1.91	4.94	1.05	3.03	0.86	2.74	3.42
	最大值	3.76	1.87	1.72	1.44	6.91	4.30	2.73
	最小值	3.58	1.68	1.68	1.34	6.78	4.00	2.51
	2R4F	8.64	6.48	2.74	2.09	8.71	12.00	10.50
		8.86	6.42	2.72	2.22	8.75	11.90	11.14
		8.70	5.92	2.52	1.94	8.71	12.20	11.14
		8.72	6.16	2.44	2.16	8.76	12.10	11.16
		8.76	6.20	2.60	2.12	8.69	12.20	11.12
	$\bar{x}$	8.74	6.24	2.60	2.11	8.72	12.08	11.01
	s	0.08	0.22	0.13	0.10	0.03	0.13	0.29
	RSD/%	0.94	3.59	4.93	4.98	0.34	1.08	2.60
	最大值	8.86	6.48	2.74	2.22	8.76	12.20	11.16
	最小值	8.64	5.92	2.44	1.94	8.69	11.90	10.50
第2轮	IR5F	3.62	2.12	1.86	1.24	6.96	4.00	2.59
		3.84	2.00	1.80	1.38	6.96	4.10	2.77
		3.58	1.92	1.72	1.32	6.93	4.10	2.69
		3.74	1.96	1.74	1.26	6.90	4.20	2.66
		3.40	1.90	1.64	1.34	6.82	4.00	2.72
	$\bar{x}$	3.64	1.98	1.75	1.31	6.91	4.08	2.69
	s	0.17	0.09	0.08	0.06	0.06	0.08	0.07

续表

轮次	样品	衍生之前加内标				烟气特征		
		1-氨基萘/(ng/支)	2-氨基萘/(ng/支)	3-氨基联苯/(ng/支)	4-氨基联苯/(ng/支)	平均口数/支	CO/(mg/支)	TPM/(mg/支)
	RSD/%	4.59	4.40	4.75	4.41	0.84	2.05	2.51
	最大值	3.84	2.12	1.86	1.38	6.96	4.20	2.77
	最小值	3.40	1.90	1.64	1.24	6.82	4.00	2.59
第2轮	2R4F	8.70	6.14	2.44	1.96	8.87	12.10	11.16
		9.26	6.40	2.50	2.00	8.82	11.90	11.07
		8.76	6.30	2.46	2.08	8.76	11.80	11.00
		8.60	6.00	2.60	2.12	8.71	12.10	11.05
		8.64	6.06	2.54	1.98	8.80	12.00	11.09
	$\bar{x}$	8.79	6.18	2.51	2.03	8.79	11.98	11.07
	s	0.27	0.17	0.06	0.07	0.06	0.13	0.06
	RSD/%	3.05	2.70	2.56	3.39	0.69	1.09	0.53
	最大值	9.26	6.40	2.60	2.12	8.87	12.10	11.16
	最小值	8.60	6.00	2.44	1.96	8.71	11.80	11.00
第3轮	IR5F	4.12	1.96	1.76	1.40	7.00	4.10	2.69
		3.76	1.86	1.72	1.40	6.90	4.00	2.66
		3.80	1.82	1.68	1.38	6.88	4.10	2.70
		3.86	1.76	1.70	1.36	6.92	4.20	2.63
		4.08	1.92	1.76	1.42	6.96	4.20	2.71
	$\bar{x}$	3.92	1.86	1.72	1.39	6.93	4.12	2.68
	s	0.17	0.08	0.04	0.02	0.05	0.08	0.03
	RSD/%	4.21	4.25	2.08	1.64	0.69	2.03	1.22
	最大值	4.12	1.96	1.76	1.42	7.00	4.20	2.71
	最小值	3.76	1.76	1.68	1.36	6.88	4.00	2.63
	2R4F	9.34	6.64	2.60	2.10	8.56	12.10	10.71
		8.28	5.90	2.36	1.86	8.67	12.20	10.84
		9.12	6.40	2.50	1.94	8.73	11.90	10.90
		8.94	6.38	2.54	1.96	8.64	12.00	10.88
		8.78	6.24	2.40	1.90	8.80	12.10	10.92

续表

轮次	样品	衍生之前加内标				烟气特征		
		1-氨基萘/(ng/支)	2-氨基萘/(ng/支)	3-氨基联苯/(ng/支)	4-氨基联苯/(ng/支)	平均口数/支	CO/(mg/支)	TPM/(mg/支)
第3轮	$\bar{x}$	8.89	6.31	2.48	1.95	8.68	12.06	10.85
	s	0.40	0.27	0.10	0.09	0.09	0.11	0.08
	RSD/%	4.51	4.30	3.99	4.67	1.05	0.95	0.77
	最大值	9.34	6.64	2.60	2.10	8.80	12.20	10.92
	最小值	8.28	5.90	2.36	1.86	8.56	11.90	10.71

从重复性、回收率及检测限的测定结果来看，固相萃取-气相色谱/质谱联用法中的实验1和实验2方案都具有较高的检测灵敏度和良好的重复性、准确性，适用于卷烟烟气总粒相物中芳香胺物质的定量分析。

3. 结果与讨论

（1）肯塔基参比卷烟烟气中4种芳香胺测定结果的分析　对于参比卷烟1R5F来说，实验1中3轮次的烟气中4种芳香胺测定结果变异系数在1.80~6.88之间；实验2中3轮次的烟气中4种芳香胺测定结果变异系数在1.21~5.37之间。对于参比卷烟2R4F来说，实验1中3轮次的烟气中4种芳香胺测定结果变异系数在0.52~3.81之间；实验2中3轮次的烟气中4种芳香胺测定结果变异系数在0.87~3.94之间。如表7-7、表7-8、图7-5、图7-6、图7-7所示。

表7-7　1R5F卷烟烟气中4种芳香胺的测定结果

	实验1				实验2			
	1-氨基萘/(ng/支)	2-氨基萘/(ng/支)	3-氨基联苯/(ng/支)	4-氨基联苯/(ng/支)	1-氨基萘/(ng/支)	2-氨基萘/(ng/支)	3-氨基联苯/(ng/支)	4-氨基联苯/(ng/支)
第1轮	4.25	2.78	1.29	1.07	3.67	1.78	1.71	1.4
第2轮	4.27	2.95	1.34	1.06	3.64	1.98	1.75	1.31
第3轮	4.13	2.57	1.23	1.01	3.92	1.86	1.72	1.39
$\bar{x}$	4.22	2.77	1.29	1.05	3.74	1.87	1.73	1.37
s	0.08	0.19	0.06	0.03	0.15	0.10	0.02	0.05
RSD/%	1.80	6.88	4.28	3.07	4.11	5.37	1.21	3.61

表 7-8　　2R4F 卷烟烟气中 4 种芳香胺的测定结果

	实验 1				实验 2			
	1-氨基萘/（ng/支）	2-氨基萘/（ng/支）	3-氨基联苯/（ng/支）	4-氨基联苯/（ng/支）	1-氨基萘/（ng/支）	2-氨基萘/（ng/支）	3-氨基联苯/（ng/支）	4-氨基联苯/（ng/支）
第 1 轮	10.75	8.15	2.24	1.85	8.74	6.24	2.6	2.11
第 2 轮	11.19	8.17	2.22	1.78	8.79	6.18	2.51	2.03
第 3 轮	11.23	8.71	2.24	1.87	8.89	6.31	2.48	1.95
$\bar{x}$	11.06	8.34	2.23	1.83	8.81	6.24	2.53	2.03
s	0.27	0.32	0.01	0.05	0.08	0.07	0.06	0.08
RSD/%	2.41	3.81	0.52	2.58	0.87	1.04	2.47	3.94

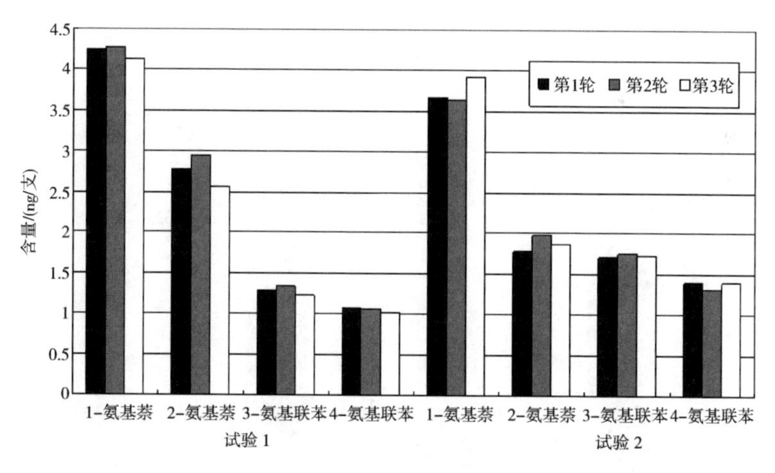

图 7-5　1R5F 卷烟烟气中 4 种芳香胺的测定结果

实验 1 中，1R5F 卷烟，1-氨基萘在 4 种芳香胺的总量中占到了 45%，2-氨基萘 30%，3-氨基联苯 14%，4-氨基联苯 11%。2R4F 卷烟，1-氨基萘 46%，2-氨基萘 36%，3-氨基联苯 10%，4-氨基联苯 8%。实验 2 中，1R5F 卷烟，1-氨基萘 43%，2-氨基萘 21%，3-氨基联苯 20%，4-氨基联苯 16%。2R4F 卷烟，1-氨基萘 45%，2-氨基萘 32%，3-氨基联苯 13%，4-氨基联苯 10%。

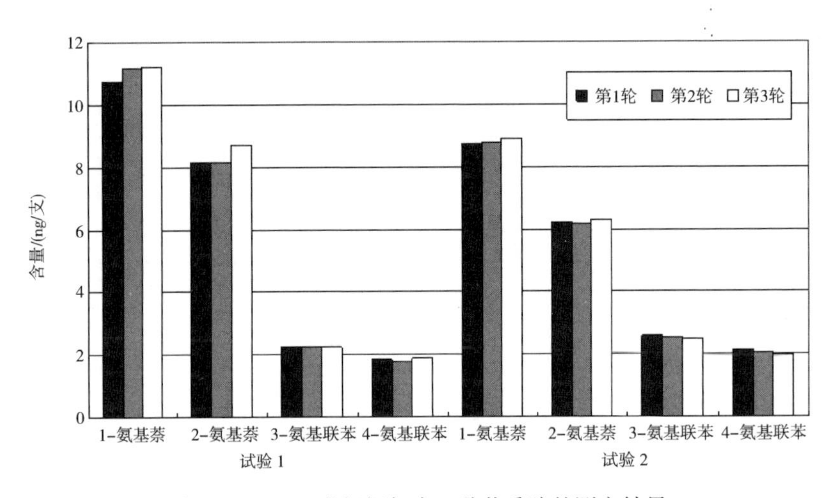

图 7-6　2R4F 卷烟烟气中 4 种芳香胺的测定结果

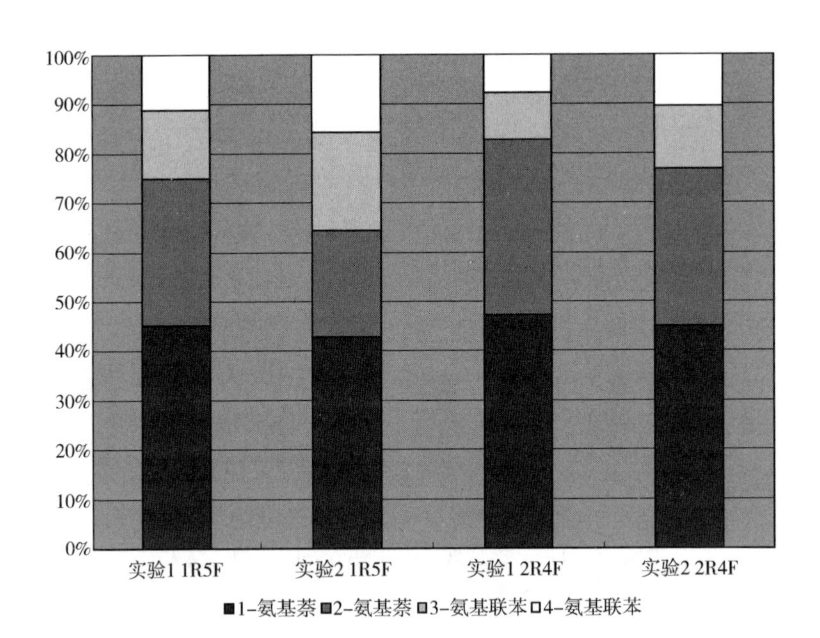

图 7-7　肯塔基参比卷烟烟气中 4 种芳香胺占芳香胺总量的百分数

我们知道，内标的加入时间应该选择在处理样品最开始的那一步；如果，内标加入的时间靠后，一般会导致结果偏低。但是在实验 2 中我们却发现，与实验 1 相比较，占芳香胺总量 75%的 1-氨基萘，2-氨基萘含量有所降低，对于含量较低的 3-氨基联苯，4-氨基联苯，其含量却有所增加。而实验 1 和

实验2方案的差别，仅仅是内标加入的时间不同。其可能的原因在于样品纯化过程。进一步的分析，我们发现实验1中，1R5F和2R4F卷烟烟气中4种芳香胺占芳香胺总量的百分数与2006年参加CORESTA特种分析物共同实验的13家实验室测定的结果相吻合。综合考虑，固相萃取-气相色谱/质谱联用法中的实验1方案，适用于卷烟烟气总粒相物中芳香胺物质的定量分析。

（2）国内两种卷烟主流烟气中4种主要的芳香胺化合物的含量测定结果

应用本文中的实验方案1，选择了两种有代表性的国内烤烟型和混合型卷烟，对其主流烟气中4种主要的芳香胺化合物的含量进行测定。结果见表7-9。

表7-9　应用实验1，国内卷烟主流烟气中4种主要芳香胺化合物的含量

样品	萃取之后加内标				烟气特征		
	1-氨基萘/（ng/支）	2-氨基萘/（ng/支）	3-氨基联苯/（ng/支）	4-氨基联苯/（ng/支）	平均口数/支	CO/（mg/支）	TPM/（mg/支）
国内混合型	18.36	2.22	1.28	0.98	6.60	5.20	4.10
	18.07	2.14	1.19	1.09	6.61	5.30	4.19
	18.22	2.09	1.13	1.03	6.63	5.30	4.23
	18.06	2.27	1.15	1.01	6.48	5.40	4.20
	17.85	2.34	1.22	1.08	6.41	5.30	4.10
	18.13	2.31	1.15	1.03	6.50	5.30	4.20
$\bar{x}$	18.12	2.23	1.19	1.04	6.54	5.30	4.17
s	0.17	0.10	0.06	0.04	0.09	0.06	0.06
RSD/%	0.95	4.39	4.73	4.03	1.35	1.19	1.34
最大值	18.36	2.34	1.28	1.09	6.63	5.40	4.23
最小值	17.85	2.09	1.13	0.98	6.41	5.20	4.10
国内烤烟型	6.53	3.88	0.92	0.89	7.73	13.90	18.16
	6.63	4.03	0.97	0.92	7.84	13.70	18.02
	6.58	3.90	0.96	0.90	7.79	13.50	18.25
	6.45	3.82	0.91	0.96	7.86	14.30	18.22
	6.77	3.71	0.86	0.92	7.72	13.70	17.98
	6.62	3.64	0.89	0.97	7.80	14.00	18.00

续表

样品	萃取之后加内标				烟气特征		
	1-氨基萘/（ng/支）	2-氨基萘/（ng/支）	3-氨基联苯/（ng/支）	4-氨基联苯/（ng/支）	平均口数/支	CO/（mg/支）	TPM/（mg/支）
$\bar{x}$	6.60	3.83	0.92	0.93	7.79	13.85	18.11
s	0.11	0.14	0.04	0.03	0.06	0.28	0.12
RSD/%	1.63	3.66	4.54	3.46	0.73	2.03	0.66
最大值	6.77	4.03	0.97	0.97	7.86	14.30	18.25
最小值	6.45	3.64	0.86	0.89	7.72	13.50	17.98

（3）卷烟主流烟气中主要芳香胺化合物含量与 CO、TPM 关系分析　利用图 7-8 的数据和质量分析软件 SPSS 分析可知，卷烟主流烟气中芳香胺含量与 CO、TPM 之间没有相关性。这一结果表明，采用 CO 和 TPM 来预测卷烟主流烟气中主要芳香胺化合物的含量是不适宜的。

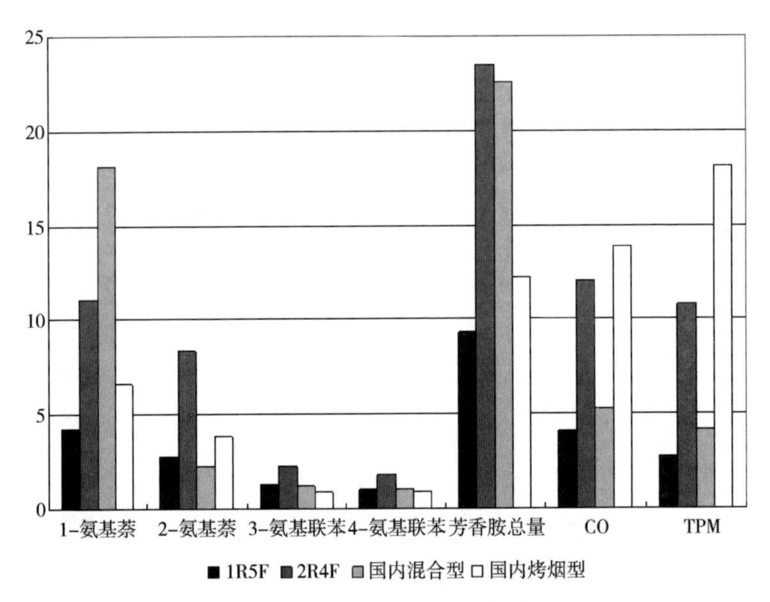

图 7-8　卷烟主流烟气中主要芳香胺化合物含量与 CO、TPM 关系

4. 结论

本文采用氘代-1-氨基萘作为内标，利用剑桥滤片捕集肯塔基参比卷烟

(1R5F、2R4F) 烟气，经盐酸超声，二氯甲烷、正己烷萃取，盐酸三甲胺和五氟丙酸酐衍生化，固相萃取仪萃取洗脱纯化后，使用 GC-MS 定量分析了卷烟主流烟气中的 1-氨基萘、2-氨基萘、3-氨基联苯、4-氨基联苯 4 种芳香胺化合物，建立了固相萃取-气相色谱/质谱联用测定卷烟主流烟气中 4 种芳香胺化合物的方法，该方法具有灵敏度高、选择性强、排干扰能力大的优点。同时考察了样品纯化前后加入内标-氘代-1-氨基萘对 4 种芳香胺化合物含量的影响。另外，我们测定了两种不同焦油含量的国内卷烟的 4 种芳香胺化合物含量，并分析得出卷烟主流烟气中的 CO 和烟气总粒相物 (TPM) 含量与卷烟主流烟气中 4 种芳香胺化合物含量之间没有相关性。

参考文献

[1] 孔丽萍. 禁用可分解出致癌芳香胺的偶氮染料及相关标准 [J]. 中国纤检，2013.

[2] 朱兆连，李爱民，陈金龙，等. 芳香胺废水治理技术研究进展 [J]. 工业安全与环保，2008，34 (1)：4-5.

[3] 刘鹏，徐烨，郭静. 分散液相微萃取-气相色谱法测定水样中六种芳香胺 [J]. 分析科学学报，2011，27 (4)：451-454.

[4] 黄丽芳，李来生，刘超. 高效液相色谱-质谱法测定废水中芳香胺类化合物 [J]. 分析科学学报，2008，24 (3)：265-269.

[5] 胡庆兰，郑平，段连生. 顶空固相微萃取-气相色谱法测定水中芳香胺类化合 [J]. 华中师范大学学报，2012，46 (4)：452-455.

[6] 叶伟红，刘劲松，潘荷芳. 水中致癌芳香胺的固相萃取-气质分析方法研究 [J]. 质谱学报，2011，32 (1)：55-60.

[7] 张艺，鲁蓉蓉，陈百玲，等. 水样中芳香胺类化合物的 HILIC-UV 测定方法研究 [J]. 第五届全国环境化学大会.

[8] Qingxiang Zhou, Xiaoguo Zhang, Junping Xiao. Ultrasound-assisted ionic liquid dispersive liquid-phase micro-extraction: A novel approach for the sensitive determination of aromatic amines in water samples [J]. Journal of Chromatography A, 1216, 2009: 4361-4365.

[9] Hiroshi Moriwaki, Hiroya Harinoa, Hiroyuki Hashimotob, et al. Determination of aromatic amine mutagens, PBTA-1 and PBTA-2, in river water by solid-phase extraction followed by liquid chromatography-tandem mass spectrometry [J]. Journal of Chromatography A, 995, 2003, 239-243.

[10] Ruiping Li, Yi Zhanga, Charles C. Leeb, et al. Development and validation of a hydrophilic interaction liquid chromatographic method for determination of aromatic amines in environ-

mental water [J]. Journal of Chromatography A, 1217 (2010) 1799-1805.

[11] 刘英红，蒋丽，贾海红，等. 碱性高锰酸钾光度法测定水中的苯胺类物质 [J]. 淮海工学院学报，2009，18 (2)：50-52.

[12] 渠陆陆，李大伟，翟文磊，等. 基于表面增强拉曼光谱的水中芳香胺类污染物现场快速检测技术 [J]. 环境化学，2011，30 (8)：1486-1492.

[13] 叶曦雯，李引，牛增元，等. 23种致癌芳香胺的显色法测定 [J]. 纺织学报，2012，33 (12)：58-63.

[14] Zian Lin, Jianhua Zhang, Huimin Cui, et al. Determination of aromatic amines in environmental water sample by hollow fiber liquid phase microextraction and microemulsion electrokinetic chromatography [J]. Journal of Chromatography A, 1217, 2010: 4507-4510.

第八章
烟草制品和烟气中挥发性和半挥发性化合物

一、 简介

1. 丙烯腈（Acrylonitrile）

丙烯腈，CAS：107-13-1，分子式：C_3H_3N，相对分子质量：53.06，密度：0.806g/cm^3，熔点：-84.5℃，沸点：77.3℃，闪点：0℃，储存温度：2~8℃。无色易挥发、易流动的透明液体，味甜，微臭。能溶于丙酮、苯、四氯化碳、乙醚、乙醇等有机溶剂。微溶于水。由丙烯氨化氧化，或由乙炔和氰化氢直接化合制得。

存在形式：主流烟气和侧流烟气。毒性：WGK Germany：3、RTECS：AT5250000。安全性：R45-R11-R23/24/25-R37/38-R41-R43-R51/53-R39/23/24/25、S53-S9-S16-S45-S61-S36/37。IARC致癌性评估：证据充分（对人有限证据）。

与空气混合可爆炸，遇明火、高温、氧化剂易燃，燃烧产生有毒氮氧化物烟气，遇水分解有毒气体。因此，包装要求密封，不可与空气接触，应与氧化剂、酸类、碱类、食用化学品分开存放，切忌混储。另外，丙烯腈是合成纤维、合成橡胶和合成树脂的重要单体，也是杀虫剂虫满腈的中间体。

2. 苯（Benzene）

苯，CAS：71-43-2，分子式：C_6H_6，相对分子质量：78.11，密度：0.874g/cm^3，熔点：5.5℃，沸点：80℃，闪点：-11.1℃，储存温度：0~6℃。苯为无色具有芳香气味的非极性液体。易挥发，易燃，有毒。不溶于水，溶于乙醇、乙醚、氯仿、二硫化碳、冰醋酸、丙酮等有机溶剂。燃烧时发生光亮而带烟的火焰。蒸汽与空气形成爆炸混合物，爆炸极限1.5%~8.0%

(体积比)。工业上来源有焦油苯和石油苯两类，焦油苯是由煤炼焦过程中回收的煤焦油经蒸馏分离出粗苯，再进一步精制而得的。石油苯的生产方法由轻质的石油馏分催化重整获得。另外还有乙烯装置副产物裂解汽油分离回收法，甲苯脱烷基或歧化法等。

存在形式：烤烟烟叶、主流烟气和侧流烟气。毒性：WGK Germany：3、RTECS：CY1400000。安全性：R45-R46-R11-R36/38-R48/23/24/25-R65-R39/23/24/25-R23/24/25、S53-S45-S36/37。IARC致癌性评估：证据充分(对人和动物)。

苯为最重要的基本有机化工原料之一。可通过取代反应、加成反应和苯环破裂反应，衍生出很多重要的化学中间体，是生产合成树脂、塑料、合成纤维、橡胶、洗涤剂、染料、医药、农药、炸药等的重要基础原料。苯也广泛用作溶剂，在炼油工业中用作提高汽油辛烷值的掺和剂。

3. 1,3-丁二烯 (1,3-Butadiene)

1,3-丁二烯，CAS：106-99-0，分子式：C_4H_6，相对分子质量：54.09，密度：0.62g/cm^3，熔点：-109℃，沸点：-4.5℃，闪点：-76.1℃，储存温度：0~6℃。1,3-丁二烯是具有微弱芳香气味的无色气体，易液化。溶于醇和醚，也可溶于丙酮、苯、二氯乙烷、醋酸戊酯和糠醛、醋酸铜氨溶液中。不溶于水。1,3-丁二烯的工业生产有电石炔和乙醛为原料合成、丁烯催化脱氢生、正丁烷一步脱氢、由乙烯装置副产C4抽提等方法。1,3-丁二烯的生产以乙烯装置副产C4抽提的方法最为经济，各国各地区由此生产1,3-丁二烯的比例也越来越大，由丁烷和丁烯脱氢生产1,3-丁二烯的比例有所下降，乙醇生产1,3-丁二烯的装置逐渐停工。

存在形式：主流烟气和侧流烟气。毒性：WGK Germany：2、RTECS：EI9275000。安全性：R45-R46-R12-R67-R65-R63-R48/20-R36/38-R11-R62-R51/53-R38、S53-S45-S62-S46-S36/37-S26-S61-S33-S16。较大可能性的致癌物。

与空气混合明火、受热可爆，燃烧产生刺激烟气。1,3-丁二烯是生产合

成橡胶（丁苯橡胶、顺丁橡胶、丁腈橡胶、氯丁橡胶）的主要原料。随着苯乙烯塑料的发展，利用苯乙烯与1,3-丁二烯共聚，生产各种用途广泛的树脂（如ABS树脂、SBS树脂、BS树脂、MBS树脂），使1,3-丁二烯在树脂生产中逐渐占有重要地位。此外，1,3-丁二烯尚用于生产乙叉降冰片烯（乙丙橡胶第三单体）、1,4-丁二醇（工程塑料）、己二腈（尼龙66单体）、环丁砜、蒽醌、四氢呋喃等。

4. 乙苯（Ethylenzene）

乙苯，CAS：100-41-4，分子式：C_8H_{10}，相对分子质量：106.17，密度：0.867g/cm^3，熔点：-95℃，沸点：34.6℃，闪点：22.2℃，储存温度：0~6℃。无色液体，具有芳香气味，蒸气略重于空气。溶于乙醇、苯、四氯化碳及乙醚，几乎不溶于水。工业上，乙苯由苯与乙烯在催化剂存在下反应得到，也可从石脑油重整产物的C8馏分中分离。现在工业上约有90%的乙苯是通过苯烷基化生产的。

存在形式：烤烟烟叶、香料烟烟叶、白肋烟烟叶和侧流烟气。毒性：WGK Germany：1、RTECS：KI5775000。安全性：R12-R19-R22-R66-R67-R20-R11-R48/20/22-R40-R38-R36/37/38-R23/24/25-R46-R45-R39/23/24/25-R23/25、S9-S16-S29-S33-S24/25-S36/37-S36-S45-S36/37/39-S26-S23-S53-S7-S24。

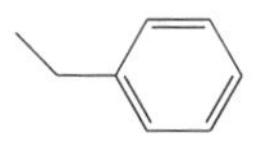

主要用于生产苯乙烯，进而生产苯乙烯均聚物以及以苯乙烯为主要成分的共聚物（ABS，AS等）。乙苯少量用于有机合成工业，例如生产苯乙酮、乙基蒽醌、对硝基苯乙酮、甲基苯基甲酮等中间体。在医药上用作合霉素和氯霉素的中间体。也用于香料。

5. 异戊二烯（Isoprene）

异戊二烯，CAS：78-79-5，分子式：C_5H_8，相对分子质量：68.12，密度：0.681g/cm^3，熔点：323~329℃，沸点：34℃，闪点：-53.9℃，储存温度：2~8℃。无色易挥发、刺激性油状液体。不溶于水，溶于苯，易溶于乙醇、乙醚、丙酮。异戊二烯是C5馏分的重要组分，C5馏分主要来自于合成异戊橡胶，炼厂催化裂化汽油得到的异戊烷脱氢和异戊烯脱氢，以及各种石油原料经裂解制乙烯时的副产物。也可以从天然橡胶裂解产物中分离获得。

存在形式：主流烟气和侧流烟气。毒性：WGK Germany：1、RTECS：NT4037000。安全性：R45-R12-R52/53-R68、S53-S45-S61。可疑致癌物。

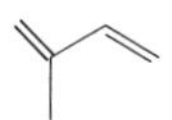

其蒸气与空气可形成爆炸性混合物，遇明火、高热极易燃烧爆炸。与氧化剂、发烟硫酸、硝酸、硫酸、氯磺酸接触剧烈反应。若遇高热，可发生聚合反应，放出大量热量而引起容器破裂和爆炸事故。其蒸汽比空气重，能在较低处扩散到相当远的地方，遇火源会着火回燃。用于合成树脂、液体聚异戊二烯橡胶以及合成香料、药品、农药等的中间体，用量所占的比例较少。

6. 甲苯（Toluene）

甲苯，CAS：108-88-3，分子式：C_7H_8，相对分子质量：92.14，密度：0.866g/cm^3，熔点：-95℃，沸点：111℃，闪点：4.4℃，储存温度：0~6℃。无色透明液体，有类似苯的芳香气味。不溶于水，可混溶于苯、醇、醚等多数有机溶剂。由石油催化重整而得。由煤焦油轻油分馏而得。

存在形式：烤烟烟叶、香料烟烟叶、白肋烟烟叶、主流烟气和侧流烟气。毒性：WGK Germany：2、RTECS：XS5250000。安全性：R11-R38-R48/20-R63-R65-R67-R39/23/24/25-R23/24/25、S36/37-S46-S62-S45。

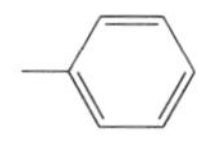

根据《危险品化学安全管理条例》《易制毒化学品管理条例》，甲苯受公安部门管制。甲苯易燃，其蒸汽与空气可形成爆炸性混合物，遇明火、高热能引起燃烧爆炸。与氧化剂能发生强烈反应。流速过快，容易产生和积聚静电。其蒸汽比空气重，能在较低处扩散到相当远的地方，遇火源会着火回燃。甲苯大量用作溶剂和高辛烷值汽油添加剂，也是有机化工的重要原料，但与从煤和石油得到的苯和二甲苯相比，目前的产量相对过剩，因此相当数量的甲苯用于脱烷基制苯或歧化制二甲苯。甲苯衍生的一系列中间体，广泛用于染料、医药、农药、火炸药、助剂、香料等精细化学品的生产，也用于合成材料工业。甲苯进行侧链氯化得到的一氯苄、二氯苄和三氯苄，包括它们的衍生物苯甲醇；苯甲醛和苯甲酰氯（一般也从苯甲酸光气化得到），在医药、农药、染料方面，特别是香料合成中应用广泛。甲苯的环氯化产物是农药、医药、染料的中间体。甲苯氧化得到苯甲酸，是重要的食品防腐剂（主要使

用其钠盐)，也用作有机合成的中间体。甲苯及苯衍生物经磺化制得的中间体，包括对甲苯磺酸及其钠盐、CLT 酸、甲苯-2,4-二磺酸、苯甲醛-2,4-二磺酸、甲苯磺酰氯等，可用于洗涤剂添加剂，化肥防结块添加剂、有机颜料、医药、染料的生产。甲苯硝化制得大量的中间体。可衍生得到很多最终产品，其中在聚氨酯制品、染料和有机颜料、橡胶助剂、医药、炸药等方面最为重要。

7. 乙酸乙烯酯（Vinyl acetate）

乙酸乙烯酯，CAS：108-05-4，分子式：$C_4H_6O_2$，相对分子质量：86.09，密度：0.934g/cm³，熔点：-93℃，沸点：72~73℃，闪点：-6.6℃，储存温度：0~6℃。无色易燃液体，有甜的醚香味。与乙醇混溶，能溶于乙醚、丙酮、氯仿、四氯化碳等有机溶剂，不溶于水。有乙炔法、乙烯法、乙醛醋酐等几种不同原料的工艺路线。

存在形式：主流烟气和侧流烟气。毒性：WGK Germany：2、RTECS：AK0875000。安全性：R11-R39/23/24/25-R23/24/25、S16-S23-S29-S33-S45-S36/37-S7。可能的致癌物。

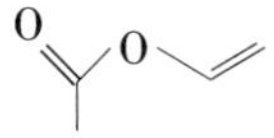

常用中间体，用于生产聚乙烯醇、涂料及粘合剂等，用于树脂纤维合成，也用作油类降凝增稠剂的中间体和粘合剂。

8. 氯乙烯（Vinyl Chloride）

氯乙烯，CAS：75-01-4，分子式：C_2H_3Cl，相对分子质量：62.5，密度：0.911g/cm³，熔点：-153.8℃，沸点：-13.4℃，闪点：-61.1℃，储存温度：2~8℃。无色易液化气体。具有醚臭。微溶于水。溶于乙醇、乙醚、四氯化碳、苯。乙烯氧氯化法是世界公认为技术经济较合理的方法。乙烯与氯气在三氯化铁催化剂存在下，液相直接氯化生成 1，2-二氯乙烷。1，2-二氯乙烷经精制后裂解，得氯乙烯和氯化氢，经精馏得到成品氯乙烯。

存在形式：主流烟气。毒性：WGK Germany：2、RTECS：KU9625000。安全性：R45-R12-R39/23/24/25-R23/24/25-R11、S53-S45-S36/37。IARC 致癌性评估：证据充分（对人证据充分）。

遇明火、受热可燃；燃烧产生有毒氯化物烟气。塑料工业的重要原料，主要用于生产聚氯乙烯树脂。与醋酸乙烯、偏氯乙烯、丁二烯、丙烯腈、丙烯酸酯类及其他单体共聚生成共聚物，也可用作冷冻剂等。

9. 三氯乙烯（Trichloroethylene）

三氯乙烯，CAS：79-01-6，分子式：C_2HCl_3，相对分子质量：131.39，密度：1.463g/cm^3，熔点：-86℃，沸点：87℃，闪点：90℃，储存温度：0~6℃。无色、稍有甜味的挥发性液体，不溶于水，溶于乙醇、乙醚等有机溶剂。生产方法主要有乙炔法、乙烯直接氯化法、乙烯氧氯化法等。

存在形式：主流烟气和侧流烟气。毒性：WGK Germany：3、RTECS：KX4550000。安全性：R45-R12-R39/23/24/25-R23/24/25-R11、S53-S45-S36/37。

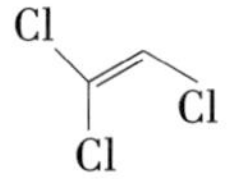

Cl Cl Cl

稳定性较差，易被氧化，生成二氯乙酰氯或光气、一氧化碳及盐酸。可进一步氯化，生成五氯乙烷或全氯乙烷。可溴化或在催化剂作用下氟化。可以自聚，也可与氯乙烯、乙酸乙烯、丙烯、丁烯、丁二烯、丙烯腈等共聚。本品蒸汽与空气形成爆炸混合物，爆炸极限 8.0%~10.5%（体积分数）。用于化学清洗、工业脱脂、化工原料。

10. IQ［2-氨基-3-甲基咪唑并（4,5-f）喹啉（2-Amino-3-methylimidazo（4,5-f）quinoline）

IQ［2-氨基-3-甲基咪唑并（4,5-f）喹啉，CAS：76180-96-6，分子式：$C_{11}H_{10}N_4$，相对分子质量：198.22，熔点：>300℃，储存条件：冷藏储存。

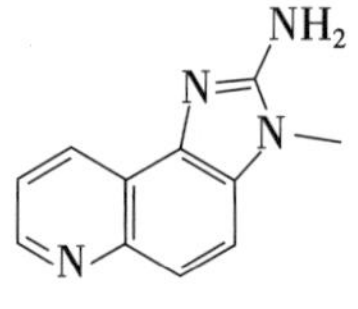

NH_2 N N N

可燃，燃烧产生有毒氮氧化物烟气。

11. 喹啉（Quinoline）

喹啉，CAS：91-22-5，分子式：C_9H_7N，相对分子质量：129.16，密度：1.093g/cm^3，熔点：-17~-13℃，沸点：113~114℃，闪点：101.1℃。具有

强烈臭味的无色吸湿性液体，暴露在光下，会慢慢变成淡黄色，进一步变成棕色。易溶于热水，难溶于冷水，易溶于乙醇、乙醚等很多有机溶剂。从煤焦油的洗油或萘油中提取。

存在形式：烤烟烟叶，香料烟烟叶，主流烟气和侧流烟气。毒性：WGK Germany：2、RTECS：VA9275000。安全性：R21/22-R38-R41-R68-R40-R37/38-R51/53-R36/38-R45、S26-S36/37/39-S36-S23-S61-S45-S53。

喹啉有毒，短时间暴露在喹啉蒸汽中会导致鼻子、眼睛和呼吸道被腐蚀，也可能导致头昏和恶心。长时间暴露的影响还不确定，不过喹啉与肝损伤有一定的关系。明火可燃；高热分解有毒的氧化氮气体。制作强心剂，还可用做于酸、溶剂、防腐剂等；医药行业用于制作烟酸类及8-羟基喹啉药物；印染行业用于制取菁蓝色素和感光色素；橡胶行业用于制促进剂；农业方面用于制作8-羟基喹啉酮等农药。

12. 苯乙烯（Styrene）

苯乙烯，CAS：100-42-5，分子式：C_8H_8，相对分子质量：104.15，密度：0.909g/cm^3，熔点：-31℃，沸点：145~146℃，闪点：31.1℃，储存温度：2~8℃。无色油状液体，有芳香气味。不溶于水，溶于乙醇及乙醚。乙苯脱氢制取。

存在形式：烤烟烟叶、主流烟气和侧流烟气。毒性：WGK Germany：2、RTECS：WL3675000。安全性：R10-R20-R36/38-R40-R36/37/38-R39/23/24/25-R23/24/25-R11、S23-S36-S26-S16-S45-S36/37-S7。IARC致癌性评估：对动物有限的证据（对人证据不充分）。

与空气混合或遇过氧化物聚合失控有爆炸危险，与氧化剂、酸类分开存放；不宜久储，以防聚合。主要用作聚苯乙烯、合成橡胶、工程塑料、离子交换树脂等的原料。

13. 乙酰胺（Acetamide）

乙酰胺，CAS：60-35-5，分子式：C_2H_5NO，相对分子质量：59.07，密

度：1.159g/cm^3，熔点：78~80℃，沸点：221℃，闪点：220~222℃，储存温度：室温储存。无色透明针状结晶。具有老鼠分泌物般的气味。溶于水、乙醇、三氯甲烷、吡啶和甘油，微溶于乙醚。冰醋酸通氨生成乙酸铵，再经热解脱水而得乙酰胺，经结晶、分离得成品。

存在形式：主流烟气和侧流烟气。毒性：WGK Germany：1、RTECS：AB4025000。安全性：R40、S36/37。IARC 致癌性评估：有限的证据。

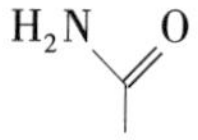

H_2N O

易燃；燃烧产生有毒氮氧化物气体。主要用作有机溶剂，也可用作增塑剂和过氧化物的稳定剂，化妆品生产中作抗酸剂，还用于制备安眠药、杀虫剂等。

14. 丙烯酰胺（Acrylamide）

丙烯酰胺，CAS：79-06-1，分子式：C_3H_5NO，相对分子质量：71.08，密度：1.322g/cm^3，熔点：82~86℃，沸点：125℃，闪点：138℃，储存温度：2~8℃。通常为无色透明片状晶体，纯品为白色结晶固体，易溶于水、甲醇、乙醇、丙醇，稍溶于乙酸乙酯、氯仿，微溶于苯，在酸碱环境中可水解成丙烯酸。丙烯腈和水在硫酸存在下水解成丙烯酰胺的硫酸盐，然后用液氨中和生成丙烯酰胺和硫酸铵。

存在形式：主流烟气和侧流烟气。毒性：WGK Germany：3、RTECS：AS3325000。安全性：R45-R46-R20/21-R25-R36/38-R43-R48/23/24/25-R62-R48/20/21/22-R22、S53-S45-S24-S36/37/39-S26-S36/37。可疑致癌物，有毒性。

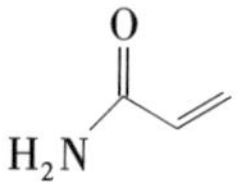

O

H_2N

遇明火可燃；高热分解；燃烧释放有毒氮氧化物烟气。用作聚丙烯酰胺的单体，其聚合物或共聚物用作化学灌浆物质、土壤改良剂、絮凝剂、胶粘剂和涂料等，聚丙烯酰胺作为添加剂可提高石油的回收率。作为絮凝剂可用于废水处理，亦可作纸张增强剂，是生产聚丙烯酰胺及其系列产品的原料，也可用于酸相对分子质量的测定。

15. *N*,*N*-二甲基甲酰胺（*N*,*N*-Dimethylformamide）

N,*N*-二甲基甲酰胺，CAS：68－12－2，分子式：C_3H_7NO，相对分子质量：73.09，密度：0.948g/cm^3，熔点：－61℃，沸点：153℃，闪点：57.8℃，储存温度：室温储存。无色透明液体。为极性惰性溶剂。除卤化烃以外能与水及多数有机溶剂任意混合。国外的工业化生产以二甲胺一氧化碳法为主。

毒性：WGK Germany：1、RTECS：LQ2100000。安全性：R61－R20/21－R36、S53-S45。

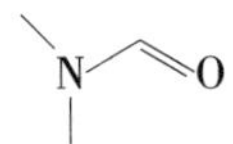

与空气混合可爆，遇明火、高温、强氧化剂可燃；燃烧排放有毒氮氧化物烟气。优良的有机溶剂，用作聚氨酯、聚丙烯腈、聚氯乙烯的溶剂，亦用作萃取剂、医药和农药杀虫脒的原料。

二、 分析方法

（一）卷烟主流烟气中挥发性有机化合物（1,3-丁二烯、异戊二烯、丙烯腈、苯、甲苯）的测定 气相色谱-质谱联用法

1. 概述

作为卷烟烟气中一类重要的有害物质，挥发性有机化合物（VOCs）引起了人们的广泛关注。这些化合物在常温下为气态或液态，有刺激性气味，易燃易爆，且大多数物质有毒，可致癌、致突变，对环境造成较大污染。1,3-丁二烯、异戊二烯、丙烯腈、苯和甲苯是卷烟主流烟气中代表性的挥发性成分，其中苯是人体致癌物，1,3-丁二烯、异戊二烯和丙烯腈则是人体可能的致癌物。这些物质危害性较大，是Hoffman清单和加拿大政府检测名单中的重要有害成分，世界卫生组织烟草制品管制小组也把苯和1,3-丁二烯列入烟草及释放物中进行管制且必须披露释放量的分析物清单中，多个国家或地区包括加拿大、欧盟等都把1,3-丁二烯、异戊二烯、丙烯腈、苯和甲苯作为烟草制品管制成分和必须披露释放量的化学成分，巴西和美国的部分地区也做出了相似的规定，预计不久的将来，许多国家也将制订相关的法律法规。

目前国际上捕集、分析挥发性有机化合物的方法可以分成四类：①直

接进样法；②冷溶剂收集法；③采样袋收集法；④吸附剂（热脱附）法。其中，直接进样法和采样袋捕集法采集样品后直接进行测定，可实现在线分析，但这两种方法灵敏度较低，重现性不好；吸附剂（热脱附）法采用吸附采样管吸附卷烟主流烟气中的 VOCs 成分，然后通过冷凝再加热的方法进行脱附，灵敏度较高；溶剂收集法重现性较好，被众多烟草企业和政府组织所采用，但由于实验过程中影响因素较多，各个烟草企业得到的分析结果千差万别，本项目拟对溶剂吸收法进行详细的研究，考察多个影响因素，以期得到一种重复性好、稳定性高的卷烟主流烟气中挥发性有机化合物的标准分析方法。

2. 实验

（1）仪器与试剂　HP6890/5975 型气相色谱质谱联用仪；毛细管色谱柱：弹性毛细管柱 DB-624 柱，60m×0.25mm×1.4μm；分析天平：感量 0.1mg；吸收瓶：体积 100mL，高度 23cm，内径 2.6cm，吸收管收口高度 1cm，吸收管距离吸收瓶底部尽可能小；杜瓦瓶。

甲醇（色谱纯）；异丙醇（分析纯）；干冰；1,3-丁二烯标气；异戊二烯、丙烯腈、苯、甲苯、D_6-苯标样。

（2）标准工作曲线的配制

①内标溶液的配制：准确称取约 1g D_6-苯，加入约 5mL 甲醇完全溶解后，转移到 25mL 的棕色容量瓶中，加甲醇稀释至刻度。该溶液为内标储备溶液。准确移取 5mL 内标储备溶液至 50mL 棕色容量瓶中，稀释至刻度，制备一级内标溶液。将一级内标溶液稀释 10 倍制备二级内标溶液。

②异戊二烯、丙烯腈、苯、甲苯工作标准溶液的配制：分别准确称量约 2.5g、0.1g、0.5g 和 0.5g 的异戊二烯、丙烯腈、苯、甲苯标样置于已加入 10mL 左右甲醇的 25mL 棕色容量瓶中，稀释至刻度，该溶液为四种化合物的储备液。分别准确移取 1mL，1mL，1mL，1mL 的异戊二烯、丙烯腈、苯、甲苯标准储备液至 25mL 棕色容量瓶中，稀释至刻度，制备一级标准溶液，一级标准溶液稀释 10 倍为二级标准溶液。分别准确移取 0.2mL、0.5mL、1mL、2mL 的异戊二烯、丙烯腈、苯、甲苯的二级标准溶液及 1mL、2mL 的一级标准溶液至 10mL 棕色容量瓶中，再准确加入 1mL 二级内标溶液，稀释至刻度，此七个标准溶液为系列工作标准溶液。

③1,3-丁二烯标准溶液的配制：取约 60mL 甲醇至 100mL 容量瓶中，将

1,3-丁二烯气体样品以 0.15mL/min 的流速通气至容量瓶中 3min，用甲醇稀释至刻度，该溶液为 1,3-丁二烯标准储备液。准确移取 1mL 标准储备液至 100mL 棕色容量瓶中，稀释至刻度制备一级溶液。一级溶液用乙醇稀释 100 倍为二级溶液。

以乙醇溶液为空白，采用分光光度计在 200~250nm 之间对 1,3-丁二烯二级溶液进行扫描，确定最大吸收波长（约在 217nm 处），并对最大吸收波长处的吸光度进行测定，吸光度应在 0.2~0.6 之间，平行测定三次，取平均值，根据下面公式计算 1,3-丁二烯一级溶液的浓度，其中，A 为吸光度，20893 为 1,3-丁二烯的摩尔吸光系数。如式（8-1）所示。

$$\text{Conc.}\ (\mu g/mL) = \frac{A}{20893L/mol} \times 54g/mol \times \frac{1000mg/g}{1000mL/L} \times \frac{100mL}{1mL} \times 1000\mu g/mg \qquad (8-1)$$

分别准确移取 0.1mL、0.2mL、0.5mL、1mL、2mL、5mL、8mL 的 1,3-丁二烯一级溶液，至 10mL 棕色容量瓶中，再准确加入 1mL 二级内标溶液，用甲醇稀释至刻度，此七个标准溶液为系列标准校准溶液。(1,3-丁二烯校准溶液应在使用前配制)

④卷烟的抽吸及样品处理：抽吸方案按照 GB/T 19609—2004 的规定作部分修改抽吸卷烟，检查抽吸容量，并作相应修正，不空吸。使用直线吸烟机时，抽吸 5 支卷烟，使用转盘吸烟机时，抽吸 10 支卷烟。用玻璃纤维滤片捕集卷烟主流烟气中的粒相物，在捕集器后面接两个串联的吸收瓶（15mL 甲醇溶液），并在低温冷却的条件下（≤-70℃）捕集主流烟气中气相物中的挥发性有机化合物。捕集器与第一个吸收瓶连接的管路的长度尽量小，吸收瓶之间的连接管也要尽可能短，尽量减小管线对目标化合物的吸附。卷烟抽吸后，用洗耳球对吸收瓶中的吸收管抽吸 5 次进行清洗，然后将收集完卷烟烟气样品的吸收瓶取出，准确加入 150μL 的一级内标溶液，振荡均匀后，直接取样进行气相色谱-质谱分析，向色谱瓶中取样时，溶液尽量加至瓶口位置。

⑤色谱-质谱分析：程序升温：初始温度 40℃，保持 6min，20℃/min 升至 230℃，保持 6min；进样口温度：180℃；载气：氦气，恒流速 1.5mL/min；进样量 1μL，分流比 15∶1；传输线温度：230℃；电离方式：EI；离子源温度：230℃；四极杆温度：150℃；扫描方式：选择离子检测，各化合物的定量及定性离子见表 8-1。

表 8-1　　挥发性有机化合物的定量定性离子

化合物	保留时间/min	定量离子/(*m/z*)	定性离子/(*m/z*)
1,3-丁二烯	4.90	54	53
异戊二烯	7.35	67	68
丙烯腈	8.96	53	53
D_6-苯	11.37	84	83
苯	11.41	78	77
甲苯	13.22	91	92

(二) PI-TOF/MS 法在线分析卷烟主流烟气中 7 种有机物

卷烟烟气是卷烟燃烧产生的一种气溶胶，是一个不断变化的复杂化学体系，大约有超过 10 万种化学成分同时存在。由于卷烟烟气的形成是一个动态过程，传统的离线分析方法通常采用剑桥滤片、冷阱、静电、溶液吸收等捕集技术收集烟气，然后根据需要采用溶剂萃取、固相萃取等前处理过程进行样品提取、净化和富集，最后采用色谱、质谱、光谱等仪器进行分析测试。受烟气样品捕集、分析目标物的净化、预浓缩、分离等因素的影响，分析过程复杂且耗时费力，所得分析结果反映的也只是陈化烟气的特征，不能真实反映烟气的初生状态和消费者口腔中烟气的真实情况。为考察"新鲜"烟气的化学特征，卷烟烟气分析研究中已尝试了一些在线分析技术。随着质谱技术的发展，软电离技术在 21 世纪初被应用于烟气气相的在线分析检测，主要质谱技术有离子分子反应质谱（IMR-MS）、多质子吸收激光诱导解离质谱（REMPI-MS）、光致电离质谱（SPI-MS）等。飞行时间质谱（Time-of-Flight Mass Spectrometry，TOF-MS）是利用动能相同、质荷比不同的离子在恒定电场中运动，经过恒定距离所需时间不同的原理对物质成分和结构进行测定的一种质谱分析方法。TOF-MS 具有质量范围宽、分辨率高、灵敏度好和分析速度快等优点，再配以不同的离子源，已广泛应用于生物、环境和医药等领域。然而，这些软电离质谱技术仅限于研究探索阶段，由于吸烟机与相关仪器的接口技术限制，目前，该技术在定性和定量分析卷烟烟气组分时均受到一定的限制。为此，借助单孔道吸烟机与 PI-TOF/MS 构建的卷烟烟气在线分析系统，将主流烟气经恒流装置定量引入质谱系统，实现了卷烟主流烟气中乙醛、1,3-丁二烯、丙酮、异戊二烯、2-丁酮、苯和甲苯（以下简称 7 种有机物）的在线分析。

1. 材料与方法

（1）材料、试剂和仪器　1R5F 和 3R4F 参比卷烟（美国肯塔基大学）；10 个国产卷烟样品。

甲苯标准气体（100mg/L，稀释气体为氮气）。

单孔道吸烟机（德国 Borgwaldt 公司）；光致电离飞行时间质谱仪（PI-TOF/MS）；数据采集分析系统（德国 Photonion 公司）。

（2）方法

①采样接口设计：在线分析系统主要包括单孔道吸烟机、光致电离飞行时间质谱仪和数据采集分析系统等组成。接口连接及设计如图 8-1 所示。

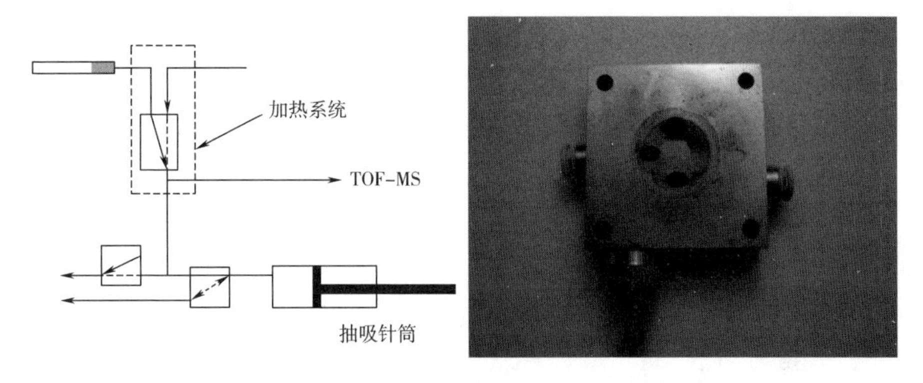

图 8-1　在线分析系统接口连接及设计示意图

②卷烟样品准备和抽吸：将待测卷烟样品置于温度（22±1）℃、相对湿度（60±3）% 的恒温恒湿条件下平衡 48h。按照（平均重量±20）mg、（平均吸阻±50）Pa 的范围选取合格的烟支，在温度（22±2）℃、相对湿度（60±5）% 的测试大气条件下进行抽吸。抽吸参数为：抽吸容量 35mL，抽吸持续时间 2s，抽吸频率 60s。

③分析条件和定量方法：PI-TOF/MS 条件如下所述。

采样口温度：250℃；空心毛细管温度：180℃；进样口温度：250℃；质谱采样压力：$2 \sim 6^{-5}$mbar；离子源：Ar（9.86eV，发射电流 5μA）；单个离子扫描时间（measure time）：10ms；分辨率（resolution）：95。

定量方法为：采用标准气体单点校正法，目标化合物在一定能量水平下的响应信号强度与校准气体（通常使用苯或甲苯）信号强度的比值为目标化合物的校正因子（γ），依据目标化合物校正因子和标准气体浓度，实现对目标化合物的定量分析。本研究采用甲苯为校准气体（100mg/L，稀释气体为氮气）。烟气 7 种有机物的校正因子见表 8-2。

表 8-2　　烟气 7 种有机物的质荷比及校正因子

物质名称	质荷比/(m/z)	校正因子	物质名称	质荷比/(m/z)	校正因子
乙醛	44	0.0068	2-丁酮	72	0.42
1,3-丁二烯	54	0.39	苯	78	0.87
丙酮	58	0.27	甲苯	92	1
异戊二烯	68	0.57			

2. 结果与讨论

（1）方法的重复性结果　用 3R4F 参比卷烟为材料，分别对方法的日内和日间重复性进行考察，结果见表 8-3 和表 8-4。日内重复性考察是对同一天 3 轮（每轮抽吸 10 支卷烟）的检测结果进行统计分析。结果表明，整支释放量日内重复性良好，7 种目标化合物的相对标准偏差（RSD）范围为 7.24%~12.46%；目标化合物第 2~第 7 口的单口释放量的 RSD 均在 15%以内；第一口（点燃抽吸）和最后一口（终止抽吸）的重复性稍差，第一口的差异主要来源于卷烟点燃过程，造成最后一口差异的原因主要是由于最后一口抽吸的不完整性。

表 8-3　　烟气 7 种有机物的日内重复性（RSD）[①]　　单位:%

口数	乙醛	1,3-丁二烯	丙酮	异戊二烯	2-丁酮	苯	甲苯
1	16.52	15.43	11.52	10.68	12.03	16.23	14.28
2	4.04	5.47	5.14	4.12	3.42	5.06	2.38
3	6.02	12.65	7.35	5.32	5.17	6.94	5.82
4	5.49	6.41	9.12	8.66	5.06	8.75	4.53
5	4.63	13.28	8.84	4.82	3.66	1.82	11.64
6	6.12	7.06	8.12	7.54	4.81	3.26	8.13
7	5.42	3.24	5.64	3.28	5.47	6.32	1.29
8	32.67	87.05	29.13	122.74	31.72	32.98	45.64
整支烟	7.24	8.96	11.28	12.46	11.37	9.85	11.78

注：①10 支，3 批次。

日间重复性考察是对重复性条件下（每天抽吸 3 轮，每轮抽吸 10 支卷

烟）5天的检测结果进行统计分析。结果表明，7种有机物的日间重复性结果与日内重复性一致，也是第一口和最后一口的变异较大，中间抽吸过程的重复性良好。

表8-4　　烟气7种有机物的日间重复性（RSD）　　单位：%

口数	乙醛	1,3-丁二烯	丙酮	异戊二烯	2-丁酮	苯	甲苯
1	18.92	9.36	8.19	12.31	7.29	16.17	17.39
2	3.74	3.06	8.04	4.31	4.80	9.56	8.24
3	4.23	12.94	3.29	4.68	4.80	9.53	8.43
4	14.02	3.35	13.64	4.50	16.34	9.99	9.16
5	3.94	3.51	3.85	4.80	5.57	10.90	9.47
6	4.37	13.63	14.28	5.26	5.75	10.89	9.85
7	4.61	3.34	3.79	5.34	5.40	12.90	9.64
8	114.56	78.05	46.47	54.32	72.58	81.80	48.14
整支烟	10.24	13.08	11.71	9.64	8.36	3.95	4.22

（2）检测方法准确性结果　将参比卷烟1R5F和3R4F分析所得的主流烟气中7种化合物的单支释放量与CORESTA 2009及2010年共同实验数据进行比较分析，结果（表8-5）显示，利用PI-TOF/MS在线分析法所得参比卷烟主流烟气7种有机物的单支释放量与文献报道结果一致，表明采用PI-TOF/MS在线分析法的测试结果准确可靠。

表8-5　　1R5F和3R4F参比卷烟7种有机物的释放量①　　单位：μg/支

化合物	1R5F		3R4F	
	本方法	CORESTA	本方法	CORESTA
乙醛	152.3±16.2	136.9±16.8	557.0±20.8	532.4±16.8
1,3-丁二烯	14.5±2.5	12.7±3.4	41.1±5.2	38.4±11.5
丙酮	62.4±3.6	59.8±14.8	215.3±10.3	201.9±28.7
异戊二烯	112.5±6.3	108.4±15.2	324.5±24.6	319.0±50.0
2-丁酮	20.8±3.8	18.4±1.2	59.8±4.7	52.0±5.4
苯	14.1±2.6	13.2±1.8	40.8±3.5	39.4±4.8
甲苯	16.7±3.7	17.8±4.3	69.3±5.4	67.0±4.3

注：①ISO抽吸模式。

（3）国内卷烟样品分析结果　采用本方法在 ISO 抽吸条件下，分析测试了 10 个国产卷烟样品主流烟气 7 种有机物的释放量，如表 8-6 所示。结果表明，不同卷烟样品烟气中 7 种有机物的释放量存在较大差异，这与不同卷烟样品的叶组配方、辅材选取等因素不同有关。辅材参数对烟气 7 种有机物的差异及逐口释放量的具体影响有待于进一步研究。

表 8-6　10 个国产卷烟样品烟气 7 种有机物的释放量（$n=10$） 单位：μg/支

编号	乙醛	1,3-丁二烯	丙酮	异戊二烯	2-丁酮	苯	甲苯
1	416.8±33.0	26.9±2.2	182.2±12.3	185.2±11.0	64.3±4.9	30.5±2.3	50.0±3.1
2	295.3±31.5	18.1±1.8	116.2±13.4	118.7±13.3	37.5±5.3	16.0±2.4	27.4±4.2
3	365.8±20.1	22.4±1.9	157.5±12.3	166.0±16.0	54.0±2.9	25.3±1.2	43.3±3.4
4	287.3±20.9	16.4±2.3	118.5±9.8	113.0±12.8	38.7±3.3	16.2±1.6	29.0±2.6
5	262.8±14.8	14.9±0.6	108.8±5.8	108.0±10.1	36.1±3.0	15.3±0.6	28.5±2.1
6	306.2±21.2	18.5±2.6	106.6±10.2	150.4±13.6	40.2±4.7	17.3±3.2	30.2±5.3
7	604.0±41.2	22.7±1.3	218.0±14.1	221.0±17.8	82.7±7.4	29.7±4.6	59.5±7.1
8	564.0±50.6	21.5±1.4	222.0±21.3	192.0.4±7.0	80.2±4.7	31.7±5.3	64.7±8.3
9	232.3±21.2	8.32±1.6	77.4±8.1	60.2.0±5.7	28.2±5.4	9.92±2.3	22.6±4.4
10	199.8±10.2	12.9±2.4	75.8±11.2	108.1±12.4	27.6±6.2	11.2±3.5	20.4±4.1

（4）烟气成分的逐口释放特征　图 8-2 为某牌号卷烟抽吸过程中，主流烟气中 7 种有机物的逐口释放量。结果显示，随抽吸口数的增加，烟气中 7 种有机物的逐口释放量有逐渐升高的趋势，但是不同化合物间以及不同抽吸口数间有一定的差异。由于抽吸容量的不完整而造成最后 1 口的释放量总体偏低。乙醛、丙酮、2-丁酮和甲苯等的第 1 口释放量并没有出现显著高于第 1 口的现象。1,3-丁二烯、异戊二烯和苯等挥发性有机物的第 1 口释放量要高于第 2 口，从第 2 口开始这类化合物的释放量随抽吸口数的增加有一定的升高趋势。造成这种变化的原因可能是由于第 1 口为烟支点燃口，受点火器加热的影响，烟支燃烧锥的燃烧状态及燃烧锥内的气流与其他抽吸口数之间存在差异。

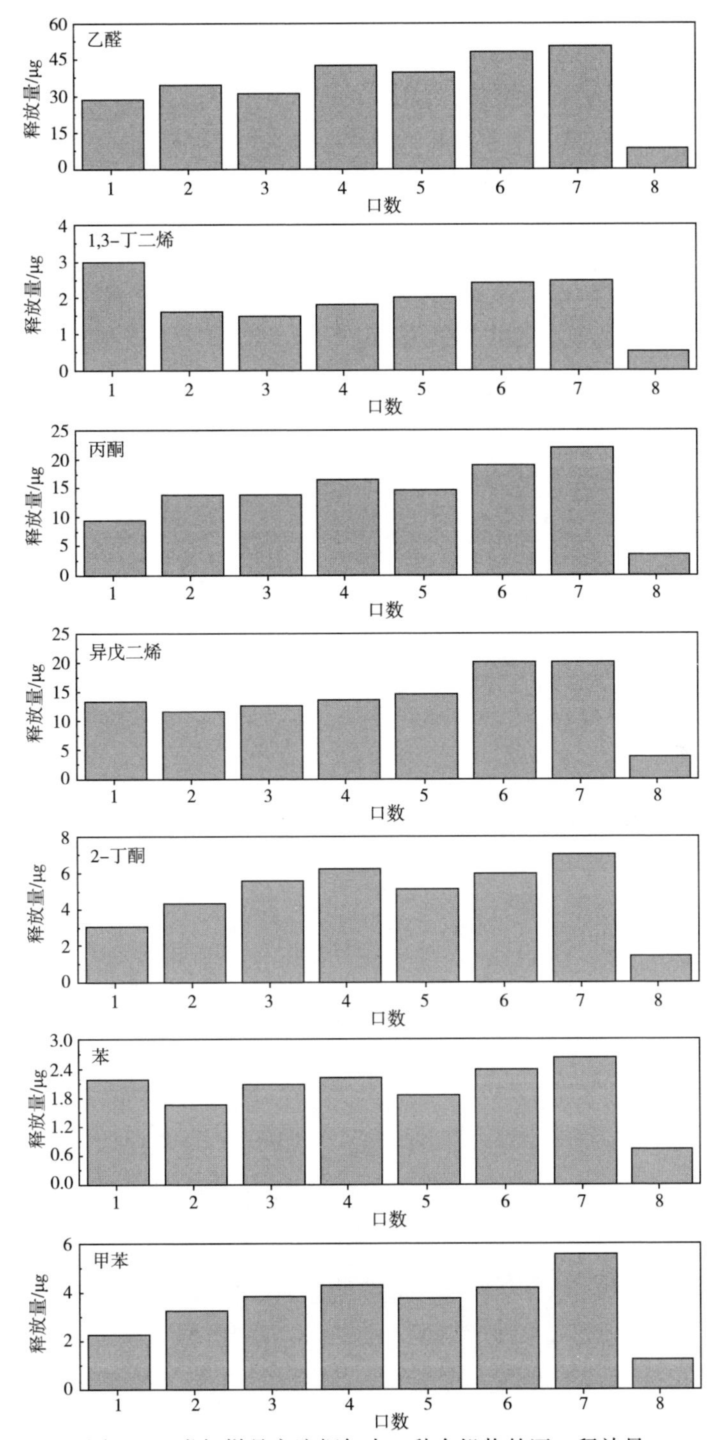

图 8-2　卷烟样品主流烟气中 7 种有机物的逐口释放量

3. 结论

将光致电离飞行时间质谱与吸烟机组合，建立的卷烟主流烟气中乙醛、1,3-丁二烯、丙酮、异戊二烯、2-丁酮、苯和甲苯 7 种有机物的在线分析方法，通过恒流孔设计实现卷烟烟气的定量采样分析，获得与传统的烟气分析方法一致的分析结果，同时具有良好的重复性。卷烟烟气中目标化合物逐口释放特征的在线分析结果显示，总体结果为随抽吸口数的增加，烟气释放量有一定的升高趋势（第 1 口和最后 1 口除外），不同化合物之间存在一定的差异。

第九章
烟草制品和烟气中无机元素分析

一、 简介

无机元素（砷、铅、铬、镉、镍、汞）是对人体有害的重金属，食品行业对这些有害元素相继制定了分析方法和限量标准。烟草控制框架公约第 9 条规定：缔约会议应与有关国际机构协商提出检测和测量烟草制品成分和燃烧释放物的指南以及对这些成分和释放物的管制指南。砷、铅、铬、镉、镍和汞六种元素包含在烟草制品的成分披露和管制名单中。

1. 砷

砷化合物在自然环境中广泛存在，砷化合物的毒性大小顺序为：无机砷>有机砷>砷化氢。最普通的两种含砷无机化合物是 As_2O_3（砒霜）和 As_2O_5，一般三价砷毒性大于五价砷。砷化合物可通过皮肤、呼吸道和消化道被人体吸收。砷对人的心肌、呼吸、神经、生殖、造血、免疫系统都有不同程度的损害，损害程度取决于摄入人体砷的数量及途径。

2. 铅

铅是一种对人体有害的微量元素，经呼吸道进入人体，在体内蓄积到一定程度后就会危害健康。铅化合物进入人体后，积蓄于骨髓、肝、肾、脾和大脑等“储存库”，以后慢慢放出，进入血液，再经血液扩散到其他组织，主要集中沉积在骨组织中，约占总量的 80%~90%。另外在肝、肾、脑等组织中的含量也较高，并使这些组织发生病变。经口摄取的铅被消化道吸收的量虽然只有 10%以下，可是一经吸收，就有累积作用，不能迅速排出体外。当人体血液中铅的累计含量达到 0.6×10^{-6}~0.8×10^{-6}时，就会损坏肝脏，引起造血机能的衰退，出现疝痛、脑溢血和慢性肾炎等铅中毒病症。铅是一种具有蓄积性、多亲和性的毒物，对人体各组织器官都有毒性作用，主要损害神经系统、造血系统、消化系统和肾脏，还损害人体的免疫系统，使机体抵抗力下降。婴幼儿和学龄前儿童对铅是易感人群。对于一般人群，人体内的铅主要来自食物，还有饮水、空气等其他途径，儿童还可以通过吃非食品物件而接触铅。

3. 铬

铬是人体必需的微量元素之一，但过量的铬对人体健康有害，铬的化合物以六价铬的毒性最强且有致癌作用，三价铬次之，二价铬和金属铬的毒性较小。铬元素经呼吸道进入人体时，会侵害上呼吸道，引起鼻炎、咽炎、支气管炎、甚至会造成鼻中隔穿孔，长期作用还会引起肺炎、支气管扩张、肺硬化及肺癌等。铬经消化道进入人体，可引起口角糜烂、恶心、呕吐腹泻、腹疼和溃疡等病变。人口服重铬酸盐的致死剂量为3g。铬经皮肤浸入，可使人发生皮炎、湿疹及“铬疮”。短时间接触可使人患各种过敏症，长期接触亦可引起全身性中毒。

4. 镉

镉不是人体必需的微量元素，金属镉无毒，但其化合物毒性很大，被国际癌症研究机构归纳为已知的人类致癌物质。镉被人体吸收后，在体内形成镉硫蛋白，选择性蓄积在肝、肾中，其中肾脏可以吸收进入体内三分之一的镉，是镉中毒的“靶器官”，其他脏器如脾、胰、甲状腺和毛发等也有一定的蓄积，由于镉损伤肾小管，吸收后会出现糖尿、蛋白尿和氨基酸尿，特别是由于骨骼代谢受阻，会造成骨质疏松、萎缩、变形等一系列症状。

5. 镍

镍及其盐类虽然毒性较低，但作为一种具有生物学作用的元素，镍能激活或抑制一系列的酶，如精氨酸酶，羧化酶等而发生毒性作用。动物吃了镍盐可引起口腔炎、牙龈炎和急性胃肠炎，并对心肌和肝脏有损害。镍及其化合物对人皮肤黏膜和呼吸道有刺激作用，可引起皮炎和气管炎，甚至发生肺炎。通过动物试验和人群观察证明：镍具有蓄积作用，在肾、脾、肝中蓄积最多，可诱发鼻咽癌和肺癌。

6. 汞

汞的毒性与汞的化学存在形式、汞化合物的吸收有很大的关系。无机汞不容易吸收，毒性小，而有机汞特别是烷基汞，容易吸收，毒性大，尤其是甲基汞，90%~100%被吸收。微量的汞在人体不致引起危害，可经尿、粪和汗液等途径排出体外，如摄入量超过一定量，尤其甲基汞是属于蓄积性毒物，

在体内蓄积到一定量时，将损害人体健康。根据日本熊本和新潟水俣病患者所摄入有毒鱼贝的汞浓度和估计摄取量，推算出体内 100mg 的蓄积量为中毒剂量。甲基汞还可通过胎盘进入胎儿体内，危害下一代。

7. 铍

铍具有毒性。每一立方米的空气中只要有 1mg 铍的粉尘，就会使人染上急性肺炎——铍肺病。跟铍相比，铍的化合物的毒性更大，铍的化合物会在动物的组织和血浆中形成可溶性的胶状物质，进而与血红蛋白发生化学反应，生成一种新的物质，从而使组织器官发生各种病变，在肺和骨骼中的铍，还可能引发癌症。

8. 铀-235

铀-235 可经呼吸道、消化道、皮肤、伤口及眼结膜进入人体。铀及其化合物对机体的作用，表现为化学损害和辐射损害。经各种途径摄入的天然铀化合物，不论是急性中毒还是慢性中毒，都主要表现为对肾脏的化学损害。铀经口摄入时也是这样。只有在吸入铀化合物并在肺内沉积大量难溶性铀颗粒时，才有可能使局部肺组织的辐射剂量达到引起辐射损害的水平。可溶性低浓缩铀、天然铀和贫化铀的化学损害大于辐射损害。铀对肾脏的损伤效应：铀中毒后可导致一系列生物化学变化，出现尿蛋白，尿过氧化氢酶升高，尿氨基酸氮与肌酐比值升高，碱性磷酸酶升高，非蛋白氮增加，酸中毒。铀对肝脏的损伤效应：铀中毒时，肝细胞可出现变性坏死，并伴有不同程度肝功能变化。如急性铀中毒者可出现 GPT 增高，BSP 排出减少，血浆白蛋白减少，β 球蛋白升高，白蛋白与球蛋白比值下降，血红蛋白减少等。铀引起的骨髓损伤和外周血象变化：铀中毒早期，骨髓细胞明显增生，尤其是粒细胞和巨核细胞增生更为明显，出现核左移。急性铀中毒后，白细胞开始升高，随后波动下降，中性粒细胞和酸性粒细胞分类升高，红细胞和血红蛋白下降。

9. 钋-210

钋符号为 Po，半衰期为 138. 376d，主要来源于铀系天然放射性核素、反应堆生成等。空气中天然放射性 Po 形成后，很快黏附于气溶胶微粒或尘埃上。植物叶子上的沉积、动物的摄入和吸入是 Po 进入生物圈的基本途径。钋会通过释放辐射来杀死敏感的生物分子，比如 DNA，它的半衰期大约是一个月，导致了受到辐射中毒，会缓慢死亡，从而杀死细胞。

二、 分析方法

（一） 无机元素管控要求

关注烟草中元素的含量和分布，最早是由于烟草生长和栽培的需要。随着研究的不断深入以及消费者健康安全意识的增强，更多的研究围绕着烟草及烟气中的有害元素开展。1964 年，美国卫生与公众服务部咨询委员发布的有关吸烟与健康的报告中，已经注意到烟气中含有砷、镍、镉等元素，且测出砷的含量在 0.3~1.4μg/支。Hoffmann 和 HECHT1990 年公布的 43 种成分有害物质清单和 2001 年补充完善的 69 种成分有害物质清单，都包括砷、镍、铬、镉和铅元素。1998 年，加拿大政府发布的烟草法案，以立法的形式对卷烟烟气中 46 种有害成分释放量提出了检测要求，其中包括对烟气中铬、镍、砷、硒、铅、镉和汞 7 种元素的测定要求。2006 年，我国制定的履行 FCTC 的方案中，将烟草和烟气中铬等七种元素列为管制和披露内容。从 Hoffmann 对烟气有害成分的研究内容和一些政府对烟草成分和烟气释放物的管制清单来看，烟草、烟气中主要关注的有害元素主要包括铬、镍、砷、硒、镉、汞和铅 7 种。

（二） 无机元素测定方法研究进展

关于无机元素的测定方法，从最初的比色法逐渐发展为原子吸收法、中子活化法、ICP-AES 和 ICP-MS 法。1972 年，Nadkarni 和 Ehmann 就利用 INAA 法比较了分别用剑桥滤片和冷阱捕集的烟气冷凝物中元素含量的差异；1985 年，R. W. Jenkins 等利用 INAA 法测定了钠、钾、溴、氯、钴、铷、铝、硒和锰从卷烟到烟气的转移率；INAA 分析烟气冷凝物时，不需要进行消化，防止了前处理过程中待测元素损失或引入污染，但其缺点是需要合适的放射性标示物，而且需要特殊的仪器，因此没有普及。1974 年，D. T. Westcott 采用原子吸收光谱法对烟草和卷烟烟气中的镉、镍和铅含量进行了分析；2002 年，K. M. Torrence 等采用 AAS 悬浮进样方法对主流烟气粒相物中的砷、镉、铅进行了分析，检测限分别为：1.6μg/L、0.04μg/L、0.5μg/L。原子吸收法测定烟气中元素具有成本低，检测限较低，方法成熟等优点，但其最大的缺点是只能分析单一元素，无法进行多元素同时分析。1994 年，V. Krivan 等用不同方法测定烟气冷凝物中元素时得出：利用 ICP-MS 法可以测定烟气冷凝

物中砷、镉、铜、锂、锰、钠、铅、铷、锡、锶、铊、锌。与 AAS、INAA、TXRF 法相比，ICP－MS 法对元素钡、铍、铋、铯、镓、铱、镧、钼、锗、铌、钯、铂、铼、铑、钌、锡、锶、钽、铀、钒、钨和钇具有最低的检测限，并且元素锂、锡、锶只能被 ICP-MS 分析。2001 年，Karl A. 等采用铟作为内标用 ICP-MS 法分析了 1R4F 标准卷烟侧流烟气中的砷、镉、镍和铅。2003 年，Michael J. 等采用特殊装置，实现了 ICP-MS 对烟气中痕量元素的直接测定，但是该方法在定量方面存在严重缺陷。相对其他方法，ICP-MS 法具有灵敏度高、动态线性范围宽、分析精度高、速度快等优点，更重要的是它能实现多元素同时分析，因此应用更加广泛。

（三）ICP/MS 分析无机元素的原理及方法检出限

1. 分析方法原理

按照 GB/T 19609—2004 调节样品，抽吸卷烟，对于捕集后的烟气样品，经过前处理后，在选定的仪器参数下，在线加入内标，进行电感耦合等离子体质谱测定，以质荷比强度与元素浓度的定量关系，测定样品溶液中元素浓度，计算得出样品中铬、镍、砷、硒、镉和铅含量。

2. 方法检出限

检出限定义：是某一方法在给定的置信水平上可以检出被测物质的最小浓度或最小量，称为这种方法对该物质的检出限，以浓度表示的称为相对检出限，以质量表示的称为绝对检出限。

ICP-MS 方法检出限的计算：按照所建立的样品前处理方法处理 10 个试剂空白，用 ICP-MS 分析并记录相应的 CPS 计数值，计算 10 个试剂空白 CPS 计数的标准偏差（SD），如果标准曲线以浓度作为 x，cps 为 y，按照式（9-1）所示。

$$\mathrm{LOD} = \frac{3 \times SD}{a} \tag{9-1}$$

若标准曲线以 cps 计数为 x，浓度为 y。按照式（9-2）所示。

$$\mathrm{LOD} = 3 \times SD \times a \tag{9-2}$$

式中：a——标准曲线斜率。

定量限以 10 倍 SD 代入公式进行计算。

（四）烟气样品前处理方法

1. 消解体系选择

微波消解和 ICP－MS 分析中使用的试剂主要有硝酸、过氧化氢、盐酸、氢氟酸、磷酸、硫酸和稀高氯酸等。

硝酸是ICP-MS分析中最好的酸介质，因为硝酸中含有的氧、氮和氢3种元素在等离子体所夹带的气体中均含有，不会再引入新的多原子离子干扰。浓硝酸（16mol/L，68%）是一种强氧化剂，能溶解除金、铂和锆以外的大多数金属，形成可溶性硝酸盐。只有浓硝酸才具有氧化性，当硝酸被稀释到小于2mol/L后，即失去氧化性。随反应的温度、浓度升高，硝酸的氧化性增加。有些金属的溶解需用混合酸或稀硝酸。硝酸常和双氧水、氢氟酸等混合使用。另外，硝酸是可获得极纯形式的少数商品酸之一，可用于高纯样品的痕量分析中。

过氧化氢是微波消解中常用的一种氧化性试剂，通常加到硝酸中混合使用，能减少硝酸的使用量。硝酸中加入过氧化氢后，可减少氮气的生成和升高消解温度，因而可加速有机样品的消化。硝酸和过氧化氢典型的混合比为2.5~4：1（硝酸：过氧化氢）。过氧化氢也是ICP-MS分析中最受欢迎的试剂之一，因为其背景同水相似，不会再引入新的多原子离子干扰。

盐酸是分解许多金属氧化物以及比氢更易于氧化金属的一种极好的试剂。不过在ICP-MS分析中一般不使用盐酸，因为氯形成的$ArCl^+$、ClO^+和$ClOH^+$等多原子离子可干扰砷和钒的测定，对铬、铁、镓、锗、硒、钛和锌等元素的测定也有一定程度的干扰。HCl是一种弱还原剂，尽管其对碱性有机化合物，如胺类、水溶性生物碱及某些有机金属化合物是很有效的溶剂，但一般不用于分解物质。另外某些元素，如砷、锑、锡、硒、锗和汞等可与氯形成易挥发的氯化物，制样时应考虑潜在的挥发性损失。

高氯酸是最强的无机酸之一。热的浓高氯酸有强氧化性，和有机组织反应快速，但有时会发生爆炸，使用时必须采取严格的安全措施。高氯酸通常和硝酸一起使用（硝酸的用量至少应是高氯酸的4倍）消化有机样品。在ICP-MS分析中，其引入的干扰离子与盐酸相同。

氢氟酸有强络合性，但无氧化性，可用于消化矿石、土壤、岩石和含硅的植物等。有些盐类，如钾和钙等在这种酸中的溶解性差，为使溶解完全并使金属离子等成为均匀的高氧化态，常常和硝酸或高氯酸混合使用。氢氟酸即使浓度很低，也会对玻璃产生腐蚀作用，在ICP-MS分析中应考虑到其对雾化器和炬管等的损害。另外，砷、锑、锗和硼等的氟化物也易挥发损失。

硫酸是许多矿石、金属、合金、氧化物以及氢氧化物的有效溶剂，和硝

酸等合用时可用于分解有机物质。但 ICP-MS 分析中一般不使用硫酸，这是因为一些无机硫酸盐的溶解性很差（尤其是钡、钙、铅和锶），硫酸黏度大，在 ICP-MS 分析中对样品的传输有影响。而且在样品分解期间，某些痕量元素如银、砷、锗、汞和硒等可挥发损失。98%硫酸的沸点相当高（338℃），超过了微波消解中经常使用的 PFA 或 TFM 消解罐的最高工作温度，使用时应准确控制温度。

磷酸在铝和铁合金、陶瓷、矿石以及炉渣的分解中有一些应用。在 ICP-MS 分析中，磷酸黏度大，导致样品在引入过程中传输率发生变化。磷酸形成的多原子离子对铜、镓、镍、硒、钛和锌的同位素产生干扰（如$^{31}P^{16}O^{+}$对$^{47}Ti^{+}$等）。另外，磷酸腐蚀镍采样锥，因此在 ICP-MS 和微波消解中一般不使用磷酸。

王水是浓盐酸和浓硝酸体积比为 3∶1 的混合溶液，加热时产生一氧化氮和氯气，能溶解贵金属。王水必须临用前配制，如使用前放置 10~20min，则效果更佳。

2. 主流烟气捕集方法

目前，常用的卷烟主流烟气捕集方式是剑桥滤片捕集和静电捕集。剑桥滤片捕集常用于常规卷烟烟气分析，具有方便、可靠、成本低等特点。静电捕集具有高效、不用滤片、易处理等特点。实验选取可用于对主流烟气进行捕集的玻璃纤维滤片、石英纤维滤片和石英静电捕集管，通过对其进行相同的甲醇萃取空白处理，比较测试结果，以选取合适的捕集方式。三种捕集材料的空白结果如表 9-1 所示。

表 9-1　　三种捕集材料的元素空白含量　　单位：ng/支

元素	玻璃纤维滤片	石英纤维滤片	石英静电捕集管
铬 Cr	3.2	2.1	1.6
镍 Ni	3.8	2.6	2.3
砷 As	4.4	0.7	0.1
硒 Se	3.2	0.4	0.0
镉 Cd	0.0	0.0	0.0
铅 Pb	2.5	0.5	0.3

从表 9-1 中数据可以看出：在三种捕集材料中，石英静电捕集管空白所

含目标元素最低。同时，三种捕集材料在烟气捕集后的处理方面，石英静电捕集管具有简便快捷的特点。因此，选择石英静电捕集管用于卷烟主流烟气粒相物的捕集。

考虑到部分元素可能在卷烟主流烟气气相物中分布，因此在石英静电捕集管后端用10%硝酸的吸收瓶捕集。

捕集到的卷烟主流烟气样品分为烟气粒相物和烟气气相物，两部分的处理分述如下。

烟气粒相物的处理：用30mL甲醇分多次萃取、清洗静电捕集管，萃取液和清洗液一并转移至消解罐。将消解罐置于电加热板上，在90℃条件下蒸发甲醇至1mL以下，冷却至室温。加5mL硝酸于消解罐中，置于电加热板上90℃条件下预反应约30min，直到没有气泡和黄色烟气产生，冷却至室温。补加1mL硝酸和2mL过氧化氢。密封消解罐，置于微波消解仪中。按设置的微波消解程序（表9-2）进行消解，至消解完全，溶液透明。同时做空白实验。

表9-2　　微波消解升温程序

起始温度/℃	升温时间/min	终点温度/℃	保持时间/min
室温	5	100	5
100	5	130	5
130	5	160	5
160	10	190	20

消解完毕，待微波消解仪温度降至室温后取出消解罐。将消解罐中试样溶液转移至50mL塑料容量瓶中，用超纯水冲洗消解罐3~4次，清洗液一并转移至容量瓶中，然后用超纯水定容，摇匀后得粒相物试样液。

烟气气相物的处理：在气相物吸收瓶中加入5mL双氧水，置于超声波振荡器，超声振荡30min。将吸收瓶中溶液转移至塑料容量瓶，得气相物试样液。

3. 侧流烟气捕集方法

卷烟侧流烟气采用鱼尾罩、石英纤维滤片和溶液吸收瓶组合的方式进行样品捕集，具体说是在鱼尾罩的后面连接石英纤维滤片，滤片后面连接三级溶液吸收瓶，侧流烟气依次通过鱼尾罩、石英纤维滤片和溶液吸收瓶分别被捕集，其装置示意图如图9-1所示。

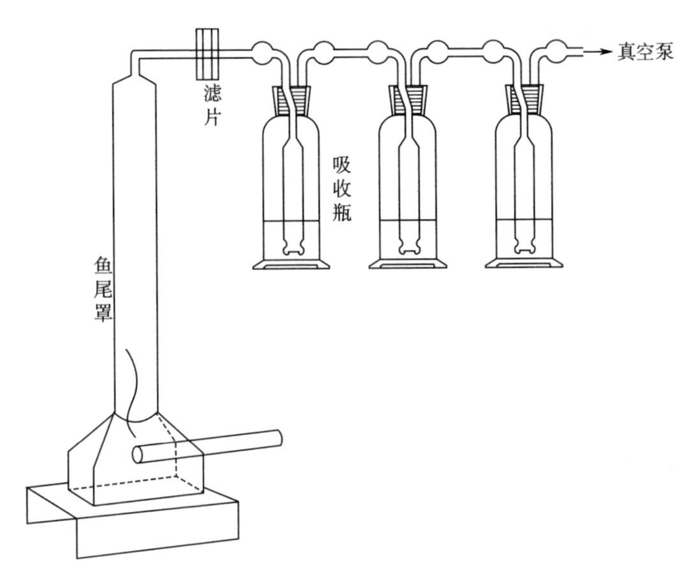

图 9-1 侧流烟气粒相物的处理

用聚四氟乙烯镊子将石英纤维滤片放入 PET 样品瓶中，用甲醇润湿的 1/4 片石英纤维滤片擦拭捕集器两次，擦拭后的滤片也放入样品瓶中，用 10mL 甲醇淋洗鱼尾罩内壁烟气冷凝物于样品瓶中，密封样品瓶，超声振荡 30min，将甲醇萃取液转移至消解罐中，分 2 次加 10mL 甲醇于样品瓶中，超声振荡 30min，萃取液均转移至同一消解罐中。将消解罐连入真空赶酸系统，50℃条件下，赶甲醇 30min，使消解罐中甲醇剩余约 1mL，取下消解罐，冷却至室温。然后加 5mL 硝酸于消解罐中，置于控温电加热器上 90℃ 条件下反应 20min，反应缓和后，取出消解罐，冷却至室温。补加 1mL 65%硝酸和 1mL 30%双氧水。密封消解罐，置于微波消解仪中。按设置的微波消解程序进行消解（条件见表 9-2），至消解完全。同时做空白实验。消解完毕，待微波消解仪温度降至室温后取出消解罐。将消解罐中试样溶液转移至塑料容量瓶中，用超纯水冲洗消解罐 3~4 次，清洗液一并转移至容量瓶中，然后用超纯水定容，得粒相物试样。

烟气气相物的处理：在吸收瓶中加入 5mL 30%双氧水，超声波振荡器中振荡 30min。合并三个吸收瓶中的溶液于消解罐中，将消解罐连入真空赶酸系统，100℃条件下，浓缩吸收液至 0.5~1mL，取下消解罐，冷却至室温，加 6mL 65%硝酸 1mL 30%双氧水于消解罐中，按照设定程序（表 9-2）进行消解，然后定容至 30mL。

（五）实验所用仪器及试剂

1. 试剂

除特别要求外，均使用优级纯级试剂。

（1）水，超纯水（电阻率≥纯水）（电阻率纯级试）。

（2）浓硝酸，65%（质量分数）（Merck 公司）。

（3）硝酸溶液（5%，体积分数）。

（4）硝酸溶液（10%，体积分数）。

（5）过氧化氢，30%（质量分数）。

（6）甲醇，（Merck 公司）。

（7）调谐液 10μg/L：锂 Li、钇 Y、铈 Ce、钛 Ti、钴 Co（5% 硝酸溶液介质）。

（8）内标液（40μg/L），内标储备溶液 10mg/L：锗 Ge，铟 In，铋 Bi（5% 硝酸溶液介质）。

（9）铬 Cr、镍 Ni、砷 As、硒 Se、镉 Cd、铅 Pb 混合标准储备液，浓度 10mg/L。

（10）Cr、Ni、As、Se、Cd、Pb 混合标准工作溶液　准确移取不同体积的 Cr、Ni、As、Se、Cd、Pb 混合标准储备液至不同的塑料容量瓶中，用 5% 的硝酸稀释定容，得到不同浓度的 Cr、Ni、As、Se、Cd、Pb 标准工作溶液，即配即用，其浓度范围应覆盖预计在试样中检测到的各元素含量。

2. 仪器

常用的实验室仪器及以下各项。

（1）20 孔道转盘型吸烟机（带静电捕集器）。

（2）静电捕集管。

（3）70mL 石英吸收瓶。

（4）塑料容量瓶，50mL。

（5）分析天平，感量 0.0001g。

（6）密闭微波消解仪（配微波消解罐）。

（7）电感耦合等离子体质谱仪。

（8）电加热板。

（9）超声振荡器。

（10）微量取液器。

（11）侧流吸烟机，配鱼尾罩；鱼尾罩使用前 20% 硝酸浸泡至少 12h，并在使用前用超纯水冲洗干净。

（六）仪器分析

1. 仪器参数

ICP-MS 测定元素时，必须要考虑同量异位素重叠，多元子或加合物离子，难溶氧化物离子，双电荷离子等对被测元素的干扰。同时，对于待测元素，在测定时应根据其电离效率不同设定不同的积分时间。

（1）同量异位素干扰　元素周期表中 $m/z<36$ 的元素不存在同量异位素干扰，而本项目中所测定的 Cr、Ni、As、Se、Cd 和 Pb 的 m/z 都大于 36，存在同量异位素的干扰（见表 9-3～表 9-7）。周期表中大多数元素都至少有一个或两个同位素不受同量异位素的干扰。因此，在选择被测元素的测量同位素时应尽量选择不受同量异位素干扰的同位素进行测定。

表 9-3　Cr 同位素相对丰度　单位:%

相对原子质量 元素符号	50	51	52	53	54
Ti	5.18				
V	0.25	99.75			
Cr	4.34		83.79	9.50	2.36
Fe					5.84

表 9-4　Ni 同位素相对丰度　单位:%

相对原子质量 元素符号	58	59	60	61	62	64
Fe	0.28					
Ni	68.08		26.12	1.14	3.63	0.926
Zn						48.63

表 9-5　As、Se 同位素相对丰度　单位:%

相对原子质量 元素符号	74	75	76	77	78	80	82
Ge	36.13						
As		100					
Se	0.89		9.37	7.63	23.77	49.61	8.73
Kr					0.35	2.28	11.58

表 9-6 Cd 同位素相对丰度 单位：%

相对原子质量 元素符号	106	108	110	111	112	113	114	116
Pd	27.33	26.15	11.72					
Cd	1.25	0.89	12.49	12.80	24.13	12.22	28.73	7.49
In						4.29		
Sn					0.97		0.66	14.54

表 9-7 Pb 同位素相对丰度 单位：%

相对原子质量 元素符号	204	206	207	208
Pb	1.40	24.1	22.1	52.4

（2）多原子离子干扰　多原子离子干扰主要是由两个或多个原子结合而成的短寿命的复合离子，并进入质量过滤器和检测器。主要来源于大气、水和等离子气，其他的由样品的基体引入。大气、水、消解体系和等离子气引入的元素主要有 N、H、O、Ar。

结合本实验所用试剂和样品分析被测元素可能被引入的多元子离子干扰如表 9-8 所示。

表 9-8 被测元素可能被引入的多元子离子干扰

元素同位素	多元子离子干扰	元素同位素	多元子离子干扰
^{52}Cr	$^{36}Ar^{16}O$，$^{40}Ar^{12}C$	^{80}Se	^{40}Ar40Ar
^{58}Ni	$^{40}Ar^{18}O$，$^{42}Ca^{16}O$	^{112}Cd	$^{79}Br^{32}S$
^{75}As	$40Ar^{32}Cl$	^{114}Cd	$^{81}Br^{32}S$
^{78}Se	$^{40}Ar^{38}Ar$，$^{38}Ar^{40}Ca$		

因此，在选择测量同位素时应考虑上述元素形成的多原子离子干扰。

（3）难熔氧化物离子和双电荷离子　难熔氧化物离子是由于样品解离不完全或在等离子体尾焰中解离元素再结合而产生的，其结果是在 M^+ 峰后 M 加上质量单位为 16 的倍数处出现干扰峰。等离子体中大多数离子以单电荷离子形式存在，少数由于第二电力能和等离子体平衡条件的影响而产生双电荷离

子，双电荷离子会使单电荷离子信号灵敏度损失，同时在母体同位素的 1/2 处出现干扰。在 ICP-MS 调谐时，通过氧化物离子调谐和双电荷离子调谐，控制等离子体中的氧化物离子比例在 1%以下，双电荷离子在 3%以下（不同型号的仪器要求不同，请参照仪器操作说明调整参数，保证仪器测定的准确性）。

（4）电离效率　电感耦合等离子体是大气压下一种气体的无极放电现象，等离子体的电离电势取决于载气的电离能。Ar 的第一电离能为 15.75eV，代表了 Ar 等离子体的电离电势。如果元素的第一电离能低于 10eV，则容易电离，元素的第一电离能高于 10eV 则难电离。测定元素 Cr、Ni、As、Se、Cd 和 Pb 的第一电离能如表 9-9 所示。

表 9-9　　Cr、Ni、As、Se、Cd 和 Pb 的第一电离能

元素	Cr	Ni	As	Se	Cd	Pb
第一电离能/eV	6.18	7.64	9.81	9.75	8.99	7.42

从元素的第一电离能可以看出，As、Se、Cd 元素相对较难电离，为提高测定的准确性，应设定较长的积分时间。

（5）内标元素的选择　在分析过程中分析信号的灵敏度可能会发生漂移，选择合适的内标，用内标校正法校正信号的漂移，可以有效提高测定结果的准确性。但是，由于样品中天然存在某些元素而使内标的选择受到限制。所选内标元素应不受同量异位素或多元子离子的干扰，且内标元素和被测元素的质量和电离能应比较接近。

ICP-MS 的采样参数见表 9-10、表 9-11 所示。

表 9-10　　测量同位素、内标元素、积分时间和重复次数

元素	测量同位素	内标元素	积分时间/s	重复次数
Cr	^{53}Cr	^{72}Ge	1.0	3
Ni	^{60}Ni	^{72}Ge	0.3	3
As	^{75}As	^{72}Ge	1.0	3
Se	^{82}Se	^{72}Ge	2.0	3
Cd	^{111}Cd	^{115}In	0.5	3
Pb	^{208}Pb	^{209}Bi	0.3	3

表 9-11　　电感耦合等离子体质谱仪测定条件

射频功率	1300W
载气流速	1.20L/min
进样速率	0.1mL/min
获取模式	全定量分析
重复次数	3

2. 结果的计算与表述

（1）工作曲线　分别吸取适量标准空白溶液，不同浓度的 Cr、Ni、As、Se、Cd、Pb 混合标准工作溶液，和内标溶液分别注入电感耦合等离子体质谱中，在选定的仪器参数下，以待测元素 Cr、Ni、As、Se、Cd、Pb 含量与对应内标元素含量的比值为横坐标，待测元素 Cr、Ni、As、Se、Cd、Pb 质荷比强度与对应内标元素质荷比强度的比值为纵坐标，建立 Cr、Ni、As、Se、Cd、Pb 的工作曲线。对校正数据进行线性回归，求得 Cr、Ni、As、Se、Cd、Pb 浓度关系的回归方程，R^2不应小于 0.999。

（2）样品测定　分别吸取气相物空白溶液、气相物试样液，粒相物空白溶液、粒相物试样液和内标溶液注入电感耦合等离子体质谱中，在选定的仪器参数下，得到待测元素 Cr、Ni、As、Se、Cd、Pb 质荷比强度与对应内标元素质荷比强度的比值代入制作的回归方程，求得气相物空白溶液、气相物试样液，粒相物空白溶液、粒相物试样液中 Cr、Ni、As、Se、Cd、Pb 浓度。

（3）样品测试结果计算　试样中 Cr、Ni、As、Se、Cd、Pb 含量，按式（9-3）进行计算：

$$X = X_1 + X_2 \tag{9-3}$$

式中：X——样品中 Cr、Ni、As、Se、Cd、Pb 的含量，ng/支；

X_1——粒相物中 Cr、Ni、As、Se、Cd、Pb 的含量，ng/支；

X_2——气相物中 Cr、Ni、As、Se、Cd、Pb 的含量，ng/支。

粒相物中的 Cr、Ni、As、Se、Cd、Pb 含量，按式（9-4）进行计算：

$$X_1 = \frac{(C_p - C_{p0}) \times V_p}{n} \tag{9-4}$$

式中：C_p——粒相物样品液浓度，μg/L；

C_{p0}——粒相物空白液浓度，μg/L；

V_p——粒相物样品液体积，mL；

n——抽吸烟支数量，支。

气相物中的 Cr、Ni、As、Se、Cd、Pb 含量，按式（9-5）进行计算：

$$X_2 = \frac{(C_g - C_{g0}) \times V_g}{n} \tag{9-5}$$

式中：C_g——气相物样品液浓度，μg/L；

C_{g0}——气相物样品空白液浓度，μg/L；

V_g——气相物样品液体积，mL；

n——抽吸烟支数量，支。

（七）方法评价

1. 主流烟气方法评价

（1）方法的检出限　按照四种检出限的定义和计算方法，得到 ICP-MS 测量主流烟气中 Cr、Ni、As、Se、Cd、Pb 元素方法的检出限，结果见表 9-12 所示。

表 9-12　方法的检出限　单位：ng/支

元素	Cr	Ni	As	Se	Cd	Pb
检出限	1.1	2.3	0.3	0.5	1.5	2.4

（2）方法的重复性　分别对烤烟型卷烟和混合型卷烟样品进行了平行测定，并计算平行测定结果之间的相对标准偏差，结果如表 9-13、表 9-14 所示。

表 9-13　烤烟型卷烟主流烟气中元素测定重复性　单位：ng/支

元素	Cr	Ni	As	Se	Cd	Pb
第 1 次	4.8	ND	5.0	ND	102.8	73.1
第 2 次	4.0	ND	4.8	ND	95.1	70.1
第 3 次	4.4	ND	4.8	ND	95.2	71.1
第 4 次	4.4	ND	4.7	ND	102.4	67.5
第 5 次	4.6	ND	4.6	ND	99.4	70.0
第 6 次	4.1	ND	4.5	ND	95.6	68.6
平均值	4.4	/	4.7	/	98.4	70.1
SD	0.30	/	0.17	/	3.62	1.95
RSD/%	6.83	/	3.57	/	3.68	2.78

注：ND—未检出。

表 9-14　　混合型卷烟主流烟气中元素测定重复性　　单位：ng/支

元素	Cr	Ni	As	Se	Cd	Pb
第 1 次	3.4	ND	7.1	2.8	32.6	56.4
第 2 次	3.1	ND	7.1	2.8	27.1	49.3
第 3 次	3.2	ND	6.8	2.7	26.7	49.1
第 4 次	2.9	ND	6.6	2.8	29.3	43.5
第 5 次	2.6	ND	6.4	2.7	30.4	51.5
第 6 次	3.3	ND	6.4	2.7	30.1	53.9
平均值	3.1	/	6.7	2.7	29.4	50.6
SD	0.29	/	0.33	0.06	2.20	4.47
RSD/%	9.49	/	4.96	2.27	7.50	8.83

注：ND—未检出。

（3）方法的回收率　由于样品之间可能的差异，会使样品间卷烟烟气的粒相物、气相物存在差异，从而影响样品加标回收率的测定。项目组采用空白加标回收率对方法进行评价。采用低、中、高 3 个浓度的标准溶液，按照样品处理过程进行处理、测定，并计算回收率，结果如表 9-15～表 9-17 所示。

表 9-15　　低浓度加标回收率

元素		Cr	Ni	As	Se	Cd	Pb
测试结果/（ng/支）	样品 1	2.9	2.8	2.8	2.5	2.6	2.8
	样品 2	2.4	2.5	2.5	2.4	2.5	2.7
	样品 3	3.0	2.7	2.7	2.3	2.7	2.6
	样品 4	2.6	2.6	2.4	2.4	2.4	2.7
	样品 5	2.9	2.7	2.6	2.5	2.5	2.7
	样品 6	3.0	2.7	2.7	2.6	2.6	2.7
	平均值	2.8	2.7	2.6	2.5	2.5	2.7
	RSD/%	9.20	3.26	5.20	3.95	4.00	2.14
加标量/（ng/支）		2.6					
回收率/%		107.69	103.85	100.00	96.15	96.15	103.85

表 9-16 中浓度加标回收率

元素		Cr	Ni	As	Se	Cd	Pb
测试结果/(ng/支)	样品 1	24.3	23.9	23.6	20.2	23.0	23.2
	样品 2	26.1	26.4	26.2	21.0	25.7	26.1
	样品 3	25.1	24.5	23.2	19.9	24.5	24.7
	样品 4	26.3	25.9	24.3	20.4	25.1	25.3
	样品 5	25.4	26.2	25.6	20.5	25.4	25.4
	样品 6	25.2	25.3	26.1	23.6	25.6	25.2
	平均值	25.4	25.4	24.8	21.0	24.9	25.0
	RSD/%	2.76	3.95	5.31	6.53	4.11	3.99
加标量/(ng/支)		25.2					
回收率/%		100.77	100.70	98.60	83.14	98.66	99.20

表 9-17 高浓度加标回收率

元素		Cr	Ni	As	Se	Cd	Pb
测试结果/(ng/支)	样品 1	128.9	129.9	138.7	115.8	120.8	128.3
	样品 2	129.1	128.0	126.3	112.3	119.7	130.4
	样品 3	140.3	136.3	129.8	107.5	130.4	142.2
	样品 4	133.2	134.8	126.4	109.3	124.2	136.3
	样品 5	140.7	146.9	118.0	97.4	123.0	144.2
	样品 6	131.2	138.8	131.1	116.7	124.6	138.6
	平均值	133.9	135.8	128.4	109.8	123.8	136.7
	RSD/%	4.00	5.00	5.30	6.42	3.05	4.63
加标量/(ng/支)		128.9					
回收率/%		103.89	105.34	99.59	85.20	96.04	106.02

(4) 比对试验结果 在满足方法要求的 2 家实验室之间，对 5 个参比卷烟、7 个烤烟型卷烟、6 个混合型卷烟样品共计 18 个样品进行比对实验，样品盒标焦油量范围在 1~14mg/支之间，测试结果如表 9-18 所示，对所测元素含量平均值和相对偏差分布绘图如图 9-2、图 9-3 所示。

表 9-18　　比对测试结果　　单位：ng/支

样品名称	元素	Cr	Ni	As	Se	Cd	Pb
1R5F	实验室 1	ND	ND	0.7	ND	6.2	13.2
	实验室 2	ND	ND	0.8	ND	4.3	10.6
	平均值	/	/	0.8	/	5.2	11.9
	相对偏差/%	/	/	6.7	/	19.2	10.9
3R4F	实验室 1	4.8	ND	2.5	0.5	29.9	12.6
	实验室 2	4.1	ND	3.2	0.7	30.9	18.1
	平均值	4.4	/	2.8	0.6	30.4	15.4
	相对偏差/%	9.1	/	14.0	16.7	1.6	18.2
CM6	实验室 1	6.0	ND	4.9	ND	78.4	22.6
	实验室 2	6.1	ND	4.7	ND	62.0	16.1
	平均值	6.0	/	4.8	/	70.2	19.4
	相对偏差/%	1.7	/	2.1	/	11.7	17.0
参考卷烟（烤烟）	实验室 1	26.6	3.0	4.5	0.9	118.7	80.5
	实验室 2	26.6	4.7	4.6	0.8	104.1	78.2
	平均值	26.6	3.8	4.6	0.8	111.4	79.4
	相对偏差/%	0.0	23.7	2.2	12.5	6.6	1.5
参考卷烟（白肋烟）	实验室 1	5.7	2.3	25.4	5.4	151.5	159.5
	实验室 2	7.0	2.3	26.2	4.7	129.4	154.8
	平均值	6.4	2.3	25.8	5.1	140.5	157.2
	相对偏差/%	10.9	0.0	1.6	8.0	7.9	1.5
烤烟型卷烟 1	实验室 1	1.6	ND	3.0	0.9	84.3	46.0
	实验室 2	2.2	ND	2.3	1.0	76.7	46.7
	平均值	1.9	/	2.7	1.0	80.5	46.4
	相对偏差/%	15.8	/	15.4	10.0	4.7	0.9
烤烟型卷烟 2	实验室 1	2.9	ND	4.6	1.7	139.0	82.2
	实验室 2	4.6	ND	3.4	1.7	126.8	85.6
	平均值	3.8	/	4.0	1.7	132.9	83.9
	相对偏差/%	23.7	/	15.0	0.0	4.6	2.0

续表

样品名称	元素	Cr	Ni	As	Se	Cd	Pb
烤烟型卷烟 3	实验室 1	7.0	22.4	8.4	1.5	334.3	114.6
	实验室 2	7.8	16.5	8.7	1.2	300.9	107.6
	平均值	7.4	19.5	8.6	1.4	317.6	111.1
	相对偏差/%	5.4	15.5	2.3	14.3	5.3	3.2
烤烟型卷烟 4	实验室 1	9.0	3.4	16.5	5.0	305.6	168.9
	实验室 2	7.1	3.3	14.9	4.1	248.7	164.6
	平均值	8.1	3.4	15.7	4.6	277.2	166.8
	相对偏差/%	12.5	2.9	5.1	10.9	10.3	1.5
烤烟型卷烟 5	实验室 1	7.2	2.6	19.7	2.2	245.6	153.6
	实验室 2	7.1	2.7	17.2	2.1	230.9	154.9
	平均值	7.2	2.7	18.5	2.2	238.3	154.3
	相对偏差/%	1.4	3.8	7.1	4.5	3.1	0.5
烤烟型卷烟 6	实验室 1	4.3	ND	5.9	0.5	114.3	84.7
	实验室 2	5.7	ND	5.4	0.8	109.9	80.7
	平均值	5.0	/	5.7	0.7	112.1	82.7
	相对偏差/%	14.0	/	5.4	33.3	2.0	2.4
烤烟型卷烟 7	实验室 1	4.4	2.1	4.9	ND	98.4	70.1
	实验室 2	4.1	2.1	4.7	ND	100.1	68.2
	平均值	4.3	2.1	4.8	/	99.3	69.2
	相对偏差/%	4.8	0.0	2.1	/	0.9	1.4
混合型卷烟 1	实验室 1	1.8	ND	ND	ND	3.5	3.6
	实验室 2	2.1	ND	ND	ND	4.5	4.3
	平均值	2.0	/	/	/	4.0	4.0
	相对偏差/%	10.0	/	/	/	12.5	10.0
混合型卷烟 2	实验室 1	3.3	ND	1.2	ND	11.1	9.4
	实验室 2	3.2	ND	1.1	ND	11.2	9.7
	平均值	3.3	/	1.2	/	11.2	9.6
	相对偏差/%	3.1	/	8.3	/	0.9	2.1

续表

样品名称	元素	Cr	Ni	As	Se	Cd	Pb
混合型卷烟 3	实验室 1	6.6	ND	12.6	1.7	205.0	105.9
	实验室 2	7.6	ND	10.6	2.1	194.4	100.2
	平均值	7.1	/	11.6	1.9	199.7	103.1
	相对偏差/%	7.0	/	8.6	10.5	2.7	2.8
混合型卷烟 4	实验室 1	15.9	7.3	8.2	2.3	30.6	55.0
	实验室 2	16.0	7.8	7.9	2.3	34.3	55.8
	平均值	16.0	7.6	8.1	2.3	32.5	55.4
	相对偏差/%	0.6	3.9	2.5	0.0	5.9	0.7
混合型卷烟 5	实验室 1	8.2	4.0	3.3	1.2	38.4	16.3
	实验室 2	7.8	4.2	2.8	1.3	36.5	14.3
	平均值	8.0	4.1	3.1	1.3	37.5	15.3
	相对偏差/%	2.5	2.5	10.0	8.3	2.7	6.5
混合型卷烟 6	实验室 1	10.7	5.5	4.2	1.6	48.8	21.9
	实验室 2	10.2	5.3	3.2	1.3	47.1	19.0
	平均值	10.5	5.4	3.7	1.5	48.0	20.5
	相对偏差/%	2.9	1.9	13.5	14.3	1.9	7.4

注：ND—未检出。

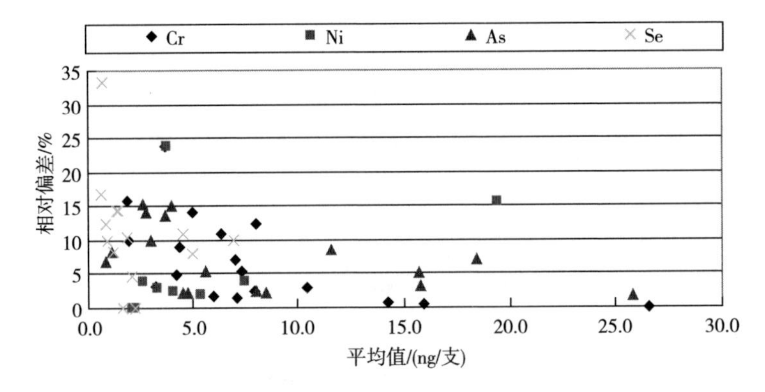

图 9-2 Cr、Ni、As、Se 平均值和相对偏差分布

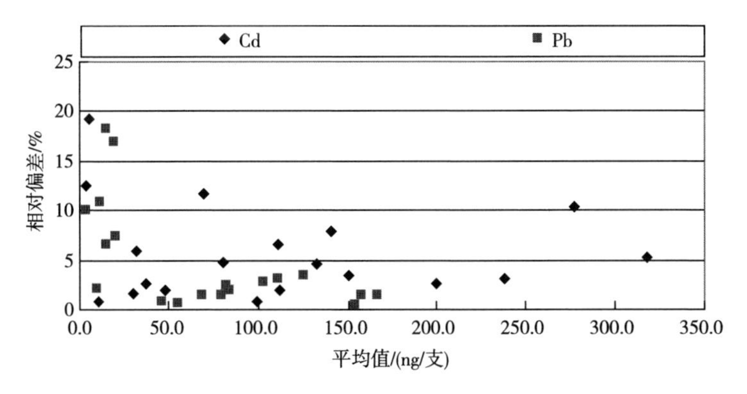

图 9-3　Cd、Pb 平均值和相对偏差分布

从图 9-2、图 9-3 可以看出：所测卷烟样品主流烟气中 Cr、Ni、As、Se 的含量大部分在 10ng/支以下，实验室之间结果相对偏差大部分在 15%以下；Cd、Pb 的含量大部分在 10ng/支以上，实验室之间结果相对偏差大部分在 10%以下。

2. 侧流烟气方法评价

（1）方法检出限　根据计算检出限的方法，取 10 次平行测定试剂空白溶液的结果，求其标准偏差，计算 ICP-MS 测量侧流烟气无机元素方法检出限，结果见表 9-19 和表 9-20 所示。

表 9-19　侧流烟气粒相物 6 种元素标准曲线和检出限

元素	回归方程	线性范围/(μg/L)	相关系数	检出限/(ng/支)
Cr	Y=2.037E-3X+1.892E-4	0~40.0	0.9994	1.6
Ni	Y=1.864E-2X+2.319E-3	0~40.0	0.9996	1.8
As	Y=9.082E-3X+2.115E-3	0~40.0	0.9999	0.7
Se	Y=7.138E-4X+7.958E-4	0~40.0	0.9995	1.3
Cd	Y=1.50E-3X+2.081E-4	0~40.0	1.0000	0.4
Pb	Y=2.412E-2X+1.667E-3	0~40.0	0.9998	1.1

表 9-20　侧流烟气气相物 6 种元素标准曲线和检出限

元素	回归方程	线性范围/(μg/L)	相关系数	检出限/(ng/支)
Cr	Y=1.991E-3X+3.525E-4	0~40.0	0.9998	1.2
Ni	Y=2.391E-2X+2.407E-3	0~40.0	0.9996	1.4

续表

元素	回归方程	线性范围/(μg/L)	相关系数	检出限/(ng/支)
As	Y=9.418E-3X+2.319E-3	0~40.0	1.0000	0.8
Se	Y=6.892E-4X+7.175E-4	0~40.0	0.9997	1.7
Cd	Y=1.127E-3X+3.924E-4	0~40.0	1.0000	0.3
Pb	Y=2.086E-2X+2.281E-3	0~40.0	0.9999	0.9

（2）方法的重复性　选取某一牌号卷烟进行抽吸，收集并处理侧流烟气粒相物和气相物，制备6组平行样，粒相物Cr、Ni、As、Se、Cd、Pb重复性相对标准偏差（RSD）分别为6.6%，7.3%，5.9%，4.4%，3.0%，8.7%。气相物Cr、Ni、As、Se、Cd、Pb重复性相对标准偏差（RSD）分别为6.3%，6.2%，9.8%，11.7%，10.1%，4.5%。见表9-21和表9-22所示。

表9-21　　侧流烟气粒相物重复性实验结果　　单位：ng/支

编号	1	2	3	4	5	6	RSD/%
Cr	35.2	37.9	40.1	36.8	36.6	42.0	6.6
Ni	21.9	20.0	24.5	22.7	23.6	21.3	7.3
As	7.4	7.8	7.5	8.2	7.3	6.9	5.9
Se	30.2	28.5	29.0	26.8	28.4	30.1	4.4
Cd	611.8	581.6	602.7	576.1	623.6	599.9	3.0
Pb	118.7	114.3	115.3	94.9	120.2	104.7	8.7

表9-22　　侧流烟气气相物重复性实验结果　　单位：ng/支

编号	1	2	3	4	5	6	RSD/%
Cr	2.9	2.8	2.9	3.2	3.2	2.8	6.3
Ni	2.3	2.4	2.6	2.2	2.3	2.5	6.2
As	1.5	1.8	1.5	1.7	1.9	1.6	9.8
Se	2.0	1.8	1.9	2.2	2.3	1.7	11.7
Cd	2.1	1.9	1.8	2.0	1.7	1.6	10.1
Pb	10.2	9.3	10.6	9.9	10.2	9.7	4.5

（3）方法的回收率　对侧流烟气粒相物和气相物重金属元素进行加标回收试验，计算加标回收率，结果见表9-23和表9-24所示。侧流烟气粒相物

和气相物 6 种重金属元素加标回收率在 96.9%～108.1%。

表 9-23　　侧流烟气粒相物加标回收率

元素	原含量/(ng/支)	加入量/(ng/支)	测定量/(ng/支)	回收率/%
Cr	36.0	10.1	46.7	105.9
		50.6	85.9	98.6
		201.7	237.0	99.7
Ni	21.8	10.1	32.4	105.0
		20.7	42.2	98.6
		100.2	122.8	100.8
As	7.4	10.1	18.2	106.9
		20.7	28.5	101.9
		50.6	57.7	99.4
Se	29.2	10.1	39.0	97.0
		20.7	51.2	106.3
		100.2	131.7	102.3
Cd	588.8	50.6	641.5	104.2
		508.3	1099.9	100.6
		2012.2	2604.5	100.2
Pb	105.5	20.7	125.8	98.1
		100.2	209.0	103.3
		508.3	610.6	99.4

表 9-24　　侧流烟气气相物加标回收率

元素	原含量/(ng/支)	加入量/(ng/支)	测定量/(ng/支)	回收率/%
Cr	2.9	9.6	12.2	96.9
		21.1	24.5	102.4
		50.4	53.7	100.8
Ni	2.4	9.6	12.5	105.2
		21.1	25.2	108.1
		50.4	53.7	101.8

续表

元素	原含量/(ng/支)	加入量/(ng/支)	测定量/(ng/支)	回收率/%
As	1.5	9.6	11.6	105.2
		21.1	23.6	104.7
		50.4	52.9	102.0
Se	2.1	9.6	12.3	106.3
		21.1	24.8	107.6
		50.4	53.3	101.6
Cd	2.0	9.6	12.0	104.2
		21.1	23.0	99.5
		50.4	52.3	99.8
Pb	10.9	9.6	20.3	97.9
		21.1	32.4	101.9
		50.4	61.8	101.0

（4）样品测试结果　采用上述方法用ICP-MS对4种卷烟（A烤烟型卷烟，B白肋烟，C香料烟，D混合型卷烟）侧流烟气样品中的Cr、Ni、As、Se、Cd、Pb进行分析，每个样品做3个平行样，取其平均值。结果见表9-25所示。

表9-25　4种卷烟样品侧流烟气中Cr、Ni、As、Se、Cd、Pb含量检测结果

样品	元素/(ng/支)	Cr	Ni	As	Se	Cd	Pb
A	侧流粒相	4.0	8.9	9.9	6.8	642.4	23.2
	侧流气相	3.9	7.2	1.1	2.4	0.4	7.1
	侧流	7.9	16.1	11.0	9.2	642.8	30.3
B	侧流粒相	1.8	4.7	7.6	2.0	1096.2	12.9
	侧流气相	1.6	4.8	1.8	2.1	1.2	2.7
	侧流	3.4	9.5	9.4	4.1	1097.4	15.6
C	侧流粒相	6.0	2.5	8.6	5.8	526.7	6.9
	侧流气相	5.4	49.1	1.6	2.0	1.5	5.8
	侧流	11.4	51.6	10.2	7.8	528.2	12.7

续表

样品	元素/(ng/支)	Cr	Ni	As	Se	Cd	Pb
D	侧流粒相	8.8	4.1	15.3	5.9	541.2	20.0
	侧流气相	3.7	3.0	4.8	ND	1.3	6.4
	侧流	12.5	7.1	20.1	5.9	542.5	26.4

注：ND——未检出。

（八）主流烟气中汞分析方法

1. 原理

按照 GB/T 19609—2004 调节、抽吸卷烟样品，用酸性高锰酸钾溶液吸收卷烟烟气中的汞 Hg。吸收液经消解后，在酸性环境下，以氯化亚锡为还原剂，通过冷原子吸收光谱仪进行测定。汞原子对波长 253.7nm 的共振线具有最强吸收，在一定浓度范围内，其吸收值与待测元素汞的含量成正比，以此定量关系对样品中的汞进行测定。

2. 试剂与材料

除特别要求外，应使用优级纯级试剂。水应达到 GB/T 6682—2008 中一级水的要求。

（1）硫酸溶液（20%，体积比）。

（2）酸性高锰酸钾溶液（50mg/mL）。

称取 50 g 高锰酸钾（精确至 0.1g），用适量的 20%硫酸溶液完全溶解后，转移至 1000mL 容量瓶中，用 20%硫酸溶液定容至刻度。

（3）过氧化氢（30%，质量分数）。

（4）盐酸溶液（3%，体积比）。

（5）盐酸溶液（1%，体积比）。

（6）氯化亚锡溶液（250mg/mL）。

称取 250g 氯化亚锡（精确至 0.1g），用适量的 3%盐酸溶液溶解于后，转移至 1000mL 容量瓶中，用 3%盐酸溶液定容至刻度。

（7）汞标准溶液

①一级汞标准储备液（10μg/mL），置于 4℃的冰箱中保存，有效期为 12 个月。

②二级汞标准储备溶液（100ng/mL）：准确移取 0.5mL 一级汞标准储备液于 50mL 容量瓶中，用水定容至刻度。该储备液置于 4℃的冰箱中保存，有

效期为1周。

③汞标准工作溶液：分别准确移取二级汞标准储备溶液0mL、0.1mL、0.5mL、1.0mL、2.5mL、5mL、10mL于50mL容量瓶中，用水定容至刻度即得汞标准空白和系列标准溶液。

（8）浓硝酸，（65%，质量分数）。

（9）硝酸溶液（20%，体积比）。

（10）高纯氩气（纯度≥99.999%）。

3. 仪器

常用的实验室仪器如下所述。

（1）容量瓶　50mL，100mL。

（2）20孔道转盘型吸烟机。

（3）吸收瓶，70mL。

（4）分析天平，感量0.0001g。

（5）密闭微波消解仪（配微波消解罐）。

（6）冷原子吸收光谱仪，配汞灯，高纯氩气。

（7）微量取液器。

4. 吸烟机的准备

（1）环境条件，应满足GB/T 19609—2004的要求。

（2）打开吸烟机电源，预热20min。

（3）分别移取30mL 50mg/mL的酸性高锰酸钾溶液于两个吸收瓶中，将两个吸收瓶串联于卷烟夹持器和抽吸机构之间。

（4）检查并调整吸烟机抽吸容量为（38.4±0.3）mL。

5. 分析步骤

卷烟的抽吸按下列步骤进行。

（1）按照GB/T 19609—2004抽吸卷烟。

（2）抽吸完毕后，进行3口清除抽吸，取下吸收瓶。

（3）按照上述步骤制备样品空白（卷烟不点燃）。

6. 样品处理

（1）分别将两个吸收瓶中的吸收液转移至两个消解罐中，并分别用2mL过氧化氢清洗吸收瓶，清洗液一并转移至相应的消解罐中。

（2）密封消解罐，置于微波消解仪中。按照设定的微波消解程序进行消

解（参考条件见表 9-26），同时做空白实验。采用其他条件应验证其适用性。

表 9-26　　微波消解升温程序

起始温度/℃	升温时间/min	终点温度/℃	保持时间/min
室温	20	95	8
95	15	125	8
125	20	165	15

（3）消解完毕，待微波消解仪温度降至 40℃以下，取出消解罐。

（4）将两级吸收液相应的消解溶液合并转移至 100mL 容量瓶中，用水冲洗消解罐 3~4 次，清洗液一并转移至该容量瓶中，然后用水定容，摇匀后得试样溶液待测。测定应该在 24h 内完成。

7. 测定

（1）冷原子吸收光谱仪参数及仪器操作条件如下所述。

波长：253. 7nm；

校准方程：线性有截距；

定量方式：峰面积（峰高）；

试样进样体积：500μL；

载气（氩气）流量：50mL/min。

表 9-27 所示仪器操作条件仅供参考，采用其他条件应验证其适用性。

表 9-27　　冷原子吸收光谱仪泵操作条件

步骤	时间/s	泵 1 流速/(r/min)	泵 2 流速/(r/min)	阀填充/注入
1	15	100	120	填充
2	10	100	120	填充
3	15	0	120	注入

（2）汞标准曲线的制作　开启冷原子吸收光谱仪泵，分别吸入 1%盐酸溶液与 250mg/mL 氯化亚锡溶液，吸取汞标准空白溶液和汞标准工作溶液各 500μL，测得其吸光度，并求得吸光度与汞浓度关系的线性回归方程，相关系数不应小于 0. 999。

（3）试样中汞含量的测定　分别吸取空白液和试样液各 500μL，注入冷原子吸收光谱仪，测得其吸光度，代入汞标准曲线制作的线性回归方程，求得空白液和试样液中汞相应浓度。

8. 结果计算与表述

（1）计算　试样中汞含量以 X 计，按式（9-6）进行计算：

$$X = \frac{(C - C_0) \times V}{n} \tag{9-6}$$

式中：X——试样中汞的含量，ng/支；

C——样品液浓度，ng/mL；

C_0——空白液浓度，ng/mL；

V——样品液体积，mL；

n——抽吸烟支数量，支。

（2）结果的表述　以两次平行测定的平均值为测定结果，结果精确至 0.01ng/支。两次平行测定结果之间的相对偏差不应大于 10%。

9. 结果与讨论

（1）冷原子吸收光谱仪条件　冷原子吸收光谱仪管路连接及分析流程如图 9-4 所示。

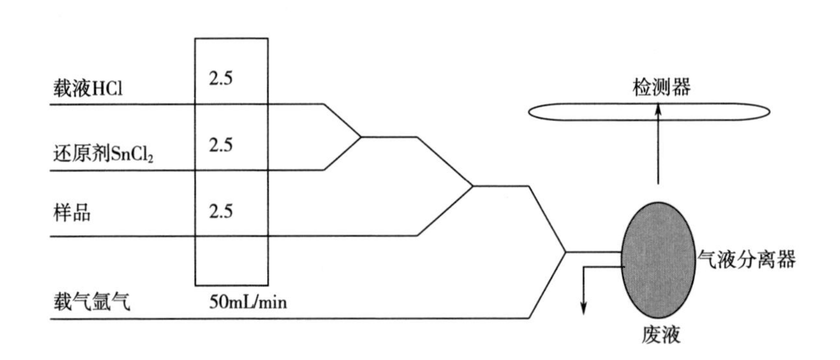

图 9-4　冷原子吸收光谱仪管路连接及分析流程图

测定条件（表 9-28）为：吸收波长：253.7nm；平滑（点）：9；信号积分时间：15.0s；延迟时间：0s；每次读数前自动调零（BOC）时间：2s；校准方程：线性有截距；载气（氩气）流速：50mL/min；进样体积：500μL；进样次数：3。

表 9-28　　冷原子吸收光谱仪测汞参数

参数	条件	参数	条件
测定元素	汞	BOC 时间	2s
最大吸收波长	253.7nm	校准方程式	线性有截距
测量	峰面积（峰高）	试样进样体积	500μL
平滑（点）	9	重复测定	3 次
信号积分时间	15.0s	标准溶液单位	ng/mL
延迟时间	0.0s	样品测量单位	ng/支

（2）流动注射-冷原子吸收光谱仪参数条件优化　参考冷原子吸收光谱仪以氯化亚锡为还原剂测汞的推荐条件，用 1.0ng/mL 汞标准溶液做参考，本试验对下列参数进行优化：载气的流量、载液盐酸的浓度、还原剂氯化亚锡和还原剂中盐酸的浓度。

①载气流量的优化：在冷原子吸收法测定汞的过程中，载气的作用是将反应生成的汞及时、有效地送到检测室（石英管）进行检测，载气流速的大小是影响检测结果的关键因素之一。若载气流速太低，经 $SnCl_2$ 还原生成的单质汞不能及时、完全地进入检测室而造成结果偏低，但流速过大则会由于单质汞蒸汽在检测室停留时间过短同样也会造成检测结果偏低。为选择合适的载气流速，采用 1.0ng/mL 的汞标准溶液，在 20~170mL/min 的范围之内，考察了载气流速对吸光度的影响，其结果如图 9-5 所示。结果显示，在载气流速低于 50mL/min 时，吸光度随载气流速的提高而增大，大于 50mL/min 时，则随载气流速的提高而减小。所以选择载气流速为 50mL/min。

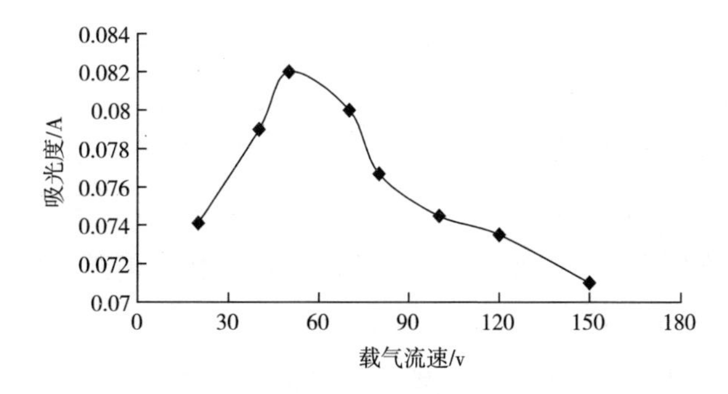

图 9-5　载气流速对吸光度强度的影响

②载液浓度的优化：HCl 作为载液，一方面为反应提供一个酸性环境，另一方面保持原子吸收仪反应室内部的化学平衡。但是，如果 HCl 浓度过大，在反应过程中会产生 Hg_2Cl_2沉淀而造成结果偏低，甚至会堵塞管路和气液分离膜的小孔。为此，采用 1.0ng/mL 的汞标准溶液，在 0~10%（体积分数）范围内考察了载液浓度对吸光度的影响，其结果如图 9-6 所示。结果显示，在 0~2%范围内，吸光度随载液浓度的增加而增加，但是 0.5~2 之间吸光度相差不大；当载液浓度大于 2%时，吸光度则随载液浓度的提高而减小，综合考虑选择载液浓度为 1%。

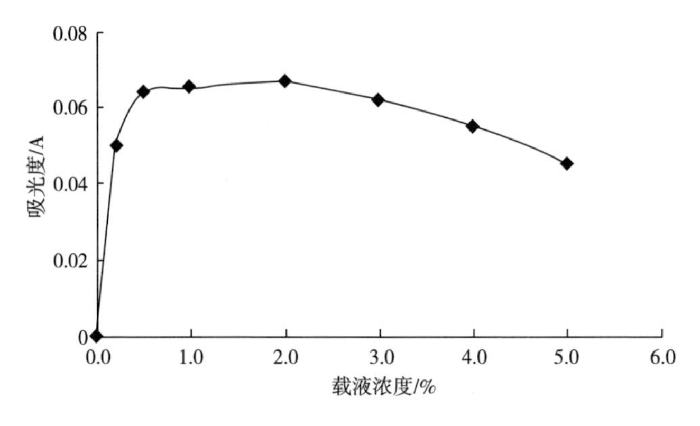

图 9-6　载液浓度对吸光度强度的影响

③还原剂（$SnCl_2$）浓度的优化：还原剂（$SnCl_2$）在整个分析过程中起着决定性的作用，因此，还原剂浓度对分析结果具有重要的影响。浓度过低不能完全还原离子态的汞，造成分析结果偏低。如果浓度过高则容易造成管路堵塞影响分析测定。为选择合适的还原剂（$SnCl_2$）浓度，采用 1.0ng/mL 的工标准溶液，在 10~300mg/mL 范围内考察了还原剂（$SnCl_2$）浓度对吸光度的影响，其结果如图 9-7 所示。结果显示吸光度随还原剂浓度的增加而增加，在 250mg/mL 处得到最大值并出现拐点。因此，选择还原剂浓度为 250mg/mL。

④还原剂中 HCl 浓度的优化：冷原子吸收法测汞时，$SnCl_2$作为还原剂，当 $SnCl_2$浓度增加时，反应速度加快，出峰时间缩短，但随放置时间的延长，$SnCl_2$会水解产生沉淀附着在器壁上而造成浓度降低。因此，在配制 $SnCl_2$溶液时，选用 HCL 作为介质保证 $SnCl_2$溶液处于相对稳定的酸性状态。HCl 的作用有两个：防止还原剂（$SnCl_2$）水解成乳状沉淀；为汞的还原反应提供一个酸

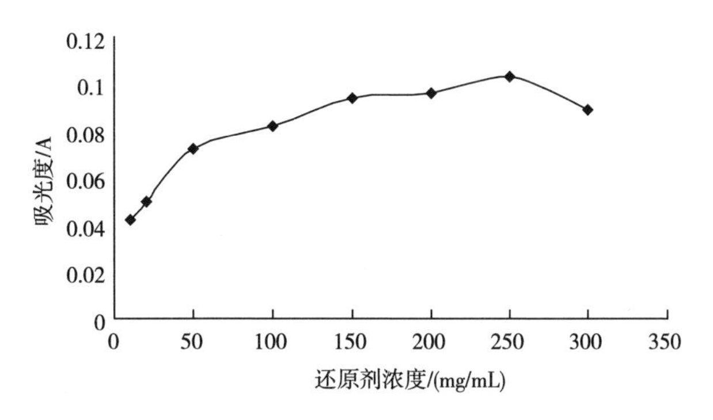

图 9-7　还原剂浓度对吸光度强度的影响

性环境。本实验选用 3%HCl 作为配制还原剂（$SnCl_2$）的溶剂。

（3）标准曲线　将配制好的还原剂氯化亚锡盐酸溶液（250mg/mL $SnCl_2$+3%HCl）和载液（1% 盐酸）装入反应瓶中，连接冷原子吸收光谱仪管路，检查气-液分离滤片。将标准空白溶液和系列标准工作溶液加至自动进样器中，开启载气-氩气并调整流量为 50mL/min，开启汞灯，打开工作软件测定标准曲线并记录数据。以三次平行测定的平均值表示结果，并对吸收峰面积与浓度进行回归分析。结果显示：标准曲线的回归方程为：$A=0.0155C-1.39\times10^{-5}$，$R^2=0.9997$。

（4）检出限　同时微波消解 11 个空白溶液，将标准工作溶液和空白溶液导入样品杯，按照优化后的条件，测定这 11 个空白溶液吸光度，并分析其含量，计算其标准偏差。以其标准偏差值的 3 倍作为汞元素的检出限，其结果为 ng/mL，以其标准偏差值的 10 倍作为汞元素的定量下限，其结果为 ng/mL，如表 9-29 所示。并按样品量（20 支卷烟）及定容体积（100mL）计算每支卷烟主流烟气中汞的检出限，结果为检出限为 0.10ng/支，定量下限为 0.35ng/支。

表 9-29　　空白溶液的 11 次测定结果　　单位：ng/mL

编号	1	2	3	4	5	6	7	8	9	10	11	*SD*
含量	0.015	0.008	0.022	0.027	0.018	0.024	0.007	0.010	0.019	0.012	0.018	0.007

（5）方法的重复性　取 2 个卷烟样品，分别进行 5 次日内和 5 次日间的平行测定，对方法的重复性进行考察。结果见表 9-30 和表 9-31 所示。

表 9-30　方法的日内重复性　单位：ng/支

	1	2	3	4	5	RSD/%
样品 A	2.89	2.97	3.06	2.98	3.14	4.75
样品 B	8.64	9.05	8.36	8.73	9.28	4.08

表 9-31　方法的日间重复性　单位：ng/支

	1	2	3	4	5	RSD/%
样品 A	2.97	3.35	3.08	2.76	3.24	7.49
样品 B	8.81	8.64	8.97	7.42	9.28	8.27

从上表数据结果可知，该方法的日内测定结果的变异系数在5%以内，日间变异系数在10%以内，可以满足作为测定方法的精密度要求。

（6）方法的回收率　选取两个卷烟样品，在高（样品实际含量约5倍）、中（样品实际含量水平）、低（样品实际含量的1/5）三个水平上进行了样品加标回收率的测定，结果见表9-32所示。从实验数据可知，该方法的加标回收率在85.6%~110.8%之间，说明本方法准确性较高。

表 9-32　不同水平下样品的回收率

	回收率/%		
	高	中	低
样品 A	85.6	97.8	90.2
样品 B	110.8	101.4	91.7

（7）比对试验结果　为了考查方法的重现性，在满足方法要求的5家实验室之间，对7个不同类型的卷烟样品进行了比对实验，样品盒标焦油量范围在1~13mg/支之间。样品包括：2个参比卷烟，3个混合型卷烟及2个烤烟型卷烟。实验结果见表9-33所示。

表 9-33　比对实验结果　单位：ng/支

样品	实验室 1#	实验室 2#	实验室 3#	实验室 4#	实验室 5#	平均值	RSD/%
A	0.87	0.96	0.82	1.11	1.07	0.97	12.90
B	3.63	3.04	4.02	4.43	3.67	3.76	13.70

续表

样品	实验室 1#	实验室 2#	实验室 3#	实验室 4#	实验室 5#	平均值	RSD/%
C	3.41	3.02	2.77	2.48	2.77	2.89	12.04
D	11.37	12.08	10.24	10.54	10.29	10.90	7.32
E	13.20	13.47	14.02	14.09	14.7	13.90	4.20
F	8.62	7.47	8.92	8.8	9.21	8.60	7.78
G	ND	ND	ND	ND	ND	/	/

注：ND—未检出。

参考文献

[1] Hecht S S. Biochemistry, biology, and carcinogenicity of tobacco-specific *N*-nitrosamines. Chem. Res. Toxicol. 1998, 11: 559-603.

[2] Health Canada. Determination of nitrosamines in sidestream tobacco smoke. 1999.

[3] 刘克建、杨柳、王洪波，等 . GB/T 12655—2007 卷烟　侧流烟气中烟草特有 *N*-亚硝胺的测定　气相色谱-热能分析法.

[4] Preussmann R, Dalber D, Hengy H. A sensitive colour reaction for nitrosamines on thin layer chromatograms. Nature, 1954, 201: 502-3.

[5] Neurath G, Pirmann B, Wichem H. Examination of *N*-nitroso compounds in tobacco smoke. Beitr Tabakforseh Int, 1964, 2: 311.

[6] 沈彬，朱建华，须沁华. 测定 *N*-亚硝基化合物的分光光度法. 分析化学，1998，26：1478-1480.

[7] Boyland E, Roe F J C, Gorrod J W. The carcinogenicity of nitrosoanabasine, a possible constituent of tobacco smoke. Br. J. Cancer 1964, 18: 265-70.

[8] Hoffmann D, Hecht S S, Ornaf R M. *N'*-nitrosonornicotine in tobacco. Science 1974, 186: 265-6.

[9] Munson J W, Abdine H. Determination of *N*-nitrosamine in tobacco by gas chromatography/mass spectroscopy. Anal. Lett. 1977, 10: 777-86.

[10] Hecht S S, Omof R M, Hoffmann D. Determination of *N*-nitrosonornicotine in tobacco by high speed liquid chromatography. Anal Chem, 1975, 47: 2046-2048.

[11] Hecht S S, Chen C B, Hirota N. Tobacco-specific nitrosamines: formation from nicotine in vitro and during tobacco curing and carcinogenicity in strain A mice. J. Natl. Cancer Inst. 1978, 60: 819-24.

[12] Hoffmann D, Adams J D, Brunnemann K D. Assessment of tobacco-specific *N*-nitrosamines

in tobacco products. Cancer Res. 1979, 39: 2505-9.

[13] Hoffmann D, Adams J D, Brunnemann K D. Tobacco specific *N*-nitrosamines: occurrence and bioassays. IARC Sci Publ. 1982, 41: 309-18.

[14] Risner C H, Reece J B, Morgan W T. The Determination of tobacco-specific nitrosamines in tobacco; a collaborative investigation of current methodology. 55th Tobacco Science Research Conference, Greensboro, NC, 2001.

[15] CORESTA Recommended Method N° 63, 2005.

[16] 谢复炜、金永明、赵明月，等. GB/T 23228—2008 卷烟主流烟气总粒相物中烟草特有 *N*-亚硝胺的测定 气相色谱-热能分析联用法.

[17] Weijia W, Ashley D L, Watson C H. Simultaneous determination of five tobacco-specific nitrosamines in mainstream cigarette smoke by isotope dilution liquid chromatography/electrospray ionization tandem mass spectrometry. Anal. Chem. 2003, 75: 4827-4832.

[18] Wagner K A, Finkel N H, Fossett J E. Development of a quantitative method for the analysis of tobacco-specific nitrosamines in mainstream cigarette smoke using isotope dilution liquid chromatography/electrospray ionization tandem mass spectrometry. Anal. Chem. 2005, 77: 1001-1006.

[19] Wu J, Joza P, Sharifi M. Quantitative method for the analysis of tobacco-specific nitrosamines in cigarette tobacco and mainstream cigarette smoke by use of isotope dilution liquid chromatography tandem mass spectrometry. Anal. Chem. 2008, 80: 1341-1345.

[20] Xiong W, Hou H, Jiang X, et al. Simultaneous determination of four tobacco-specific *N*-nitrosamines in mainstream smoke for Chinese Virginia cigarettes by liquid chromatography-tandem mass spectrometry and validation under ISO and "Canadian intense" machine smoking regimes. Anal Chim Acta. 2010, 674: 71-8.

[21] 吴名剑，胡念念，李勇，等. 卷烟主流烟气中烟草特有亚酰胺的液质联用分析. 烟草科技，2007，10：41-45.

[22] Chowojdak C A, Self D A, Wheeler H R. A collaborative, harmonized LC-MS/MS method for the determination of tobacco specific nitrosamines (TSNA) in tobacco and tobacco related materials. 61st Tobacco Science Research Conference, Charlotte, NC, 2007.

[23] CORESTA Recommended Method N° 72, 2011.

[24] http: //www. bat-science. com/groupms/sites/BAT_ 7AWFH3. nsf/vwPagesWebLive/DO7AXLPY? opendocument&SKN=1 available 2011-09-07

[25] 杨柳、张凤梅、孟昭宇，等. YQ/T 17—2012 卷烟主流烟气总粒相物中烟草特有 *N*-亚硝胺的测定 高效液相色谱-串联质谱联用法 .

[26] Norman, V. Ibrig, A M. Larson, T M., et al. The effect of some nitrogenous blend compo-

nents on NO/NO_x and HCN levels in mainstream and sidestream smoke [J]. Beitrage zur Tabakforschung International, 1983, 12 (2): 55-62.

[27] Umemura S, Muramatsu M, Okada T. A study on precursors of nitric oxide in sidestream smoke [J]. Beitra. Tabakfors. Int., 1986, 13: 183-190.

[28] Keith Cole S, Patricia Martin. Determination of gas-phase sidestream cigarette smoke components using fourier transform infrared spectrometry [J]. Analyst, 1996, 121: 495-500.

[29] Health Canada—official method T-208. Determination of oxides of nitrogen in sidestream tobacco smoke [S]. 1999.

[30] YC/T 185—2004 卷烟 侧流烟气中焦油和烟碱的测定 [S].

[31] Wyder E. L., Hoffman. Tobacco and Tobacco smoke (1967), Academic Press, New York, p417-418.

[32] 姚伟, 冯学伟, 王邵雷, 等. 卷烟烟气中挥发性羰基化合物的检测方法 [J]. 华东理工大学学报 (自然科学版), 2005, 31 (1): 110-114.

[33] BlotW J, Fraumeni J F. Cancers of the lung and pleurain cancerepidemiology and prevention [M]. New York: OxfordUniversty Press. 1996: 637.

[34] Dong L Zh, Serban C, Moldoveanu. Gas chromatography-mass spectrometry of carbonyl compounds in cigarettemainstream smoke after derivatization with 2, 4-dinitrophenylhydrazine [J]. Journal of Chromatography A, 2004, (1027): 25-35.

[35] Takashi Miyake. Quantitative analysis by gaschromatograph of volatile carbonyl compounds in cigarettesmoke [J]. J. Chromatograph A, 1995, (693): 376-381.

[36] Determination of Selected Carbonyls in Mainstream TobaccoSmoke. Health Canada2 offcial Method, T104, 1999.

[37] Determination of Eight Carbonyl Yields in CigaretteSmoke. Tobacco Manufacturers Association, Ksmoke constituents study Part 2, 2002.

[38] 舒俊生, 徐志强, 瞿先中, 等. 不同类型烟草热裂解形成羰基化合物的影响因素 [J]. 安徽农业科学, 2009, 37 (36): 18250-18253.

[39] 赵铭钦, 张宏涛, 王瑞华, 等. 不同滤嘴材料对卷烟烟气过滤效果的影响 [J]. 河北农业大学学报, 1999, 33 (1): 44-47.

[40] 王瑞华. 不同滤嘴材料对卷烟烟气中常规化学成分截滤性能的研究 [J]. 烟草科技, 1999, (2): 8-9.

[41] 张悠金, 杨俊, 李婉, 等. 纳米材料降低卷烟烟气粒相有害成分的研究 [J]. 化学研究与应用, 2001, 13 (6): 709-711.

[42] DUBE M F, GREEN C R. Methods of collection of smoke for analytical purposes [C]. Recent Adv. Tob. Sci., 1982 (8): 42-102.

[43] RHOADES C B, WHITE J R. Mainstream smoke collection by electrostatic precipitation for acid dissolution in a microwave digestion system prior to trace metal determination [J]. J. AOAC. Int., 1997, 80 (6): 1320-1331.

[44] KRIVAN V, SCHNEIDER G, BAUMANN H, et al. Multi-element characterization of tobacco smoke condensate [J]. Fresenius J. Anal. Chem., 1994, 348 (3): 218-225.

[45] PAPPAS P S, POLZIN G M, ZHANG L, et al. Cadmium, lead, and thallium in mainstream tobacco smoke particulate [J]. Food Chem. Toxicol., 2006, 44 (5): 714-723.

[46] 谢涛, 黄泳彤, 徐旸. 用 ICP-MS 测定卷烟烟气中的重金属元素 [J]. 烟草科技, 2003 (1): 27-29.

[47] K. E. Jarvis, A. L. Gray, R. S. Houk, 著, 尹明, 李冰, 译. 电感耦合等离子体质谱手册. 原子能出版社 1997.

[48] 第二届 Agilent ICP-MS 用户学术交流会论文集. Agilent Technologies, 2005.

[49] Analysis of mainstream smoke for arsenic, cadmium, lead, nickel and selenium. Philip Morris USA.

[50] T109, Determination of Ni, Pb, Cd, Cr, As and Se in mainstream tobacco smoke. 1999.

[51] SN/T 2004. 5—2006. 电子电气产品中铅、汞、镉、铬、溴的测定　第 5 部分: 电感耦合等离子体质谱法 (ICP-MS). 2007.

第十章
烟气分析新技术及未来发展趋势

卷烟烟气是卷烟产品面向消费者的最主要表征，是体现卷烟质量水平和风格特征的最主要因素。卷烟烟气化学成分的分析是一项十分重要的基础性研究工作，也是构筑中式卷烟核心技术的关键之一。在过去的几十年中，人们已经在烟气分析方面开展了大量的研究工作，并从中鉴定出了几千种物质，但是这些研究基本上是采用离线式分析方法，即先对烟气进行捕集，然后根据需要采用不同的前处理过程，再用不同的仪器进行分析。在传统的烟气分析方法中，色谱技术作为烟气分析主要的和首选的手段一直在烟草行业中得到了广泛的应用，但是色谱技术，包括传统的一维色谱技术和最近几年来在烟草行业推广应用的多维气相色谱新技术，都只能检测稳定的物质，难以对卷烟燃吸过程中不稳定的化学组分进行分析。

烟气有害成分释放量的检测方法多为传统的化学分析检测方法，其工作效率远远无法满足高频次、高通量、高时效的检测要求，而且检测成本较高，这使得卷烟生产企业对烟气有害成分释放量波动性水平的日常监测往往是心有余而力不足。因此，无论是出于对消费者利益负责的态度，还是为满足未来烟草管制的相关要求，烟草行业都急需一种快速的烟气有害成分释放量检测方法。只有借助快速检测方法，卷烟生产企业才能更加有效地控制卷烟的生产，而相关管制部门才能更加客观地评价卷烟的波动性水平。

同时，许多研究表明，在抽吸期间从卷烟滤嘴端出来的主流烟气是高浓度、高活性的气溶胶，其内部的物质组成处在一个不断变化的动态过程中。因而，传统烟气分析方法的分析结果不能真实反映消费者口腔中的烟气状况。因此，要想从化学组成的角度对卷烟烟气质量、风格特征以及香气成分和有害成分进行剖析和评价，一个科学的方法就是对单口卷烟烟气进行实时分析。

因此，未来卷烟烟气分析技术将更多的集中于快速检测和实时在线分析。

一、 烟气化学成分的快速检测方法

烟气组分释放量预测技术方面有一些研究报道，从文献调研的情况来看，这类技术通常都采用模型预测方法。王家俊等采用了捕集烟气粒相物的滤片萃取液的傅里叶变换近红外光谱来预测烟气中的焦油、烟碱和CO含量（《偏最小二乘法结合傅里叶变换近红外光谱同时测定卷烟焦油、烟碱和CO的释放量》），他也尝试了采用烟气萃取液的衰减全反射（ATR）红外光谱预测烟气常规组分释放量的方法（FT-IR-ATR法预测卷烟主流烟气中的焦油、烟碱和水分）。王强等根据卷烟焦油量与烟叶内在化学成分之间的关系，提出了基于支持向量机的卷烟焦油量预测方法（《卷烟焦油量的支持向量机预测》），该方法能够根据烟叶中的化学成分测量值来预测卷烟的焦油量。董平等通过对卷烟各项检测指标进行相关性分析，研究各项指标对焦油的影响程度（《利用统计法建立卷烟焦油预测模型》），利用还原糖、氯、钾、吸阻、净烟丝重量和填充密度6项指标建立了卷烟焦油预测模型。李炎强等采用反向传播人工神经网络以总糖、还原糖、总植物碱、总挥发碱、总氮、钾、氯等指标为输入层建立了烟碱、焦油、CO的预测模型（《卷烟主流烟气成分释放量的人工神经网络预测研究》）。杨永锋等利用烤烟烟叶的化学成分和烟气烟碱进行了检测和相关性分析，建立的烟气烟碱含量预测的逐步回归数学模型（《烤烟烟叶化学成分与烟气烟碱的相关性研究》）。王建民等利用多元回归分析方法建立了焦油、烟碱、CO和抽吸口数与烟叶总糖、还原糖、总氮、烟碱、挥发碱、钾、氯、硫酸根等的回归模型（《叶组配方卷烟烟气预测模型的建立》）。倪力军等采用卷烟的稀释率、闭式吸阻、单支重量、圆周、开式吸阻、硬度等6个物理指标及总糖、还原糖、总氮、总植物碱、氯等5个化学指标作为自变量，用K最近邻-最优保形映射方法预测卷烟主流烟气中的焦油、CO、烟气烟碱，预测准确率可以达到94%（《KNN-KSR建模方法及其在卷烟主流烟气预测中的应用》）。于建军等对不同产地烤烟烟叶中的焦油、烟碱、CO与烟叶的填充力、静燃速率和化学成分中的还原糖、总氮、烟碱、K_2O、Cl^-、SO_4^{2-}及有机钾与烟气有害成分影响进行了相关性分析（《烤烟烟叶理化特性对烟气烟碱、CO、焦油量的影响》）。朱大恒等则对烟气有害成分与烟叶主要化学成分关系的研究进行了综述（《烟气有害成分与烟叶化学成分的

关系》）。厉昌坤等得出了烟叶焦油释放量与总糖、还原糖含量极显著负相关，与烟叶总氮、烟碱、石油醚提取物、总挥发碱含量极显著正相关的结论（《烤烟烟叶焦油释放量与部分化学成分的关系研究》）。陆鸣等采用时间序列分析法，建立了卷烟烟气焦油量的预测模型，该模型只能用于短期预测焦油释放量（《卷烟烟气焦油量的ARMA预测模型研究》）。邱军利用烟末的近红外光谱预测了烟气烟碱（《近红外光谱法预测烟气总粒相物中的烟碱含量》）。王志国等利用捕集了烟气总粒相物的剑桥滤片的近红外光谱预测了烟气烟碱释放量（《基于剑桥滤片的傅里叶变换近红外技术测定卷烟烟碱的释放量》）。卢斌斌等证实了烟气中游离烟碱占总烟碱的比例与烟气总粒相物pH呈现显著的线性相关关系。王允白建立了由烟叶化学组分预测总粒相物和烟碱的模型（《烤烟原料总粒相物与烟叶内在化学成分关系及预测模型研究》）。华东理工大学郭佳在硕士论文《烟草质量分析方法及影响因素研究》中"以卷烟主流烟气为因变量，卷烟物理、化学指标（近红外光谱）为自变量"，提出了"CCA-KNN-最优化保形映射预测方法"，来预测卷烟产品的主流烟气焦油、烟气烟碱和CO的释放量，结果"预测准确率"约85%。这些方法的使用都或多或少受到一些限制，或者是预测的烟气有害成分只有CO，或者是预测的对象仅限于同样辅料情况下的单等级烟叶，或者是由于使用溶剂，成本较高，不够环境友好。

二、 近红外技术

1. 近红外技术原理及特点

近红外（Near-Infrared，NIR）谱区是指介于可见光和中红外（Mid-infrared，MIR）谱区之间的电磁波，按美国材料实验协会（American Society of Testing Materials，ASTM）的定义是指波长在780~2526nm范围内的电磁波，是人们认识最早的非可见光区域。现代近红外光谱是20世纪90年代以来发展最快、最引人注目的光谱分析技术，是光谱测量技术与化学计量学学科的有机结合，被誉为分析的巨人。量测信号的数字化和分析过程的绿色化又使该技术具有典型的时代特征。

习惯上又将近红外光划分为近红外短波（780~1100nm）和长波（1100~2526nm）两个区域。近红外光谱的产生，主要是由于分子振动的非谐振性，使分子振动从基态向高能级的跃迁成为可能。把双原子分子近似看作弹簧两端的两个小球，其伸缩振动视为简谐振动，根据 Hook 定律，振动方程为：

$$\upsilon = (1/2)\pi(k/\mu)^{1/2} \tag{10-1}$$

式中：υ——为振动频率；

k——力常数；

μ——为折合质量；

$\mu=m_1m_2/(m_1+m_2)$，m_1、m_2分别为两个原子的质量。

根据量子理论，各振动能级的能量表示为：

$$E = (\nu + 1/2)h\upsilon \tag{10-2}$$

式中：h——普朗克常数；

ν——振动量子数，$\nu=0$，1，2，3…。

这种理想的原子间的振动形式，其振动跃迁只存在由基态到第一激发态的跃迁（即基频吸收），而没有倍频和合频的产生。但在有机分子中，根据振动光谱理论，不但存在由基态到第一激发态的跃迁（基频吸收），还有由基态到较高激发态的跃迁（倍频和合频吸收），倍频各能级的能量为：

$$E = (\nu + 1/2)h\upsilon - (\nu + 1/2)2h(\upsilon_X) \tag{10-3}$$

式中：υ_X——非谐振常数。

物质在近红外光谱区的吸收主要由 C—H、N—H、O—H、S—H、C═O、C═C 等基团的基频振动的合频和倍频振动吸收组成，其吸收系数比中红外基频振动吸收弱 1~5 个数量级。

由于近红外光谱的产生受物质分子不同振动形式的影响，且与中红外谱图比较，其谱带较宽且强度较弱，尤其在短波近红外区域，主要是第三级倍频及一、二级倍频的合频，其吸收强度就更弱。但是，不同基团光谱的峰位、峰强及峰形不同，这为近红外光谱定性和定量分析奠定了理论基础。

近红外光谱技术之所以成为一种快速、高效、适合过程、在线分析的有利工具，是由其技术特点决定的，近红外光谱分析的主要技术特点如下所示。①分析速度快。由于光谱的测量过程一般可在 1min 内完成（多通道仪器可在 1s 之内完成），通过建立的校正模型可迅速测定出样品的组成或性质。②分析效率高。通过一次光谱的测量和已建立的相应的校正模型，可同时对样品的多个组成或性质进行测定。在工业分析中，可实现由单项目操作向车间化多指标同时分析的飞跃，这一点对多指标监控的生产过程分析非常重要，在不

增加分析人员的情况下可以保证分析频次和分析质量，从而保证生产装置的平稳运行。③分析成本低。近红外光谱在分析过程中不消耗样品，自身除消耗一点电能以外几乎无其他消耗，与常用的标准或参考方法相比，测试费用可大幅度降低。④测试重现性好。由于光谱测量的稳定性，测试结果很少受人为因素的影响，与标准或参考方法相比，红外光谱一般显示出更好的重现性。⑤样品测量一般无需预处理，光谱测量方便。由于近红外光较强的穿透能力和散射效应，根据样品物态和透光能力的强弱可选用透射或漫反射测谱方式。通过相应的测样器件可以直接测量液体、固体、半固体和胶状类等不同物态的样品。⑥便于实现在线分析。由于近红外光在光纤中良好的传输特性，通过光纤可以使仪器远离采样现场，将测量的光谱信号实时地传输给仪器，调用建立的校正模型计算后可直接显示出生产装置中样品的组成或性质结果。另外通过光纤也可测量恶劣环境中的样品。⑦典型的无损分析技术。光谱测量过程中不消耗样品，从外观到内在都不会对样品产生影响。鉴于这一特点，该技术在活体分析和医药临床领域正得到越来越多的应用。⑧现代近红外光谱分析也有其固有的弱点。一是测试灵敏度相对较低，这主要是因为近红外光谱作为分子振动的非谐振吸收跃迁几率较低，一般近红外倍频和合频的谱带强度是其基频吸收的 10 到 10000 分之一，就对组分的分析而言，其含量一般应大于 0.1%；二是一种间接分析技术，方法所依赖的模型必须事先用标准方法或参考方法对一定范围内的样品测定出组成或性质数据，因此，模型的建立需要一定的化学计量学知识、费用和时间，另外分析结果的准确性与模型建立的质量和模型的合理使用有很大的关系。

2. 近红外技术在烟草行业的应用

国外近红外光谱分析技术在烟草行业的应用较我国起步早，在 1992 年出版的《Handbook of Near-infrared Analysis》一书中专门讲述了利用近红外光谱分析法定量分析烟草化学成分。到 20 世纪 90 年代中后期，美国烟草公司开始使用近红外技术研究烟叶分级和配方，2000 年以后使用近红外在线分析技术研究制丝线生产配方的稳定性等质量控制。近红外光谱分析技术应用于我国烟草行业始于 1997 年，由上海烟草（集团）公司技术中心与中国农业大学共同承担的《近红外技术在烟草品质检测中的应用研究》，建立了烟草常规化学成分的近红外快速分析技术，涉及烟碱、水溶性总糖、还原糖、总氮、总钾、总氯等化学成分指标。随后行业布局《应用近红外检测技术快速测定烟叶主要化学成分（20项指标）研究》《应用烟气粒相物近红外光谱预测主流烟气七种有害成分释放量的技术研究》《卷烟叶组烟气有害成分释放量近红外预测技术研究》《基于在线检测和集成信息控制的智能配方打叶技术体系研究》《FT-NIR分析技术在烟草常规化学分析中的应用》《云南优质烤烟质量标准体系及快速检测技术研究》《上海烟草集团公司烟叶原料质量体系研究与应用》等近红外技术应用研究项目，涉及烟叶原料、打叶复烤过程化学成分以及烟气有害成分分析研究，可检测化学成分指标逐步增加，有力推动了近红外技术在行业的推广应用。

上海烟草集团针对近红外检测管理现状，提出“动态建模、网络共享、全程管控”的网络化管控体系，保证近红外检测数据质量。云南中烟构建了烟叶原料近红外光谱分析物联网系统，该系统以近红外分析平台为基础，通过网络系统搜集不同产地原料的光谱以及不同工厂的产品的光谱。然后，使用数据挖掘等分析技术对搜集到的光谱进行分析，得到不同产地原料的特点以及不同工厂对生产原料的不同要求。以此分析结果为基础，对原料的加工、存储点进行重新布置与调配，在减少大众化原料运输时间的同时，也保证了某些工厂对其所必需的特定原料的需求，从而大大降低了运输和存储原料的成本。该系统的建成对于工业化生产的统一管理与成本控制有十分重要的意义。山东烟草研究院以烟叶品质控制为切入点，充分利用PLS定量建模技术、多元统计分析技术、智能计算技术等数字化技术，实现网络化的“中心建模、多点应用”的系统技术架构研究，从网络体系搭建、常规成分建模、网络软件系统研发、质量数据库建设、质量数据分析评价以及标准规范研究等关键工作入手，研发形成支撑多检测终端的烟叶品质快速分析网络化平台。湖南中烟开发了专门用于烟气快速检测的近红外云服务系统。

2005年，贵州中烟陆续开展了《近红外技术在烟草品质检测中的应用研究》《优化在线近红外在复烤打叶生产过程中的应用》等科研项目。于2014年参与了国家重大科学仪器设备开发专项《便携傅里叶近红外光谱仪开发及应用—算法和数据分析研究》，组织实施了《贵州中烟化学成分近红外速测系统的云分析系统软件开发》项目，开发了基于互联网技术的烟草近红外速测系统，简称近红外云分析系统。该系统将公司内部以及相关合作单位的近红外仪器终端的数据和分析功能统一集中到服务器端，实现了近红外仪器设备的统一调度和管理，光谱数据的统一采集和分析，产品模型的统一开发和维

护，有效解决了样品信息、管理信息和分析结果的共享，既保证了分析数据的质量又提高了检测效率。2016 年以来，该系统逐渐在贵州中烟及相关的 13 家复烤企业投入运行，在烟叶常规化学成分分析中取得了良好的应用效果。此外，还建立了分析模型对滤棒中三醋酸甘油酯的施加量进行了监控。系统经过近三年的运行，集成了大量初烤烟叶、复烤片烟、卷烟产品等化学成分数据和近红外光谱信息。挖掘这些数据潜在的化学信息，为卷烟产品设计开发、配方维护及质量稳定提供强有力的数据支撑，实现公司的烟叶合理利用与配置。

3. 行业近红外技术应用存在的问题

近红外技术被广泛应用于烟草中总糖、还原糖、总氮、总植物碱、有机酸、氨基酸、淀粉、蛋白质、pH、烟草石油醚提取物、多酚等化学成分的分析中，但是行业的应用能力参差不齐，阻碍了近红外技术在烟草行业的深入应用和推广。具体表现在以下几方面：①近红外光谱采集方法的不规范，行业尚没有建立统一的近红外光谱采集标准，造成现有光谱数据信息不全面，光谱数据格式不统一，数据无法实现直接有效融合；②近红外预测数据质量不一，由于建模样品覆盖不全面、不具代表性，化学成分分析数据质量不一，建模数据处理方法各异，造成近红外模型适用性不强，预测结果之间不具有可比性；③数据分散，每个企业都建立近红外模型，所产生的数据分散于本企业，致使其“孤岛化”，再加上数据质量认可存在差异，不能实现行业共享。

为提高各烟叶生产企业、卷烟工业企业和科研机构近红外数据有效利用水平，行业有必要建立统一烟草近红外预测模型，通过制定近红外光谱数据采集规范、开发近红外光谱数据采集系统、构建近红外光谱数据库和化学成分数据库，形成行业共享的烟草近红外大数据平台，开发应用服务模块，向工商企业提供数据挖掘结果的多元化展示效果，实现数据共享，为烟叶生产和卷烟生产提供有力支撑。

三、 实时原位在线分析技术

质谱技术是现代众多分析测试技术中同时具备灵敏度高、特异性好、响应速度快的普适性方法。近年来，直接电离质谱技术在有机物快速检测和在线监测方面取得了较大进展。直接电离质谱通常采用软电离方式将有机物分子电离成离子或准分子离子，来完成有机物的直接分析，具有较快的分析速度。目前，直接电离质谱以原位、实时、在线、无损、高通量等为特征，已成为质谱发展的一个重要趋势。

化学界的权威专家、哈佛大学 George McClelland Whitesides 教授在化学领域顶级期刊《Angewandte Chemite International Edition》发表文章 Reinventing Chemistry，该文章讨论了化学未来的发展方向，并罗列了化学领域未来需要解决 24 个的问题（表 10-1）。其中，第 16 条为开创新的研究领域的分析化学技术。作为重要检测手段的分析化学技术目前依然处于非常活跃的研究发展状态，新技术的开发向微观可用于探知分子水平等，向宏观可用于管理大气水平的检测领域。总体而言，分析检测技术发展趋向高灵敏度、高选择性、高通量、自动化、智能化、微型化等，未来应开发出具有或者部分具有上述特征的实时的、原位的和无损的分析化学检测技术，应用于已有领域革新或者新领域开发。

表 10-1　　未来化学需要解决的 24 个重点问题

	问题的类别
1）	生命的分子基础是什么以及生命是如何起源的？
2）	脑思维如何进行？
3）	消散系统如何工作？如海洋系统、大气系统、代谢系统和燃烧系统等。
4）	水及其在生命和社会中的角色作用。
5）	合理的药物设计。
6）	细胞公共健康及全球监测信息。
7）	医疗健康及其成本降低，包括：生命终点或健康生活。
8）	微生物群、营养及其他影响健康的隐藏变量。
9）	气候的不稳定性，例如二氧化碳、阳光及水活性。
10）	能源的产生、使用、储存和保护。
11）	催化研究特别是多相催化及生物催化。
12）	真实大型系统的计算机模拟与仿真。

续表

问题的类别
13）　新材料。
14）　有关行星的化学，例如我们是相对独立的，或者生命无处不在？
15）　人类的增加。
16）　开创科学新领域相关的分析技术。
17）　国家安全及冲突。
18）　社会资源的分配技术：节约技术。
19）　人工智能机器人。
20）　死亡。
21）　全球人口控制。
22）　人类思维与计算机思维的结合。
23）　就业，全球化，国际竞争，大数据。
24）　可能相关的其他领域。

大多数化学检测器需要在一定的条件下、封闭的空间中进行检测，如质谱扫描技术需要在密闭高真空条件下进行，无法进行原位实时分析。近几年，以“常压敞开式电离质谱”为代表的原位电离质谱（统称 AIMS）技术发展迅猛，挑战了传统的分析检测流程，极大地影响着下一代分析检测技术的开发和利用。

根据文献报道，目前已经有几十种常压敞开式离子化方法。其中解吸电喷雾电离（desorption electrospray ionization，DESI）是第一种被报道的常压下敞开式离子化技术，也是目前常压敞开式离子化质谱研究最多的方法之一。如图 10-1 所示，在雾化器的带动下在与样品表面的分子接触过程中，将部分被分析物分子溶解，并且形成次级带电液滴束；次级带电液滴束以合适的角度喷入质谱入口，进而进行检测和分析。

常压敞开式离子化技术主要具有以下几个方面的特点：①离子化过程在常压或者开放环境中进行；②无需或者只需简单地样品前处理；③可以和绝大多数商品化的质谱仪结合；④电离方式软，产生的碎片较少。因此，该技

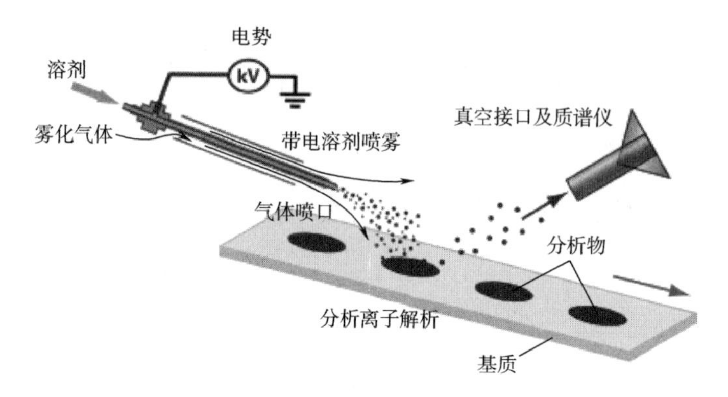

图 10-1 DESI 原理示意图

术被誉为“将质谱带入现实世界”的技术手段，未来有望在以下领域大大地扩展质谱的应用范围：①用于现场实时分析的小型化便携质谱；②有害物质、违禁物质的快速筛查；③实际样品的质谱成像等。例如，有研究者将敞开式离子化技术应用于皮肤和其他表面上枪击残留物的原位快速检测（图 10-2），结果表明这种测试方法可以快速有效地区分开枪者和未开枪者。

图 10-2 DESI-MSMS 应用于手枪残留

目前，虽然敞开式质谱技术在定量分析方面存在巨大的挑战，然而利用敞开式质谱进行各类分析鉴定的工作被不断报道，展现了该技术的巨大应用潜力，未来可能需要科学家在追求实时检测的同时降低来自环境基体的干扰。

在未来几十年中，一旦制约原位检测器的难题得到解决，例如，化学计量学和新颖数学方法发展用以进一步解决原位光谱技术在线分析的问题，原

位检测器的技术将直接使得相关实验室具备实时检测能力，解决目前质量检测领域中的难题，如尿液中药代产物的实时检测，吸烟者口腔生物标志物的原位检测等。

可能用于卷烟烟气中化合物在线分析的直接电离质谱技术主要包括：质子转移反应质谱（PTR-MS）、离子分子反应质谱（IMR-MS）、单光子电离质谱（SPI-MS）、大气压化学电离质谱（APCI-MS）、实时直接分析离子源质谱（DART-MS）等。

1. 质子转移反应质谱

质子转移反应质谱（PTR）是1种采用化学电离方式的软电离质谱技术，主要由离子源、离子-分子反应流动管和离子检测系统等3个部分组成，如图10-3所示。

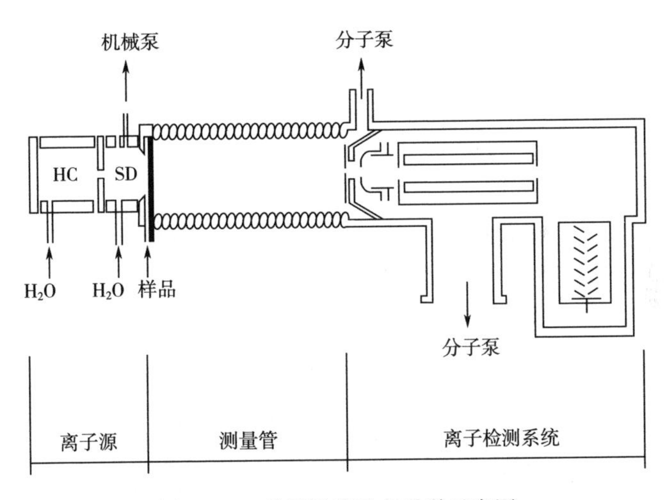

图10-3 质子转移反应质谱示意图

该技术可以在秒量级的时间内获得ppt量级的探测灵敏度，非常适合于对挥发性有机化合物（VOCs）的在线检测。其原理是先将水蒸气在离子源的空心阴极放电区（HC）中进行放电，产生的母体离子 H_3O^+ 经过短流动管区（SD）后能得到高浓度的 H_3O^+，这些 H_3O^+ 通过离子源区与反应区之间的小孔进入到反应区，然后在离子-分子反应流动管中 H_3O^+ 与待测的VOCs分子反应，将VOCs分子转换成唯一的（VOCs）H^+ 离子，产生的离子最后进入流动管末端的质谱进行检测。由于除了 CH_4 和 C_2H_4 等少数有机物以及 N_2、O_2、

CO、CO_2和 Ar 等无机成分外，大多数的 VOCs 分子的质子亲和势都大于水，因此，质子转移反应质谱基本上可以检测绝大多数挥发性有机化合物。另外，由于质子转移反应质谱对待测物质进行定量如式（10-4）所示：

$$[VOC]=\frac{i[VOCH^+]}{i[H_3O^+]\ kt} \tag{10-4}$$

式中：[VOC] ——待测物质的浓度；

i [(VOC) H^+] 和 i [H_3O^+] ——检测系统得到的（VOC）H^+和 H_3O^+的离子强度；

k——VOC 和 H_3O^+的反应速率常数；

t——通过离子-分子反应流动管的时间。

所有的这些量均可以测得。

因此，质子转移反应质谱可以实现对待测物进行绝对量测量而不需要定标，这是质子转移反应质谱的一个优势。但是，质子转移反应质谱主要依靠分子质量进行定性，不能分辨具有相同分子质量的同分异构体，在谱图分析过程中需要对待测物质有充分了解才能进行准确定性。质子转移反应电离技术是以 H_3O^+为反应试剂离子，与待测物分子发生质子转移反应，形成准分子离子，测试结果容易受到样品湿度的影响，高湿度的气体样品会生成含水团簇的离子干扰质谱的分析。

该技术在环境、医药卫生、食品、造纸以及汽车尾气等在线检测方面已有了广泛的应用。目前，在烟气在线分析方面质子转移反应质谱的应用并不多见，已有的报道主要集中在环境烟气的检测方面。

2. 离子分子反应质谱

采用离子分子反应技术，利用低离子能的 Hg^+、Xe^+、Kr^+等把待分析化合物分子离子化后经过四极杆质量分析器后得到分子计数，由软件系统来采集并处理、保存、传输数据，进行实时监控。不需要样品预处理，直接采样即时分析；对极性、非极性化合物等均可分析。

离子-分子反应质谱（IMR-MS）主要由离子源、八极杆、四极杆和检测器等 4 个部分组成，如图 10-4 所示。它与质子转移反应质谱的原理基本相同，都是依靠化学电离方式产生离子，所不同的是离子-分子质谱首先电离的不是 H_2O 分子，而是 Kr 、Xe 和 Hg 等惰性气体。其原理是首先在离子源的预电离区采用电子轰击法（25eV）将源气体（Kr、Xe 和 Hg）离子化，然后利

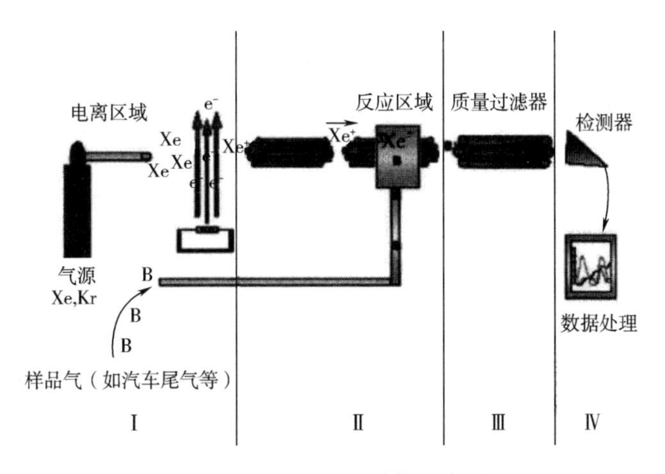

图 10-4 IMR-MS 结构示意图

用所得较低能量（10～14eV）的源离子（Kr^+、Xe^+和 Hg^+）将被测气体分子（B_1，B_2，B_3… B_n）完全电离成分子离子而不导致破碎。如下所示：

$$B_1 + Hg^+ \ (10.44eV) \longrightarrow B_1^+ + Hg$$

$$B_2 + Xe^+ \ (12.13eV) \longrightarrow B_2^+ + Xe$$

$$B_3 + Kr^+ \ (14.00eV) \longrightarrow B_3^+ + K$$

再通过采用整体式八极杆离子导入装置聚焦源离子和去除干扰物，经过四极杆选择不同质量数的离子，最后由检测器进行进一步的定性和定量分析。离子-分子反应质谱能检测电离能小于 14eV 和分子质量在 500 范围内的分子，可以通过分子质量和预先给定的电离能对待测目标物进行准确定性，而且还可以通过测定单标或混标的方法对待测物进行定量。

具体为首先采用电子轰击法（25eV）将源气体（Hg，Xe 和 Kr）离子化，产生较低能量的源离子（Hg^+ 10.44eV，Xe^+ 12.13eV 和 Kr^+ 14.00eV），进入第一个八级杆分离器聚焦，经过 90 度的转弯至第二个八级杆离子交换室内和样品分子反应。此后新生成的样品离子从第二个八级杆中被提取经聚焦后进入四级杆质量过滤器中。被四级杆分离后的样品离子被引出四级杆装置，进入电子倍增检测器。

IMR-MS 是化学电离，是一种软电离技术，软电离使用一种能量较低的反应离子和样品分子进行反应形成分子离子，保持了分子的整体特性。IMR-MS 配备三种不同电离能的源气体，对分子质量相同，但结构不同的分子，可以根据其电离能的差异（每个分子都有一个独特的电离能），采用不同的源气

体进行鉴别。

在卷烟烟气的检测报道中，奥地利瓦藤斯公司生产离子-分子反应质谱（IMR-MS）是在线过程快速多组分分析质谱。由于它无需对样品进行前处理，每个化合物的检测时间只需 1ms，完全可实现卷烟烟气的在线逐口分析。Zemann 等采用该技术在线检测单口卷烟烟气的化学成分，获得了烟气中 20 多种产物的分析结果。

奥地利瓦藤斯公司将离子-分子反应质谱仪和单通道吸烟机连接，在剑桥滤片前取部分烟气，用氮气稀释后分析了卷烟烟气 Hoffman 清单中的部分物质。他们对整个部件进行加热，防止吸附和堵塞，见图 10-5。还采用顶空进样的方式对烟草和烟气中的香味物质进行分析。

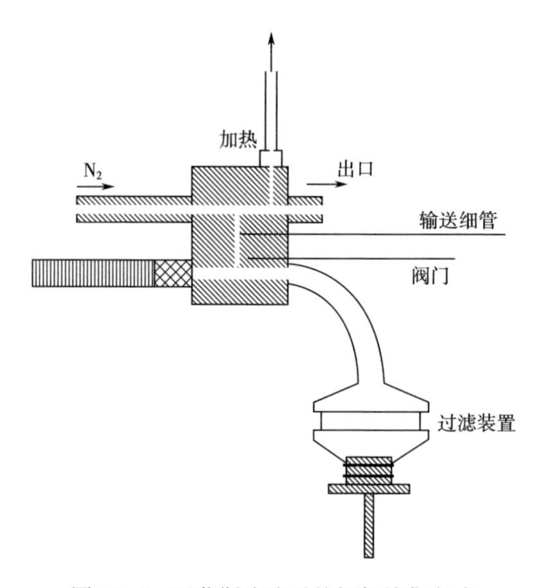

图 10-5　瓦藤斯改造后的烟气捕集方式

上海烟草集团通过完善烟气采集模式实现了 20 通道转盘式吸烟机与 IMR-MS 联用的接口构建和优化，建立了卷烟烟气气相主要物质的 IMR-MS 质谱数据库。

3. 单光子电离-飞行时间质谱

飞行时间质谱（Time of-Flight Mass Spectrometry，TOF-MS）是利用动能相同，质荷比不同的离子在恒定电场中运动，经过恒定距离所需时间不同的原理对物质成分和结构进行测定的一种质谱分析方法。TOF-MS 具有质量范

围宽、分辨率高、灵敏度好、分析速度快等优点，再配合可反射真空紫外光电离源、电喷雾离子源基体辅助激光解析离子源、大气压化学电离源等离子源，已广泛应用于基因、蛋白质、生物化学、医药学以及病毒学等领域。TOF-MS 作为一种当今最有发展前景的质谱仪，广泛应用于烟草化学成分分析，将有利于烟草行业对降焦减害、卷烟配方设计、卷烟设计及增香保润的研究。

单光子电离-飞行时间质谱（SPI-TOF-MS）通常使用真空紫外灯、激光或者同步辐射光作为电离光源，能够以软电离的方式对有机化合物进行电离，几乎只产生待测物的母体离子，而不产生碎片，所以，该技术非常适合于复杂混合物的研究。该技术具有响应速度快（一般在 0.1s 以内）、选择性高（光谱与质谱双重选择）、灵敏度高和适合多组分检测等优点，是一种非常优秀的、普适的和快速的探测手段。但是由于激光的调谐范围较窄，在真空紫外波段不能连续可调，因而不能通过光电离效率谱（PIE）的测量来区别同分异构体；另外，激光所产生的最高光子能量是 10.5eV，因此也无法探测电离能较高的分子。近年来，Mitschke 等采用以激光作光源的单光子电离、共振增强多光子电离-飞行时间质谱技术成功在线分析了单口卷烟烟气化学成分，对卷烟烟气中的小分子量化合物进行了鉴定；通过分析单口烟气对参比卷烟、白肋烟、烤烟、香料烟以及马里兰烟进行分析比较。如图 10-6 所示。

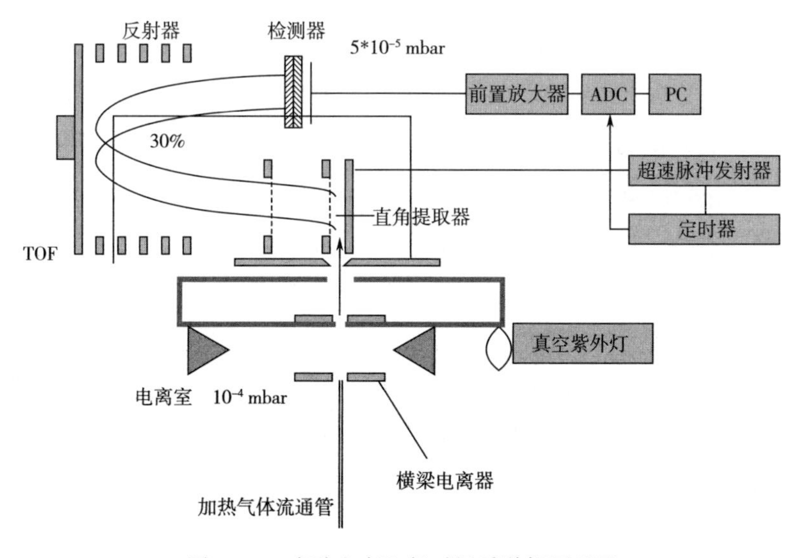

图 10-6 光致电离飞行时间质谱仪原理图

近年来，建立和发展起来的同步辐射真空紫外单光子电离结合分子束质谱技术非常适合于探测燃烧产物，包括各种中间体，有望为烟气的实时分析带来新的突破。同步辐射是20世纪50年代以后兴起的先进光源，它是速度接近光速的带电粒子在做曲线运动时沿轨道切线方向发出的电磁辐射，具有高亮度、高准直和波长连续可调等特性。由于同步辐射在真空紫外波段的电离是单光子过程，因此它能够对有机化合物有效地进行软电离，而不产生碎片；而分子束质谱技术能够实现超声分子束原位取样，取样后分子无任何碰撞，可以有效地冷却分子和自由基。

在定性分析方面，同步辐射真空紫外单光子电离-分子束质谱技术除了能根据待测物质的分子质量进行初步定性外，还可以根据化合物的电离能准确进行定性分析。由于同步辐射具有波长连续可调的特点，可以通过扫描光子的能量测量某一选定质量的离子信号强度，随光子能量的变化获得光电离效率谱（PIE）曲线，同时运用线性外推法可以准确得到该物质的电离能，据此可以确定质谱峰对应的物种，并对同分异构体进行区分。

在定量分析方面，同步辐射真空紫外单光子电离-分子束质谱技术可以根据测量和计算的光电离截面，得到各种产物的绝对浓度。目前，国内只有中国科技大学国家同步辐射实验室燃烧与火焰实验站开展了将单光子电离-分子束质谱技术应用于燃烧火焰和热解产物实时分析的相关工作，并获得了一些重要的成果。另外，由于同步辐射真空紫外单光子电离-分子束质谱技术克服了上述质谱的许多不足，该技术在卷烟烟气分析、汽车发动机尾气分析、石油替代能源和汽油添加剂的燃烧性能评估等研究领域也具有广阔的应用前景。

4. 大气压化学电离质谱

大气压化学电离质谱（APCI）通过电晕放电使反应气电离，反应气离子与待测物分子发生离子分析反应，使待测物分子离子化。大气压化学电离质谱的电离效率高，适合于小分子质量、低极性有机化合物，但是离子-分子反应过程中产生的离子种类较多，不利于复杂样品质谱图的解析。大气压化学电离质谱（APCI-MS）作为近年来发展起来的软电离质谱技术，具有操作简便，检测限低、定量分析结果准确度高、重复性好等优点，已被应用于直接分析环境空气中的有机污染物，在环境烟气标志物及有机化合物的快速分析方面的尝试也已见报道。

APCI的离子化作用机制有以下三种机理：经典APCI（classical APCI）、

离子蒸发（ion evaporation）和摩擦电 APCI（triboelectric APCI）。当流动相和待分析物进入喷口时，被喷雾气撕裂成小雾滴，在此过程中会导致气液界面上因摩擦而满电，并使分析物离子化，这种满电不取决于放电针产生的电子，即使在放电电压较低或无放电电压时也可能使样品离子化。

（1）经典 APCI 机理　首先，高压放电针通过尖端放电释放出大量的电子，这些电子不断轰击空气中的氧气、氮气、水蒸气以及溶剂分子（甲醇等）使其生成相应的带正电的离子，然后这些初级离子与被测样品分子发生分子-离子交换（质子交换和电子交换），最终使样品分子带电。该过程可用如下通式表述：

质子交换：$RH^{+}+T \rightarrow TH^{+}+R$ 或 $R^{-}+TH \rightarrow T^{-}+RH$

电子交换：$R^{+}+T \rightarrow T^{+}+R$ 或 $R^{-}+T \rightarrow T^{-}+R$

其中，质子交换以水合质子或质子化的水簇状物按照如下通式进行：

$$H_3O^{+}(H_2O)_n+T \rightarrow TH^{+}(H_2O)_m+(n-m-1)H_2O$$

在进入质量分析器之前，质子交换过程产生的 $TH^{+}(H_2O)_m$、中的水须在辅助器或高真空作用下脱去生成 TH^{+}。但是甲醇等一些性质稳定的化合物通常在质谱中以如下形式存在：

CH_3OH_2+（m/z 33），$CH_3OH_2^{+}\cdot H_2O$（m/z 51），$CH_3OH_2^{+}\cdot(CH_3OH)_n$（$m/z$ 65，97，…）。

经典 APCI 离子化方式适用于分析检测中等以及小极性的化合物。

（2）离子蒸发机理　离子蒸发机理不仅适用于 ESI 过程，而且适用于 APCI 过程。这种机理类似 ESI 的离子化机制，非常适合分析检测一些可在溶剂中预先电离生成相应离子化合物的强极性分子。

大气压化学电离（APCI）接口的结构如图 10-7 所示。

APCI 接口相比 ESI 接口，区别如下：

①增加了一根能够发射自由电子的电晕放电针，对共地点的电压设置为 ±(1200~2000)V，该放电针对离子化过程的启动起着至关重要的作用；

②采用直接加热喷雾气体的方式，拓宽了干燥气体的可加热范围；

③流动相的组成对喷雾气体的加热和 APCI 的离子化过程影响较小，因此在 APCI 接口的 LC-MS 中可以使用水相比例较高的流动相。

APCI 接口的工作原理为：电晕放电针释放的电子首先轰击空气中的氧气、氮气以及水蒸气并生成相应的带正电的初级离子，然后初级离子与样品

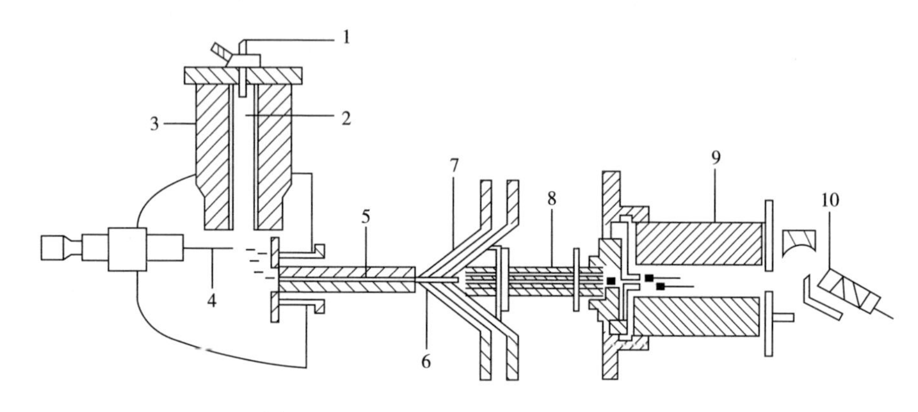

图 10-7　HPLC-MSD-APCI 接口示意图

1—液相入口　2—雾化喷口　3—APCI 蒸发器　4—电晕放电针　5—毛细管
6—CID 区　7—锥形分离器　8—八极杆　9—四极杆　10—HED 检测器

分子发生分子-离子交换使样品分子离子化。

5. 实时直接分析离子源

常温常压质谱（ambient mass spectrometry）是 2004 年 Cooks 等提出的可实现无需样品预处理的快速质谱分析技术。所谓常温常压质谱是指在实验室开放环境中以及维持被分析物本身性质的条件下，直接完成对样品的离子化以及进样的方法。常温常压离子化方法的典型特征是无需或只需要简单的样品制备过程就可以完成对样品的分析，因此它提供了更为简单的工作流程，大大提高了质谱仪器的易用性。真空是产生和维持离子传输的条件，然而它却不是使化合物离子化的必要条件。事实上，在大气压条件下同样可以产生离子，如常温常压直接离子化技术。它开启了由传统封闭式到敞开式新型离子源质谱在快速质谱分析领域的研究热潮。

实时直接分析离子源（DART）为新型原位电离新技术，是继 LC-MS 电喷雾离子化（ESI）及大气压化学电离（APCI）成功解决生物和有机分子分析后，有一具有革命性的当代质谱离子化技术，能够满足实验室对样品高通量分析的需求和对现场、无损、快速、低碳、原位、直接分析的需求。相比于现行通用的 GC-MS、LC-MS 技术，DART-MS 联用技术更为广谱，将不排斥但不必要采用耗时的色谱分离和繁杂的样品前处理技术。

DART 横截面示意图见于图 10-8。采用 DART 电离待测物时，电离过程可分为两步：气体等离子体的制备和待测物的电离。

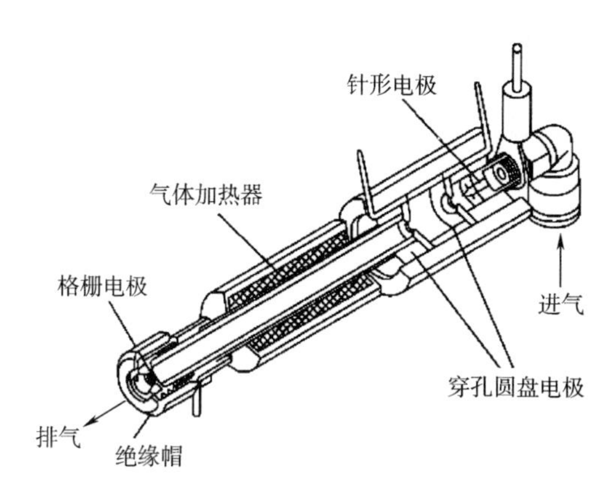

图 10-8　DART 离子源横截面示意图

首先，气体（He 、Ar 或 N_2）进入放电室，与放电室中的放电针（电压 1~5kV）接触后，形成辉光放电，产生气体氦原子（He^*，19.8eV)、氩原子（Ar^*，11.5eV）或激发态的氮气分子（N_2^*，8.5~11.5eV，有些更高能态可能大于 15eV)，在腔室内形成离子、电子和激发态气体分子，随后流动到可进行加热的第 2 个室中，然后经格栅电极过滤，最后从离子源中喷出。

从 DART 离子源喷出的等离子体进一步与环境中的介质作用或直接与待测物作用，将待测物进行解吸附离子化。其中，在正离子模式下，最可能发生的反应包括彭宁离子化、质子转移和电荷转移。对于大多数有机物来说，离子化能大约为 10eV，而激发态的氦原子内能为 19.8eV，能够使有机物分子电离而又不产生过多的碎片离子。环境中少量的水分导致了离子化过程中的另外一个重要反应——质子转移。激发态氦原子可将水分子高效电离（电离能 IE = 12.6eV)，生成的水分子阳离子进一步与其他水分子作用，从而产生 $[(H_2O)_n H]^+$水分子簇阳离子。当待测物分子（M）的质子亲和能大于水分子的质子亲和能时，便会发生质子转移，形成 MH^+。分子离子峰的一种可能生成途径是电荷交换。激发态的工作气体使空气中的氧分子（电离能 IE = 12.07eV）电离，产生氧正离子自由基，它进一步夺取待测物分子中的电子，形成待测物阳离子。

在 DART 的负离子模式中，激发态的氦原子与 N_2发生彭宁离子化反应，产生热电子。空气中的氧气捕获热电子形成氧气负离子，其进一步与待测物作用，形成待测物与氧气的加合负离子或者该加合负离子解离形成待测物负离子。根据待测物的性质，待测物分子也可直接与热电子作用，形成待测物负离子。

经历了约 10 年的发展，DART-MS 已广泛地应用于环境监测、食品药品安全、生物医学检验、公共安全管理等领域，在快速、直接分析方面展现出了巨大的优势，是一种高效的分析方法。随着 DART-MS 的进一步发展，它将在更多的领域发挥更加重要的作用。尽管 DART-MS 比传统的 LC-MS 等具有更多的优势，但该方法在某些方面仍需要进一步提高，比如如何实现待测物的简单、快速、准确定量，特别是如何实现组织样品内部化学组分快速、直接的定量分析，是 DART-MS 研究的一个重要方面。

四、 展望

虽然国外已在卷烟烟气的实时分析方面做了不少的研究工作，但是由于卷烟烟气是不断变化的复杂的化学混合物，该研究对烟草化学工作者提出了挑战。目前，国内相关的研究还十分鲜见。另一方面，该类研究对于科学地剖析和评价卷烟烟气质量、风格特征和有害成分具有重要的现实意义。因此可以预见，烟草和烟气体系的复杂性及烟草化学的发展决定了未来的分析检测技术必然趋向实时、原位、无损和快速，并具备高灵敏度、高选择性、高通量、自动化、智能化、微型化等特点。未来分析检测技术的发展将与仪器设备制造、生物技术应用、计算机与信息技术、材料科学等领域的新成果紧密联系，从而形成新的突破。

原位检测器技术：是以“常压敞开式电离质谱”为代表的原位电离质谱（统称 AIMS）技术。该技术发展迅猛，挑战了传统的分析检测流程，极大地影响着下一代分析检测技术的开发和利用。该技术可以在常压或者开放环境中以软电离方式实现离子化，样品前处理简单，适用于绝大多数质谱仪。所以可以小型化，用于现场实时分析，实现快速筛查等。

快速检测技术：是一种基于免疫分析的快速检测技术。它利用了抗原抗体的特异性识别，具有高选择性、高灵敏度和不受基质影响的特点，目前已形成一系列商品化产品，其稳定性和准确性也逐步得到认可。未来基于抗原-抗体识别的蛋白质芯片技术将和微流控技术、SPR 技术相结合，将大幅提高检测通量，提升检测效率，在烟草的农残快速检测、植物病虫害检测与防治、

烟气毒理学大规模测试和分析等领域具有广阔的应用前景。

3D 生物打印技术：是以活细胞悬液为生物墨水进行精准自动化三维打印的一种生物技术，它可以构建各类复杂的三维细胞模型和类组织模型。例如，基于 3D 活细胞打印和高内涵细胞成像技术的多维度毒理学分析平台具有高效、低成本、高重复性等优势，以及多分析维度和模拟体内微环境等特征。已有众多科研人员利用 3D 生物打印技术构建具有生物活性的三维组织结构。烟草行业目前的烟气毒性评价还停留在细胞水平，3D 生物打印技术和器官芯片技术的发展可大大促进烟气毒性评价的研究，使毒性评价的结果更接近于人体的实际暴露结果。

活体成像技术：是应用影像学方法，对活体状态下的生物过程进行组织、细胞和分子水平的定性和定量研究的技术。活体成像技术可分为光学、核素、核磁共振、计算机断层摄影、超声、近红外等多种方式。随着分子生物学及相关技术的发展，各种成像技术应用更广泛，成像系统要求能绝对定量、分辨率高、标准化、数字化、综合性、在系统中对分子活动敏感并与其他分子检测方式互相补偿及整合，将在生命科学、医药研究中发挥越来越重要的作用。在烟草行业，可以利用活体成像技术从组织、细胞和分子水平上开展吸烟与健康相关研究，拓展了研究范围和研究手段，特别是在吸烟致瘾性研究方面将具有较好的应用前景。

深度学习检测技术：是一种在深度学习是机器学习领域中对声音、图像等进行建模的一种方法，也是一种基于统计的概率模型。深度学习技术目前主要应用于计算机视觉、语音识别和自然语言处理三个领域。它的主要应用领域，如机器视觉、指纹识别、语言和图像理解等，可以跟烟草检测技术结合开发出新型的检测技术。未来可能在真伪卷烟鉴别、卷烟包装外观缺陷检测、烟用材料外观缺陷检测、烟叶分级、产区特征识别等领域得到应用。

样品前处理技术：近几十年不同结构和类型的新型材料不断被合成。新材料在催化、吸附、分离和离子交换等领域得到了广泛的应用，在样品前处理领域表现出巨大的潜力。这些应用既可以通过不同基团或有机分子对材料进行修饰，在突出材料本身优势的基础上改善表面性质，提高对分析物质的选择性萃取能力，进一步拓展其应用，如多步可控涂布技术结合分子印迹聚合物应用于复杂样品中的残留分析；也可以借助全新材料的开发实现新功能，如可溶解笼状化合物永久空隙流体可以应用于气体混合物的快速分离。随着对原有材料的改性以及新型材料的开发，未来将会有更多性质独特的介质应用于样品前处理领域，为卷烟烟气等复杂样品的实时检测技术的发展带来更多的机遇。

参考文献

[1] 国家烟草专卖局. 中国卷烟科技发展纲要 [EB/OL]. (2003211219) [2009203207]. http://www.tobaccoinfo.com.cn/search-inner.asp.

[2] Johnson W R, Plimmer J R. The chemical constituents of tobacco and tobacco smoke [J]. Chem Rev, 1959, 59 (5): 885-936.

[3] Norman V. An overview of the vapor phase, semivolatile and nonvolatile components of cigarette smoke [J]. Rec Adv Tob Sci, 1977, 3: 28-58.

[4] Dube M. F, Green C R. Methods of collection of smoke for analytical purposes [J]. Rec Adv Tob Sci, 1982, 8: 42-102.

[5] Dong J Z, Glass J N, Moldoveanu S C, et al. A Simple GC-MS technique for the analysis of vapor phase mainstream cigarette smoke [J]. J Microcolumn Separations, 2000, 12 (3): 142-152.

[6] Lu X, Cai J, Kong H, et al. Analysis of cigarette smoke condensates by comprehensive two-dimensional gas chromatography/time-of-flight mass spectrometry I acidic fraction [J]. Anal Chem, 2003, 75 (17): 4441-4451.

[7] McRae D D. The physical and chemical nature of tobacco smoke [J]. Rec Adv Tob Sci, 1990, 16: 233-323.

[8] Cueto R, Pryor W. Cigarette smoke chemistry: conversion of nitric oxide to nitrogen dioxide and reactions of nitrogen oxides with other smoke components as studied by Fourier transform infrared spectroscopy [J]. Vibr Spectr, 1994, 7 (1): 97-111.

[9] Ceschini P, Lafaye A. Evolution of the Gas2Vapour Phase and the Total Particulate Matter of Cigarette Smoke in a Single Puff [J]. Beitr Tabakforsch Int, 1976, 8 (6): 378-381.

[10] Baker R R, Proctor C J. A smoke odyssey [C]. Xi'an: CORESTA Smoke2Techno Meeting Information, China, 2001.

[11] Philippe R J, Hobbs, M E. Some Components of Gas Phase of Cigarette Smoke [J]. Anal Chem, 1956, 28 (12): 2002-2006.

[12] Philippe R J, Hackney E. The presence of nitrous oxide and methyl nitrite in cigarette smoke and tobacco pyrolysis gases [J]. Tob Sci, 1959, 3: 139-143.

[13] Sloan C H, Sublett B J. Determination of methyl nitrite in cigarette smoke [J]. Tob Sci,

1967, 11: 21-24.

[14] Vilcina G, Lephardt J O. Ageing processes of cigarettes smoke: formation of methyl nitrite [J]. Chem Ind, 1975, 15: 974-975.

[15] Vilcins G. Determination of ethylene and isoprene in the gas phase of cigarette smoke by infra 2 red spectroscopy [J]. Beitr Tabakforsch Int, 1975, 8 (4): 181-185.

[16] Pryor W A, Prier D G, Church D F. Electron 2 spin resonance study of mainstream and sidestream cigarette smoke: nature of the free radicals in gas 2 phase smoke and in cigarette tar [J] Environ Health Perspect, 1983, 47: 345-355.

[17] Church D F, Pryor W A. Free 2 radical chemistry of cigarette smoke and its toxicological implications [J]. Environ Health Perspect, 1985, 64: 111-126.

[18] Parrish M E, Lyons-Hart J L, Shafer K H. Puff-by-puff and intrapuff analysis of cigarette smoke using infrared spectroscopy [J]. Vib Spectrosc, 2001, 27 (1): 29-42.

[19] Bacsik Z, McGregor J, Mink J. FTIR analysis of gaseous compounds in the mainstream smoke of regular and light cigarettes [J]. Food Chem Toxicol, 2007, 45 (2): 266-271.

[20] Parrish M E, Harward C N, Vilcins G. Simultaneous monitoring of filter fentilation and a gaseous component in whole cigarette smoke using tunable diode laser infra 2 red spectroscopy [J]. Beitr Tabakforsch Int, 1986, 13 (4): 169-181.

[21] Parrish M E, Harward C N. Measurement of formaldehyde in a single puff of cigarette smoke using tunable diode laser infrared system [J]. App Spectrosc, 2000, 54 (11): 1665-1677.

[22] Shi Q, Nelson D D, McManus J B, et al. Quantum cascade infrared laser spectroscopy for real-time cigarette smoke analysis [J]. Anal Chem, 2003, 75 (19): 5180-5190.

[23] Plunkett S, Par ish M E, Shafer K H. Time-resolved analysis of cigarette combustion gases using a dual infrared tunable diode laser system [J]. Vib Spectros, 2007, 27 (1): 53-63.

[24] Baren R E, Parrish M E, Shafer K H, et al. Quad quantum cascade laser spectrometer with dual gas cells for the simultaneous analysis of mainstream and sidestream cigarette smoke [J]. Spectrochimica acta Part A, 2004, 60 (14): 3437-3447.

[25] 李建权，沈成银，王鸿梅，等. 质子转移反应质谱的建立与性能研究 [J]. 分析化学，2008，36 (1)：132-136.

[26] 金顺平，李建权，韩海燕，等. 质子转移反应质谱在线检测痕量挥发性有机物 [J]. 化学进展，2007，19 (6)：996-1006.

[27] Karl T, Guenther A. Atmospheric variability of biogenic VOCs in the surface layer measured by proton-transfer-reaction mass spectrometry [J]. Int J Mass spectrom, 2004, 239 (2/3): 77-86.

[28] Jobson B T, Alexander M L, et al. Maupin G. D. On-line analysis of organic compounds in diesel exhaust using a proton transfer reaction mass spectrometer (PTR2MS) [J]. Int J Mass spectrom, 2005, 245 (1/2/3): 78-89.

[29] Jordan A, Hansel A, Holzinger R. Acetonitrile and benzene in the breath of smokers and non 2 smokers investigated by proton transfer reaction mass spectrometry (PTR-MS) [J]. Int J Mass spectrum Ion Processes, 1995, 148 (1/2): L1-L3.

[30] Zemann A, Mair C, Rohregger I. On-line puff-per-Puff smoke monitoring and aroma gas phase analysis of cigarette Paper and tobacco [C]. CORESTA Science and technology Meeting, England, 2005.

[31] Mitschke S, Adam T, Streibel T, et al. Application of time-of-flight mass spectrometry with laser 2 based photoionization methods for time-resolved on-line analysis of mainstream cigarette smoke [J]. Anal Chem, 2005, 77 (8): 2288-2296.

[32] Adam T, Mitschke S, Streibel T, et al. Puff-by-puff resolved characterisation of cigarette mainstream smoke by single photon ionisation (SPI) -time-of-flight mass spectrometry (TOFMS): Comparison of the 2R4F research cigarette and pure Burley, Virginia, Oriental and Maryland tobacco cigarettes [J]. Anal Chim Acta, 2006, 572 (2): 219-229.

[33] 齐飞. 燃烧：一个不息的话题——同步辐射单光子电离技术在燃烧研究中的应用 [J]. 物理, 2006, 35 (1): 1-6.

[34] Taatjes C A, Hansen N, McIlroy A, et al. Enols are common intermediates in hydrocarbon oxidation [J]. Science, 2005, 308 (5730): 1887-1889.

[35] Tianfang Wang, Shufen Li, Bin Yang, et al. Thermal Decomposition of Glycidyl Azide Polymer Studied by Synchrotron Photoionization Mass Spectrometry [J]. J Phys Chem B, 2007, 111 (10): 2449-2455.

[36] 杨锐, 王晶, 黄超群, 等. 同步辐射单光子电离在燃烧研究中的应用 [J]. 科学通报, 2005, 50 (15): 1570-1574.

[37] Ralf Koppmann. Volatile Organic Compounds in the Atmosphere. Germany: Blackwell Publishing Ltd, 2007.

[38] Luke Hanley, Ralf Zimmermann. Anal Chem, 2009, 81: 4174.

[39] Adam T, Ferge T, Mitschke S, et al. Anal Bioanal Chem, 2005, 381: 487.

[40] Marie-Eve Héroux, Nina Clark, Keith Van Ryswyk, et al. J Environ Res Public Health, 2010, 7: 3080.

[41] David M, Chambers, Jessica M, et al. Environ Int, 2011, 37: 1321; Gordon S M, Brinkman M C, Meng R Q, et al. Chem Res Toxicol, 2011, 24, 1744.

[42] Norman, V.: An overview of the vapor phase, semvolatile and nonvolatile components of cig-

arette smoke; Rec. Adv. Tob. Sci. 3 (1977) 28-58.

[43] Michael F. Dube: Methods of collection of smoke for analytical purposes; Rec. Adv. Tob. Sci. 8 (1982) 42-102.

[44] Health Canada-Official Method T-116. Determination of 1,3-Butadiene, Isoprene, Acrylonitrile, Benzene and Toluene in Mainstream Tobacco Smoke.

[45] 陈再根，王芳，刘惠民. GB/T 23356—2009《卷烟烟气气相中一氧化碳的测定非散射红外法》.

[46] 朱立军. 化学发光法测定卷烟主流烟气中的氮氧化物《烟草科技》，2005（1）：33-37.

[47] 沈铁.《利用 DOAS 技术实时监测主流烟气中部分 Hoffmann 成分的研究》报告，2008.

[48] Shorter JH: Measurement of nitrogen dioxide in cigarette smoke using quantum cascade tunable infrared laser differential absorption spectroscopy (TILDAS); Spectro chim Acta A Mol Biomol Spectrosc. 2006 Apr; 63 (5): 994-1001.

[49] Thomas Adam: Investigation of Tobacco Pyrolysis Gases and Puff-by-puffResolved Cigarette Smoke by Single Photon Ionisation (SPI) -Time-of-flight Mass Spectrometry (TOFMS). Beiträge zur Tabakforschung International/Contributions to Tobacco Research 2009, 23 (4): 204-226.

[50] Mitschke S, Adam T, Streibel T, et al. Application oftime-of-flight mass spectrometry with laser-based photoionization methods for time-resolvedon-line analysis of mainstream cigarette smoke. Anal Chem, 2005, 77 (8) : 2288-2296.

[51] 赵冰，沈学静. 飞行时间质谱分析技术的发展［J］. 现代科学仪器，2006（4）：30-33.

[52] ROSARIO PEREIRO, AURISTELA SOLA—VAZQUEZ, I. ARA LOBO, et a1. Present and future of slow discharge time of flight maas spectrometry in an-Mystical chemistry [J]. Spectrochimic Acta Part B, 2011, 66: 399-412.

[53] WELDEGERGIS B T, de VILLIERS A, MCNERISH C, et a1. Characterisation of volatile components of Pinotage wines using comprehensive two-dimensional gas chromatography coupled to time-of-flight mass spectrometry (GC×GC · TOF—MS) [J]. Food Chemistry, 2011, 129: 188-199.

[54] 孙雷，毕言峰，张俪，等. 飞行时间质谱分析技术及其应用研究进展［J］. 中国兽药志，2009，43（7）：37-40.

[55] 李海洋，王利，白吉玲，等. 一种用于飞行时间质谱的激光光电子枪［J］. 仪器仪表学报，1999（2）：176-179.

[56] 鹿洪亮. 应用全二维气相色谱飞行时间质谱分析烟草中性化学成分 [D]. 郑州. 中国烟草总公司郑州烟草研究院，2005.

[57] 侯可勇，董璨，王俊德，等. 飞行时间质谱仪新技术的进展及应用 [J]. 化学进展，2007，19 (2)：385-392.

[58] Robb D B，Covey T R，Bruins AP. Anal. Chem.，2000，72 (15)：3653~3659.

[59] Weldegergis B T，de Villiers A，Mcnerish C，et al. Characterisation of volatile components of Pinotage wines using comprehensive two-dimensional gas chromatography coupled to time-of-flight mass spectrometry (GC×GC-TOF-MS) [J]. Food Chemistry，2011，129 (1)：188-199.

[60] 李莉，蔡君兰，蒋锦锋，等. 全二维气相色谱/飞行时间质谱法分析烟草挥发和半挥发性酸性成分 [J]. 烟草科技，2006 (5)：25-32.

[61] Adam T，Mitschke S，Streibel T，et al. Puff-by-puff resolved characterisation of cigarette mainstream smoke by single photon ionisation (SPI) -time-of-flight mass spectrometry (TOF-MS)：Comparison of the 2R4F research cigarette and pure Burley，Virginia，oriental and Maryland tobacco cigarettes [J]. Anal Chim Acta，2006，572 (2)：219-229.

[62] Namazian M，Coote M L. G3 calculations of the proton affinity and ionization energy of dimethyl methylphosphonate [J]. J Chem Thermodyn，2008，40 (7)：1116-1119.

[63] Ec. europa. eu/health/tobacco/docs/fs_ slim _ cigarettes_ en. pdf. Silm cigarettes. Oct 02，2013.

[64] Siu M，Mladjenovic N，Soo E. The analysis of mainstream smoke emissions of Canadian "super slim" cigarettes [J]. Tobacco control，2013，22 (6)：e10-e10.

[65] Coggins C R E，McKinney Jr W J，Oldham M J. A comprehensive evaluation of the toxicology of experimental，non-filtered cigarettes manufactured with different circumferences [J]. Inhalation toxicology，2013，25 (S2)：69-72.

[66] 申晓锋，李华杰，李善莲，等. 烟丝结构表征方法研究 [J]. 中国烟草学报，2010，16 (4)：9-14.

[67] 陈良元. 卷烟加工工艺 [M]. 郑州：河南科学技术出版社，1996. 彭斌，李旭华，赵乐，等. "烟丝" 掺兑量对卷烟主流烟气有害成分释放量的影响 [J]. 烟草科技，2011 (11)：40-43.

[68] 堵劲松，申晓锋，李跃锋，等. 烟丝结构对卷烟物理指标的影响 [J]. 烟草科技，2008 (8)：8-13.

[69] Denton P，Chappell G B. Effects of particle size on filling value，firmness and ends quality [R]. Presentation at Research Conference，1985.

[70] 沈晓晨，刘献军，庄亚东，等. 烟丝分布对卷烟主流烟气中氨和焦油释放量的影响

[J]. 烟草科技，2013（6）：37-39.

[71] 罗彦波，庞永强，姜兴益，等. PLS回归法分析多因素对卷烟燃烧温度及主流烟气有害成分释放量的影响［J］. 烟草科技，2014（10）：56-66.

[72] 冯鲍盛，白玉，刘虎威. 常压敞开式质谱成像技术及其应用. 大学化学，2013. 28（4）：p. 1-8.

[73] Cooks, R. G., et al. Detection Technologies. Ambient mass spectrometry. Science, 2006. 311（5767）：1566-1570.

[74] Harris, G. A., A. S. Galhena, and F. M. Fernández, Ambient sampling/ionization mass spectrometry：applications and current trends. Analytical Chemistry, 2011, 83（12）：4508-4538.

[75] Alberici, R. M., et al., Ambient mass spectrometry：bringing MS into the "real world". Analytical & Bioanalytical Chemistry, 2010, 398（1）：265-294.

[76] Zhao, M., et al., Desorption Electrospray Tandem MS（DESI-MSMS）Analysis of Methyl Centralite and Ethyl Centralite as Gunshot Residues on Skin and Other Surfaces. Journal of Forensic Sciences, 2008. 53（4）：807-811.

[77] MACBEATH G, SCHREIBER S L. Printing Proteins as Microarrays for High-Throughput Function Determination［J］. Science, 2000, 289（5485）：1760-1763.

[78] COOPER M A. Optical biosensors in drug discovery［J］. Nat Rev Drug Discov, 2002, 1（7）：515-528.

[79] LI Y, MACH H, BLUE J T. High Throughput Formulation Screening for Global Aggregation Behaviors of Three Monoclonal Antibodies［J］. Journal of Pharmaceutical Sciences, 2011, 100（6）.

[80] Ray, P. Multimodality molecular imaging of disease progression in living subjects. Journal of Biosciences, 2011. 36（3）：499-504.

[81] Hinton, G. E., Osindero, S. and Teh, Y. A fast learning algorithm for deep belief nets. Neural Computation［J］. 2006, 18：1527-1554.

[82] Yoshua Bengio, Pascal Lamblin, Dan Popovici, et al. Greedy Layer Wise Training of Deep Networks, in J. Platt et al.（Eds）. Advances in Neural Information Processing Systems［J］. 2007：153-160.

[83] Yann LeCun, Yoshua Bengio, Geoffrey Hinton. Deep learning［J］. Nature, 2015, 5（521）：436-444.

[84] Yann LeCun, Leon Bottou, Yoshua Bengio, et al. Gradient-Based Learning Applied to Document Recognition［C］. Proceedings of the IEEE, 1998.

[85] Martin T. Hagan, Howard B. Demuth, Mark H. Beale. 神经网络设计［M］. 北京：机

械工业出版社，2002.

[86] Tom M. Mitchell. 机器学习 [M]. 北京：机械工业出版社，2012.

[87] Simon Haykin. Neural Networks and Learning Machines [M]. 北京：机械工业出版社，2010.

[88] A. N. Anthemidis, K. -I. G. Ioannou, Talanta 79 (2009) 86-91.

[89] A. N. Anthemidis, K. -I. G. Ioannou, Talanta 84 (2011) 1215-1220.

[90] A. N. Anthemidis, K. -I. G. Ioannou, Anal. Chim. Acta 668 (2010) 35-40.

[91] L. Guo, H. K. Lee, Anal. Chem. 86 (2014) 3743-3749.

[92] L. Guo, H. K. Lee, Anal. Chem. 88 (2016) 2548-2552.

[93] F. Pena, I. Lavilla, C. Bendicho, Spectrochim. Acta B 63 (2008) 498-503.

[94] A. N. Anthemidis, I. S. I. Adam, Anal. Chim. Acta 632 (2009) 216-220.

[95] X. Wang, K. Yuan, H. Liu, L. Lin, T. Luan, J. Sep. Sci. 37 (2014) 1842-1849.

[96] A. Esrafili, Y. Yamini, M. Ghambarian, B. Ebrahimpour, J. Chromatogr. A 1262 (2012) 27-33.

[97] Y. -Y. Chao, Y. -M. Tu, Z. -X. Jian, H. -W. Wang, Y. -L. Huang, J. Chromatogr. A 1271 (2013) 41-49.

[98] P. Kaewsuya, W. E. Brewer, J. Wong, S. L. Morgan, J. Agric. Food Chem., 61 (2013) 2299-2314.

[99] Hu, X., et al., Preparation of molecularly imprinted polymer coatings with the multiple bulk copolymerization method for solid - phase microextraction. Journal of Applied Polymer Science, 2011. 120 (3): 1266-1277.

[100] C&EN reviews 2015's most notable chemistry research advances. 2016; Available from: 2015. cenmag. org/top-research-or-2015/#.

[101] Liu, J., et al., Syringe-injectable electronics. Nat Nanotechnol, 2015. 10 (7): 629-636.

[102] Tumbleston, J. R., et al., Additive manufacturing. Continuous liquid interface production of 3D objects. Science, 2015. 347 (6228): 1349-1352.

[103] Tao, L., et al., Silicene field-effect transistors operating at room temperature. Nat Nanotechnol, 2015. 10 (3): 227-231.

[104] Anasori, B., et al., Two-Dimensional, Ordered, Double Transition Metals Carbides (MXenes). ACS Nano, 2015. 9 (10): 9507-9516.

[105] Giri, N., et al., Liquids with permanent porosity. Nature, 2015. 527 (7577): 216-220.